国家出版基金项目
NATIONAL PUBLICATION FOUNDATION

中国林业
国家级自然保护区

第 1 卷

◎ 国家林业局 编

中国林业出版社

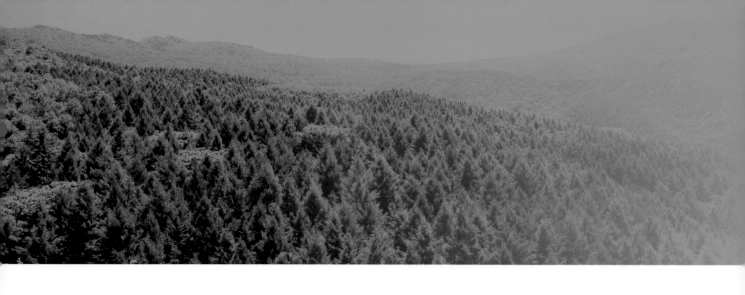

图书在版编目（CIP）数据

中国林业国家级自然保护区：全3册／国家林业局编．
－北京：中国林业出版社，2016.12（2017.5 重印）
　　"十一五"国家重点图书出版规划项目
　　ISBN 978－7－5038－8867－0

　　I. ①中…　II. ①国…　III. ①林业－自然保护区－
中国　IV. ① S759.992

中国版本图书馆 CIP 数据核字 (2016) 第 326701 号

出　版　人　金　旻
策划编辑　徐小英
责任编辑　徐小英　杨长峰　赵　芳
责任校对　梁翔云
美术编辑　赵　芳

出　　版　中国林业出版社
　　　　　（100009 北京西城区刘海胡同 7 号）
　　　　　http://lycb.forestry.gov.cn
　　　　　E-mail:forestbook@163.com
　　　　　电话：(010)83143515
发　　行　中国林业出版社
设计制作　北京捷艺轩彩印制版技术有限公司
印　　刷　北京中科印刷有限公司
版　　次　2016 年 12 月第 1 版
印　　次　2016 年 12 月第 1 次
　　　　　2017 年 5 月第 2 次
开　　本　215mm×280mm
印　　张　86.5
字　　数　2790 千字（插图 4160 幅）
定　　价　1780.00 元（共 3 卷）

《中国林业国家级自然保护区》

编审委员会

主　任：陈凤学

副主任：张希武

编　委：（按姓氏笔画排序）

于志浩　万　勇　王　伟　王才旺　王学会　王章明　韦纯良　木日扎别克·木哈什

尹福建　卢兆庆　田凤奇　邢小方　刘　兵　刘凤庭　刘建武　刘艳玲　江贻东

李俊柱　吴剑波　张　平　张　洪　陈　杰　林少霖　郑怀玉　宗　嘎　孟　帆

孟　沙　段　华　顾晓君　徐庆林　唐周怀　黄德华　董　杰　詹春森　黎　平

戴明超

编写组

主　编：张希武

副主编：孟　沙

编　者：（按姓氏笔画排序）

刁训禄　于长春　王自新　王俊波　王恩光　王鸿加　王喜武　扎西多吉

方　林　石会平　申俊林　吕连宽　朱云贵　刘文敬　刘润泽　安丽丹　孙可思

孙吉慧　孙伟滨　杜　华　李　忠　李承胜　吾中良　何克军　张　宏　张　林

张　毅　张改丽　张树森　张秩通　张燕良　陈红长　卓卫华　赵性运　胡兴焕

贾　恒　徐子平　徐惠强　郭红燕　黄传兵　蒋迎红　蔡武华　管耀义

◎ 序

从党的十六大报告中第一次提出"生态文明"这个重大命题并确立"生态文明建设"重大举措以来，历次党的代表大会和国务院政府工作报告中都把加强生态保护、实施可持续发展战略作为重要内容。2015 年，十八届五中全会审议通过了《中共中央关于制定国民经济和社会发展第十三个五年规划的建议》，将绿色发展作为五大发展理念之一，对生态文明建设作出重大战略部署。自然保护区作为保护生物多样性的有效途径、保护自然资源以及自然生态系统的重要手段，在推进生态文明建设和绿色发展中具有不可替代的重要作用。

自 1956 年开始，在中国科学院和林业部门的推动下启动了我国自然保护区事业，今年正值我国自然保护区事业 60 周年，六十年来栉风沐雨，六十年来春华秋实，正是党中央和国务院的高度重视，地方政府部门和林业行政主管部门的不断努力，我国自然保护区事业取得了辉煌的成就。截至 2014 年年末，全国自然保护区数量为 2729 个，总面积 147 万平方公里，占陆地国土面积 14.84%，其中，国家级自然保护区数量为 428 个，总面积 96.52 万平方公里。截至 2015 年年末，林业部门管理的各级各类自然保护区 2228 处，总面积达 1.24 亿公顷，国家级自然保护区达345 处，林业自然保护区是我国自然保护区建设主体，占全国自然保护区面积和数量 80% 以上，形成了布局合理、类型齐全、层次丰富的自然保护区体系，为全球生物多样性保护作出了举世瞩目的贡献。

党的十八大对生态文明建设所做的系统论述和部署，为今后自然保护区保护工作提出了更高的要求，也给我国自然保护区事业的发展带来新的机遇。2015 年 4 月，《中共中央 国务院关于加快推进生态文明建设的意见》强调："加强自然保护区建设与管理，对重要生态系统和物种资源实施强制性保护，切实保护珍稀濒危野生动植物、古树名木及自然生境。"面对我国以全球 4% 的森林、14% 的草地和 3% 的湿地生态系统提供全球 22% 人口的各项社会福祉而同时承担着保护全球 10% 以上生物多样性的重任，我们必须树立尊重自然、顺应自然、保护自然的生态文明理念，

把生态文明建设放在突出地位，充分发挥自然保护区关键作用，努力建设美丽中国。

在自然保护区事业60周年之际，自然保护区正迈入一个全新管理变革的时代。一直以来，我有个想法，就是提供一个窗口，用于展示我国自然保护区建设所取得的成就，为社会各界了解我们祖国生态保护提供一个平台。这次我们选择的截至2015年年末林业部门管理的345个国家级自然保护区，承载着我国最优美的自然景观、最集中的自然资源、最珍贵的自然遗产和最突出的生态效益，是我国自然保护区事业最典型和最杰出的代表，是美丽中国的靓丽标杆与美好示范。

我们希望通过这本书，让社会各界体会到我们祖国的美丽和富饶，体会到自然资源与自然环境的丰富和多样，更体会到我国自然保护工作的艰辛和不易。我们更希望大家在看完这本书后，能够增加为我国自然保护事业和建设美丽中国添砖加瓦的意愿。相信在国家和社会各界共同关注和积极支持下，经过全体自然保护工作者，特别是广大自然保护区一线工作者的继续努力与奋斗，我国自然保护区事业的明天一定会更美好！我们的美丽中国梦一定会实现！

国家林业局副局长

2016年3月

◎ 前 言

　　今年是中国自然保护区建立 60 周年。1956 年 9 月，秉志等 5 位科学家在全国人大第一届第三次会议上提出"请政府在全国各省（区）划定天然森林禁伐区保存自然植被以代科学研究需要案"的 92 号提案，国务院请林业部会同中国科学院和森林工业部研究办理。林业部于当年 10 月提交了《天然森林禁伐区（自然保护区）划定草案》，提出自然保护区的划定对象、划定办法和划定地区。根据这个草案的要求，全国各地开始划定自然保护区，成立专门管理机构，广东省鼎湖山、福建省万木林、云南省西双版纳等我国第一批自然保护区陆续建立起来。1973 年，作为自然保护区主管部门的农林部起草了中国《自然保护区暂行条例》（草案），在同年 8 月召开的全国环境保护工作会议上讨论并得到通过。以此为标志，我国自然保护区建设开始起步。

　　60 年来，林业部门管理的自然保护区从无到有、从小到大，保护事业不断发展壮大，截至 2015 年年底，全国林业已建立各级各类自然保护区 2228 处，总面积 1.24 亿公顷，约占国土面积的 12.99%，其中国家级自然保护区 345 处，林业自然保护区数量和面积占我国自然保护区的 80% 以上，基本形成了布局较为合理、类型较为齐全、功能较为完备的自然保护区网络，在保护生物多样性，维护生态平衡等方面发挥了巨大的作用，有效保护了国土生态安全，维护了中华民族永续发展的长远利益，为建设山青水秀天蓝的美丽中国作出了重要贡献！

　　我国自然保护区事业取得的巨大成就，离不开国家和社会各界的高度关注和大力支持，为向社会各界展示我国自然保护区建设的形象与成就，国家林业局启动了《中国林业国家级自然保护区》一书的编写工作，国家林业局自然保护区研究中心负责稿件的收集、整理、编审等工作，并邀请相关学科专家组成编审小组，对全国各省、自治区、直辖市林业厅（局）和自然保护区管理局提供的稿件和照片进行了多轮细致的审查、校对、修改和补充，共计 345 处林业管理的国家级自然保护区在本书中收录。

　　本书的编写与出版具有重要的意义，不仅是对林业自然保护区建设成果的总结与展示，也是自然保护区相关学科重要的工具书，更是外界了解自然保护区的窗口。本书在编辑出版过程中，得到了全国各省、自治区、直辖市林业厅（局）、自然保护区管理局和众多审稿专家的支持，在此一并表示衷心的感谢！

　　由于编者水平有限，疏漏之处在所难免，望读者谅解，并敬请各界批评指正。

本书编写组

2016 年 3 月

◎ 目 录

第 1 卷   ❯ 华北篇

❯ 东北篇

● 辽宁省

● 吉林省

● 黑龙江省

第2卷

华东篇

华中篇

华南篇

第3卷

> 西南篇

西北篇

● 北京市

北京松山国家级自然保护区
北京百花山国家级自然保护区

● 天津市

天津八仙山国家级自然保护区

● 河北省

河北雾灵山国家级自然保护区
河北小五台山国家级自然保护区
河北衡水湖国家级自然保护区
河北滦河上游国家级自然保护区
河北茅荆坝国家级自然保护区
河北塞罕坝国家级自然保护区
河北驼梁国家级自然保护区
河北大海陀国家级自然保护区
河北青崖寨国家级自然保护区

● 山西省

山西芦芽山国家级自然保护区
山西历山国家级自然保护区
山西阳城蟒河猕猴国家级自然保护区
山西五鹿山国家级自然保护区
山西庞泉沟国家级自然保护区
山西黑茶山国家级自然保护区
山西灵空山国家级自然保护区

华北篇

内蒙古哈腾套海国家级自然保护区
内蒙古鄂尔多斯遗鸥国家级自然保护区
内蒙古西鄂尔多斯国家级自然保护区
内蒙古贺兰山国家级自然保护区
内蒙古额济纳胡杨林国家级自然保护区
内蒙古古日格斯台国家级自然保护区
内蒙古青山国家级自然保护区
内蒙古罕山国家级自然保护区
内蒙古乌兰坝国家级自然保护区
内蒙古大兴安岭汗马国家级自然保护区
内蒙古额尔古纳国家级自然保护区
内蒙古毕拉河国家级自然保护区

● 内蒙古自治区

内蒙古大青山国家级自然保护区
内蒙古赛罕乌拉国家级自然保护区
内蒙古白音敖包国家级自然保护区
内蒙古黑里河国家级自然保护区
内蒙古大黑山国家级自然保护区
内蒙古高格斯台罕乌拉国家级自然保护区
内蒙古大青沟国家级自然保护区
内蒙古科尔沁国家级自然保护区
内蒙古图牧吉国家级自然保护区
内蒙古呼伦湖国家级自然保护区
内蒙古红花尔基樟子松林国家级自然保护区
内蒙古乌拉特梭梭林—蒙古野驴国家级自然保护区

北京 松山 国家级自然保护区

北京松山国家级自然保护区位于北京西北部延庆县境内，距市区百余千米。松山地处燕山山脉的军都山中，北依主峰海陀山，海拔2241m，为北京地区第二高峰。西、北分别与河北省怀来县和赤城县接壤，东、南分别与北京市延庆县张山营镇后河村、佛峪口、水峪村相邻。地理坐标为东经115°43′44″～115°50′22″，北纬40°29′～40°34′。保护区总面积4660hm²，其中松山林场面积4150.3hm²，属森林生态系统类型的自然保护区，主要保护大面积的天然次生油松林生态系统。保护区成立于1985年。1986年经国务院批准晋升为国家级自然保护区。

◎ 自然概况

松山自然保护区北依主峰海陀山，属于强烈切割的中山地带，地势北高南低，东南部佛峪口，为保护区最低点，海拔627.6m。区内地形比较复杂，多数山地在1000～1600m之间，一般相对高差为200～600m，形成中山山地峡谷，沿北部和北东部断裂发育的山沟多呈"V"形峡谷，其山势陡峭，峰峦连绵起伏。北部从西往东，较大的沟谷有人头沟、长虫沟、冷峰窝沟、碾盘沟、松树沟、塘子沟，在沟谷一侧可见断层三角面，被切割的花岗岩中山山地具有块状分散，地势陡峻，起伏较大的特点。保护区以南为断陷的延庆盆地，海拔600m左右。

海陀盖帽（松山森林景观）

松山自然保护区处于暖温带大陆性季风气候区，受地形条件的影响，与延庆盆地相比，气温偏低，湿度偏高，形成典型的山地气候，是北京地区的低温区之一。年平均气温6.0～8.5℃，年平均日照超过2500h，≥10℃年积温2500℃左右，无霜期100～150天，年降水量450mm左右，局部地段可达600mm左右，年蒸发量约1700mm。气候的垂直分带性比较明显，从下到上可分为：海拔700～1000m的低山温暖气候带，海拔1000～1300m的中山下部温湿气候带；海拔1300～1800m的中山上部冷湿气候带；海拔1800m以上的山顶为高寒半湿润气候带。

松山自然保护区内成土母岩多为花岗岩，土壤随着海拔高度的变化，分为三种类型：一是山地褐色土，分布于海拔1200m以下的阳坡和900m以下的阴坡，土层厚度大多在30cm左右。二是棕色森林土，分布于海拔1200～1800m的阳坡和900m以上的阴坡，土层较厚，厚度在50cm以上，在1800m的林缘草甸植被下发育了生草棕壤。三是山地草甸土，分布于海拔1800m以上的山顶草甸和灌丛植被

2

松山晚霞

陀峰落日（袁晓峰摄）

下，土壤厚度50cm左右。

松山自然保护区水文条件较好，区内除个别较为短小的山沟外，几乎每条沟都有裂隙水流出。东沟发源于正黄崖下百瀑泉，西沟包括海陀山西坡人头沟及兰角沟，水量较大。两沟汇集于保护区管理处附近，称佛峪口河，属于永定河水系妫水河支流，枯水期流量0.2m³/s，丰水期达0.5m³/s。区内地下热水资源比较丰富，在保护区管理处北偏东约1km处，有一眼塘子温泉，泉口处于新生代燕山期花岗岩组成的山间谷地上，其深度接近于地层的热源，泉水终年不断。

松山地处华北平原西北部深山区，具有华北地区暖温带的自然景观，在海拔1000m以上的中山地段，保存下来部分天然次生林，属于地带性的自然植被暖温带落叶阔叶林，森林植被基本保持自然状态，野生动植物资源比较丰富。据1987～1989年调查统计，保护区内共有维管束植物783种。

据1990年出版的《松山自然保护区考察专集》记载：保护区有脊椎动物53科184种及变种，其中兽类15科29种，鸟类26科125种及亚种，爬行类5科15种，两栖类2科2种，鱼类2科12种及亚种。野生动物资源中，有4种国家一级保护野生动物，即豹、金雕、白肩雕、黑鹳。13种国家二级保护野生动物，即苍鹰、雀鹰、松雀鹰、普通鵟、红脚隼、红隼、斑羚、勺鸡、燕隼、长耳鸮、红角鸮、雕鸮、领角鸮等。14种北京市一级保护野生动物，61种北京市二级保护野生动物。

松山自然保护区有维管束植物109科413属783种及变种（其中野生维管束植物105科380属713种及变种），

松山秋景

3

油松古树（油松王）

榆树王（程瑞义摄）

其中有 20 余种为北京新纪录、新变种。野生植物资源中，有 4 种国家二级保护野生植物，即野大豆、核桃楸、黄檗、刺五加。5 种北京市一级保护植物，42 种北京市二级保护植物。

1989 年 7 月至 1991 年 4 月，北京自然博物馆专家胡柏林对松山自然保护区苔藓群落进行了调查，共采集标本 514 号，鉴定种类隶属 28 科 62 属 115 种，现知 8 科 28 属 71 种为北京地区新记录。

松山自然保护区昆虫种类共 16 目 98 科 540 种，大型菌类资源有 3 纲 6 目 23 科 55 种。

松山旅游区以自然景观为主体，有天然油松林、百瀑泉、松月印潭、鸳鸯岩、三叠水、听乐潭、雷劈石、回声崖、雄师饮水、金蟾望月、飞龙壁等 30 余处景点，各具特色。山、水、石、林、古；雄、幽、险、奇、秀，给游人提供远望取其势，近视得其质，观形而悟神，怡神以冶性的画境、诗境、意境美的享受。

松山的人文古迹景观有：八仙洞殿宇和汤泉观两处，是战乱遗留古迹，据碑文记载，均为清代重修古迹。汤泉观有古今闻名的塘子温泉，是沐浴疗疾的理想场所。早在 1500 多年前的北魏时期就被"契石凿池""仕女沐浴"。清人称松山是"安体之佳所""养身之圣地"，北魏晚期郦道元《水经注》记载着"上有庙则次仲庙也，右有温汤，治疗百病"。松山温泉水温 42℃，日出水量 2000m³，泉水中含钾、镁、硫、铁等 27 种元素，其中氟离子含量高达 12ml/L，对皮肤病、关节炎、类风湿病、局部神经痛等疗效明显。至今仍吸引着众多沐浴疗疾者。

◎ 保护价值

松山自然保护区重点保护天然油松林、其他针阔叶林、山顶草甸和自然景观。保护区的森林覆盖率为 87.65%，保存着大片天然次生油松老林，以及良好的核桃楸、椴树、白蜡、榆树、桦木等树种构成的天然阔叶林以及山顶草甸和自然景观，使其成为保护山区动植物资源和野外生态学研究的基地。

松山自然保护区的建立，对研究华北地区生物演替变化规律提供了一个适宜的场所，它将成为周边山地生态系统恢复的重要实验基地，在石质山区物种的保护、现有植被改造以及结构调整方面起一定的指导作用。由于松山所处的特殊地理位置，作为首都自然保护工作的一个窗口，它将成为开展科学研究、参观考察以及自然科学教育的理想场所，在促进国内外学术交流方面发挥积极作用。

松山自然保护区内群山叠翠，古松千姿百态，山涧溪水淙淙，谷中山石嶙峋。可以满足国内外宾客开展野游活动、欣赏京郊山区风貌、了解乡土生活习俗的需要。因此，管护好松山自然保护区内的生态环境和生物、非生物资源，不仅具有很高的科学价值，还将具有显著的社会效益。

◎ 功能区划

根据区划原则和松山自然保护区的地形、地貌、自然环境及自然资源状况以及主要保护对象的空间分布状况，以充分满足保护需要为前提，并考虑有利于保护区管理的实际操作，对保护区进行了功能区划分。

核心区：保护区的重要保护对象为天然油松林、落叶阔叶次生林、野生动植物资源，主要分布在北部松树梁、松树沟、冷蜂窝沟、长虫沟、人头沟及其以北地带和西南部石梯子沟以南地带。因此，核心区分为两部分，即北部核心区和西南部核心区，北部核心区面积为1365.1hm²，西南部核心区面积453.9hm²，共计1819hm²，占总面积的39.04%。

缓冲区：分为两部分，即北部核心区的缓冲区和西南部核心区的缓冲区。北部核心区的缓冲区，北部从松树沟下部到百瀑泉、松树梁下部、八仙洞上部、大干沟上部、碾盘沟、东野鸡沟、柳树沟上部，西至闫家坪交界，面积为786.5hm²。西南部核心区的缓冲区北至大西沟、大桦背、泗沟，东至兰角沟、南场沟，南至石梯子沟北梁到大松树沟，与河北省怀来县交界，西至闫家坪东梁，面积为476.5hm²。缓冲区面积共1263hm²，占保护区总面积的27.1%。缓冲区是核心区与实验区的过渡地段，作为核心区的缓冲地带，可从事多种科学研究的观测、调查等工作，但绝对禁止任何形式的森林采伐，一般不允许开展森林旅游活动。

实验区：从保护区入口佛峪口到大庄科村至河北省赤城县闫家坪沿线以及东南部长峪沟一带，东部塘子沟，这一区域人为活动较多，现有植被相对较差，主要保护对象不在该区域，生产活动和生态旅游在这一地区开展，因此，将其划为实验区。该区面积为1578hm²，占保护区总面积的33.86%。实验区是保护区内人为活动相对比较频繁的区域，区内可以在国家法律、法规允许的范围内开展科学

天然次生油松林

实验、教学实习、参观考察、旅游、野生动植物繁殖及其他资源的合理利用等。 　　（松山自然保护区供稿）

彩屏

北京 百花山
国家级自然保护区

北京百花山国家级自然保护区位于京西门头沟区清水镇境内，保护区西部、北部与河北省小五台山国家级自然保护区相接；南部与北京浦洼自然保护区、石花洞自然保护区、拒马河水生野生动物自然保护区相邻，东部与待批建的北京市永定河湿地自然保护区相接，构成了首都西南部自然保护区群，占据着首都的重要生态位置。地理坐标为东经 115°25′～115°42′，北纬 39°48′～40°05′。保护区总面积为 21700hm²，主要保护暖温带华北石质山地次生落叶阔叶林生态系统及褐马鸡等珍稀保护动物及其种群。保护区始建于 1985 年，2008 年经国务院批准晋升为国家级自然保护区。

秋色

百花山主峰

◎ 自然概况

百花山自然保护区在地质构造上位于华北陆台中部的燕山沉降带，其中北部属于北京北山隆起构造区的青白穹窿区，南部属于北京西山凹陷构造区的西山褶皱隆起区。保护区现代地貌的形成始于第三纪，即第三纪以来所进行的侵蚀和堆积过程，塑造了该区的地貌现状。保护区大部分在海拔750～2300m，最高峰东灵山2303m，是北京第一高峰，百花山1991m、为北京第三高峰。山坡坡度多在30°以上。地貌类型是侵蚀构造地貌与堆积地貌。地层主要有元古界震旦系、古生界寒武系、奥陶系、石炭系，以及中生界侏罗系和新生界第四系等，岩石种类比较齐全，包括多种沉积岩、变质岩和火成岩。

百花山自然保护区地处亚高山地带，属于中纬度温带大陆性季风气候区，垂直变化明显，昼夜温差大，气温偏低，降水量较多，四季分明，冬季寒冷多风且干燥，夏季温热多雨，春季干旱，风沙盛行，秋季晴朗少风，寒暖适中，但雨量偏少。年降水量450～720mm，多集中于植物生长的旺季——夏季，有利于植物的生长发育，尤以7月份降水量最大，且多为暴雨；春旱严重是百花山气候的显著特征之一。全年平均气温在6～7℃，最热月是7月份，平均温度22℃；最冷月是1月份，平均温度－5.7℃，3～4月气温急剧上升，10～11月气温突然下降。年积温≥3800℃，全年无霜期110天左右。

百花山自然保护区雨量充足，水资源蕴藏相当丰富，自海拔600～2200m处均有清泉分布。该区地表水的分布及其水量的大小变化是受地形、植被、降水形式、强度和岩性分布情况及地下水补给等诸因素的影响而变化的。其特点是，汛期与非汛期在地表水分布及地表水量的大小变化相当悬殊，枯水季节地表水在地面分布上很不均匀，在一般情况下，阴坡或半阴坡以及沟道中植被较好的一些大小沟道分布较广，年际和年内变化很显著。该区岩性复杂，褶皱断裂，岩溶活动形式多种多样。因此地下水的赋存条件，补给排汇关系也比较复杂，地下水位变化也因岩性和构造部位的不同而不同。

百花山自然保护区在全国土壤区划中属于褐色土地带。在该区的土壤形成与分布规律中，起主要作用的是海拔高度及由它所决定的生物气候特点、地形和地质因素。生物气候因素决定了该区土壤的形成与垂直分布。在海拔1800m以上的山地顶部，气候冷湿，植被为根系密集的亚高山草甸，发育着亚高山草甸土；海拔1000～1800m的中山地带，气候温凉，植被以森林及其次生灌丛群落为主，土壤为山地棕壤；海拔1000m以下的低山地带，土壤为地带性土类褐色土。保护区共有3个土类，8个亚类。

百花草甸

华北耧斗菜

小红菊

◎ 保护价值

百花山自然保护区是以保护暖温带华北石质山地次生落叶阔叶林生态系统及褐马鸡等珍稀保护动物及其种群为主的自然保护区，特殊的地理位置和典型的山地森林生态系统，使其成为华北石质山地生物多样性最为丰富的地区之一，也是北京市自然保护区网络系统的关键地带。

生态系统的典型性和完整性：百花山自然保护区有完整的生态系统、典型的暖温带森林植被类型和自然的生态演替过程。其植被是北京自然植被保存最完整的地区之一，地带性植被暖温带落叶阔叶林在这里生长繁茂，中山草甸和中山寒温性针叶林成片分布。同时，植物种类繁杂，是华北植物区系的荟萃地。

植物区系地理成分的复杂性与古老性：百花山自然保护区位于华北植物区系的中心地带，同时山系由西北向东南走向，使该区不仅有华北植物区系的代表植物，而且还有华中植物区系的植物以及一些具有热带亲缘的植物。猕猴桃等则显示了该区植物区系较为古老的成分。

丰富的生物多样性：百花山自然保护区的自然植被类型为寒温性针叶林、温性针叶林、落叶阔叶林、落叶阔叶灌丛和草甸5个植被型，共有29个群系。已知有高等植物1100种，其中苔藓植物69种，蕨类植物58种，裸子植物11种，被子植物962种，《国家重点保护野生植物名录》中有紫椴、黄檗、野大豆3种。被《中国植物红皮书》列为国家三级保护植物的有核桃楸、黄檗、野大豆、刺五加4种。《濒危野生动植物种国际贸易公约》中百花山有植物共17种，均为兰科植物，可见植物多样性相当丰富。保护区野生动物中，兽类25种，鸟类131种，两栖类6种，爬行类7种，昆虫1000余种。

物种的特有性与稀有性：复杂的地形、多样的微生境、古老的植物区系地理成分，使该区出现了百花山花楸、百花山柴胡、百花山毛蓽草、百花山葡萄、百花山鹅观草5种特有植物。天然华北落叶松群，天然云杉古树、

天然侧柏林亦有分布。百花山自然保护区国家级保护动物14种，其中国家一级保护动物4种，褐马鸡、金钱豹、金雕、黑鹳。特别是褐马鸡，仅分布在山西、河北，百花山是褐马鸡分布最东界和最北界，也是最大种群栖息繁殖地之一。

植被垂直带谱明显：百花山自然保护区地处温带，暖温带落叶阔叶林是该区的地带性植被。暖温带森林生态系统在该区具有显著的典型性与代表性，保护区植被类型多样、垂直带谱明显，同时其物种多样性在北京属首位，与华北地区的其他国家级保护

林海

蓝刺头

白桦林秋色

金莲花

区比较也列前茅。保护区有 5 个植被型 29 个群系；植被分布的垂直带谱是：400～1000m 为低山落叶阔叶灌丛带，1000～1900m 是中山落叶阔叶森林带，1900m 以上是亚高山草甸带。保护区有高等植物种数为 1100 种，鸟类 131 种，其密度均大于河北小五台山、山西历山和芦芽山国家级自然保护区。

生态地位的特殊性：百花山自然保护区所发挥的森林生态作用主要体现在调节气候、保持水土、涵养水源和防风防沙等四个方面，是北京与周边地区生态环境及自然保护区网络系统的重要节点（百花山地理位置特殊、山体垂直高大，保护区多在海拔 750～2300m，东灵山海拔 2303m，雄踞北京之首。主峰百花山海拔 1991m，是北京第三高峰），是北京重要的绿色生态屏障，对阻隔北京西部风沙源的入侵，保护首都的国土安全有着举足轻重的作用。百花山自然保护区是永定河流域清水河的源头，对其植被的保护有利于京津水资源的战略安全。

《北京市自然保护区发展规划》（2007 年）将北京市自然保护区发展建设规划为三个自然保护区群——京西北、京西南、京东自然保护区群。百花山位于京西南自然保护区群（百花山、永定河湿地、拒马河、蒲洼、石花洞自然保护区）的核心位置。对北京百花山自然保护区的有效保护不仅有利于京西生态系统的稳定和生物多样性保护，同时对于建设首都北京西部生态屏障，改善和保护首都北京生态环境，建设国际化大都市具有十分重要的现实意义。

（百花山自然保护区供稿）

天津 八仙山 国家级自然保护区

天津八仙山国家级自然保护区坐落在天津市蓟县东北部燕山山脉南翼，古长城以北，蓟县东北小港乡境内，居京、津、唐、承四市腹心。东与河北省遵化市清东陵接壤，北与河北省兴隆县相连，西与中上元古界国家级自然保护区相接，南为天津市蓟县孙各庄乡、穿芳峪乡和九龙山国家森林公园。地理坐标为东经117°30′～117°36′，北纬40°07′～40°13′。保护区东西宽8.7km，南北长10.8km，总面积5360hm²，属森林生态系统类型自然保护区。主要保护天然次生落叶阔叶林生态系统。保护区成立于1995年12月。

落叶阔叶杂木林

◎ 自然概况

八仙山自然保护区地层属于距今14亿～18亿年的中上元古界长城系石英岩，中生代"燕山运动"断裂、褶皱、隆起，形成山高、坡陡、谷深的中低山地貌。保护区是天津市地势最高，群峰汇聚的地区，一般海拔500～800m，900m以上的山峰有19座，其中八仙山主峰——聚仙峰海拔为1046.8m，是天津市最高峰。

八仙山自然保护区属于暖温带季风性大陆气候区，年平均气温8～10℃，7月份平均气温23.4℃，极端最高气温34.5℃，1月份平均气温-7.2℃，极端最低气温-21℃。因矗立于华北平原北缘，距海较近，有从太平洋吹来的暖湿气流，多地形雨，俗有"一年七十二场浇陵雨"之说。

八仙山自然保护区内土壤类型呈垂直分布，海拔800m以上属于山地棕壤，土层深厚，富含腐殖质，有机质

石竹花

含量达12.4%，pH值5.5～6.5，呈弱酸性，富含N、P、K；海拔800m以下山区以淋溶褐土为主，土层较瘠薄，含砂砾多，微碱性，土壤有机质和N、P含量较山地棕壤低。由于植被茂密，土壤很少流失。

八仙山自然保护区水系发达，水文网稠密，河流以八仙山主峰为中心，呈放射状，最后汇入淋河，注入于桥水库（据测算每年注入于桥水库的优质淡水量约1.2亿m³）。每到雨季多激流瀑布，干季沟谷里流泉、水潭众多，终年不枯。

据初步调查，保护区范围内生长、繁育的动植物有231科（亚科）812种。区内有高等维管束植物89科237属

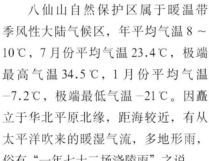

375 种。植被以乔木树种为主，构成天然次生林群落，共有乔木 63 种、灌木40 种、草本植物 272 种。其中属于国家珍贵、濒危和重点保护的植物有 12种。

八仙山自然保护区内有陆生野生脊椎动物 60 科（亚科）180 种（鱼类 2 科 2 种，两栖类 3 科 5 种，爬行类 4科 17 种，哺乳类有 13 科 27 种，鸟类有 34 科 4 亚科 129 种），其中属于国家珍贵、濒危和重点保护的动物有 25种。区内昆虫资源十分丰富，据不完全调查，仅采集到标本并经过鉴定的就有 82 科 257 种。区内有国家一级保护动物金钱豹、金雕、大鸨、斑尾榛鸡共 4 种。

八仙山自然保护区内还分布着大面积集中连片的天然次生蒙古栎林和落叶阔叶杂木林，并保留有原始森林的特性。春季，百花吐艳，姹紫嫣红，

峰青峦秀，林茂树绿，蝶舞鸟鸣，令人心旷神怡；盛夏，绿茵滚滚，苍翠欲滴，涉溪观瀑使人倍感精神舒爽；金秋，天蓝林静，满山红叶，层林尽染，万山红遍；冬季，银装素裹，玉树冰花，格外清新。

◎ 保护价值

八仙山自然保护区主要保护对象是天然次生落叶阔叶林生态系统、野生动植物资源、生物种质基因库和水源涵养地。特定的地理和气候条件，形成了华北地区少见的天然落叶阔叶次生林生态系统，区内森林覆盖率达85%。森林植被类型具有针叶林、针阔混交林和温带阔叶林的特征，大部分保持了原始次生状态。

八仙山自然保护区内列入国家珍稀、濒危和重点保护的野生动植物及天津市重点保护动植物有 90 种，占保

鳄鱼潭

护区动植物种类的 11.1%；列入国家珍稀、濒危和重点保护的野生植物有 12 种，占保护区植物种类的 3.2%；列入国家珍稀、濒危和重点保护的野生动物（包括《中日保护候鸟及其栖息环境协定》规定的保护鸟类）有 64 种，占保护区内野生动物种类的 14.65%。此外还有几十种东洋界的热带、亚热带两栖爬行动物和昆虫。

八仙山自然保护区森林具有暖温带落叶阔叶林地带性植被类型的典型

绿满八仙

性和代表性。分布着大面积集中连片的天然次生蒙古栎林和落叶阔叶杂木林，是暖温带天然落叶阔叶次生林植被类型的典型代表，对研究全球地带性植被的分布规律，具有重要的科学价值。

八仙山自然保护区森林生态系统结构完整且具有典型性。森林以乔木林为主体，形成灌木、藤本、草本、苔藓、地衣、真菌及其生存环境所组成的森林生态系统，呈多层结构，构成完整的森林生态系统，这种典型的森林生态系统对研究暖温带落叶阔叶林生态系统的形成和演化过程，对重建华北地区森林植被，都具有很高的科学价值和实践意义。

八仙山自然保护区山高坡陡谷深，地形复杂，降水丰沛，土壤肥沃，为森林植被的生长发育和野生动物的繁衍、栖息提供了良好的森林环境。从山顶到谷底，都长满了树木，郁郁葱葱，绿涛起伏，蔚为壮观，是一些珍稀动植物的生长地和避难所，保留着一些有价值的生物物种基因，对我国生物资源的永续利用与经济社会的可持续发展具有重要的科学价值和现实意义。

八仙山自然保护区还是天津市重

八仙石

落叶阔叶杂木林

要的水源涵养地和净化功能区。大面积分布的茂密森林，结构完整的森林生态系统，具有涵养水源，固石保土，调节气候，制造氧气，增加空气湿度，稳定周围地区农业、林果业生产，减轻干旱、洪涝、冰雹等灾害，补充于桥水库优质淡水，减少泥沙淤积，延长于桥水库使用寿命等重要生态功能。

八仙山自然保护区优越的森林环境，丰富的自然资源，可以作为环保、生态、地质、生物学、药学、美学等专业的大专院校和科研单位的教学、科研基地，也是对青少年和国民进行生态、环保科普教育的天然大课堂，在提高民众的生态观念和环保意识方面，具有重要的社会意义。

八仙山自然保护区不仅具有茂密的森林，还有丰富的生物物种资源，

是天津市最佳的生态区域。在有效地监察其动物资源、鸟类迁徙、河流径流、种群变化及气候环境等方面具有重要价值。

◎ 功能区划

根据保护区不同地段的自然属性，结合目标管理，将保护区进行功能分区，以便实施相应的管理措施。功能区包括核心区、缓冲区和实验区。

核心区西起中上元古界自然保护区东界，东至县界，南起古长城沿山梁至聚仙峰东部与县界相接，北至县界。面积1614hm²，占保护区总面积的30.11%。

缓冲区北为古长城以南，西邻中上元古界自然保护区，东至县界和小港乡东界至丈烟台村北，南至马营公路，道古峪、船仓峪、古强峪、赤霞峪、杨家沟、石头营以北。面积1659hm²，占保护区总面积的31.00%。

实验区西起中上元古界东界，东至东陵路，北接缓冲区边界，南至小港乡南界。面积2087hm²，占保护区面积的38.89%。

◎ 管理状况

目前，八仙山自然保护区一期建设工程中主要完成的项目有：改扩建管理站用房4处；建宣教馆1处；建管理局综合楼1处；建瞭望塔1座；建消防蓄水池6座；建水塔1座；建饮用蓄水池3座；架设机械围栏4000m、栽植生物围栏2000m；设置生物防火隔离带15km；架设输电线路15km；架设通讯线路10km；建自然保护区区碑2座、界牌50座、标示牌50块、宣传牌35块。购置了气象监测、水文监测、生态定位监测、标本制作等设备、仪器。

为了对八仙山自然保护区的环境、资源实施有效管理，保护区管理局根据国家颁布的相关法规，结合保护区

实际，先后制定了《天津八仙山自然保护区管理暂行规定》《天津八仙山国家级自然保护区管理条例（草案）》，并在重要道口立牌公布，收到了良好的效果。

根据国家关于保护区管理机构的有关文件精神，结合本保护区实际情况，制定了《八仙山保护区内部管理制度》，并经全体职工讨论通过。

同时，八仙山自然保护区注意与周边地区的政府和居民搞好关系，积极向他们宣传国家颁布的有关法律、法规，提高干部群众对保护区重要性的认识。通过多种经营和指导居民开发种植、养殖业，提高他们的收入。招收临时工时，优先考虑周边村民的利益，允许周边村民到保护区指定地点出售土特产品；帮助周边村民解决应急困难；与当地政府和村庄共建文明单位和文明社区。

八仙山自然保护区在制定决策时，尽可能做到公开、科学、超前和务实，避免盲目性和片面性，聘请有关专家反复论证，以实现保护区建设工程的科学化、民主化和合理化。

八仙山自然保护区在经营管理过程中，注重引进专业人才和先进的管理机制，到管理比较好的保护区考察，取人之长，补己之短，制定适合本保护区的管理措施，如：推行先进的管理机制，提高管理水平；建立先进的生态监测体系，为制定合理的保护管理措施提供科学依据；建立良好的人才管理机制，实行岗位工资制度，使工作质量和分配制度密切相连，最大限度地发挥职工的主观能动性；建立合理的产业结构，在保护自然资源和自然环境的前提下，合理地开发利用，发展第三产业，增强保护区的经济实力等。

八仙山自然保护区紧紧抓住生态旅游业迅速崛起的契机，以战略的眼光认为适度、合理地开发生态旅游景观资源是解决资金短缺的最佳选择。八仙山生态旅游业的开展既可为保护区的发展开辟一条新的财源，又可探索适应人口、资源、环境与发展诸因素协调发展的新途径，为自然资源的合理开发利用提供模式，因而得到了蓟县县委、县政府的支持和当地社区居民的配合。同时充分利用保护区自然资源丰富的特点，有计划、有重点地开展专项课题研究，在保护好自然资源的同时，积极开展科学研究，适度利用生物资源，做到保护和合理利用相结合。　（冯小梅供稿）

落叶阔叶杂木林

河北 雾灵山 国家级自然保护区

河北雾灵山国家级自然保护区地处北京、天津、唐山、承德4市中间，毗邻河北省兴隆县、承德县、滦平县和北京市密云县。地理坐标为东经117°17′～117°35′，北纬40°29′～40°38′。保护区总面积14246.9hm²，有林面积10522hm²，森林覆盖率80.3%，属森林生态系统类型自然保护区，主要保护对象为温带森林生态系统和猕猴。保护区始建于1983年，1988年经国务院批准晋升为国家级自然保护区。

气不氛峰

◎ 自然概况

雾灵山形成于中生代晚期（距今约6500万年）的燕山造山运动过程中，造山运动致使地壳隆起，断层活动剧烈，岩浆大规模侵入，形成巨大基岩，雾灵山规模最大，成为燕山主峰。雾灵山走向与燕山山脉一致，由东北至西南，并有大规模侵入体穿插，在各大山脊广泛发育了第四纪冰期中寒冻风化而成的古石海（乱石窑）。雾灵山层峦叠嶂，主峰海拔2118.2m，最低海拔450m（连易寨），高差达1668.2m。

大部分山峰在1600m以上。主峰一带明显突出，其外围呈中低山峦，地貌十分复杂。沟谷呈"V"字形，宽由十几米至数百米不等。地形北高南低并呈西北向东南倾斜之势。坡度在25°～40°之间。

雾灵山自然保护区土壤分典型褐土、淋溶褐土、棕色森林土、次生草甸土四种类型，母质多为坡积母质。这四个土类垂直分布依次为海拔高度450～600m、600～900m、900～1900m、1900m以上；其中棕色森林土分布面积最大，占81.3%。该类土

土层厚35～105cm之间，腐殖质层厚15～50cm之间。除典型褐土呈弱酸至中性外，其他3个土类均呈弱酸性。

雾灵山自然保护区属暖温带湿润大陆季风区，具有雨热同季、冬长夏短、四季分明、昼夜温差大的特征。地形地貌的复杂性，决定了气候的多样性，素有"三里不同天，一山有三季"之称。年平均气温7.6℃，最冷月在1月，平均气温-15.6℃，极端最低气温一般为-28～-25℃；最热月在7月，平均气温17.6℃，极端最高气温一般

雾灵云海（董文才摄）

14

顶峰

金雕崖

龙潭瀑布

雾灵秋色

为 36 ～ 39℃。日均气温稳定，超过 10℃的日期约在 5 ～ 10 月。≥ 10℃年积温 3000 ～ 3400℃。年平均日照时数 2870h。年均降水量 763mm，局部可达 900mm。年平均蒸发量 1444mm，年平均相对湿度 60%。无霜期 120 ～ 140 天，初霜始于 10 月上旬，晚霜终于翌年 4 月中旬。

雾灵山自然保护区的水以主峰为中心呈辐射状流出。东部的水汇柳河经滦河入潘家口水库。西部的水汇清水河入密云水库。北部的水汇安达木河经潮河入密云水库。雾灵山是滦河和清水河、安达木河、潮河的重要补水区，是潘家口水库和密云水库的重要水源，是北京、天津两大城市的重要水源涵养基地。雾灵山既有清泉溪流，又有滔滔河水；既有瀑布高悬（落差 56m），又有池潭碧绿。

雾灵山地理位置独特，在中国植物区系区划上，属东北地区、蒙古草原地区、华北地区交汇处，在中国植被区划上，属暖温带落叶阔叶林区的北缘和温带针阔混交林区南缘交汇带，是暖温带落叶阔叶林向温带针阔混交林过渡的地区，加之海拔高差大，封

禁历史长，决定了雾灵山物种和植被的复杂性和多样性，使其既有暖温带落叶阔叶林特征，又有温带针阔混交林特征。雾灵山物种资源丰富，有高等植物 168 科 665 属 1870 种，其中苔藓植物 47 科 128 属 317 种，蕨类植物 15 科 24 属 65 种，裸子植物 2 科 6 属 13 种，被子植物 104 科 507 属 1475 种。保护区内模式种有雾灵景天、雾灵丁香、雾灵黄芩、雾灵沙参等 38 种。雾灵山列入中国植物红皮书《中国珍稀濒危保护植物》的物种共有人参、核桃楸等 10 种。雾灵山有野生陆生脊椎动物 56 科 119 属 173 种，其中国家一级保护动物 2 种：金雕、豹；国家二级保护动物 18 种；国家保护的有益的或者有重要经济、科学研究价值的有 108 种。

雾灵山是燕山山脉主峰，封禁于 1645 年（清顺治二年），禁民行、居、樵、垦长达 270 年，曾经是清王朝皇家风水禁地。雾灵山是著名的自然风景区，旅游资源十分丰富，以"险、奇、秀、美"为其形，以云雾、清凉为其神，有"京东明珠""伏灵仙境"之美誉。雾灵山共有 4 大景区（分别是仙人塔景区、龙潭景区、清凉界景区、五龙头景区），102 个景点，其中绝壁 42 处，怪石 17 处，潭瀑 19 处，山泉 4 处，神话景点 8 个，人工景点 3 个，动植物景点 9 个。

◎ 保护价值

雾灵山自然保护区主要保护对象是温带森林生态系统和猕猴，是猕猴在我国分布的北限。其保护价值主要体现在以下几方面：

清凉界峰

莲花池

龙潭迎客松（油松）

壶口瀑布

（1）生态系统完整，物种资源丰富。雾灵山处于华北、东北、内蒙古地区交汇处，地貌多变，高差大，开发晚。这些自然和人为条件的复杂性，决定了物种的多样性和生态系统的完整性。许多专家对雾灵山的种质资源和生态系统给予了很高的评价，称之为"基因宝库""物种聚集地""天然博物馆"等。雾灵山有生态系统类型 977 个。其中森林生态系统类型 960 个，灌丛类型 7 个，草甸类型 10 个。雾灵山是温带极少见的保存完好的生态系统，是一片非常宝贵的绿地。雾灵山有高等植被 168 科 665 属 1870 种，分别占全国的 34.3%、16.9%、5.7%。木本 275 种，其中乔木 132 种，灌木 143 种；藤本 27 种；草本 1568 种，其中多年生 1070 种，一年生 498 种。它们构成了雾灵山丰富的植被类型。有针叶林、阔叶林、灌木林、草甸、水生植物 5 种类型，11 个群系组，158 个群系，500 多个群丛。雾灵山有野生陆生脊椎动物 56 科 119 属 173 种，其中两栖纲 2 科 3 种，爬行纲 4 科 12 种，鸟纲 36 科 121 种，哺乳纲 14 科 36 种，另外有野生水生脊椎动物鱼纲 5 种。因此，同华北地区其他省份相比，雾灵山自然保护区的物种是极其丰富的。

（2）生态地位重要，生态作用明显。雾灵山是京津地区的重要生态屏障。由于雾灵山山体高大，森林植被茂密，且处于京津地区北部（距天津市 140km，距北京市 130km），使雾灵山成为京津及其周围地区的重要天然生态屏障，担当着为京津地区涵养水源、阻挡沙源、调节气候、净化空气的重要任务。据测定，仅雾灵山森林枯落物层，每年涵养净化水 14 亿 t，其中入密云水库 8.4 亿 t，入潘家口水库 5.6 亿 t。

（3）保护意义重大，科普教育作用明显。雾灵山是中国猕猴分布的最北限。猕猴主要分布于西南、华南、华中、华东、华北及西北的部分地区。雾灵山以北不再有猕猴分布。雾灵山自然保护区是一个活的自然博物馆，珍藏着较完整的森林生态系统，近 6000 多种生物资源，内容丰富，是生态、动物、植物、环境、水文、地质、土壤等学科理想的天然实验室，也是很好的教学实习基地。因此，2002 年被科学技术部、中共中央宣传部、教育部、中国科学技术协会联合命名为"全国青少年科技教育基地"；2004 年中国科学探险学会命名为"中国青少年科学考察基地";2004年中国野生动物保护协会命名为"全国科普教育基地";2005年被中国林学会评为"全国林业科普教育基地"。

◎ 功能区划

雾灵山自然保护区分为核心区、缓冲区和实验区3个功能区。核心区面积3794.6hm²,占总面积的26.6%,属天然林区,主要植被有阔叶林、针叶林、针阔混交林、草甸,是保护植物分布较集中的区域和保护动物的重要栖息地;缓冲区面积2404.4hm²,占总面积的16.9%。以天然阔叶林为主,分布少量人工林;实验区面积8047.9hm²,占总面积的56.5%。以天然阔叶林为主,大部分人工油松、落叶松林分布在该区。同时为了便于开展生态旅游,在实验区内划定了生态旅游区,面积631.6hm²,占总面积的4.4%,占实验区的9.3%。保护区管理局坚持"保护第一,旅游服从保护"的原则,并对生态旅游区域进行了严格的界定。

◎ 管理状况

自1984年雾灵山自然保护区建立以来,经过20多年的努力,区内森林覆盖率由建区之初的40.6%增加到80.3%,各类资源得到有效保护,同时还积极开展科学研究工作,主要科研成果有:出版《雾灵山和小五台山陆生脊椎动物研究》《雾灵山野生花卉》《雾灵山暖温带森林生态系统研究》3部专著及发表科技论文300余篇。

(武明录、尚辛亥供稿;雾灵山自然保护区提供照片)

秋

雾灵山清凉界碑

多彩雾灵

乾坤瀑

小五台山森林景观

河北 小五台山 国家级自然保护区

河北小五台山国家级自然保护区位于河北省西北部，地处蔚县、涿鹿两县境内，东与北京市门头沟区接壤，距北京市区125km，距石家庄市230km。地理坐标为东经114°47′～115°30′，北纬39°50′～40°07′。保护区东西长60km，南北宽28km，总面积21833hm²，属森林生态系统类型自然保护区。主要保护华北地区典型的森林生态系统及珍贵动物褐马鸡。2002年经国务院批准晋升为国家级自然保护区。

一山四季（陈桂萍摄）

◎ 自然概况

小五台山自然保护区地处太行山、燕山和恒山交汇地带，属大背斜构造，称小五台山大背斜，属恒山余脉，其走向为东北—西南转北西—南东。岩浆岩主要有闪长岩和花岗岩。以垂直断裂为主的断裂发育和山体剧烈抬升和强烈切割，形成了小五台山区以五个主峰为主体的中、亚高山地貌，仅在保护区东部与涞水、北京接壤处形成以东、西灵山为主体的中低山地貌。全区地形错综复杂，山峰挺拔峻峭，沟深坡陡，多数山坡坡度在35°～70°。山峰海拔多在890～2882m之间，仅海拔在2300m以上的高峰就有50多座，其中东台为主峰，海拔2882m，为河北第一峰，被誉为"河北屋脊"。

小五台山自然保护区属暖温带大陆季风型山地气候，具有雨热同季、冬长夏短、四季分明、昼夜温差大等特点。年平均气温6.4℃，1月平均气温－12.3℃（山顶可达－38℃），7月平均气温22.1℃。年降水量400～700mm。冬季多西北风，夏季东南风，山麓风速2m/s，最大风速可达20m/s。无霜期因海拔高度不同而不同，变化在80～140天。9月中旬初雪，冻结期长达5～6个月，最深冻土层达1.5m。主要土壤类型有亚高山草甸土、山地棕壤（包括生草棕壤、灰化棕壤、山地棕壤三个亚类）及褐土类。

小五台山自然保护区内水资源比较丰富，主要山谷皆有溪流。主要水源是降水、地下水、潜水等。由于谷深坡陡，落差大，常常形成急流和瀑布。五个台峰和东、西灵山成为天然的分水岭。各条溪流分别注入定安河、壶流河、桑干河、拒马河和永定河，是这几条河流的重要水源地之一。各沟河水常流不息，且水质较好，对该地区植被发育和人民生产生活起到重要的作用。

小五台山自然保护区植物资源丰富且种类繁多，是华北地区植物种类最丰富地区之一。据不完全调查统计，目前已发现分布有野生高等植物1350种，隶属于106科486属。以菊科、禾本科、豆科植物种类最为丰富（总计425种，占31.5%）。在1350种植物中，木本植物241种，占17.9%，其中以桦属、松属、落叶松属、云杉属、栎属、杨属为主。草本植物1109种。根据1999年国家林业局公布的《国家重点保护野生植物名录（第一批）》，保护区内有国家二级保护植物4种，包括野大豆、黄波罗、水曲柳、钻天柳。有中国特有植物虎榛子、蚂蚱腿子和文冠果等7种。有河北稀有植物臭冷杉。保护区还有很多具有美化、绿化、观赏和药用价值的植物，据初步调查，美化、绿化和观赏植物有367种；中草药植物有390种，牧草饲料植物593种。

小五台山自然保护区在动物地理区划上隶属东北界东北亚界华北区黄土高原亚区。初步统计共有陆生脊椎动物137种，隶属于4纲18目49科，其中两栖类2种、爬行类7种、鸟类96种、哺乳类32种。国家一级保护动物5种，即金钱豹、金雕、大鸨、白肩雕、褐马鸡，其中褐马鸡为世界珍禽，是我国濒危特有种。国家二级保护动物16种：鸢、苍鹰、雀鹰、白尾鹞、鹊鹞、大鵟、燕隼、红隼、勺鸡、雕鸮、纵纹腹小鸮、长耳鸮、豺、兔狲、黑卷尾、斑羚。保护区昆虫资源十分丰富，共有16目130科1500余种。其中以鳞翅目、鞘翅目、膜翅目、半翅目居多。保护区初步记录有真菌和黏菌135属468种，其中新种7个，国内新记录种36个，新组合种1个。

小五台山经过千百年的风雕雨琢，使之具有古、野、幽、奇、险等特点，加上各种古迹和原始森林及古老传说，越发显得富有神秘色彩。它山体巍峨，峰峦叠嶂，雄伟壮观；沟涧溪水悠远流畅，湖光山色，十分宜人；盛夏之时，绿茵如毯，繁花似锦，彩蝶飞舞，真可谓色、声、味皆美，山、水、林如画。登高远眺，云林相拥，有"一览众山小"之感，真乃一幅美妙绝伦的人间仙境。著名的景观有幽谷珍禽、一线天、天主教堂、神龙潭、佛爷庙、古长城、

褐马鸡（郭书彬摄）

山涧溪水（郭书彬摄）

珍珠泉、悬空寺、辽代塔林等30多处。保护区内自然资源丰富，以褐马鸡为代表的飞禽走兽处处可见，奇花异草美不胜收。保护区自明代以来，就有建筑，宇庙殿堂和古塔鸣钟遍布诸峰，流传着许多美丽动人的神话传说，融自然景观和人文景观于一体，具有独特魅力。

◎ 保护价值

小五台山自然保护区的主要保护对象：①森林生态系统。保护区几乎包括了华北境内所有天然林类型，植被垂直分布带谱是华北地区的典型代表，森林植被是暖温带植被典型代表，也是重要的京津水源涵养基地和京西防风沙生态屏障。②国家一级保护动物褐马鸡等。褐马鸡为中国特有野生动物，仅分布于山西、河北和北京。目前保护区内褐马鸡总数约为2400只。保护区因其起源古老、地形复杂多样，

故而造就了种群特殊性，具有物种多样性、遗传多样性和生态多样性丰富的特点，是华北地区为数不多的存有极其珍贵的原始林和次生林的完整森林生态系统，是珍贵的物种基因库，且是世界珍禽褐马鸡主要分布区和生存栖息地。物种本身具有巨大的保存价值，丰富的生物多样性遗传资源又具有极大的潜在经济价值，同时也是科研工作者研究华北地区森林生态系统结构、功能、森林演替、动植物区系、生物多样性和人类社会经济活动与生物多样性相互依存关系等相关科学研究不可多得的天然实验室，具有很高的科研和学术价值。因其不可替代的众多特点和优势，决定了它的生态战略位置十分突出，已被纳入北京周边地区生态环境建设范畴。

小五台山自然保护区内植被生长茂盛，森林覆盖率达75.4%，不仅可以防止自身产生沙尘，而且对从西部吹入首都北京的风沙有直接的阻挡作用，能直接净化入京空气，是北京西部的天然门户，被誉为"京门屏障"。对改善和稳定北京、天津及其周边地区的生态平衡和生态安全有着不可替代的作用，而且也是这些地区的重要水源涵养地之一。所以，加强保护区的保护对改善京津地区的环境具有重要的现实意义。

◎ 功能区划

按照区划原则与有关标准，结合保护区实际，根据保护对象的时间、空间分布特点以及居民点和生产生活需要等情况，以自然性、典型性、稀有性突出的植被群落和野生动物及栖息地为重点，综合划定核心区、缓冲区和实验区，各区面积分别是6914hm²、6038hm²和8881hm²。　　（武明录、尚辛亥供稿）

河北 衡水湖 国家级自然保护区

河北衡水湖国家级自然保护区位于衡水市桃城区西南约10km处，北倚衡水市区，南靠冀州市区，京开路（106国道）沿衡水湖边穿过。保护区管理边界东至善官村，西至大寨村，南至堤里王，北接滏阳河。地理坐标为东经115°27′50″～115°42′51″，北纬37°31′40″～37°41′56″。保护区东西向最大宽度22.28km，南北向最大长度18.81km，海拔在18～25m，总面积26834hm²，属湿地生态类型自然保护区。保护区于2000年成立，2003年经国务院批准晋升为国家级自然保护区。

◎ 自然概况

衡水湖自然保护区属第四纪冲积平原，处于新华夏系衡邢隆起东侧的威县—武邑断裂带附近，湖区北部为石家庄—巨鹿—衡水纬向断裂。在三级构造上自然保护区处于南宫断凹的边缘，属南宫断凹与明化断凸的边界断裂。湖区地层主要由褐色黏土、亚黏土、轻亚黏土、黄色粉砂及细砂组成，多为互层状分布。砂质沉积层以粉砂及粉砂土为主，细砂较少。衡水湖湖底湖岸为黏质土，渗透性很小，形成隔水层，是一个天然的良好蓄水池。

衡水湖自然保护区属暖温带大陆季风气候区，气候特点是冷暖、干湿差异显著，四季分明，光热资源充沛，雨量集中。保护区地处内陆，属暖温带半湿润易旱区。干燥度在1.23～1.57，大陆度65.6%，四季分明，冬夏长，春秋短，春季为冷暖季节的转换期，冷暖空气交错频繁，干燥多风；夏季高温、高湿、降水集中；秋季降水天气减少，气温下降，天气晴朗；冬季天气寒冷干燥，多偏北大风，雨雪稀少。

浮萍（康同跃摄）

衡水湖自然保护区成土母质为河流沉积物，保护区土壤大体可归纳为两个土类：潮土和盐土。湖东岸以中壤质潮土和轻壤质潮土为主，有少量盐化潮土。湖西岸以砂壤质潮土为主，有部分砂壤质轻盐化潮土。潮土是保护区的主要土壤类型，潮土母质主要是由黄河携带的泥沙沉积形成，土壤颜色以棕色为主，沉积层理清楚明显。此外，地下水直接参与成土过程，表土、底土有潜育化现象。土壤有机质含量

湖区大部分为0.7%～1.0%，少部分<0.5%。

衡水湖自然保护区周边河流属海河水系的子牙河水系。有滏阳河、滏阳新河和滏东排河三条主要河流。保护区东侧和南侧还分别有冀码渠、冀南渠和卫千渠等人工河渠以及盐河改道后遗留的盐河故道。衡水湖是该区主要水体，湖域面积为75km²，占整个保护区的40%，被人工隔堤分隔为东湖、西湖和冀州小湖。此外，还有

一些因古河道改道和洪水泛滥遗留下的许多深浅不一的分散小水体。随着全球性气候变迁，保护区目前年降水量远远低于年蒸发量，加上各种上游水利设施的修建，湖区目前已基本丧失了原来的自然流域系统的水源补给，完全依赖人工调水蓄水来维持。衡水湖位于衡水市区的上游，周边污染源较少，但由于衡水湖水源主要靠引水补给，水质取决于上游来水。依据国家《地表水环境质量标准》（GB3838—2002），采用综合污染指数（Pn）法，对 2003 ～ 2004 年最新资料进行水质评价，可以发现衡水湖水除高锰酸盐指数略高外，基本满足国家地表水三类标准。

衡水湖自然保护区生物资源丰富，已发现植物有 75 科 239 属 383 种；其

衡水湖景观之一

芦苇

中茶菱为国家二级保护植物。已鉴定的各种野生动物有 552 种，其中鱼类 26 种，兽类 17 种，两栖爬行类 20 种，昆虫 194 种，浮游动物 174 种，底栖动物 23 种，鸟类 299 种。列入《国家重点保护野生动物名录》的保护物种包括：国家一级保护鸟类黑鹳、东方白鹳、丹顶鹤、白鹤、金雕、白肩雕、大鸨共 7 种；国家二级保护鸟类大天鹅、小天鹅、鸳鸯、灰鹤等 45 种。列入《河北省重点保护陆生野生动物名录》的重点保护鸟类有 77 种。《中日保护候鸟及其栖息环境的协定》中的保护鸟类 151 种，占协定全部保护鸟类 227 种的 66.5%。《中澳保护候鸟及其栖息环境的协定》中的保护鸟类 40 种，占该协定全部保护鸟类 81 种的 49.4%。

衡水湖地处黄河流域，历史上河道纵横并多次改道，留下了不少自然历史遗迹。包括古河道遗迹、古地质遗迹和洪水灾难遗迹等，对于考察衡水湖的成因和自然历史变迁具有重要的科学价值，并具有独特的审美价值，需要进一步挖掘和保护。以冀州古文化为代表的丰富的历史人文遗存是衡

水湖自然保护区区别于一般自然湿地的一大特色，如汉城墙、明城墙、古墓以及竹林寺飞升上天的传说，使衡水湖成为一部展示人与湿地关系的人文自然历史的天然教科书。

◎ 保护价值

从生态系统特征上看属于以华北内陆淡水湿地生态系统为主的平原复合湿地生态系统。衡水湖属内陆淡水湖泊，区内自然景观独特，具有沼泽、草甸、滩涂、水域、林地等多种生境，发育成为湖泊湿地、淡水沼泽湿地、盐沼、沼泽化草甸组成的天然湿地生态系统。

其保护价值体现在以下几个方面：

（1）衡水湖湿地在保护珍稀物种、维护华北平原内陆淡水湿地生态系统的典型性、稀有性以及重要生态功能等方面占有非常重要的地位。对衡水湖鸟类生境的保护也是中国履行鸟类保护相关国际协议与国际湿地公约的重要组成部分。

（2）衡水湖湿地是华北平原湿地发育贫乏区的代表性湿地。它不但是珍稀鸟类、湿地生物多样性保护与湿地

生态与环境功能发挥的重要基地，也是开展华北湿地生态系统结构、功能和效益研究的重要场所，对中国湿地科学的发展具有独特的重要意义。

（3）对衡水湖湿地的恢复与保护是整个华北平原生态与环境建设战略布局中的重要一环。借助于南水北调工程的实施，通过对保护区进行合理的保护管理与湿地恢复，可使该区域湿地面积进一步扩大，使湿地生态系统

的综合效益得以最大发挥。衡水湖不仅能为衡水市调蓄和提供优质的水资源，蓄洪防旱防涝，而且能有效调节衡水湖周边区域及京津地区的气候环境。

（4）衡水湖湿地兴衰变化反映了人类活动与自然因素相互作用过程，记录了很多历史经验与教训，是一部研究湿地人文历史的天然教科书，是研究人与湿地关系的人文自然历史的重

要场所。也是一处探索与人类活动密切关联的特殊湿地类型的保护与发展的试验场。保护区可以通过调整产业结构，提高周边社区居民生活，使当地居民积极支持保护事业的发展，为人口稠密地区的湿地保护起到很好的示范作用。

◎ 功能区划

衡水湖自然保护区保护管理面积26834hm²，保护区面积18787hm²，经科学区划为 4 个区，核心区面积为5816hm²，缓冲区面积为4865hm²，实验区面积为11327hm²，示范区面积4826hm²。

核心区：是保护区最重要的区域，分主、次两块。主核心区包括衡水湖东西两湖的大部分水域，滏阳新河滩地的绝大部分面积，以及其间的中隔堤和滏东排河河道及其南北大堤。次核心区主要包括衡水湖东湖顺民庄以南的大部分水域，及其中的冀州小湖隔堤，面积 600hm²，占核心区总面积的 12%。

缓冲区：位于核心区的外围，面积 4865hm²，占实验区以内保护区总面积的 22.11%。缓冲区生境类型有水域、淡水沼泽、盐化沼泽、草丛、林地等，水生植物与陆生植物并存，并保留了一些鸟类觅食斑块。在东部和南部的缓冲区将核心区与保护区边界及实验区相隔，以防止和减少外界对核心区的干扰和影响，在西部和北部的缓冲区为核心区生境向西和向北拓展留出了充足的空间。

实验区：位于缓冲区的外围，一方面起到对核心区进一步的缓冲作用，另一方面也为保护区开展对湿地资源的合理利用，促进社区和地方经济发展提供空间。实验区主要分为三块，分别分布在自然保护区的东侧、西南角和西北角，生境类型包括湖泊、沼泽、

衡水湖景观之二

湖中荷花

翠鸟（武明录摄）

冬季衡水湖

河道、滩地、人工沟渠、耕地和林地等，人类活动干扰强度较大。实验区的经济结构目前主要为第一产业，有少量第二产业。

示范区：位于保护区东部，是保护区与衡冀枣城市化金三角与自然保护区的一个缓冲地带，同时也是衡水市实施可持续发展战略、全面建设小康社会的一个生态型低密度开发控制区。区内综合发展生态旅游业、教育产业、绿色生态高科技产业、房地产业、林业和生态农业等，开展生态友好型、清洁生产型的多种经营，最大限度地发掘因衡水湖保护的生态优势所提升的该区的土地价值及其所带来的发展机遇，并将该区开发所带来的财政收入再返还给自然保护，增强保护区自我造血能力，使保护区走上"以保护促开发，再以开发促保护"的良性循环。

（武明录、尚辛亥供稿；衡水湖自然保护区提供照片）

须浮鸥

衡水湖景观之三

23

河北 滦河上游
国家级自然保护区

河北滦河上游国家级自然保护区位于河北省北端的围场满族蒙古族自治县境内，地处内蒙古高原与冀北山地的过渡地带。地理坐标为东经116°51′～117°45′，北纬41°47′～42°06′。保护区管理局所在地——围场镇距北京市384km，天津市504km。保护区由燕格柏管理区、孟滦管理区、滦河管理区组成，总面积为50637.4hm²，属森林生态系统类型自然保护区，主要保护草甸、针叶林、针阔混交林和温带阔叶林生态系统及滦河水源地。保护区始建于2002年。

野罂粟

◎ 自然概况

滦河上游自然保护区位于阴山山脉、大兴安岭山脉的尾部向西南延伸和燕山山脉余脉的结合部，大地构造属于内蒙台背斜的一部分，属于坝上高原区东段的"围场高原亚区"，其山地部分北连坝上高原，属于冀北山地中的"坝根中山亚区"。保护区地质发展历史和地貌发育形成比较复杂。从整体上来看，以中侏罗系地层最为发育，占全区的大部分；较少部分属于第三系上新统和第四系中更新统和全新统。保护区地质构造表现的褶皱、断裂甚为明显。依据构造运动时期的划分以及褶皱、断裂所在的构造单元，该区的地质构造可分为两个部分，大部分发育在围场新拔断凹中，宏观上呈东南向以及北西向构造线，生成时期均在晚侏罗系早白垩系。

滦河上游自然保护区气候类型组合是：（中）温带向寒温带过渡，半干旱向半湿润过渡，大陆性季风型高原山地气候。冬季该区地面被强大的蒙古冷高压所控制，盛行西北风。春季高空槽、脊活动频繁，地面则常常

绿色守护神

广袤的天然林

是锋面气旋与冷高压相互交替，南北气流相互争雄，进退不定，因而天气多变，时冷时热，夜冷日暖，气温和气压的日际变化到达了一年中的最大值，且常刮大风，成为一年中大风日数最多、风速最大的季节。此期间，植被稀少，土壤干松，尘粒易被大风卷到高空，形成浮尘或沙尘，蒸发量大，形成了围场"十年九春旱"的特点。夏季6～8月上旬，降水量明显增多，而且比较集中。秋季该区的地面重新被蒙古高压控制，天气晴朗，风速较小，气候宜人，可谓是"天高气爽"。年降水量在380～560mm之间，地域分布差异较大。

滦河上游自然保护区内的土壤可分为7个土类，15个亚类，其中，棕壤：包括4个亚类，即：棕壤、生草棕壤、棕壤性土和草甸棕壤。主要分

生态水源

布在海拔900m以上，半湿润具有温凉气候的地方；褐土：包括5个亚类，即：淋溶褐土、典型褐土、碳酸盐褐土、草甸褐土和和土性土，主要分布在海拔800～900m之间，半干旱、温暖的低山、黄土台地及平川地区；风沙土：主要分布在南北河川东岸的迎风坡上。风沙土风蚀重、土壤发育层次不明显；草甸土：由于地下水受季节性浸润影响，分布在泡子（湖）周围及河岸二洼上；沼泽土：分布在涝洼地上，由于三价氧化铁还原为二价氧化铁，土粒被染成蓝色，形成蓝色潜育色；灰色森林土：包括2个亚类，即：灰色森林土亚类和暗灰色森林土亚类，主要分布于保护区北部；黑土：分布在保护区北部，其特点是草高、土黑（草皮有机质层），暗色过渡层（铁膜脱色、腐殖质染色），脱钙微酸性，底层有白色硅粉末。

流经滦河上游自然保护区内的河流受到所处地势的控制，总的趋势是由北向南的外流水系。区内主要有小滦河、伊逊河和伊玛图河，三条河均属滦河水系的主要支流，均由北向南流入隆化县境内。在郭家屯附近，小滦河与大滦河（滦河干流）汇合，始称滦河；伊逊河与伊玛图河于隆化县城附近汇合后，在承德县滦平镇汇入滦河。滦河

中游流经燕山山地，下游在乐亭、昌黎两县间入渤海。保护区内天然植被保持良好，土层深厚，保水能力强，地下水资源丰富。据1997年的资料显示，小滦河流域地下水含量为0.327亿m^3；伊玛图河流域为0.911亿m^3；伊逊河流域为1.792亿m^3，保护区地下水总含量约为3.03亿m^3。

根据实地考察和资料查阅，种子植物是滦河上游自然保护区的植物资源的主体，共90科371属793种，分别占河北省的70.3%、52.0%和36.9%，是河北省野生种子植物区系中物种多样性较为丰富的区域之一。其中裸子植物3科7属11种，分别占河北省3科8属15种的100%、87.5%和73.3%；占全国10科34属193种的30.0%、20.6%和5.7%；被子植物87科364属782种（双子叶植物76科293属653种，单子叶植物11科71属129种）。分别占河北省125科705属2135种的69.6%、51.6%和36.6%；占全国291科2946属24357种的29.9%、12.4%和3.2%。

滦河上游自然保护区内有国家二级保护野生植物1种：野大豆。

滦河上游自然保护区动物资源丰富，脊椎动物共计28目77科317种。其中鱼类4目5科23种，以鲤科鱼

类最为丰富，有15种，占该地区鱼类总种数的65.2%；两栖类1目3科5种，占河北省已知两栖类总种数的50.0%；爬行类1目5科15种，占河北省已知爬行类总种数的62.5%；鸟类16目50科228种；哺乳类6目14科46种。昆虫种类13目125科970种。

滦河上游自然保护区内有45种国家重点保护野生动物，国家一级保护野生动物5种，包括黑鹳、金雕、白头鹤、大鸨、金钱豹；国家二级保护野生动物40种，包括细鳞鲑、大天鹅、小天鹅、鸳鸯、鸢、苍鹰、雀鹰、松雀鹰、大鵟、普通鵟、毛脚鵟、草原雕、乌雕、秃鹫、白尾鹞、白腹鹞、鹊鹞、游隼、燕隼、灰背隼、红脚隼、黄爪隼、红隼、黑琴鸡、勺鸡、灰鹤、白枕鹤、蓑羽鹤、红角鸮、领角鸮、纵纹腹小鸮、雕鸮、长耳鸮、短耳鸮、猞猁、兔狲、原麝、马鹿、黄羊、斑羚。

滦河上游自然保护区内的景观资源非常丰富，主要有：

（1）五道沟生态景区。五道沟风景区地处围场县西北部，木兰林管局所辖林区内，总面积48.3km²。这里是清朝"木兰围场"七十二围之一（哈朗圭围）旧址（哈朗圭为蒙语，汉意为发黑之地）所在地，是目前自然风貌保存最为完好的"围场"，主要包括五道沟、龙潭沟和连阴寨三大景区。

丰富的动植物资源和复杂的地貌特征，造就了五道沟景区如诗如画的自然景观。

——混交复层林。五道沟景区森林覆盖率达到了92.1%，分布有大面积桦、杨、松等针阔混交林，大量的观赏性灌木和野生花卉点缀其中。每当轻风拂过，万头攒动、碧波荡漾，到了秋天，更是层林尽染、绚丽多彩。

——沙地森林。五道沟景区内多为沙壤，原始状态保存完好的森林在五道沟有一个非常专业的名称，即"沙

保护区河流

生态水源

绿色屏障

地森林"。生长在沙地上的油松、云杉、白桦、五角枫、杜鹃等植物形成了沙地群落优势。深层次地研究沙地森林，探索其内在自然演替规律，寻求增加沙地植被新途径，对于干旱、沙化严重地区的生态建设具有重要的科考价值。

——高山草甸。在于五道沟景区的高海拔地区，植被类型为典型的高山草甸，金莲花、野罂粟、芍药、红景天等观赏性花卉广泛分布，每当百花齐放的时候，绿草与鲜花、蓝天与白云相互映衬，构成了一幅色彩斑斓的美丽画卷。

——奇山异石。主要集中在连阴寨景区和龙潭沟景区内。这里沟深谷窄，奇峰对峙，山石林立，造型奇特，景观变幻无穷。身临其境大有"两谷夹明镜，秀山伴我行"之感。

——龙潭飞瀑。龙潭沟水源丰富、沟壑纵横。泉水沿峭壁直下，形成飞瀑。飞瀑击石成潭，被人们称为"龙潭"，龙潭沟景区也因此而得名。

五道沟景区以其独特的山、石、水、林、草等自然景观征服着每位来访者，来这里参观的游人无不感慨地说：这里简直就是"塞外九寨沟""中国秋季最美的地方"。

木兰冬韵

（2）小滦河景区。小滦河位于滦河管理区和孟滦管理区境内，系滦河的最大支流，全长97km，流域面积39000hm²，是围场县境内水量最充沛、流量最稳定的一条河流。天然落差730m，水流清澈、河床狭窄，水深0.8～1m，平均宽3～10m，平均流量3.859m³/s，最大流量120m³/s。

河岸两面是宽阔的沙滩平地，白桦林、榆树林、杨树林及其他针阔混交林等植被分布有张有弛、错落有致，与两岸形态怪异、山势峻拔的高大山体以及体态婀娜多姿、形似玉女腰带的小滦河交相辉映，金秋时节，五彩缤纷，展现出一派欧洲风光，勾勒出一幅风景奇特的山水画廊，形成独具特色的北国水域风光。

原野回味

保护区秋色

小滦河风景区乃"木兰围场"七十二围之一库尔奇勒围遗址所在地。在木兰秋狝文化中，小滦河占有特殊地位，除解决了数万秋狝将士和马匹的饮水外，还因盛产细鳞鱼备受清朝帝王的青睐，康熙曾赞美其"状似鲈而味美过之"。小滦河两岸水草茂盛，常常是只听水声不见水流。

◎ 保护价值

河北滦河上游自然保护区主要保护对象包括几个方面：

（1）保护典型的以草甸、针叶林、针阔混交林和温带阔叶林为特征形态的生态系统。

（2）保护滦河水源地。

（3）保护森林、草原、山谷湿地等不同自然地带的典型自然景观。

（4）保护野大豆、核桃楸、蒙古黄耆和刺五加等国家重点植物物种。

（5）保护珍稀濒危动物物种。

滦河上游自然保护区特殊的地理位置和重要的生态区位，成就了它极其重要的保护价值：

（1）防风固沙，京津地区生态安全的重要屏障。保护区北接浑善达克沙地，南临承德市，距北京市384km，距天津市504km，生态战略位置十分重要。

（2）涵养水源，具有很高的水资源利用价值。滦河上游自然保护区茂密的森林及其不同类型的植物群落，几乎拦蓄了全部的天然降水，起到了"无坝水库"的作用。

（3）科研示范价值。滦河上游自然保护区植物区系为东北、内蒙、华北区系的交汇地带。这里既是天然博物馆，又是天然实验室。保护区蕴藏着丰富的生物资源和基因库资源，供人们研究这一区域乃至周围区域植物、动物、环境的演变规律，寻求可供人类生产、生活需要的物种基因等，不仅具有较高的保护价值，同时还具有多学科的科研价值

（4）保护区的代表性和典型性。由于保护区特定的地理位置和气候条件，形成了华北地区少见的天然次生林生态系统，覆盖率达82.37%。森林植被类型具有草甸、针叶林、针阔混交林和温带阔叶林的特征形态，大部分保持了原始的生长状态。

（5）多样性和稀有性。滦河上游自然保护区具有典型的森林、草原、山谷湿地等生态环境，造就了丰富多样的生物物种资源，成为华北地区重要的生物物种基因库，在监测植物资源、动物资源、河流径流、种群变化及气候环境等方面都具有重要的科研价值。

（滦河上游自然保护区供稿）

河北 茅荆坝 国家级自然保护区

河北茅荆坝国家级自然保护区位于河北省东北部隆化县境内，地处阴山山脉七老图岭与燕山山脉交汇处，是典型的蒙古植物区系和华北植物区系的交汇区，也是华北山地针阔混交林向蒙古草原和东北大兴安岭针叶林过渡的地区。地理坐标为东经117°08′21″～118°13′06″，北纬41°29′57″～41°47′53″。保护区总面积40038.0hm²，范围涉及茅荆坝、碱房、张三营3个国有林场，属森林生态系统类型自然保护区，主要保护对象为温带阔叶林生态系统，阻挡内蒙古高原风沙侵袭北京和天津地区。2008年经国务院批准晋升为国家级自然保护区。

保护区最高峰——敖包山（陈宝森摄）

◎ 自然概况

茅荆坝自然保护区属燕山褶皱与内蒙古台背斜的过渡地带，为华北古陆北缘隆起区，结晶基底为太古代单塔子群，盖层较薄。

茅荆坝自然保护区大地构造属华北地台北缘内蒙古地轴和燕山沉降带的过渡地区，经历了漫长的地址变迁，形成了火山喷发岩和岩浆岩的山地地形。根据现代地貌特征，保护区大体可分中山地貌和河谷阶地两个大的地貌类型。

茅荆坝自然保护区属暖温带半湿润大陆性季风型山地气候。具有四季分明、冬长夏短、雨热同季的特点。

发源和流经保护区的较大河流有5条：驿玛图河、小滦河、伊逊河、鹦鹉河和茅沟河。其中小滦河、伊逊河是滦河的一级支流，驿玛图河、鹦鹉河和茅沟河是滦河的二级支流。保护区内最高峰——敖包山是滦河的重要支流武烈河的发源地。区内大气降水量21.5亿m³，客水量4.76亿m³，地下水资源1.62亿m³。

茅荆坝自然保护区内土壤分为棕壤、褐土、草甸土3个大类，有9个亚类；依成土母质、土壤质地、土层薄厚又划分为20个土属，60个土种，土壤pH值6～7。

茅荆坝自然保护区属暖温带落叶阔叶林带燕山山地落叶阔叶温性针叶林区，保护区共有4个植被型、24个群系。根据初步调查，保护区共有高等植物4门141科497属1091种，大型真菌28科78种，脊椎动物5纲28目71科164属270种，其中国家二级保护植物有野大豆、黄檗、紫椴、松口蘑4种，国家一级保护动物有豹、黑鹳、金雕3种，国家二级保护动物有大天鹅、鸳鸯、凤头蜂鹰等31种。

茅荆坝自然保护区距承德避暑山庄62km，距北京270km，距天津320km，距内蒙古赤峰110km，地理位置得天独厚。

夏日这里是避暑胜地，而且北接内蒙古草原，凉爽的气候吸引了大批全国各地和海外的游人。保护区内地形地貌独特，既有完好的森林、草甸、山地和水域风光，又有独特的温泉、民风淳朴的满、蒙等少数民族风情，

保护区鸟瞰（陈宝森摄）

中国特有植物——虎榛子（程俊摄）

中国特有动物——山噪鹛（程俊摄）

旅游资源相对丰富。保护区内有奇特的自然景观和历史神韵的人文景观。

◎ 保护价值

茅荆坝自然保护区以森林生态系统及其生物多样性、珍稀濒危物种及其栖息地、自然生态环境和滦河上游水源地为主要保护对象。

茅荆坝自然保护区位于北京市和天津市北部，地理位置物特殊，保护区内河流众多，丰富的水资源使得森林生态系统发育良好，区内分布着保存较为完整的天然阔叶林，尤其是大片的核桃楸林、近原生性的华北落叶松林和油松林，是阻挡内蒙古高原风沙侵袭北京和天津的天然绿色屏障。保护区内生物多样性丰富，是一个重要动植物种质基因库，具有较高的保护价值和多学科科学研究价值。同时，

保护区处于滦河上游，其涵养水源、净化水质的重要作用对维护京津地区的生态安全具有重要意义。

◎ 科研协作

茅荆坝自然保护区与中国林业科学研究院、北京林业大学、河北师范大学、承德民族职业技术学院等单位联合开展科学研究工作，编写并由科学出版社出版发行《河北茅荆坝自然保护区科学考察及生物多样性研究》、由中国林业出版社出版发行《河北茅荆坝自然保护区生物多样性及其保护》彩色图集，国家林业局调查规划设计院编制的《河北茅荆坝国家级自然保护区总体规划》于2008年4月15日通过专家评审。

（茅荆坝自然保护区供稿）

春染茅荆坝梁（程俊摄）

河北 塞罕坝
国家级自然保护区

河北塞罕坝国家级自然保护区位于内蒙古高原的东南缘，地处内蒙古高原与冀北山地的交接处，地理坐标为东经116°53′～117°31′，北纬42°22′～42°31′。地貌上界于内蒙古熔岩高原和冀北山地之间，主要是高原台地；东西长51.46km，南北宽17.84km，区域海拔高度1500～1939.6m。保护区原为河北省塞罕坝机械林场的一部分，行政区域位于河北省围场满族蒙古族自治县。保护区总面积20029.8hm²。保护区属于森林－草原交错带生态系统类型自然保护区，主要保护森林－草原交错带生态系统及珍稀濒危动植物。2007年4月经国务院批准为国家级自然保护区。

灌丛中的鸟群

◎ 自然概况

塞罕坝自然保护区位于内蒙古高原的东南缘，属于大兴安岭山脉的余脉，地理位置独特，多处呈现出过渡、交错带特征：地貌上为高原－山地过渡带；气候上为暖温带－寒温带过渡带；气象上为半干旱－半湿润过渡带；景观上属于森林－草原交错带；生物地理上处于蒙新、东北、华北三大生物地理区系交错带。

河岸湿地灌丛

塞罕坝自然保护区属半湿润－半干旱气候交错区，全年气候的特点是：冬季漫长，低温寒冷，积雪长达7个月；春季错后，夏季凉爽；无霜期短，昼夜温差大；降水量偏少，且多集中在6～9月。年平均气温－1.2℃，极端最高气温33.4℃，极端最低气温－43.2℃。降水以降雨为主，降雪为辅，降水量偏少，年降水量454.2mm，年际变化较大，最大年降水量636.0mm，最小年降水量258mm，年平均降水日数134天。

塞罕坝自然区地下水主要补给来源以大气降水为主，地形平缓，地下

阔叶混交林

30

马鹿

嬉戏的天鹅

刺五加

树灵芝

草甸植被

天然林前的金莲花群落

水补给模数大于 104m³/km²，由于滩地、凹地、沟谷及河流沿岸广泛沼泽化，地表水及浅层潜水比较丰富。保护区东区北部为滦河上游支流吐力根河的发源地；东区南部为西辽河上游支流阴河的发源地。这些源头湿地连同其周边森林草原区每年可向滦河、辽河输入淡水近 1000 万 m³，对该流域水量供应与调节起着重要的作用。

依据《全国第二次土壤普查技术规程》进行的调查与测算表明，塞罕坝自然保护区的土壤共有 6 大土类，11 个亚类，18 个土属，34 个土种。

塞罕坝自然保护区属于典型的森林－草原交错区，全区植物区系、地理成分、植物生活型谱复杂，植物类型丰富多样。植被可分为 7 个植被类型 25 个群系。保护区计有维管植物 81 科 303 属 618 个种（变种、变型），以北温带成分为主；陆生野生脊椎动物 4 纲 24 目 66 科 261 种（亚种），绝大多数属于古北界成分；此外保护区还有鱼类 5 科 24 属 32 种；大型真菌 22 科 51 属 79 种；昆虫 12 目 114 科 660 种。

蒙古黄耆

野大豆

◎ 保护价值

塞罕坝自然保护区的主要保护对象为：森林—草原交错带生态系统，滦河、辽河水源地，黑鹳、金雕等珍稀濒危动植物物种。

塞罕坝自然保护区内生态系统独特而复杂，野生动植物种类丰富多彩，天然植被保护完好，其中核心区的灌丛和草甸植被基本处于原始状态，具有很高的科研价值和学术研究价值。保护区的建立与发展对于维护京津乃至整个华北地区的生态安全，具有深远的历史意义和重要的社会价值。建设好塞罕坝自然保护区，可以成为京津周围乃至华北地区最大的一块自然生态环境保护教育示范基地。

茂盛的天然林

灰鹤

广阔的草甸

五花草塘

◎ 科研协作

近年来，与北京林业大学、河北农业大学等多家单位联合开展了塞罕坝野生动植物多样性、森林资源以及土壤、水文、地质、气候规律等方面的调查研究。完成了《塞罕坝森林－草原交错带植物多样性及林业发展策略研究》（获河北省林业科技进步二等奖）、"补血草生物学特性及产业化开发利用途径的研究"（获承德市科技进步三等奖）、"森林／草原过渡地带鸟类群落结构研究"（获河北农业大学科技进步一等奖）、《塞罕坝植物志》等专著和多项科研课题。同时，积极做好陆生野生动物的保护及疫源疫病的监测工作。

（塞罕坝自然保护区供稿）

混交林

沼泽湿地

河曲弯弯

驼 梁
国家级自然保护区

河北

河北驼梁国家级自然保护区位于河北省西部平山县境内，属太行山中段东麓。地理坐标为东经113°41′43″～113°53′35″，北纬38°33′13″～38°45′48.7″。保护区海拔高度在640～2281m之间，主峰驼梁山海拔2281.0m，总面积21311.9hm²，属以保护森林生态系统、生物多样性及其珍稀濒危动植物物种为主的森林和野生动物类型的自然保护区。保护区始建于2001年3月，2011年4月16日经国务院批准晋升为国家级自然保护区。

阿穆尔隼（李剑平摄）

◎ 自然概况

驼梁自然保护区属阜平隆起与井陉凹陷的过渡地带，形成新华夏系最早出现的构造形迹。区内地质古老，岩性复杂，基岩出露面积大。由于地壳运动和长期的剥蚀，区内保留的基岩系列多为太古界的阜平群和龙泉关群，元古界的长城群、滹沱群，古生界的寒武系、奥陶系以及新生界第四系全新统、上更新统的地层。

经过多次的地壳运动和长期的剥蚀堆积，形成了现有的山地地貌，按地貌类型可以分为亚高山、中山和低山3个亚类，并兼有阶地、岗坡、谷地和凹地等多种类型。

驼梁自然保护区属暖温带半湿润大陆性季风气候，由于地貌复杂，高山丘陵交错起伏，川谷纵横，形成很多小气候区。总的特点是四季分明，冬长夏短，光照充足，雨量适中，雨热同季，昼夜温差较大。

全年平均气温8.0℃，极端最高气温39.6℃，极端最低气温－17.9℃。

夏日驼梁（左红江摄）

亚高山草甸（左红江摄）

云杉（李剑平摄）

油松林（刘贵平摄）

保护区雨量充沛，年平均降水量690mm。年降水量分布不均匀且降水量年际变化较大，降水多集中在7、8月份，占全年的65%～70%；冬季积雪最深可达21cm，一般在10月末初雪，翌年3月末终雪。保护区初霜一般始于9月下旬，终霜期一般在翌年5月上旬或中旬，霜冻特点为多雨年初霜迟，少雨年初霜早。全年无霜期平均为100～130天。

驼梁自然保护区内土壤受地形、气候、成土母质、地下水状况等自然因素作用，土壤种类繁多，可分为亚高山草甸土、棕壤、褐土、草甸土4个土类。在土壤分布上因地貌类型复杂，土类的分布水平地域性不明显，主要表现在垂直地带性分布。亚高山草甸土分布在海拔1900m以上的山脊地带；棕壤主要分布在海拔1000～1300m以上的中山地带呈半环状水平分布，是保护区的主要土壤类型；褐土主要分布在海拔800m以下的低山、丘陵、坡麓和河谷阶地；草甸土主要分布在沿河两岸的低平地。

驼梁自然保护区内全部河流属海河流域子牙河水系。自西向东依次是卸甲河和柳林河，均为滹沱河支流。

驼梁自然保护区植物种类丰富，区系组成复杂、区系特点鲜明，植被类型多样，在华北山地具有一定的代表性。区域内共有高等植物4门143科552属1187种（含种下分类单位），其中苔藓植物共计25科96属267种，蕨类植物13科23属42种，裸子植物3科6属8种，被子植物102科427属870种；保护区内共有7个植被型30个群系。其中，针叶林3个群系，即寒性针叶林华北落叶松林、温性针叶林油松林和侧柏林；阔叶林10个群系，主要有辽东栎林、蒙古栎林、白桦林、山杨林和核桃楸林等；灌丛8个群系，主要有温性落叶灌丛胡枝子灌丛、绣线菊灌丛和榛灌丛等7个群系以及半常绿灌丛照山白灌丛等；灌草丛植被型有荆条－酸枣－黄背草灌草丛1个群系；草丛植被型有黄背草草丛和白羊草草丛2个群系；草甸植被型包括地榆－蓝花棘豆杂草草甸、小红菊－委陵菜杂草草甸等4个群系；沼生植被有蕉草沼泽、薹草沼泽2个群系。

驼梁自然保护区优越的自然条件保存了丰富多样的动物资源。保护区内共有脊椎动物227种。隶属5纲24目69科150属，占全省脊椎动物的45.9%。其中硬骨鱼纲1目1科10属11种，两栖纲1目3科3属5种，爬行纲2目6科9属17种，鸟纲14目44科101属165种，哺乳纲6目15科

27 属 29 种。

◎ 保护价值

驼梁自然保护区是以保护森林生态系统及其生物多样性、珍稀濒危物种及其栖息地为主的自然保护区。其主要保护对象为：

（1）我国华北地区，尤其是太行山区保存完整的天然林、天然次生林等森林生态系统；保护区内的生物物种多样性和遗传基因库。

（2）珍稀濒危保护野生植物及其栖息地。

（3）国家重点保护野生动物、中国特有种和河北省重点保护野生动物及其栖息地。

（4）石家庄地区、京津地区的重要水源涵养地。

驼梁自然保护区地处太行山中段，具有太行山天然次生林的基本特点，物种丰富，极具保护价值。保护区内分布着典型暖温带落叶阔叶林生态系统，划分为针叶林、落叶阔叶林、落叶阔叶灌丛、亚高山草甸等 7 个植被类型 30 个群系，垂直分布带谱清晰，基本保持着比较原始的自然生态环境。无论从植被种类、植被类型的丰富程度，还是从其区系特点上看，在华北地区均具有代表性和典型性，是华北地区的典型代表区域，其中核桃楸林、天然油松林最具保护价值。

保护区高等植物占河北野生植物总种数的 50.5%，共分布有国家级珍稀濒危保护植物 29 种，隶属于 24 属 12 科。其中国家一级保护植物 3 种，均为兰科植物，如大花杓兰、斑花杓兰、杓兰等；国家二级保护植物 21 种。河北省省级重点保护植物 94 种。保护区地貌类型多样，自然条件复杂、生态环境原始，地处暖温带落叶阔叶林植被类型的边缘，是许多温带性质植物分布的最北端。保护区内许多植物

软枣猕猴桃（李剑平摄）

山葡萄（李剑平摄）

山核桃（李剑平摄）

种群数量稀少，分布狭窄，趋于濒危，急待保护。著名的用材植物如紫椴，油料植物核桃楸等；野核桃、黄檗等是第三纪或其以前的古植物中幸存至今的孑遗植物，它们对于研究河北省的植物区系、古植物、古气候以及地质年代变迁和植物起源与系统进化的关系等都有重要的意义；植物抗性研究已成为生物学研究的一个热点，而大多数珍稀濒危植物具有优良的遗传性状，如野大豆的抗寒性和抗盐碱性等，珍贵的药用资源，如黄耆、蒙古黄耆、党参、桔梗、穿山薯蓣等。此外，尚有一些重要的花卉资源如锦带花、草芍药、兰科植物角盘兰、小花蜻蜓兰等，具有重要的观赏价值和文化价值，其珍贵性不亚于经济价值和科学价值。保护区内有河北特有植物 8 种，即河北柳、河北乌头、雾灵香花芥、

红点颏（李剑平摄）

鹪鹩（李剑平摄）

褐河乌（李剑平摄）

合掌消、多歧沙参、口外糙苏、柔软早熟禾、蔺状早熟禾等，占河北省总数的 20.5%。

驼梁自然保护区优越的自然条件保存了丰富多样的动物资源。保护区内有脊椎动物 227 种，占全省脊椎动物的 45.9%。其中国家一级保护动物 5 种，即豹、黑鹳、金雕、白鹤、大鸨；国家二级保护动物 34 种，即雕鸮、鸢、苍鹰、大鵟、普通鵟、斑羚、鸳鸯等；国家保护的有益的或者有重要经济、科学价值的陆生野生脊椎动物 171 种，占保护区陆生野生脊椎动物种数的 65.77%。我国特有种 9 种，分别为无蹼壁虎、蓝尾石龙子、黄纹石龙子、双斑锦蛇、山噪鹛、山鹛、白头鹎、丝光椋鸟、黄腹山雀。河北省重点保护动物共计 49 种，占保护区陆生野生脊椎动物种数的 18.85%。河北省保护

黄喉鹀

鸳鸯（李剑平摄）

黑鹳（李剑平摄）

的有益的或者有重要经济、科学价值的陆生野生脊椎动物41种，占保护区陆生野生脊椎动物种数的15.38%。同时驼梁自然保护区分布的单种科、单种属的动物（主要是鸟类）资源数量多，如在鸟类资源中单种科有14科，占保护区分布总科数的29.79%，种数占总数的7.18%；单种属达67属，占保护区分布总属数的61.47%，种数占总种数的34.36%。

因此，驼梁自然保护区是研究太行山石质山区物种、种群、群落、生态系统的典型实验基地，对生物多样性的研究和保护具有很重要的理论和实践意义。

◎ 功能区划

驼梁自然保护区划为核心区、缓冲区和实验区3个功能区。

核心区属天然林区，主要植被类型为天然落叶阔叶林，是天然油松、白桦集中分布区域，还有其他针叶林、针阔混交林、灌木林、草甸等分布在深山区，保存状况良好，生物种类最丰富，植被类型多种多样，人为干扰因素少，区内几无村庄，保持着原始生态系统的基本面貌，是保护区天然森林生态系统的精华、是保护区的重点保护区域。由于保护区独特的地形地貌及其历史原因，核心区区划为东西两片，核心区面积7115.00hm²，占保护区总面积的33.39%。

缓冲区分布在核心区和实验区之间，对核心区起到保护和缓冲作用。缓冲区以天然阔叶林为主，分布少量针叶林。缓冲区面积为3938.90hm²，占保护区面积的18.48%。

实验区处于保护区外围，用于防止外界环境等因素对核心区、缓冲区产生不利影响。以天然阔叶林为主，树种多为山杨、桦树、栎树、松树、山杏及油松、落叶松。实验区面积为10258.00hm²，占保护区面积的48.13%。

◎ 科研协作

驼梁自然保护区成立后，北京林业大学、河北农业大学、河北师范大学、河北林业科学研究院等多所高等院校、科研单位的科研工作者进入保护区进行综合科学考察和学术研究，采集动植物标本共计3500余份。出版了《河北驼梁自然保护区科学考察与生物多样性研究》和《河北驼梁自然保护区生物多样性图集》。与河北师范大学生命科学院合作对保护区的动植物资源进行调查和研究，在动物资源调查中发现主要分布于喜马拉雅山脉至中国南部的栗头鹟莺现身河北驼梁自然保护区，并在《Brinding ASIA》杂志上发表研究论文"New information on the range of Chestncetcrowned Warble Seicercus castaniceps in northern China"；调查研究保护区鸳鸯的繁殖情况，在《Journal of Forestry Research》上发表论文"Unprotected condition of a new breeding Mandarin Duck(Aix galericulata)population in Pingshan, Hebei Province, China"；在植物资源调查中还发现了河北省重点保护野生植物——河北梨，对河北梨的研究正在进行中。

（李剑平供稿）

驼梁冬韵（左红江摄）

海陀主峰

河北 大海陀 国家级自然保护区

河北大海陀国家级自然保护区位于河北省张家口市赤城县西南部海陀山的西北麓，距县城50km。南与北京市延庆县为邻，并以海陀山山脊线为界与北京松山国家级自然保护区相接，西邻怀来县，东北与赤城县的雕鹗镇、大海陀乡相连。地理坐标为东经115°42′40″～115°53′45″，北纬40°30′35″～40°39′45″。保护区总面积11224.9hm²，属森林生态系统类型自然保护区，主要保护对象为典型的暖温带山地森林生态系统、保护较为完好的华北落叶松次生林和天然油松次生林，以及珍贵稀有动植物资源及其栖息地。大海陀国家级自然保护区前身为国有大海陀林场，始建于1952年。1999年7月河北省人民政府正式批准成立了河北省大海陀省级自然保护区。2003年6月经国务院批准晋升为国家级自然保护区。

◎ 自然概况

据有关资料记载，大海陀自然保护区在古生代为一剥蚀区，中生代侏罗纪火山喷发和沉积岩系相互交错沉积，到白垩晚期，冀北地区地壳处于隆起阶段。新生代燕山运动产生凹折和断裂的构造线，形成中等幅度隆起的山系，该区的地质构造属天山—阴山纬向构造体系的东建部分。

大海陀自然保护区四面环山、峰峦连绵、总地势东南高，西北低。区内地貌比较复杂，海拔870～2241.0m，多数山地海拔大于1400m，形成中山，亚高山山地夹谷。山岭坡型多为直线坡，少见谷肩与凹折，坡度多在25°～50°，具有地势险峻、起伏较大的特点。

大海陀自然保护区处于暖温带大陆性季风气候区，受海拔和地形条件的影响，气温偏低，温度偏高，形成典型的山地气候，具有冬寒、夏凉、春秋短促的气候特点，是赤城县的低温区之一。据赤城县气象部门的观测资料记载，年平均气温5.5℃，最冷月1月平均气温-11.7℃，极端最低气温-27.6℃。最热月7月平均气温21℃，极端最高气温30.1℃。早霜始于9月下旬，晚霜终于4月中旬，无霜期120天。年平均日照2827h，≥10℃年积温2551℃，年蒸发量1771mm。年降水量为450mm左右，年降水总量为2.16亿m³，其降水特点是年际变化较大，丰枯交替频繁，且偏枯年份较多，年内分配很不均匀，呈"单峰型"，70%～80%集中于6～9月份，多为山地或高山峰面雨。赤城县内黑河、白河、红河均属海河流域白河水系，流域自产地表水是北京市密云水库的主要水源，年输水量3.1亿m³。保护区水系属赤城县红河流域。

大海陀一带地带性土壤为褐色土、棕色森林土、亚高山和草甸土，主要成土母质是残坡积物、黄土和洪积物，共分为3个土类、6个亚类、22个土属、71个土种。

九骨嘴风光

大海陀自然保护区范围内野生动植物资源和生物多样性非常丰富，区内已知有维管束植物109科424属911种及变种，其中蕨类植物14科18属26种；裸子植物3科4属10钟，被子植物92科402属875种。国家重点保护植物4种，即核桃楸、黄檗、刺五加、野大豆，另外还有脱皮榆、天麻、紫椴、党参、柴胡、毛丁香、五味子、白头翁等近400多种具有一定保护和药用价值的植物资源。

大海陀自然保护区自然环境比较复杂，植被类型多，植物覆盖率80%以上，为野生动物的繁衍生息创造了适宜的条件。经初步调查，保护区内

核桃楸

刺五加

黄檗

杓兰

有脊椎动物66科205种及亚种。其中，兽类15科30种，鸟类42科146种及亚种，爬行类6科6种，两栖类2科2种，鱼类2科13种。在保护区现有的205种脊椎动物中，列为国家重点保护的野生动物有金钱豹、斑羚、猞猁、白肩雕、金雕、豹猫、勺鸡、鹰、隼等共计15种；列入《国家保护有益的或者有重要经济科学研究价值的陆生野生动物名录》的陆生脊椎动物109种；列入《濒危野生动植物种国际贸易公约》中禁止贸易和限制贸易的野生动物有15种。

钟灵毓秀的海陀山位于北京市西北90km处，以其峰峦黛绿，飞瀑流泉的天然美在冀北山区独领风骚。海陀峰海拔2241m，北魏郦道元在《水经注》中形容此山"高峦截云、层陵断雾、双阜共秀，竞举群峰之上"。保护区境内山山相连，层峦叠嶂，山势险峻，曲折多变的沟谷涧溪，峭壁陡崖和奇特山石，形成山野环境特有的幽邃灵妙的景观。在现代战争史上，巍巍海陀成为革命的摇篮，山崖上刻有聂荣臻元帅的亲笔题词："平北抗日根据地纪念地"。还分布有平北军分区司令部遗址、平北地委所在地遗址、蔡平洞、八路军兵工厂、战地医院遗址和多处隐藏在密林深处的八路军疗养所等红色教育遗址。

大海陀自然保护区内古迹除有玉皇庙、三官庙、龙潭庙、王次仲庙外，还有胜海寺、宝山寺、真觉庵、浑元洞等八大寺院、道观和塔林，这些古迹衬托出海陀山的灵气与雄姿，正如明代赵羽工访真觉庵诗曰："仗藜徐步扣禅关，踏遍沙河玉一湾，满市红尘飞不到，海陀山似普陀山。"

现在的海陀山已集绿色、红色、古色于一身，融人文与自然于一体，并有许多动人的故事和传说，这里是山、水、石、林、古迹绝妙的组合，构成雄、幽、奇、秀的特色，令人心驰神往。

◎ 保护价值

大海陀自然保护区保护对象是：典型的暖温带山地森林生态系统、保护较为完好的华北落叶松次生林和天然油松次生林，以及珍贵稀有动植物资源及其栖息地。

大海陀自然保护区地处华北平原西北部深山区，区内有保护较为完好的华北落叶松次生林。保护区最低海拔820m，最高海拔2241m，相对高差1421m。随着海拔高度的增加，呈现出明显的山地垂直分布带谱。由上而下，依次分为农田灌丛带、落叶阔叶林带、针阔混交林带、寒温性针叶林带、亚高山落叶草甸带，包罗了从温带到寒温带的植被景象，是欧亚大陆从温带到寒温带主要植被类型的缩影。因此，保护区在生态系统特性上具有十分重要的保护价值。

由于保护区具有典型的暖温带山地森林生态系统、丰富的动植物资源和独特的自然景观，对于研究和保护这个具有代表性的暖温带北端落叶阔叶林森林生态系统以及栖息于该生态系统中的国家级、省级重点保护野生动植物资源的多样性，都具有较高的科学价值，对于研究暖温带山区生物群落演替变化规律，野生动植物的保护、繁衍生息、生态习性提供了良好场所，对冀北山区及潮白河流域植被恢复和重建都具有十分重要的示范作用。

（大海陀自然保护区供稿）

黑鹳

河北 青崖寨 国家级自然保护区

河北青崖寨国家级自然保护区位于河北省武安市境内，保护区西以青阳山、万寿山、青崖寨为界与山西左权县接壤；北以县界与邢台县相邻；南以人头山山脊线，里伏村村南山脊线，车谷水库东岸、苍洞沟、白王庄村南山脊线，李家庄大梁沟内侧山脊线为界；东沿平涉线以农田与林地的交界线为界。地理坐标为东经113°45′15″～113°55′05″，北纬36°50′29″～37°1′20″，海拔600～1899m。保护区最高峰青崖寨位于列江乡梁沟村西北，海拔1898.7m，其次是摩天岭位于长寿村村西，海拔1747.5m，总面积15164.0hm²，有林地面积6807.2hm²，森林覆盖率68.6%。

保护区属以保护森林生态系统、生物多样性及其珍稀濒危动植物物种、地质遗迹为主的森林和野生动物类型的自然保护区。保护区内的生物种类组成及其区系特点极具有代表性，植物区系分析表明，北温带成分在区系中占有绝对的优势，显示了该区系典型的温带性质；但在其发生、发展过程中与亚热带、热带也有一定的历史渊源；动物区系中则以古北种为主，同时还表现出古北界种逐渐向东洋种渗透的趋势，动物组成比较复杂，是南北类型动物相互渗透的过渡性地带，并且同其他北方区系一样，科、属类较多，种类偏少。

保护区内及周边地区还保存有珍贵的、不可再生的地质遗迹，这些地质遗迹有深厚的地质内涵。其中最著名的是长城石英砂岩形成的嶂石岩地貌，这些地貌类型生成年代早、石英砂岩厚度大，区内峰林具有层次性、递进性，是嶂石岩地貌类型的典型代表。

2012年1月经国务院批准晋升为国家级自然保护区。

◎ 自然概况

青崖寨自然保护区地质发展较为复杂，地貌类型属于太行山南段低山丘陵亚区，经过多期、不同规模的复杂构造运动，形成了类型众多、风采各异的中低山地形和沟谷地貌。保护区内山峰林立，峡谷险幽，森林茂盛，有典型的嶂石岩地貌，区内地势西北高，东南低，相对高差为1300m左右。保护区土壤主要包括棕壤和褐土两大类型。其中褐土类又包括淋溶褐土和褐土。

青崖寨自然保护区境内气候类型属暖温带大陆性季风气候。其突出特点是：四季分明，寒暑悬殊，春季干燥多风，夏季炎热多雨，秋季天高气爽，冬季寒冷少雪，天气干燥。境内由于地形和植被各有差异，局部小气候差别明显。自然保护区内全部河流属海河水系，主要的河流有南洺河、北洺河两条季节性河流。

青崖寨自然保护区植物种类丰富，区系组成复杂、区系特点鲜明，植被类型多样，在华北山地具有一定的代表性，有野生维管植物105科，417属，892种；野生脊椎动物201种；昆虫716种，隶属于11目95科。

青崖寨自然保护区内有典型的嶂石岩地貌，山峰林立，峡谷险幽，森林茂盛。特殊的地形地貌与森林在不同的气象条件下融汇成奇特的冰景、雪景、雾景等自然景观。区内有较多

人文景观资源，主要有抗日战争时期建立的"梁沟兵工厂遗址"、朝阳沟。

◎ 保护价值

（1）代表性和典型性。青崖寨自然保护区内的生物种类组成及其区系

特点极具有代表性，植物区系分析表明，北温带成分在区系中占有绝对的优势，显示了该区系典型的温带性质；但在其发生、发展过程中与亚热带、热带也有一定的历史渊源；动物区系中则以古北种为主，同时还表现出古

北界种逐渐向东洋种渗透的趋势，动物组成比较复杂，是南北类型动物相互渗透的过渡性地带，并且同其他北方区系一样，科、属类较多，种类偏少。保护区内及周边地区还保存有珍贵的、不可再生的地质遗迹，这些地质遗迹有深厚的地质内涵。其中长城系石英砂岩形成的嶂石岩地貌生成的时代早、石英砂岩厚度大、区内峰林具有层次性、递进性，是嶂石岩地貌类型的典型代表。

（2）多样性。青崖寨自然保护区有野生维管植物105科417属892种，分别占河北省维管植物总科数的71.0%，总属数的55.7%，总种数的42.3%。其中蕨类植物12科17属30种；裸子植物3科4属5种；被子植物90科396属857种。保护区不仅植物种类繁多，区系成分复杂，而且种群密度大，丰富度高。

青崖寨自然保护区野生动物资源十分丰富，有野生脊椎动物201种，其中水生脊椎动物鱼类14种，隶属于4目6科14属；陆生脊椎动物187种，隶属于4纲23目61科116属。陆生脊椎动物中两栖纲1目2科2属4种；爬行纲2目6科8属13种；鸟纲14目41科84属146种；哺乳纲6目12科22属24种。保护区内陆生野生脊椎动物中鸟类占绝对优势，占保护区陆生脊椎动物种类的78.1%，哺乳动物次之，占12.8%；爬行类占7.0%；两栖类占2.1%。此外，保护区内昆虫种类丰富，类型繁多，共调查记录716种，隶属于11目95科。

青崖寨自然保护区植被类型包括针叶林、针阔混交林、落叶阔叶林、灌丛、灌草丛和草甸共6个植被型和26个群系，有代表性的如油松林、栓皮栎林、槲栎林、麻栎林、核桃楸林、鹅耳枥林、胡枝子灌丛、绣线菊灌丛、榛灌丛、亚高山草甸等多个植被类型，

生态系统具有显著的组成成分和结构的复杂多样性。

（3）稀有性。青崖寨自然保护区生态环境多样，水热条件优越，形成了独特的生态气候环境特征，是华北地区特有植物的一个多度中心与集中分布区，如长裂太行菊、太行白前、太行米口袋等均为典型的华北或河北特有种；同时该区也是南方植物分布的北界或继续向北分布的重要通道，如黄连木、漆树、栓皮栎等；保护区还分布有缘毛太行花、领春木等第三纪孑遗植物，这些特有植物对华北植物区系及地史研究具有重要的意义。

缘毛太行花为蔷薇科太行花属草本植物，是蔷薇科草本仙女木族原始二倍体植物，是古老的第三纪孑遗植物，为我国特有种，对研究植物的进化、起源有极高的研究价值，据目前资料记载目前残存于太行山区南部河北省武安境内，呈疏散孤立分布，所占面积狭小，植株稀少，处于和太行花同样的生境和濒危境地。

青崖寨自然保护区有国家二级保护植物5种，即缘毛太行花、野大豆、黄檗、紫椴和核桃楸。另外保护区还分布有多种濒危、渐危或具有较高保护价值的野生植物如领春木、青檀、北五味子、北重楼、穿山薯蓣及兰科植物等。

青崖寨自然保护区内有国家重点保护野生动物24种，河北省重点保护陆生野生动物40种；还有很多国家保护的有益的或者有重要经济、科学研究价值的陆生野生动物和河北省保护的有益的或者有重要经济、科学研究价值的陆生野生动物。

青崖寨自然保护区在大地构造上属华北准地台属嶂石岩地貌，完好保存了一些说明重大地质历史事件的地质遗迹，包括三大不整合面、完整的地层剖面与柏草坪面的玄武岩等，由

此所形成的峡谷峰林、峰丛、峰墙、峰柱、台面、断崖，囊括了整个峰林、峰柱的形成、发展和消亡阶段，构成了独特的地质景观博物馆。

（4）自然性。青崖寨自然保护区地处太行山深山区，为河北、山西两省交界处，山高谷深，地形地貌复杂，人烟稀少，受人为干扰的程度相对较小；保护区森林覆盖率达68.6%，天然植被保存完好，天然次生林分布面积大，自然更新演替良好，物种资源丰富。尤其是核心区人口密度极低，仍保持原生自然状态，且保留有大量上百年到几百年生的栓皮栎、漆树、辽东栎、丁香、油松、鹅耳枥等大树、古树。保存完好的自然生境为野生动植物的生存、繁衍创造了适宜的条件。

（5）脆弱性。从青崖寨自然保护区植被生态系统现状来看，以天然次生林为主。一旦生态系统中的一些重要组分如动物、微生物、昆虫等部分种类的缺失，将使生态系统的不稳定性与脆弱性更加突出。缘毛太行花作为保护区重点保护对象，仅分布在梁沟几个村生境隔离的几处石灰岩悬崖壁上，已无法进行自然传播繁衍，目前保存最大的群落仅有400多株，急需进行栖息地的抢救性的保护。

（6）学术性。青崖寨自然保护区丰富的物种资源可为华北地区植被恢复提供借鉴与依据，也是该地区植物资源开发的物种基因宝库；保存完好的森林生态系统成为研究太行山区植被变迁、演替与恢复的天然实验室；更为重要的是保护区分布的大量中国乃至华北特有种，对研究植物起源、分类与进化有着重要的价值，独特的嶂石岩地貌是地质研究的不可多得的素材。

◎ **功能区划**

青崖寨自然保护区核心区面积5784.0hm²，占保护区总面积的

38.1%。主要植被类型有天然落叶阔叶林、针叶林、针阔混交林、灌木林、亚高山草甸等，分布在深山区，保存状况良好，生物种类最丰富，植被类型多种多样，人为干扰因素少，核心区内无村庄，保持着原始生态系统的基本面貌，核心区是保存完好的天然状态的温带落叶阔叶林生态系统以及保护对象、珍稀野生动植物的集中分布和栖息的区域，是最重要的保护区域。核心区森林绝大部分为国家生态公益林。

缓冲区面积为3546.0hm²，占保护区面积的23.4%。保护区与山西省、邢台县交界为山脊，由于核心区为中山地域，以自然地带作为阻隔带不能起到对保护区核心区有效保护和缓冲作用。所以沿山脊在保护区一侧划分200m左右的缓冲区相连，使核心区与外界形成一定的缓冲地带，对核心区

起到保护的作用。

实验区面积为5834.0hm²，占保护区面积的38.5%。以天然阔叶林和油松林为主，大部分为柞树、山杨、桦树、鹅耳枥、山杏及油松。实验区的划定既突出保护主题，又适应发展需要。作为科学研究、教学实习、生态旅游、森林经营、植被恢复、资源利用等生产经营活动的区域，以最大限度地发挥保护区多种生态功能作用，实现生态、社会、经济三大效益的统一，也是管理好保护区的第一道防线。

◎ 科研合作

青崖寨自然保护区建立以来，保护区管理处多次邀请了中国科学院、北京林业大学、河北师范大学、河北省林业调查规划设计院等教学科研设计单位的专家学者对保护区进行了综合科学考察和规划，并请河北师范大

学资源与环境研究所对保护区内的资源状况进行了系统的摸底调查，在此基础上编撰了《河北青崖寨国家级自然保护区科学考察报告》。

同时也是科研工作者研究华北地区森林生态系统结构、功能、森林演替、动植物区系、生物多样性和人类社会经济活动与生物多样性相互依存关系等相关科学研究不可多得的天然实验室，具有很高的科研和学术价值。因其不可替代的众多特点和优势，决定了它的生态战略位置十分突出，已被纳入北京周边地区生态环境建设范畴。

（韩仓安供稿）

山西 芦芽山 国家级自然保护区

山西芦芽山国家级自然保护区地处晋西北吕梁山脉的北端，宁武、五寨、岢岚三县交界处，行政区划隶属于山西省宁武县西马坊乡、五寨县前所乡。地理坐标为东经111°50′～112°5′30″，北纬38°35′40″～38°45′。保护区总面积21453hm²，森林覆盖率36.1%，属森林生态系统类型的自然保护区，主要保护世界珍禽——褐马鸡及由青杆、白杆、华北落叶松为主组成的天然次生林为主的森林生态系统。保护区始建于1980年，1997年经国务院批准晋升为国家级自然保护区。

褐马鸡

◎ 自然概况

芦芽山自然保护区内海拔较高的山地主体主要为太古代片麻状花岗岩，部分地区上层分布有石灰岩，各大山脉两翼盖层岩系主要是碳酸盐类岩石，主要包括灰岩、白云质灰岩、白云岩及泥灰岩。保护区属暖温带半湿润山区气候。气候垂直变化明显，高山区可达到寒温带气候标准。年平均气温在4℃左右，≥0℃年积温为2500℃，最低气温1月份平均气温 –21～–15℃，最高气温7月份平均气温15℃。无霜期90～120天，年降水量500～600mm，主要集中于夏季7～9月份，占全年降水量的50%～60%，冬季以降雪为主。年蒸发量1760mm，年平均日照时数2944h。区内除个别较为短小的小沟外，大小沟壑终年流水不断。保护区为山西最大的河流——汾河的发源地，有梅洞河、圪洞河、高崖底河，在西马坊汇合为芦芽河，从坝门口注入汾河，水流较急，丰水期流量0.6m³/s，枯水期0.5m³/s。荷叶坪发源的清涟河经大河畔向北流入五寨县境内，是南峰水库的上游，黄河的支流。保护区土壤垂

自然景观

直分布带明显，自下而上分布有：灰褐土、棕壤灰褐土和亚高山草原草甸土3个土壤类型。灰褐土是该区浅山地带的主要土壤。分布于海拔1400～1800m的范围内。全剖面石灰反应微弱，石灰含量小于1%，土体呈褐色，呈微碱性，pH值7～7.5；棕壤灰褐土分布于海拔1600～2200m范围内，土体呈棕色，土壤呈中性至弱酸性，pH值6.0～6.5；

亚高山草原草甸土分布于海拔2200m以上，土体呈暗棕色，土壤呈弱酸性，pH值6.0～6.5。

芦芽山自然保护区内现已查清的野生动物有26目68科300种，其中鸟类有17目47科248种，兽类有6目15科41种，两栖爬行类有3目6科11种，分别占山西省鸟类、兽类、两栖爬行类总数的59.5%、63%和

黑鹳

31%。其中国家一级保护的野生动物有褐马鸡、黑鹳、金雕、胡兀鹫、大鸨、豹、原麝共7种；国家二级保护的野生动物有石貂、青鼬、鸳鸯、大天鹅等37种；有《中日保护候鸟及其栖息环境的协定》中的保护候鸟102种；《中澳保护候鸟及其栖息环境的协定》中的保护候鸟24种；省级保护动物20种。保护区内主要保护对象世界珍禽褐马鸡约有2800余只，还有种类繁多的昆虫资源。现已查清区内共有高等植物102科954种。菌类资源75种，著名的食用菌有雷蘑、羊肚菌、木耳等；贵重的药用菌有灵芝、猴头、猪苓等；还有种类繁多的苔藓、地衣植物。野生乔木树种主要为云杉、华北落叶松、油松三大树种，森林总面积8354hm²，森林覆盖率36.1%，林木总蓄积量127万m³。森林资源从龄组上分，主要为中龄林，面积5133.8hm²，其余幼龄林和近熟林面积490.4hm²。

芦芽山自然保护区内绚丽多姿的自然、人文景观资源也有十分独特的诱人之处。纵观全景，群山连绵，奇峰林立，森林浩瀚，古树参天，山清水秀，鸟语花香。有名的景点有太子殿、石佛寺、云际寺、龙王堂、九桄梯、天涧、束身峡、舍身崖、看花台、金龙池、南天门、将军石、石猴观海、护林老翁、望夫石、芦芽日出等。凌空而建的太子殿距今已有1200余年的历史。碧波

芦芽山全景

万顷的荷叶坪大草原辽阔雄壮，犹如亲临了万马奔腾的内蒙古大草原，令人心旷神怡，其间离奇曲折的历史传说有南将台、北将台、杨六郎马栅等，给芦芽山优美的自然风光增添了神奇的迷人色彩。

◎ 保护价值

芦芽山自然保护区内丰富的自然资源和人文景观，决定了其具有极高的保护价值。保护区是以保护世界珍禽——褐马鸡以及由青杆、白杆、华北落叶松为主组成的天然次生林为主的森林生态系统和野生动物类型的综合性自然保护区。

芦芽山自然保护区内峰峦重叠，沟壑纵横，森林茂密，植被丰盛，是我国暖温带残存的天然次生林分布区中保存较完整的地区之一，素有"云杉之家，华北落叶松故乡"的称誉，也是三晋母亲河，黄河第二大支流——汾河的源头地区，在华北地区黄土高原上素有"绿色明珠"的美称，具有很高的保护价值。保护区是我国野生褐马鸡的主要分布区，但是，由于该区生态环境脆弱，对褐马鸡的生存在着极大的易危性。因此，加强对褐马鸡的保护，增加种群数量，扩大种群分布范围，对于拯救濒危物种，保护生物多样性，维护该区的自然生态平衡具有不可低估的重要作用。建区以来，通过科学合理的保护，保护区内野生动物数量在不断增加，褐马鸡种群数量从建区时的1700余只增加到现在的2800多只，豹、黑鹳等野生动物的数量也在逐渐上升。

芦芽山自然保护区内植被类型多样，包括了山西中、北部山地主要植被类型，而且植被垂直带谱明显，在华北地区具有典型性与代表性。尤其该区云杉、华北落叶松天然次生林是华北地区分布面积最大、森林集中、

华北落叶松林

生长良好、林相整齐、密度大、蓄积多、材质优、保存较完整的林分，对进一步揭示自然界生物物种间相互关系及演替规律，科学指导森林培育，建立稳定、可持续发展的林分组成结构，以及提高经营管理水平，充分发挥森林的生态、社会、经济三大效益，具有重要的现实意义和深远的历史意义。

芦芽山自然保护区对山西省干旱的黄土高原保持水土、涵养水源、调节气候、防风固沙、特别是保持汾河水资源，促进汾河流域农业持续发展，具有不可估量的生态效益和社会、经济效益。

芦芽山自然保护区地处世界八大候鸟迁徙通道的东亚—澳洲通道上，它以其得天独厚的自然生态条件，成为众多候鸟的迁徙云集地、中转安全岛，通过科学合理的保护，可以有效增加候鸟云集量和旅鸟过往数量，为保护鸟类资源提供了一个重要途径。通过监测发现，在该区许多候鸟迁来的时间在逐年提前，迁走的时间在逐年推迟，这与保护区有效的开展保护是分不开的。

◎ 功能区划

芦芽山自然保护区划分为核心区、缓冲区、实验区 3 个功能区。其中核心区面积 4933hm²，缓冲区面积 1767hm²，实验区面积 14753hm²，分别占保护区总面积的 23%、8.2%、68.8%。

◎ 科研协作

芦芽山自然保护区已完成了区内野生动植物及菌类资源本底调查。完成了"褐马鸡栖息地类型研究"和"珍禽黑鹳种群及栖息地的监测与保护"研究课题；与其他单位合作编辑出版了专著《珍禽褐马鸡》；与中国农业电影制片厂合作拍摄了《褐马鸡》《珍禽黑鹳》2 部科教片；完成了 80 万字的《芦芽山鸟类》编写工作；采集制作了各种动植物标本 1600 余件。在各级各类学术刊物上发表科研论文 40 余篇。 （邱富才、郭建荣供稿）

云杉

青杆—白杆云杉林

将军石

华北落叶松林

山西 历山 国家级自然保护区

山西历山国家级自然保护区位于山西省南部，中条山脉东段，地处运城、晋城、临汾三市的垣曲、阳城、沁水、翼城四县毗邻地界。地理坐标为东经111°51′10″~112°51′35″，北纬35°16′30″~35°27′20″。保护区总面积24200hm²，是以保护暖温带森林植被和勺鸡、猕猴、大鲵等珍稀野生动物为主的森林生态系统类型自然保护区。保护区始建于1983年，1988年5月经国务院批准晋升为国家级自然保护区。

◎ 自然概况

历山自然保护区系石质山地，地层和岩石组成情况复杂，在主峰舜王坪以南多系太古代和元古代的产物，主要是结晶岩和变质岩组成。主峰以北的山地，地质年代较晚，多为寒武—奥陶纪的厚层石灰石和石炭—二叠纪的砂岩煤层。区内海拔650~2358m。属暖温带季风型大陆性气候，是东南亚季风的边缘，常受到来自东南沿海季风的影响。其特点是夏季炎热多雨，冬季寒冷干燥，盛行西北风，年平均气温12~14℃，无霜期180~200天，年降水量600~800mm，且集中在7、8月。保护区土壤属暖温带半干旱森林草甸—褐色土地带。由于受地形、气候、海拔、坡向等的影响，土壤分布类型多样。海拔2000m以上的山顶为亚高山草甸土；2000m以下分布为棕色森林土；山麓及河谷地带为冲积土。根据河流的流向，分山南、山北水系，山南较大的河流有毫清河、横河、泗交河等，均流入黄河；山北水系主要有浍河、涑水河，北部的河流先流入沁河，再归黄河，都属黄河水系。

历山自然保护区内森林植被组成了明显而较完整的垂直带谱系列。自下而上划分为六个带谱：一是灌丛农垦带：包括海拔650~1100m的山麓坡地；二是疏林灌丛带：分布于海拔700~1500m的低中山地带；三是针阔混交林带：海拔为1200~1800m；四是落叶阔叶林带：海拔为1500~2000m；五是山地阔叶林带：海拔2000~2200m；六是亚高山草甸带：海拔2000~2358m。由于生境的多样性，形成了物种的多样性。这里被称为"山西动植物资源宝库"。据调查，区内共有种子植物134科452属1010种，野生动物78科370种。

核心区

大斑啄木鸟

◎ 保护价值

历山自然保护区作为山西省面积最大的保护区，其主要保护对象是暖温带森林植被和红豆杉、南方红豆杉、连香树及金雕、勺鸡、原麝、猕猴、大鲵等珍稀动植物资源。

历山自然保护区地理位置独特，气温较高、雨量充沛、水热条件较好，受人类活动影响少，在较大的范围内保持着良好的森林植被。列为国家一级保护野生植物有南方红豆杉、红豆杉2种，国家二级保护野生植物有连香树、翅果油树、水曲柳3种（未包括兰科植物）。此外，还有省级重点保护野生植物领春木、铁木、青檀、异叶榕、山胡椒、山白树、漆树、泡花树、刺五加、四照花、老鸹铃、蝟实等30余种。区内经济植物资源丰富多样：有翅果油树、黑椋子、黄连木等油料植物；有三叶木通、连翘、扁担木、吴茱萸、枳椇、五味子、刺五加、七叶一枝花、玉竹、半夏等药用植物；有山楂、毛樱桃、山樱桃、软枣猕猴桃、君迁子等野生果树；有栾树、暴马丁香、小叶丁香、流苏、南蛇藤、蛇葡萄等观赏树种；还有可割取生漆的漆树；用其木栓制软木的栓皮栎、可产五倍子提取单宁的盐肤木、青麸杨等其他经济植物种类。另外还有猴头、木耳、

迎客松（油松）

白英

灵芝等多种食用菌类分布。保护区的植物区系成分比较复杂。由于这里地处华北地区南部，所以华北植物区系成分为这里的基本成分，主要建群种辽东栎及槲栎、栓皮栎、山楂、杜梨、栾树等均属华北区系成分，此外还含有多种其他植物区系成分。如华中植物区系成分有枳椇、连香树、山白树、八角枫、漆树、三叶木通、吴茱萸等；东北植物区系成分有东北茶藨子，横断山脉地甚至远到东西伯利亚地区的区系成分有华山松、冰川茶藨子等；西北荒漠植物成分锦鸡儿属在这里也有少量分布。植物区系成分复杂，亦说明起源古老，华中植物区系成分较多，则说明这里保留有亚热带区系成分。

古檀抱石（青檀）

历山自然保护区处于世界动物地理区系古北界和东洋界的过渡地带，野生动物资源比较丰富，动物区系属古北界华北区黄土高原亚区，也有部分东洋界种类。据调查，区内有脊椎动物 78 科 370 种，占山西省脊椎动物总数的 79.05%。属国家一级保护的野生动物有金雕、黑鹳、大鸨、豹、原麝等 5 种；属国家二级保护的野生动物有猕猴、勺鸡、大鲵、水獭、猛禽类等 33 种；省级重点保护野生动物有刺猬、苍鹭、星头啄木鸟、黑枕黄鹂等 26 种；中日保护候鸟 86 种，中澳保护候鸟 22 种。保护区在动物地理区系上古北界占优势，主要鸟类有勺鸡、环颈雉、山斑鸠、灰喜鹊、松鸦等，但东洋界的鸟类也占有相当的比例，典型的有姬啄木鸟、四声杜鹃、橙翅噪鹛、冠鱼狗、锈脸勾嘴鹛等，动物区系组成上具有明显的东洋界特征。

历山自然保护区在我国水平地带性植被区划中，属于暖温带落叶阔叶林区域。区内不仅有典型的暖温带山地垂直自然景观，垂直带谱也很明显。其植被类型为典型的以栎类为主的落叶阔叶林，动植物资源丰富，种类繁多。

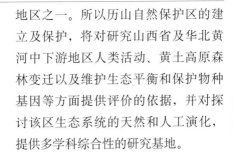

蜘蛛

狍

此外，还有溶洞等自然历史遗迹。因此，它可以作为森林、生态、植物、环境、地质、地理等多学科的实验研究基地。

黄河流域是人类祖先劳动、生息、繁衍之地，是我国文化最早发源地。历山保护区正处在这一区域，人类早期活动的遗址——下川文化遗址就在其范围内，该区也是我国暖温带森林生态系统较为完好、相对稳定的典型

地区之一。所以历山自然保护区的建立及保护，将对研究山西省及华北黄河中下游地区人类活动、黄土高原森林变迁以及维护生态平衡和保护物种基因等方面提供评价的依据，并对探讨该区生态系统的天然和人工演化，提供多学科综合性的研究基地。

◎ 功能区划

历山自然保护区功能区划为核心区、缓冲区和实验区 3 个功能区：核心区分布在该保护区的人为活动较少的南部，是保护区的重点保护区域，生态系统保存较好，物种丰富，生态

千金榆

历山猕猴

类型相对集中，便于实施保护。二期规划调整后核心区面积 7541.5hm²，分为混沟核心区和大云蒙核心区两部分，占总面积的 31.16%。缓冲区分布在核心区与实验区之间，对核心区起到保护和缓冲作用，在有自然天堑的地方则省略了此道防线。在混沟核心区边缘，因考虑后河水库实验区与核心区之间有高山阻隔，省略了缓冲区。在大云蒙核心区边缘，为便于对核心区的保护和在实验区内从事一定的科研经营活动，划出一部分缓冲区，有悬崖峭壁地段则省略了缓冲区。缓冲区总面积为 2722hm²，占保护区总面积的 11.25%。实验区分布在保护区的周边及道路两旁，人为活动较频繁的

区域，是为各种实验活动提供的区域。实验区面积 13936.5hm²，占保护区总面积的 57.59%。

◎ 科研协作

已出版《山西兽类》《山西两栖爬行类》2 部专著；在《动物学杂志》《野生动物》《四川动物》等杂志上公开发表 124 篇；制作了大量动植物标本，为科研和教学提供了依据；野生动物的驯养繁殖：猕猴在全国各地驯养成功的例子不少，但保护区猕猴保护由于地理隔离等原因，形成亚种，与南方种形成了差异（分布于保护区的猕猴被山西大学王福麟教授称为垣曲猴），体形较南方种为小，正是在

这个角度看，在保护区进行猕猴的驯养繁殖具有重大的理论与现实意义。现共饲养猕猴 8 只（3 雄 5 雌），成功繁殖 4 只，生长良好，且在白寺沟成功招引猕猴一群 120 多只。（历山自然保护区供稿）

核心区

山西 阳城蟒河猕猴
国家级自然保护区

  山西阳城蟒河猕猴国家级自然保护区位于山西省东南部，中条山东端的阳城县境内，全区东起三盘山，西到指柱山，南邻河南省界，北至花园岭。地理坐标为东经112°22′10″～112°31′35″，北纬35°12′30″～35°17′20″。保护区东西长15km，南北宽9km，总面积5573hm²，是以保护野生猕猴及其栖息地为主的野生动物类型自然保护区。保护区始建于1983年12月，1998年经国务院批准晋升为国家级自然保护区。

◎ 自然概况

  阳城蟒河猕猴自然保护区地形复杂，沟壑纵横，最高峰指柱山海拔1572.6m，最低点拐庄海拔300m，高差1272.6m，地貌多以深涧、峡谷、奇峰、瀑潭为主。整个地形是四面环山，中为谷地。区内有四道主沟，即后大河沟、杨庄河沟、南河沟、拐庄蟒河沟。保护区属暖温带季风型大陆性气候，是东南亚季风的边缘地带，其特点是夏季炎热多雨，多为东南风，冬季不甚寒冷，盛行西北风。受季风的影响，四季分明，光热资源丰富，年平均气温14℃，极端最高气温39.7℃，极端最低气温−10℃，≥10℃年积温4020℃，无霜期180～240天，年降水量600～800mm，最多可达900mm。保护区的岩石多系太古界和元古界产物，主要组成是结晶岩和变质岩系。土壤垂直带谱分布自下而上依次为冲积土、山地褐土、山地棕壤。冲积土分布在山麓河谷一带，机械组成以砂壤为主，为农田和低山植物分布区。山地褐土，在海拔800～1500m，受地貌影响土层较薄，一般不超30cm。山地棕壤，分布在海拔1500m以上，面积极小。

蟒河

52

区内河流属黄河流域，主要河流后大河、洪水河均发源于境内，在黄龙庙汇集后为蟒河，河水清澈见底，终年不断，全长30km，流经河南省注入黄河。后大河源头出水洞，年出水量933万m^3，据1994年环保部门测定，该处水源没有受到任何污染，含有多种微量元素，符合国家饮用水标准。

阳城蟒河猕猴自然保护区总面积5573hm^2，林业用地为4594.3hm^2，其中：有林地面积1690.9hm^2，疏林地面积2516.9hm^2，灌木林地面积354.3hm^2，分别占总面积的30.3%、45.2%、6.4%。未成林地和荒山荒地32.2hm^2；非林业用地978.7hm^2，占总面积的17.6%，森林综合覆盖率81.9%。

阳城蟒河猕猴自然保护区山美、水美、风光美。水清如碧玉、山秀如诗画，其方圆数十里，有山皆奇，有水皆秀，鬼斧神工，妙境天成，像一幅仙山圣水的天然画卷。自然景观资源十分丰富，有"黄土高原小桂林"的雅称。蟒河之水依山穿洞顺道行，悬者为瀑、落者为潭、走者为湍，停者为泓，主要水景有水帘洞，三龙瀑布，二龙戏珠，龟石池，三迭水等。景致秀丽，为黄土高原罕见的一处水景富集区。蟒河的山，层峦叠嶂，奇峰突兀，有五峰突起；形成玉莲的莲花峰；悬壁绝络的青云谷；山山对峙、似天外来客的飞来峰；有万里丹霄悬一柱的望蟒孤峰，各种奇峰异石密布于蟒山之中。蟒河的山林春来娇翠欲滴，夏季郁郁葱葱；进入金秋之季，漫山红叶如火，遍野丰果满枝，黄栌、五角枫、栎类等树的叶色变化神奇，或红如丹霞或艳若桃李；山果红柿挂满四野，中华猕猴爬山荡枝，嬉闹山林，真是举目望空，天高气爽，抬头望峰，

普通翠鸟

水帘洞

猕猴

层林尽染，群猴嬉闹，心旷神怡。

阳城蟒河猕猴自然保护区山势陡峭、奇峰突兀、灌丛密集、水质清凉、气候适宜，是野生动物栖息活动的理想场所。根据调查，保护区共发现野生动物285种，分属26目70科。其中鸟类有16目43科214种，兽类有7目16科43种，两栖爬行类有3目11科28种，分别占山西省鸟类、兽类、两栖爬行类总数的65.9%、60.6%、84.9%。其中姬啄木鸟和鼬獾为山西省新纪录。属国家一级保护的珍稀野生动物有金雕、黑鹳、金钱豹3种；国家二级保护的有猕猴、勺鸡、大鲵、水獭及猛禽类等29种，省级保护的野生动物有刺猬、苍鹰、星头啄木鸟、黑枕黄鹂、褐河乌、四声杜鹃、普通夜鹰、小麂麂等23种。主要保护对象猕猴在我国属自然地理分布的北限，常见的有七群，总量约480只。

阳城蟒河猕猴自然保护区由于特殊的气候条件和地理环境，除有种类繁多的暖温带地带性植物种类外，亚热带植物和许多山西稀有的植物也有相当数量的分布。据统计，该区有种子植物886种，隶属于106科393属。分别占山西省种子植物总科数的75.9%，总属数的62.3%，总种数52.4%。列为国家一级保护植物有南方红豆杉；国家二级保护植物有无喙兰、天麻等，列为省级保护的植物种有青檀、领春木、山白树、蝟实、刺五加、暖木、膜荚黄耆、木姜子、老鸹铃等26种。在保护区首次发现粟米草、白接骨、栗寄生、油芒、异色菊等植物，增加了省内植物种类。我国特有植物分布于蟒河的有青檀、山白树、蝟实、双盾木、弯齿盾果草等5种。此外，保护区还有许多山西省分布极为稀少的植物：匙叶栎、柘树、异叶榕、中华猕猴桃、宽卵叶山蚂蝗、竹叶椒、猫乳、多花勾儿茶、玉铃花、海桐叶

红豆杉

白英、双盾木、宽叶重楼、蕙兰等40余种。保护区不仅有着十分丰富的植物种类，资源植物也丰富多样，如可割取生漆的漆树、可产五倍子的盐肤木、可制软木塞的栓皮栎、木本油料种有黑椋子、黄连木等；药材和野生果树资源更是多种多样，如三叶木通、连翘、拐枣、五加、五味子、山茱萸、七叶一枝花、玉竹、柴胡、远志、半夏、管花鹿药、山楂、山桃、山杏、猕猴桃等百余种，其中山茱萸最多，约7万～8万株，山萸肉是蟒河特产，其质优色美、滋肝补气。保护区范围内年产干山萸50t，在全国名列前茅。

阳城蟒河猕猴自然保护区地处暖温带落叶阔叶林的内部边缘带，其植物区系除具有种类繁多、珍稀植物丰富的特点外，南北渗透现象非常明显，许多亚热带区系植物在这里安家落户。如南方红豆杉、竹叶椒、异叶榕、玉铃花、山胡椒、柘树、八角枫、漆树、络石、省沽油、粟寄生、四照花、叶底珠等，地带性成分与过渡性成分在蟒河区内系中几乎平分秋色，许多种类的分布至此已达其分布范围的边缘。

◎ 保护价值

由于阳城蟒河猕猴自然保护区地处偏僻，交通落后，地形复杂，可进入性差，未遭受大的人为破坏和影响，生态系统保存完好。同时这里的过渡特征相当明显，许多热带、亚热带的珍稀濒危物种在此安家落户，但数量分布却极为有限，有些物种仅局限在

某一条沟内或山体的某一部位，说明这些物种至此已达其自然地理分布的最北限，极易在此灭绝。

阳城蟒河猕猴自然保护区森林面积由建区时的4192hm²增加到4594.3hm²，增长了402.3hm²，植被综合覆盖率达到82%。活立木蓄积量由19735m³增加到25389m³，增长了

蕙兰

5654m³。主要保护对象猕猴由150只增加到480只，特别是人工招引投食的猕猴种群由38只增加到181只。

阳城蟒河猕猴自然保护区的保护价值在于其丰富的物种多样性和生态环境的多样性，在华北地区绝无仅有，具有极高的保护意义。

◎ 功能区划

阳城蟒河猕猴自然保护区根据区内自然环境及物种分布情况，将所辖区域划分为核心区、缓冲区、实验区3个功能区。核心区从白龙洞起，沿拐庄、垛沟、羊圈沟、录化顶、后北河、东牙、花园岭、指柱山到省界止，环绕一周，整个范围包括1～7共7个林班，面积3397.5hm²，占总面积的

山茱萸

61.0%。核心区山高灌密，人烟稀少，地形复杂，生态环境多样，是野生动物栖息繁殖的主要区域，也是整个保护区的中心地带。不仅是猕猴的主要活动区域，同时还生长着集中连片的油松、栎类的次生林，由于采取了一系列保护措施，使得该区森林环境保存完好，未遭受人为破坏。缓冲区分布在核心区和实验区之间，对核心区起到保护和缓冲作用，该区地势多以悬崖峭壁为主，形成一道天然屏障，总面积419.2hm²，占保护区总面积的7.5%。实验区分布在保护区的周边，人为活动较为频繁的区域，主要用于对动物的招引及各项科研教学活动，作为动植物逐步下山的第二阶梯，面积1756.3hm²，占总面积的31.5%。

◎ **科研协作**

阳城蟒河猕猴自然保护区还编制了《蟒河自然保护区综合考察报告》，撰写了《蟒河自然保护区金雕数量及其保护的研究》《蟒河自然保护区鸟类调查初报》《山西蟒河自然保护区雉类调查》《蟒河自然保护区猛禽初步调查》等论文26篇。

（朱军、田随味、杨潞潞供稿；朱军、张军、杨潞潞提供照片）

山茱萸果枝

山西 五鹿山
国家级自然保护区

白皮松（郭彩红摄）

山西五鹿山国家级自然保护区地处吕梁山脉南端，位于蒲县、隰县交界处。地理坐标为东经 111°2′～111°18′，北纬 36°23′45″～36°38′20″。保护区总面积 20617.3hm²，森林覆盖率 68%，是以保护世界珍禽褐马鸡和我国特有树种白皮松为主的森林生态系统类型的自然保护区。保护区始建于 1993 年。2006 年 2 月经国务院批准晋升为国家级自然保护区。

◎ 自然概况

五鹿山自然保护区地表组成物质主要有寒武纪和奥陶纪的石灰岩、页岩，石炭纪和二叠纪的沙页岩，局部地区覆盖着第四纪黄土。地形多变，山势险要，峰峦叠嶂，沟大谷深。主要山峰有尖山、红军寨、沙冒顶等，主峰五鹿山位于保护区西部。最高海拔 1946.3m，最低海拔 1135m。全境垂直高差 811.3m，平均坡度 25°左右。保护区是黄河一级支流——昕水河发源地之一，由于草木茂盛，森林覆盖率高，水源涵养好，所以地表水源充

核心区（白皮松、油松混交林）（段张锁摄）

足，流量相对稳定，水质清澈，流量 0.5～0.8m³/s，侵蚀模数为每平方千米120～240t，水质无污染，所含矿物质为碳酸钙镁型，负氧离子含量为7.5mg/L，还含钠、钙、钾、镁、铁等元素，pH值7.6。保护区位于暖温带大陆性季风气候区，受海拔、地形和森林等多种因素的影响，与省内同纬度地区相比，气温偏低，空气湿度偏高，形成典型的山地气候，其特点是夏季炎热多雨，多为东南风，冬季寒冷盛行西北风。年平均气温8.7℃，极端最高气温36.4℃，极端最低气温−23.2℃。1月份平均气温−6.7℃，7月份平均气温26.7℃；大部分地区≥10℃年积温2600～3000h。无霜期150～180天。全年太阳辐射总量628.3kJ/cm²，年日照时数2400～2700h。年降水量500～700mm，最高降水899.5mm，最低346.4mm。年平均相对湿度55.6%。保护区土壤有明显的垂直分布，在区内自上而下土壤类型有棕壤、淋溶褐土、山地褐土、草甸土。棕壤集中分布在五鹿山主峰，垂直分布于山地褐土之上，土层较厚。腐殖质含量较高，pH值为6.2～7.0，土壤肥力高，保水透气性能良好。淋溶褐土主要分布于境内中山上部，垂直分布在棕壤和山地褐土之间，土壤pH值为6.5～7.5，有黏粒淋溶聚焦作用，土壤侵蚀微弱，自然肥力较高。山地褐土主要分布于海拔1000～1700m，为低中山和土石山根，土壤特点为腐殖质含量偏低，pH值为6.5～7.2之间，黏粒较强，有部分分化石砾，侵蚀程度较小。草甸土主要分布于河床河谷地带，pH值7.5，土壤肥力较低，有机质含量低。

五鹿山自然保护区是吕梁山最具代表性的地域，植被类型多样，自然生境复杂，是我国地貌、气候、植被过渡性重点地区，是典型的落叶阔叶

褐马鸡（段张锁摄）

林西部区域类型。它不但是世界珍稀濒危物种褐马鸡的故乡，也是我国特有树种白皮松的重要产地，和近似原始状态的辽东栎林的天然分布区，是过渡类型区的典型地带。资源调查表明区内有高等植物103科449属965种，共有野生动物409种，其中国家一级保护动物6种，二级保护动物26种，省级保护动物14种。在植被类型中有5大植被类型组、8种主要植被型、41个群系，是山西省野生动植物资源最丰富的地区之一。

五鹿山自然保护区被誉为黄土丘陵上的"绿洲"，其独特的森林生态系统，极具旅游观光价值，也是"鸟的世界、兽的乐园、蝶的海洋、绿的宝库"。

◎ 保护价值

五鹿山自然保护区主要保护世界珍禽、国家一级保护动物褐马鸡，同时保护以白皮松林及天然栎类林分为主的森林生态系统。保护区所在地既是我国气候、植被的南北交错区，又是华北地区石质山地和黄土高原的过渡带，植被类型具有落叶阔叶林西部类型的独特性，动植物区系组成特征

石鸡

上具有复杂性、多样性、过渡性和特殊性，是我国生物多样性保护的重点地区。

褐马鸡是我国的特产鸟类，现仅分布于山西省吕梁山脉以及河北、北京等地的部分林区。五鹿山自然保护区是山西省第二批成立的以保护褐马鸡为主的保护区之一，区内的大店、朝阳沟、黑虎沟、深家沟等地有着适宜褐马鸡生存繁衍的良好森林环境。保护区建立以来，通过采取切实有效的保护措施，使得区内自然生态系统得到了良好的保护，主要保护对象褐马鸡分布范围不断扩大，种群数量由建区时的500只增加到了1200多只，加上扩建区域内的褐马鸡数量，目前总计达1800只左右，说明五鹿山自然

纵纹腹小鸮

保护区的自然条件适宜褐马鸡生存。另外五鹿山自然保护区有距山西省临汾市较近的地理优势，目前这里已是国内外褐马鸡研究的主要基地之一。因此五鹿山自然保护区在保护褐马鸡方面具有特殊重要的保护价值。

白皮松林主要分布在深家沟、黑虎沟、山底等地。白皮松因树皮常有不规则的鳞片状剥落，故而又称蛇皮松或蟠龙松，树形高大，寿命较长，是中国特有的珍贵树种，也是东亚针叶树种中唯一的三针松。白皮松是比较稳定的森林植物群落。由于分布海拔较低，受人为影响干扰大，因而易遭破坏，更新比较困难。一旦破坏变成灌丛地或者荒山，如果经过保护与封山育林，因其具有较强的天然更新能力，又能很快恢复。它不仅是华北干石山区造林绿化的优良树种，而且树姿优美，色彩鲜艳，具有净化空气、防止污染、保持水土的作用，极具园林观赏价值，已成为城市绿化的首选树种。山西省是白皮松自然分布的北界，而五鹿山保护区又是白皮松天然分布的密集区，特别是区内黑虎沟、郭家洼等地大面积分布的天然白皮松，树干高、树冠大、树型美、林相整齐，在我国白皮松分布区具有典型性和代表性。进一步保护好五鹿山自然保护区白皮松林生态系统，对于保护优良的白皮松种质资源，具有重要的生态价值。

辽东栎林是五鹿山自然保护区阔叶林的优势种，也是该区的地带性、标志性植物。五鹿山自然保护区的辽东栎林有纯林面积大、林相整齐、保存完好、生长良好的特点，尤其是高海拔地区，很少遭到人为的破坏，具有天然原始性状，对于研究我国北方森林植被变化规律及环境变迁具有重要的学术价值。

除此之外，根据《濒危野生动植物种国际贸易公约》，分布于五鹿山的濒危动物种有：豹、黑鹳、游隼、灰背隼等。分布于五鹿山的国家一级保护动物有黑鹳、金雕、大天鹅、猎隼、褐马鸡、原麝等30余种。由于五鹿山地处吕梁山南端山腹地带，山高谷深，水气流动缓慢，空气湿度增加，分水矛盾得以缓解，因而动植物资源非常丰富。保护区内生态系统复杂多样，显示了其特殊性，对于研究动植物生存规律及其环境变迁具有重要的学术价值。

白皮松（郭彩红摄）

白皮松（郭彩红摄）

秋色（郭彩红摄）

岩松鼠（张海龙摄）

◎ 功能区划

依据《中华人民共和国自然保护区条例》和《森林和野生动物类型自然保护区管理办法》，将保护区划分为3个功能区，即核心区、缓冲区、实验区。核心区8185.06hm²，占总面积39.7%，缓冲区5216.18hm²，占总面积25.3%，实验区7216.06hm²，占总面积35%。核心区是保护最完好的天然次生林生态系统及褐马鸡等珍稀濒危动物的集中分布地，在地域上基本上连续成片，形状规整，基本无人为因素干扰。（五鹿山自然保护区供稿）

植被（段张锁摄）

59

山西 庞泉沟 国家级自然保护区

山西庞泉沟国家级自然保护区地处吕梁山脉中段，位于山西省交城县西北部和方山县东北部交界处。地理坐标为东经 111°22′33″～111°32′22″，北纬 37°47′45″～37°55′50″。保护区南北长15km，东西宽14.5km，总面积 10443.5hm²，是以保护世界珍禽褐马鸡及华北落叶松、云杉天然次生林植被为主的野生动物类型自然保护区。保护区原为山西省关帝山森林经营局孝文山林场和阳坨台林场的一部分，1980年12月经山西省人民政府批准建立保护区，1986年经国务院批准晋升为国家级自然保护区；1993年被纳入中国人与生物圈保护区首批网络成员。

褐马鸡

◎ 自然概况

庞泉沟自然保护区地层属太古界吕梁群，岩石是由变质岩和岩浆岩构成，主要种类包括花岗岩、片麻岩、辉绿岩、石英岩和角闪岩等。全境属剥蚀强烈的大起伏中山，为穿窿中山地貌；岭脊顶部为古老的夷平面和壮年期山地的地貌组合。区内吕梁山脉最高峰——孝文山

海拔2831m，最低处海拔1600m。平均坡度25°左右。保护区地表水源充足，流量相对稳定。区内东部的汾河一级支流文峪河，四季长流，水质清澈，流量 0.7～3.2m³/s，水质无污染，所含矿物质为碳酸钙镁型，氟离子含量为8mg/L，碘离子含量偏少。大路崄山脊以西的冯家庄河，注入北川河后经三川河汇入黄河，流量0.5～2.4m³/s。保护区气

候受海拔、地形和森林等多种因素的影响，形成典型的山地气候。年平均气温 4.3℃。极端最高气温32.0℃，极端最低气温 −26.0℃。1月份平均气温 −10.2℃，7月份平均气温17.5℃。≥10℃ 年积温 1800～2950h。无霜期100～125天。年降水量822.6mm（1983～1992年），最高2023.8mm（1988年），最低 310.9mm（1983年）。年平均相对湿度 70.9%。年无霜期180天左右。雪期、冻土期均达6个月之久。区内自下而上土壤垂直分布有：黄绵土、山地褐土、黄土质山地淋溶褐土、花岗片麻岩质山地棕壤、不饱和黑毡土等类型，黄绵土仅分布于区内西北部海拔1750m以下低山地带的阳坡、农田和灌丛地段，土层厚120～150cm。山地褐土为低山带的主要土壤，分布于1650～1900m的阴坡，土层厚80～120cm，阳坡分布于1750～2100m之间。黄土质山地淋溶褐土为区内主要土壤类型，广泛分布于1700～2000m中山地带，土层厚40～70cm，地形较平缓的地段可达80cm以上。花岗片麻岩质山地棕壤主要分布于2000～2400m中山和

石壁垂青

60

亚高山地带，土层厚80～110cm。不饱和黑毡土集中分布于2300～2700m的亚高山灌丛草甸地带，土层厚40～100cm；腐殖质层一般厚10～30cm，最高可达80cm。

庞泉沟自然保护区内植被茂盛，森林覆盖率高达85%。华北落叶松、青杆和白杆林为主要建群种，占保护

华北落叶松林（八道沟）

区面积40%。此外还有油松、山杨、红桦、白桦、辽东栎等乔木。灌木主要有乌柳、沙棘、毛榛子、胡枝子、绣线菊、忍冬、鬼箭锦鸡儿等，草本有薹草、白茅等，农作物以莜麦、马铃薯为主。全区有高等植物88科828种，其中，蕨类植物7科12种，裸子植物2科7种，被子植物79科809种，还有地衣、苔藓等部分低等植物。区内动物种类和数量也很丰富，现已发现鸟类38科189种，兽类15科32种，两栖爬行类8科17种，昆虫1000多种。

庞泉沟古代曾为北魏道武帝拓跋珪的皇家马苑，之后，孝文帝因祖母丧而一度居忧避政于此，故其主峰名曰孝文山，山顶矗立着一块石碑，字

迹风化无存，人称"孝文古碑"。唐代武则天之父曾于隋仁寿四年购置此处山林，经营木材生意七年。传说唐代八仙之一的交城东关人张果老曾在此修仙得道。

庞泉沟自然保护区内高差大，形成明显的植被垂直带和形态各异的植被群落。沟壑纵横，奇峰峭立，溪涧淙淙。游人称之为是"花的世界、树的海洋、鸟的王国、兽的乐园"。

◎ **保护价值**

庞泉沟自然保护区是世界珍禽褐马鸡的主要产区。褐马鸡为国家一级保护动物，是我国的特产鸟类，被列为《国际自然及自然资源保护联盟

远眺孝文山

庞泉冬景

（IUCN）红皮书》中濒危物种，在历史上广泛分布于我国华北地区。现仅分布于山西省吕梁山脉中段，北起神池县三丛林林场，南至稷山县北部的马家沟林场的 28 个县（市）的林区以及河北省小五台山地区和北京市松山的部分林区，1998 年在陕西省黄龙县的林区也报道发现该鸟。褐马鸡的分布区已被严重分割成 3 个区域，即山西吕梁山脉、河北小五台山及北京东灵山地区、陕西黄龙林区。与大多数主要栖息在我国境内的雉类分布相比，褐马鸡是分布区最为狭小的种类之一。分布区狭小，栖息地严重破碎化，这是褐马鸡生存所面临的最主要的问题。庞泉沟自然保护区是我国最早成

立的以保护该鸟为主的保护区之一，保护区位于我国褐马鸡现今最大分布区——山西省吕梁山脉的中心位置。区内华北落叶松、云杉林是褐马鸡的典型栖息环境，海拔 1600 ~ 2500m 的不同高度的森林地段，均有其栖息。春季（2 ~ 4 月）由小群（6 ~ 10 只）逐步向成对活动过渡，栖息地主要在海拔较低向阳缓坡而冬雪融化的林间地段，多在林缘山脚取食；夏季（5 ~ 7 月）褐马鸡常带雏活动，主要栖息于海拔较高的阴坡和半阴坡，常在华北落叶松、云杉、桦等组成的针阔林中繁殖，其间森林郁闭度 0.6 ~ 0.8，灌木盖度 0.2 ~ 0.4；秋季（8 ~ 10 月）多为家系活动，从高海拔向低海拔、阴坡向阳坡逐渐

转移，活动范围较大；冬季在低海拔的向阳坡辽东栎、油松等林中集大群（10 ~ 30 只）活动。褐马鸡种群数量在保护区存在明显的季节消长规律。4 ~ 5 月份的繁殖期种群数量降至一年中的最低阶段；繁殖后的 7 ~ 8 月由于繁殖增长因素，种群数量大幅度增长，7 月比 5 月增长 21.27%；而后由于天敌、自然死亡等因素开始下降。褐马鸡活动随季节不同垂直迁动明显，冬季由高海拔向低海拔迁动，夏季反之。在空间分布上，夏季较均匀；冬季则集群呈现出团状分布的特点，较易在山脚的低海拔向阳林缘发现，且活动范围大于夏季，隐蔽较差，更易于发现。褐马鸡种群数量在建区初期

的1982年调查为558只，目前监测的数量为2000只左右。种群的自然增长，在1996年后呈现出增长不显著的结果，研究表明，6月份的降水量与该区褐马鸡的数量有很大的关系，其原因主要是影响了褐马鸡繁殖的成功率；大嘴乌鸦为其主要的天敌，对巢的破坏率高达44.19%，对种群数量有影响；雉鸡是其同区的竞争种。其主要天敌在该区还有豹猫、赤狐、青鼬和多种猛禽等。

庞泉沟自然保护区是生物多样性保护的典型地区。该区属于暖温带落叶阔叶林生态系统，动物地理区系为古北界、华北区、黄土高原亚区。

庞泉沟自然保护区内植被茂盛，覆盖率高达95%。特有的地形地质及气候条件，使得区内植被呈现明显的垂直分布，可划分为4个垂直带：低中山针叶林带（1650～1800m），以油松为主，在阳坡则有阔叶树种辽东栎、山杨和白桦与油松形成块状混交；小叶林带（1650～2150m），主要分布在阴

"睡美人"（落叶松—云杉混交林）

坡和半阴坡，以白桦、山杨为主，伴生树种除红桦较多外，还有油松、辽东栎等；针叶林带（1800～2600m），主要组成树种以华北落叶松和云杉为主，间有零星生长的白桦、红桦和山杨；亚高山灌丛草甸带（2550～2830m），上部有草本植物羊茅、羽衣草等，在较低的地段，植被覆盖度较大，有鬼箭锦鸡儿、高山绣线菊、金露梅组成的灌丛。区内森林植被可分为华北落叶

松林、云杉林、油松林、杨-桦阔叶林、辽东栎林5种植被类型。林分面积7709.7hm²，灌木林地1165.9hm²；活立木蓄积1272499m³，其中林分蓄积量1246298m³，占97.9%，疏林地蓄积量2565m³，占2.0%，散生木蓄积量为550m³，占总蓄积的0.1%。区内森林覆盖率高达85%，和森林相对贫乏的黄土高原其他地区形成鲜明的对比，因此庞泉沟被誉为黄土高原上的"绿色明珠"。保护区独特的华北落叶松、云杉森林生态系统是森林覆盖率较低的黄土高原上很有代表性的森林植物类群。八道沟一带的华北落叶松林相整齐，密集高大，每公顷蓄积量可达600m³，为华北地区之最，庞泉沟又有"华北落叶松故乡"之称。海拔2600m以上的云顶山地区，为稀少的亚高山草甸，极具科研和观赏价值。

庞泉沟自然保护区内鸟类、兽类种群占到山西省鸟兽物种数的58.2%和45.1%，生物多样性组成丰富。保

雄狮夕照

护区内有褐马鸡、金雕、黑鹳、豹、原麝共5种国家一级保护动物。还有鸳鸯、鸢、红角鸮等23种猛禽及青鼬等25种国家二级保护动物，以及苍鹭、金眶鸻、小杜鹃、普通夜鹰等14种省级重点保护动物。生物多样性保护的价值十分重大。保护区是鸟类迁徙的重要"驿站"。吕梁山脉是我国南北走向的一条主要山脉，是华北地区森林植被、自然生态环境相对保存较好

的地区之一。建区20余年的科研工作证实，庞泉沟自然保护区的鸟类种数占到全国鸟类物种数的15.9%，和庞泉沟自然保护区104km²面积相比，鸟类物种数相当丰富。在189种鸟类中，候鸟占到142种，占全区鸟类种数的75.1%；其中有《中日保护候鸟及其栖息环境协定》保护鸟类71种，《中澳保护候鸟及其栖息环境协定》保护的鸟类15种。许多国家级保护动物如草原雕、白尾鹞、大鵟、长耳鸮等猛禽、鸳鸯等春秋迁徙季节均出现在庞泉沟自然保护区内，这些现象表明庞泉沟自然保护区所处的吕梁山脉中段位置，是鸟类南北迁徙的重要"驿站"，因此，庞泉沟自然保护区在全球鸟类保护区中具有极其重要的意义。

◎ **功能区划**

庞泉沟保护区功能区划分为3个功能区，其中核心区面积3542.6hm²，缓冲区面积1307.6hm²，实验区面积5593.3hm²。　（邹小根、武建勇供稿）

龙泉瀑布

黑茶山
国家级自然保护区

山西黑茶山国家级自然保护区位于山西省吕梁市兴县东南部，地处吕梁山脉中段，涉及山西省兴县的东会乡、固贤乡、交楼申乡及蔚汾镇4个乡（镇）。地理坐标为东经111°11′39″～111°26′30″，北纬38°10′03″～38°24′05″。保护区南北长约26km，东西宽24km。全境面积24415.4hm²，其中核心区10728.02hm²，缓冲区5718.20hm²，实验区7969.18hm²。保护区位于暖温带落叶阔叶林与温带草原交错区，属森林生态系统类型的自然保护区。保护区具有丰富的生物多样性，是晋西北低山浅山区生物多样性最为丰富的地区之一，主要有褐马鸡、金钱豹、原麝等珍稀动物以及青毛杨、野大豆、核桃楸等珍稀植物。

◎ 自然概况

黑茶山自然保护区地质构造古老，岩石主要由变质岩和岩浆岩构成，主要种类包括砂页岩、花岗岩、片麻岩、辉绿岩、石英岩和角闪岩等。

黑茶山自然保护区属石质山区，地形复杂，山峦起伏，沟壑纵横。地貌为复杂的穹窿中高山地貌，地势北高南低，切割较深，多数是石质山地。境内最高点为黑茶山主峰（海拔2203.8m），最低点为阳坡水库（海拔1200m），平均海拔1702m，相对高差1003.8m。

黑茶山自然保护区属温带大陆性气候区，气候特征是四季分明，冬季漫长，干冷晴朗；春季升温快，日温差大，干旱多风，夏季暖热多雨，秋季短暂，多为凉爽晴朗天气。保护区年平均气温6.4℃，1月份平均气温–10℃左右，7月份平均气温18℃左右。全年10℃以上的积温1500～1950℃，无霜期120～135天，年平均降水量650mm左右，主要集中在7、8、9月份。春旱、秋霜是影响农业生产的主要自然灾害。

黑茶山自然保护区的水系属黄河

黄土高原与石质山结合区

水系。境内湫水河是黄河一级支流。湫水河发源于保护区大坪头村附近，流经东会、白文、临县城、三交等地，在碛口处注入黄河，年径流量8623万m³。发源于区内的交楼申河、南川河、固贤河等则是黄河一级支流蔚汾河的重要水源地。

在山西省土壤区划中，黑茶山自然保护区属于栗褐土地带。在海拔2200m以上的山地，气候湿冷，植被多为根系密集的草甸和低矮灌丛地，发育着山地棕壤；海拔1700～2200m的林冠下分布着淋溶褐土，自然植被为油松、栎、杨桦混交林，土壤结构好，有机质含量高，pH值呈中性至微酸性；海拔1500～1800m的阴坡、半阴坡的林冠下和高灌丛坡地大多分布着山地褐土，肥力较好；海拔1200～1600m的丘陵和低山处覆盖着新生界松散土体，多为灰褐土。

黑茶山自然保护区植被类型多种多样，可分为6个植被型组，8个植被型，20个群系。主要有针叶林、针阔叶混交林、阔叶林、灌丛、草原和稀树草原、草甸等植被型组。经调查，已经记录到高等植物4目123科460属1014种，其中苔藓植物33科74属

223种，蕨类植物8科10属14种，种子植物82科376属777种。种子植物的科属种数占山西省种子植物科、属、种数的57.3%、46.1%、30.2%。在种子植物中，裸子植物3科7属11种，占山西省裸子植物科、属、种数的50.0%、53.9%、39.3%；被子植物79科369属766种，占山西省被子植物科、属、种数的57.7%、46.0%、30.1%。被子植物中有双子叶植物70科309属656种，单子叶植物9科60属110种。

根据《国家重点保护野生植物名录（第一批）》（1999），黑茶山自然保护区有国家二级保护植物野大豆、

松口蘑等11种；根据《山西省重点保护野生植物名录（第一批）》，有省级重点保护植物5种，即山西乌头、文冠果、党参、木贼麻黄、楔裂美花草。

此外，黑茶山自然保护区是山西特有树种——青毛杨的唯一天然分布区。近年来，经黑茶山自然保护区的科研人员调查，发现仅分布有4个种群，胸径10cm以上的株数分别为46株、164株、10株和7株，共计227株。4个种群面积共为1652m²，呈斑块状群聚生长。

调查表明，黑茶山自然保护区分布有陆生脊椎动物219种。其中两栖

温性落叶灌丛

辽东栎林

山杨林　　　　　　　　　　落叶松林

原麝

大天鹅

野大豆

核桃楸

刺五加

文冠果

类1目3科4属5种，占山西省两栖类种数的38.5%，全国两栖类种数的1.8%；爬行类2目5科8属14种，占山西省爬行类种数的51.9%，占全国爬行类种数的3.7%；鸟类13目36科101属158种，占山西省鸟类种数的48.2%；兽类6目15科35属42种，占山西省兽类种数的62.7%，全国兽类种数的8.1%。

黑茶山自然保护区有国家一级保护动物5种，国家二级保护动物30种，《濒危野生动植物种国际贸易公约》附录物种34种，山西省重点保护野生动物14种。其中，国家一级保护动物主要有褐马鸡、黑鹳、金雕、金钱豹、原麝等；国家二级保护动物主要有斑嘴鹈鹕、大天鹅、鸳鸯、鸢、大鵟、普通鵟、毛脚鵟、苍鹰、雀鹰、松雀鹰、草原雕、乌雕、白尾鹞、鹊鹞、白头鹞、鹗、猎隼、游隼、燕隼、红脚隼、红隼、小杓鹬、红角鸮、雕鸮、纵纹腹小鸮、长耳鸮、短耳鸮、领角鸮等；《濒危野生动植物种国际贸易公约》附录物种主要有白鹳、黑鹳、褐马鸡、小杓鹬、领角鸮、长耳鸮、短耳鸮、红角鸮、雕鸮、豹、豺、原麝等。

黑茶山自然保护区是我国褐马鸡中心分布区之一，是山西省褐马鸡分布的最西端。经初步调查，目前褐马鸡数量约为1000只。

黑茶山自然保护区地处吕梁市兴县，曾是晋绥边区政府所在地，具有深厚的历史文化内涵，人文资源丰富。不仅有保存较好、数量较多的原生态古村落，还有"四·八"烈士纪念馆、纪念亭等爱国主义教育场所。典型的古村落主要有张家圪台、交楼申等，其建筑以依自然地形而建的窑洞、土坯房、木结构围栏和房屋、石墙等为特点，其院落既有晋西北民居风情，又融入晋北及内蒙古游牧文化，对游客具有特殊的吸引力。坐落于黑茶山自然保护区内的"四·八"烈士纪念馆是山西省人民委员会于1965年5月24日公布的第一批省级文物保护单位，全省爱国主义教育示范基地之一；2005年，又被国家列为全国百个红色旅游景区之一。

黑茶山自然保护区内山高林密，涧谷幽深，人迹罕至。不仅有茂密的森林，丰富的野生动植物，四季变换、气象万千的森林景观，还有幽寂深邃、原始古朴、像一条银色的缎带缠绕在群峰碧岭之间的"桃花洞"，以及经年流淌、娓娓动人的湫水河等大小溪流，具有石乳、石笋、石幔、石柱、石花、石莲、石林等琳琅满目的"仙人洞"等，均具有极高的旅游开发价值。

◎ 保护价值

黑茶山自然保护区地处黄土丘陵区向吕梁山土石山区的关键地区，属暖温带落叶阔叶林带和温带草原带的交错区，两带的交界线穿过保护区辖区，使黑茶山自然保护区同时具有暖温带落叶阔叶林和温带草原两大生物群落，成为我国森林向草原过渡的典型的代表性区域，具有明显的过渡性。

黑茶山自然保护区是我国森林向草原过渡的典型的代表性区域，由于特殊的自然地理条件，形成特殊的以油松为主的温性针叶林和辽东栎为主的落叶阔叶林，以及松、栎混交林，是该过渡区域生态系统特殊的典型代表性植被，具有重要的保护价值。

黑茶山自然保护区位于吕梁山中北部森林生态系统最狭窄的地区，森林植被宽度不足20km，且只有山体阴

针茅草地

蒿草草原

青杆林

坡有乔木林，而阳坡乔木植被发育不良，呈单面林，生态系统十分脆弱，是吕梁山森林生态系统这一生态屏障中最脆弱的部分。吕梁山西北部由于长期以来的人类活动的干扰，形成了千沟万壑的黄土丘陵区，水土流失严重；毛乌素沙漠也位于保护区西北部，距保护区仅120km，使保护区的生态系统受到严重威胁，显得十分脆弱。

黑茶山自然保护区具有丰富的生物多样性。据调查统计，已经记录到高等植物4门123科460属1014种，已记录到陆生脊椎动物219种。

黑茶山自然保护区特殊的地理区位，复杂的地形地貌，多种多样的植被类型，为珍稀野生动物植物提供了丰富多样的栖息生存环境。黑茶山自然保护区有国家二级保护植物野大豆、松口蘑等11种，山西省级重点保护植物5种，而山西省特有植物青毛杨分布面积狭小，数量极少，极其濒危。

黑茶山自然保护区有国家重点保护野生动物35种，其中国家一级保护动物5种，国家二级保护动物30种。黑茶山自然保护区是褐马鸡在山西分布的最西端，也是我国褐马鸡种群数量最多的栖息繁殖地之一，目前有褐马鸡1000多只。黑茶山自然保护区位于吕梁山脉森林生态系统的边缘地带，是阻滞毛乌素沙漠东进、阻碍黄土高原沙尘向东进入山西、河北乃至京津唐地区的良好的生态屏障。对维护晋西北及其以东地区的生态安全具有重要作用。黑茶山自然保护区位于以保

护褐马鸡为主要目的的芦芽山、庞泉沟和五鹿山保护区之间，是褐马鸡的重要走廊带，黑茶山自然保护区的建设和保护对于完善山西省褐马鸡的保护体系、确保褐马鸡种群之间的基因交流、扩大褐马鸡的种群数量具有重要意义。黑茶山自然保护区是吕梁山中北部森林生态系统最狭窄的地段，也是连接吕梁山南北野生动物扩散、基因交流的重要通道，对其他野生动物的保护具有重要意义。同时，黑茶山自然保护区是黄河一级支流湫水河的发源地，也是黄河一级支流蔚汾河的重要水源地。黑茶山自然保护区良好的生态系统，为保护和维持湫水河、蔚汾河的水量和水质起了重要作用，对减少下游水库泥沙流入量，延长水库使用寿命起到十分重要的作用。在一定程度上，对保护和维持黄河水量和水质具有重要意义。黑茶山自然保护区曾是八路军的驻守地和抗击日寇的战场。老一辈无产阶级革命家贺龙、关向应等曾生活战斗在这里，也是王若飞、秦邦宪、邓发、叶挺等十三名烈士殉难的地方，黑茶山自然保护区管理和建设，对慰藉英灵，开展爱国主义教育具有重要意义。

◎ 科研协作

山西黑茶山国家级自然保护区管理局与山西大学、山西农业大学等单位进行了科研合作。2007～2008年，主要与山西大学环境与资源学院合作，对保护区的自然地理、植被分布、珍

稀植物、野生动物等进行了综合考察。还对青毛杨性状、形态、保护等进行了研究，并由王振军、上官铁梁（山西大学环境与资源学院教授）、郝晓鹏、郭东罡撰写了科技论文《山西黑茶山自然保护区青毛杨的濒危原因和保护对策》。该论文已被《安徽农业科技》2009年第四期（1537～1538，1548）发表。2013年保护区管理局组织技术人员布设了40块样地和30条样线，开展了动植物监测工作，并与山西农业大学林学院合作开展了保护区本底资源调查。

（白利云供稿）

青毛杨

山西 灵空山 国家级自然保护区

山西灵空山国家级自然保护区管理局位于山西省中南部，沁源县西南部与古县、霍州市交界处的太岳山脉中段深山腹地，西靠主脉霍山，北接绵山，南近黄梁山，东临沁洪公路。保护区行政区划隶属于沁源县灵空山镇、韩洪乡和古县北平镇。地理坐标为东经 111° 59′ 27″ ～ 112° 07′ 48″，北纬 36° 33′ 28″ ～ 36° 42′ 52″。保护区南北长 17km，东西宽 12.5km，总面积 10116.8hm²，森林覆盖率达 80.3%。保护区是以重点保护温带典型性植被——油松及褐马鸡、金钱豹等国家重点野生动植物资源为保护对象的森林生态系统和野生动物类型自然保护区。

褐马鸡（许晋松提供）

◎ 自然概况

灵空山自然保护区境内山岩地质主要为奥陶系白云岩、石灰岩夹页岩、石灰岩、白云质灰岩、泥灰岩和寒武系石灰岩、白云岩、页岩、砂岩的并层，少量太古界变质杂岩。灵空山山中心三条沟壑交汇，形成一片奇险的深谷。整个地势东、北、西三面高，南面低，呈簸箕形。平均海拔高度约为1600m，最高山峰海拔为2056m。

灵空山自然保护区气候属暖温带大陆性季风气候，一年四季明显，春季多风干燥、夏季雨量集中、秋季少雨凉爽、冬季少雪干旱的特点。保护区年平均气温 6.2℃，≥ 10℃年积温 3000℃，年日照 2600h，植物生长期

110 ～ 125 天，年降水量 662mm，集中在 7 ～ 9 月中，占全年的 74.8%，无霜期 145 天左右。

灵空山自然保护区的水系属黄河水系，是黄河一级支流沁河的水源涵养区。发源于沁源县境内灵空山自然保护区境内（灵空山镇北部黑峪村黑峪沟）的季节河"龙头河"。

灵空山自然保护区内土壤为石灰岩、白云岩等母岩上发育而成的山地褐土、山地淋溶褐土和山地棕壤，区内土壤类型共分为山地草甸土、山地棕壤、褐土、潮土、新积土、粗骨土、石质土7个土类，8个亚类，14个土属，33个土种。土壤呈中性，pH 值 6.7 ～ 7.5。

灵空山自然保护区植被类型多种多样，根据《山西植被》的自然植被

分类系统划分为 6 个植被型组，6 个植被型，8 个植被亚型，27 个群系。主要有针叶林、针阔叶混交林、阔叶林、灌丛等植被型组。随着气温和雨量的变化，植被呈明显的垂直分布。主要植被类型的垂直分布规律为：海拔 1350 ～ 1500m 为落叶阔叶灌丛、灌草丛及草丛带；海拔 1500 ～ 1800m 为落叶阔叶林及针阔叶混交林带，主要植被类型为落叶阔叶林和针阔叶混交林，有油松林，辽东栎林，鹅耳枥、槭、漆杂木林，山杨林，白桦林；海拔 1800 ～ 2056m 为针叶林带，主要植被类型为针叶林，如华北落叶松林等。

根据科考调查结果及统计表明，共有种子植物 95 科 407 属 816 种，占山西省种子植物的 63.8%，47.5%，

狮猴（许晋松提供）

野大豆（陈雄提供）

刺五加（陈雄提供）

68

灵空山保护区全景（王治明提供）

35.6%，其中，裸子植物2科3属5种，分别占山西省裸子植物的28.6%，23.1%，20.0%；被子植物93科404属811种，占山西省被子植物的65.5%，47.9%，35.8%。共有孢子植物2门21科33属47种，其中苔藓7科14属15种；蕨类植物14科19属32种。

经初步调查并参考以往的研究资料，陆栖脊椎动物25目64科215种，占山西省陆栖脊椎动物总数的48.98%。其中两栖类1目3科5种，占山西省两栖类总数的38.1%；爬行动物隶属于2目5科12种，占山西省爬行动物总数44.4%；鸟类16目40科164种，占山西省鸟类总数的50%；哺乳动物6目16科34 种，占山西省哺乳动物总数的47.9%。

灵空山自然保护区林区内孕育着丰富的植物物种，其中多数种类都是重要的野生植物资源。更令人惊叹的

是，生长在山石崖畔的珍稀松、杉，株株挺拔劲健，莽然穿云，粗者数人合抱，细者胸径也在40～50cm，像誉称油松之王的"九杆旗"，一茎出土，派生九枝，枝枝挺直，耸立于寺院之顶。油松中，还有争并穿云、互不相让的"二仙传道"，有鹤立鸡群、独树一帜的"三大王"；有风度潇洒、超然凝重的"一佛二菩萨""一炉香""泉水松""招手松"等，树龄均在500年左右。据统计，有古松136株，株株青翠、枝叶繁茂、生长茂盛，绝无半点老态衰枝。松树之外，寺院周围还生长有树龄400多年的云杉，树高30m，单株材积8m³以上。灵空山一带素称"油松之乡"。

灵空山自然保护区地处我国北部，分布多以油松和辽东栎为主，其他间有杨、桦、栎野生树种。分布的油松林是华北地区油松的典型分布区之一，构成我国保存完好的暖温带地区生物地理群落，气象万千的森林，构成了

远离城市喧嚣、原始淳朴的人间净土，加之森林中负氧离子高，在森林中漫步休息，不仅心情舒畅，空气新鲜，还有调节人体神经系统和促进血液循环以及新陈代谢作用。

灵空山自然保护区具有十分丰富的野生动物资源。野兽在森林里尽情地嬉闹，鸟儿在森林里婉转的鸣叫，蝴蝶在绿草上翩翩起舞。特别是分布的褐马鸡、金雕、猕猴、黑鹳、白尾鹞、松雀鹰等国家重点保护动物更为灵空山自然保护区增加了一道靓丽的动物景观。

灵空山自然保护区有唐初建与历代修葺的圣寿寺、北魏至宋代积累的1300余尊南涅水石刻造像、八路军总部太行旧址、砖壁村古寺庙群、霍州元代署衙等主要景观组成了融自然风景、文物古迹、革命纪念地为一体的旅游区。圣寿寺坐落在灵空山山腰的一块平台地上。据史籍记载，圣寿寺

野核桃（陈雄提供）

水曲柳（陈雄提供）

原麝（许晋松提供）

建于唐代，距今已有1000多年历史。相传唐懿宗第四子李侃，因黄巢起义，避难到此，削发为僧。这位皇太子死后，被封为"先师菩萨"。唐景福二年建先师禅院，宋端拱二年赐额"圣寿寺"，相沿至今。由于历代的增补修缮，圣寿寺的现存殿宇已不是唐代原建筑了。但其规模之大，建造之巧，仍然是一处较有价值的寺庙建筑群。除寺院之外，还有茅庵、仙桥、峦桥、东钟楼等建筑。芽庵建于寺东崖畔石洞之中，曲阶而上，步步登高，庵中地净尘绝。这里是游者最感兴趣的地方，它凌空高建，半掩半露，入庵小坐，顿觉神清气爽。寺院山门对面悬崖壁立，枯树青藤倒挂，一道幽谷横在寺院前沿，相距数丈，古人在寺院左右修建了仙、峦二桥，沟通南北，贯连三山。其中峦桥上部，丹柱长廊，雕龙绘凤，斗拱斜插，工艺精巧。跨过峦桥，穿林海沿小路东行，再过仙桥，就到了东峰脚下。从山脚到峰顶的东钟楼，要攀援陡峭曲折、宛如飘带的"十八盘"。东钟楼以南，是苍黄色的"舍身崖"，如切如削。再向南，山峦之中有一四面峭壁的孤峰，峰顶树木葱茏，据说那是李太子初到时结

庐的地方，名叫"唐山寨"。灵空山自然保护区处在太行、太岳山脉之间，山高壑深，自古是兵家必争的战略要地。老一辈革命家薄一波同志领导的太岳纵队就长期在此与日寇斗争。中国共产党于1942年建立的第一所林业专科学校就坐落于灵空山自然保护区内古寺——圣寿寺，该寺也是太岳山国有林管理局（原太岳山森林经营局）建局所在地，因此灵空山自然保护区政治地位也较为显著。

◎ 保护价值

灵空山自然保护区位于山西省中部，保护区地处南暖温带落叶阔叶林亚地带与北暖温带落叶阔叶林亚地带的植被交错区。保护区同时分布有天然油松纯林、天然油松与辽东栎混交林、天然辽东栎林，在我国暖温带植被中具有特殊的区位作用。区内复杂多样的森林植被孕育了保护区极其丰富的生物多样性，也使其成为世界鸟类迁徙的重要途径之一；更是褐马鸡、金钱豹、原麝等连续分布区的重要组成部分，起着联系太行山、吕梁山动物种群的纽带和桥梁作用。

油松和辽东栎是暖温带落叶阔叶

林植被亚区的代表性树种。保护区是华北地区油松的典型分布区之一，也是世界油松分布中心和起源中心。保护区境内有华北地区林相最好的天然油松林，区内最大的单株油松"九杆旗"已于2004年6月被上海大世界吉尼斯纪录确认为"世界上最大油松"。另外，天然辽东栎林无论分布空间和群落结构，都反映出暖温带落叶阔叶林的典型特点。因此，保护区对研究我国华北地区森林生态系统具有重要意义，具有十分重要的种质资源保护和科学研究价值。

灵空山自然保护区优良的生态环境为野生动物提供了优越的生存条件，加之山西省地处世界候鸟八大迁徙通道的东亚—澳洲迁徙通道上。从动物地理系上看，保护区的动物属于古北界华北区黄土高原亚区，由于无较大的天然屏障阻隔，使毗邻地区的动物彼此渗入，从而使得保护区成为太岳山、甚至山西省自然界重要的东西、南北生态大走廊。保护区是山西省近年来发现的褐马鸡新的分布区，其位于吕梁山褐马鸡种群分布区向太岳山褐马鸡种群分布区的过渡区域，对于两地褐马鸡种群之间的基因交流，防

大花杓兰（陈雄提供）

环颈雉（许晋松提供）

黑鹳（许晋松提供）

止种群衰退，具有重要意义。另外，保护区内还生存有国家一级保护动物金钱豹、原麝、黑鹳、金雕等。

灵空山自然保护区良好的森林生态系统也对黄河一级支流沁河源头的水源涵养、水土保持、气候改良，维持该地区的水量和水质起到了不可估量的作用，对于维护山西省森林生态系统有着重要的意义。

◎ 功能区划

按照区划原则、依据，在现地调查和充分分析的基础上，主要采用自然区划方法进行功能区的区划，即以明显山脊、溪河、沟谷及林道等地形地貌作为核心区、缓冲区和实验区的区划界线。

（1）核心区：核心区是油松林和褐马鸡等珍稀濒危动物及其群落集中分布的区域，实施绝对保护，严禁任何形式的采伐、狩猎、旅游等活动，未经批准任何人不得进入核心区，以保持其自然生态系统和野生动植物生长栖息环境不受人为干扰。

（2）缓冲区：缓冲区是为有效保护核心区，在核心区外围区划出一定宽度的森林和林地地带区域。缓冲区的作用主要是缓解或减少保护区周边林区生产经营活动对核心区的影响，防止核心区受外界人为破坏，可以组织科学研究观测、科学考察活动。

（3）实验区：实验区位于缓冲区的外围。在灵空山自然保护区管理局的统一组织下，可从事科学实验、教学实习、参观考察以及驯化、繁殖珍稀濒危野生动植物等活动，也可以适度开展林木与林下植物、生态旅游等多种经营生产活动。

◎ 科研协作

（1）邀请山西大学对灵空山自然保护区的自然地理、植被分布、珍稀植物、野生动物等进行了综合考察，于2011年10月编制了《山西灵空山省级自然保护区野生动植物资源科学考察报告》；并与山西大学环境与资源学院合作在保护区内建立了山西省

唯一一个自然保护区生态监测站，对区内森林生态系统、生物多样性、气候、温度、土壤等因子进行合作研究。

（2）与北京林业大学合作，开展生态定位站的建设，实现科研成果共享。

（3）灵空山自然保护区设有疫源疫病监测站、森林有害生物监测站各1个。

（4）通过使用野外红外相机拍摄，对区内分布野生动物种群进行详细调查，现已证实区内分布有国家一级保护动物褐马鸡、金钱豹、原麝、黑鹳、金雕。

（5）积极开展褐马鸡人工繁育试验，2013年上半年通过母鸡代孵，对8只褐马鸡蛋进行了试验性孵化。目前人工繁育褐马鸡生长良好。

（灵空山自然保护区供稿）

灵空山保护区全景（王治明提供）

内蒙古 大青山
国家级自然保护区

内蒙古大青山自然保护区位于阴山山脉中段，东起乌兰察布市卓资县上高台林场头道北山山脊，西至包头市昆都仑河谷；南起大青山山脚，北与包头市固阳县、呼和浩特市武川县丘陵相连，以上高台林场北界为界。保护区在行政区域上属呼和浩特市、包头市和乌兰察布市，涉及上述三市中的10个旗（县、区）。地理坐标为东经109°47′~112°17′，北纬40°34′~41°14′。保护区总面积为38.86万 hm²，属森林生态系统类型自然保护区，主要保护山地森林、灌丛—草原生态系统。2008年经国务院批准建立国家级自然保护区。

山草甸、灌丛、杨桦林相间分布（高利提供）

大青山（孟宪毅提供）

◎ 自然概况

大青山为块状断裂的中等高度山地，山体呈东西走向，地势西高东低，北坡平缓，南坡陡峭，一般海拔为 1500 ~ 2100m，相对高度 100 ~ 700m。最高峰九峰山海拔 2338m。山地的基岩及地表组成物质是由花岗岩、片麻岩、片岩、页岩、砂砾岩以及残积、坡积层、洪积砂砾层构成。

大青山自然保护区属典型的大陆性半干旱季风气候。年平均气温 6.7℃，绝对最高气温 39.3℃，绝对最低气温 −35.6℃，≥10℃ 有效积温 2200 ~ 2800℃。无霜期 100 ~ 120 天，年平均日照时数 2873.4h，年太阳辐射总量为 97692kW/m²，年平均风速 2.04m/s，

年平均降水量 424.6mm，年平均蒸发量 2055.3mm，湿润度 0.5 ~ 0.7，降雨主要集中在 7、8、9 月，占全年降水量的 70% 以上。

大青山自然保护区土壤由上而下呈带状分布，即山地草甸土－灰色森林土－淋溶灰褐土－典型灰褐土－石灰性灰褐土－栗钙土（进入水平地带性土壤）。

大青山自然保护区水系均为黄河支流，地表水均以大气降水补给，年平均总降水量为 2.9 亿 m³。山前洪积扇区地下水可分潜水和承压水，潜水埋深约 3m，承压水含水层厚 9 ~ 60m，水深 3 ~ 20m。

大青山植物区系以东亚区系、华北区系及达乌里—蒙古成分为主，同

时混有泛北极、古北极、东古北极、亚洲中部成分等，并在不同海拔高度形成了兼有华北特色及蒙古草原成分的山地植物垂直分布，由山麓至山顶构成比较完整的草原、灌丛、森林、亚高山草甸景观系列。保护区有高等植物 990 种，隶属 127 科 422 属，其中种子植物 88 科 391 属 874 种，蕨类植物 19 种，苔藓植物 97 种。

大青山自然保护区有脊椎动物 218种，隶属于 24 目 55 科 123 属，其中兽类有 33 种，隶属于 6 目 12 科 25 属；鸟类有 173 种，隶属于 15 目 37 科 89 属；两栖爬行类有 12 种，隶属于 3 目 6 科 8 属。

大青山地质景观富集，沟壑纵横，峰峦林立，群山竞秀，自然景观和人

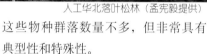
人工华北落叶松林（孟宪毅提供）

文景观遥相辉映。区内著名景观有哈达门、乌素图国家森林公园、塞外小布达拉宫——五当召、喇嘛洞召、塞外小延安——得胜沟抗日战争根据地旧址、白石山庄、苁蓉山庄、小井生态园、太伟度假村、圣水梁、旧石器时代大窑文化遗址、长城遗址等景观资源。

保护价值

（1）以边缘物种群落为代表的山地森林、灌丛－草原生态系统。大青山是一座界山，生态区位和生态价值极为重要，是黄土高原与内蒙古高原的天然分界线；青海云杉分布的东界，达乌里－蒙古成分的分布区的南界，白杆、青杆、辽东栎、脱皮榆、蒙椴、文冠果及侧柏群落分布的北界。虽然

这些物种群落数量不多，但非常具有典型性和特殊性。

（2）物种多样性及濒危珍稀物种。本保护区内有国家二级保护野生植物3种，即蒙古扁桃、草麻黄、五味子；自治区二级保护植物11种，三级保护植物7种。脱皮榆编入红皮书第三册。特别是脱皮榆在我国分布范围很小，数量极少，为我国榆科植物中的珍贵物种资源，是国家第二批重点保护的

仰望金銮殿（高利提供）

天然白桦林与人工混交林景观（高利提供）

顶部青海云杉与杨桦天然混交林（高利提供）

73

阳坡人工油松林（孟宪毅提供）

喇嘛洞景观（孟宪毅提供）

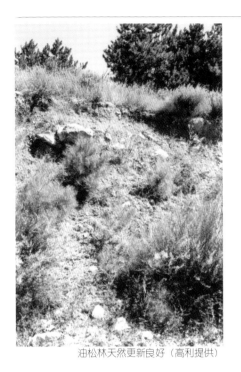

油松林天然更新良好（高利提供）

珍稀濒危植物。保护区内有国家一级保护野生动物有 4 种，即金雕、黑鹳、胡兀鹫、雪豹；国家二级保护野生动物共有 20 种。

（3）重要的水源涵养地。大青山位于黄河中上游地区，保护区内 100 多条大小沟河均为黄河支流，每年流向黄河的水量约 2 亿多 m^3。大青山是呼、包两大城市，以及周边地区人畜饮水、农田灌溉的生命泉。

（4）天然生态屏障。大青山北坡直接承受蒙古干燥气流的影响，气候干燥而寒冷，南坡则由于山地的阻挡，相对温暖而湿润，成为阻隔蒙古干燥气流及风沙进入华北平原的一道天然绿色屏障。

◎ **科研协作**

大青山自然保护区与内蒙古林业科学研究院联合建立的内蒙古大青山森林生态系统定位研究站正在筹备中，该定位研究站属国家生态定位观测网络系统，将进行长期定位观测与研究。

◎ **交通状况**

大青山自然保护区紧邻呼和浩特市、包头市，交通便捷。南缘外为呼包高速、110 国道和京包—包兰铁路，三条省级公路由南向北横穿保护区，境内其余道路均为护林防火道路，布设于原各林场辖区内。

（大青山自然保护区供稿）

大青山之春（孟宪毅提供）

多林种混交景观（高利提供）

内蒙古 赛罕乌拉

国家级自然保护区

内蒙古赛罕乌拉国家级自然保护区位于内蒙古自治区赤峰市巴林右旗北部，地跨索博力嘎镇、幸福之路苏木、罕山林场。东与巴林左旗相连，西与林西县交界，南依巴林右旗幸福之路苏木，北与锡林郭勒盟接壤。地理坐标为东经118°18′～118°55′，北纬43°59′～44°27′。保护区总面积为10.04万hm²，是一个以森林、草原、湿地等多样的生态系统和珍稀濒危野生动植物为主要保护对象的森林生态系统类型保护区。2000年4月经国务院批准建立国家级自然保护区。

林缘草甸

◎ 自然概况

赛罕乌拉自然保护区隶属大兴安岭山脉的阿尔山支脉，地貌类型属中山山地，山体呈东北至西南走向。山体较高，平均海拔在1000m以上。赛罕乌拉主峰最高达1951m。

赛罕乌拉自然保护区属中温带半湿润气候区，冬季漫长寒冷降雪量少，夏季短促炎热，降水量集中。秋季气温下降快，霜冻来临早，其具体特征为：大气透明度高，太阳辐射强度大，光能资源丰富，年总辐射量5700kJ/cm²，年日照时数为3000h，以春季日照时数为最长，占全年总日照时数的28%。年平均日照时数8.5h，夏至前后最长，为13～14h。年平均气温2℃，7月最热，最高气温29℃，平均气温18℃；1月最冷，平均气温-18℃，最低气温-32℃，年有效积温1800℃。无霜期为100天左右。由于受保护区小气候条件的影响，保护区降水较多，年降水量400mm，多集中在6～8月，历年平均在300mm左右，占全年降水量的70%～80%。冬季降水量小，为35～70mm，占全年总降水量的8%～17%，历年平均降水日数为72天。湿润度为0.5～0.8。

赛罕乌拉自然保护区土壤垂直分布变化明显，随着海拔自高至低，主要分布着山地黑土、灰色森林土、山地中部的棕壤土以及坡脚及沟谷的暗栗钙土。土壤的成土母质为基岩风化残积物，在山体的缓坡和坡脚有黄土状堆积物，在查干沐沦河东岸和瓦仁乌拉东南麓王坟沟北侧覆盖风沙土和亚沙土，在河道上有洪积砾石层。

赛罕乌拉自然保护区地表淡水资源丰富，有乌兰坝河、二连坝河、沙艾河、白其河、牛头拜其河、北吐河、海清河、灰通河、阿山河、床金河等10条河流，这些河流经查干沐沦河、西拉沐沦河，最终汇入西辽河，年径流量近亿立方米，是西辽河的重要源头之一。境内有大小水库四座，保护区特有的小气候特点被充分体现，因

沙地疏林景观

而雨量充沛，形成了沟沟叉叉都有水的特点。

赛罕乌拉自然保护区有陡峭的亚高山、平缓的中低山、宽阔的山谷和河漫滩。境内分布有大兴安岭岭北针叶林、科尔沁沙地草原、燕北和岭东的东亚阔叶林，以及岭西的森林草原等多样的景观类型，是华北植物区系和兴安植物区系的交错带，植物类型十分复杂。较高山体的阴坡主要生长着山杨、白桦纯林或混交呈斑块状分布。阳坡广泛分布着蒙古栎、大果榆、黑桦等疏林植被，石质山地则以西伯利亚杏、岩蒿、铁杆蒿为主，山脊处分布有照白杜鹃灌丛。丘陵地带以贝加尔针茅、大针茅、线叶菊草原为主要类型，保护区河流两侧均发育良好的河漫滩草甸或河漫滩柳灌丛。这里的植被可划分6个植被型10个植被亚型39个群系，主要植被有森林植被、灌丛植被、半灌丛植被、草原植被、草甸植被和人工植被。

赛罕乌拉自然保护区共有野生维管束植物85科319属700种，苔藓植物38科93属176种，野生高等真菌4目11科24属52种及大量的地衣等其他植物资源。

由于赛罕乌拉自然保护区处于东亚阔叶林与岭北泰加林过渡、森林与草原过渡的双重交汇地带，也是东北、华北、蒙新三区动物区系的过渡带。过渡带的边缘效应造就了该区异常丰富的动物资源。保护区境内共有鸟类17目47科151种，哺乳动物6目14科37种，昆虫11目83科574种及种类众多的两栖、爬行类动物。其中国家重点保护动物32种。

◎ **保护价值**

赛罕乌拉自然保护区位于大兴安岭南部山地，是东亚阔叶林向大兴安岭岭北泰加林、森林向草原的双重过

丘陵草原景观（草甸景观）

渡地带，是连接各大植物区系的纽带和桥梁，是生态交错带，是大兴安岭的南部山地生物多样性的典型地段，是岭南山地自然景观的缩影，是西辽河重要的水源涵养林区之一。这里生物资源复杂多样，具有很强的典型性、代表性、特有性及脆弱性，在全国生物多样性保护中占有重要地位。

同时，赛罕乌拉主峰具有明显的植被分布带谱，在我国大兴安岭山地十分罕见，可以通过保护区生物多样性变化来研究生物对全球气候变化的反响。

由于保护区特殊自然地理位置和复杂的地形地貌特点，孕育了多样复杂的生态系统。在山地森林生态系统中，有白杆云杉林、华北落叶松林等常绿针叶林和夏绿针叶林成分，有山杨、白桦、蒙古栎等夏绿阔叶林成分，亦有色木槭林、大果榆林等典型的东亚阔叶林成分。在王坟沟还有发育极好的庄园式沙地疏林。在保护区森林生态系统外缘，有发育良好的草原生态系统，其中银穗草草原，仅分布于海拔1800m左右土层较厚的缓坡上，面积极小，是大兴安岭南部山地的特有类型，具有很高的保护价值。保护区境内的河流流经之处典型的河滩草甸和河滩柳灌丛与沼泽一起，形成了岭南山地较典型

的湿地生态系统。这里多样的生态系统，显示了过渡带生物物种复杂的特点，对进行岭南山地多学科研究具有很重要的价值。

赛罕乌拉自然保护区现记录鸟类151种，其中国家一级保护鸟类3种：金雕、大鸨和黑鹳。国家二级保护鸟类有大天鹅、鸳鸯、鸢等26种。苍鹰、雀鹰、松雀鹰、大鵟、普通鵟、草原雕、秃鹫、白尾鹞、白头鹞、鹊鹞、铜色鹞、红脚隼、红隼、燕隼、黑琴鸡、红角鸮、雕鸮、纵纹腹小鸮、长尾林鸮、长耳鸮、蓑羽鹤、灰鹤、黑鹳等29种鸟类均被列入《中国生物多样性保护行动计划》鸟类物种多样性保护优先序列。有世界受胁鸟3种，它们是大鸨、乌雕和鸿雁，因此该保护区还被列为世界重

青羊栖息地

山地森林

沙地疏林

要鸟区。在受保护鸟类中猛禽类 22 种，占全部保护鸟类的 80%。如红隼、红脚隼等数量均很大。鸳鸯在内蒙古境内仅繁殖于呼伦贝尔盟，而在此保护区有繁殖。

赛罕乌拉自然保护区有野生哺乳动物 37 种，在哺乳动物中，被列入《中国生物多样性保护行动计划》中国优先保护物种名录的有：狼、猞猁、马鹿、斑羚 4 种，其中国家二级保护的有马鹿、斑羚、猞猁 3 种。斑羚在该保护区内主要分布于正沟、大东沟林区的山脊裸岩处，常单独或成对，亦可见三四只成群活动。保护区内有斑羚约 300 余只，数量大而集中，成为我国最大的野生种群，有着极其重要的保护价值。马鹿分布于正沟、大东沟、王坟沟、乌兰坝等林区。由于保护力度加大，近年来野生数量明显增加，经调查保护区境内马鹿种群数量由 1996 年的 300 余头到 2006 年已增加到 500 余头。猞猁 1996 年以前在保护区境内数量极少，难得遇见，但到 2006 年猞猁的踪迹经常遇到，表明猞猁种群数量明显增加。

赛罕乌拉自然保护区内有野生高等真菌 52 种，苔藓植物 176 种，其中珍稀濒危苔藓植物 10 种，有球藓、卵叶盐土藓、芽胞墙藓、缨齿藓、西伯利亚大帽藓、拟烟杆大帽藓、丛毛藓、疣小金发藓、高山小金发藓、大叶藓。

赛罕乌拉自然保护区有地衣 62 种，隶属于 25 属 12 科，其中有 4 种为中国新记录种：蒙古黄梅、拟白刺毛黑蜈蚣衣、粉面黑蜈蚣衣、日本大孢蜈蚣衣。

赛罕乌拉自然保护区有野生维管束植物 700 种，其中第四纪孑遗植物 1 种，即核桃楸。国家重点保护药用植物有甘草（二级）、黄芩、秦艽、达乌里龙胆、远志、卵叶远志、防风、五味子等 8 种；有自治区重点保护的植物 12 种；有自治区重点保护药用植物 17 种。

赛罕乌拉自然保护区内山高林密，

林下地被层苔藓等涵养水源植物丰富，林区小气候特点十分明显。这里是有山就有林，有林就有水，境内的大小沟系，长年流水不断，是西辽河的重要源头之一，在西辽河水源涵养上起着至关重要的作用。

赛罕乌拉自然保护区境内的查干沐沦河流域，曾是契丹族的故土和发祥地，契丹建国后，赛罕乌拉山（当时称"黑山"）成为契丹族的"国魂"所在，是辽代帝王出游狩猎之地。保护区境内至今尚留有辽庆州城遗址、释迦牟尼舍利塔、辽庆陵、辽怀州城遗址、辽怀陵、金代边堡、罕山辽代祭祀遗址等文化古迹，许多被列为国家级重点文物古迹保护对象。

赛罕乌拉自然保护区独特的地形地貌和自然地理条件及多样的生物物

马鹿

冰长城

种，为研究森林生态学、森林病虫害生物防治学、动物生态学、野生动物人工驯化以及其他有关动植物生产、学术方面的研究，提供了重要的基地。另外，保护区地处我国大兴安岭南部山地，是岭南山地的典型地段，对我国进行大兴安岭南部山地自然地理学、生物学、地质学、环境科学、植物的自然演替，水土保持和生物资源的持续利用等多学科的科学研究具有很高的价值。

赛罕乌拉自然保护区境内有茂密的森林、广阔的草原，有王坟沟庄园式疏林，有层峦叠嶂、气势磅礴的山峰和高山寒冻风化岩堆，更有奇峰怪石形成的"群驼峰""鳄鱼石"等独特的"荣升十八景"。这里数不尽的奇花异木，看不够的飞禽走兽，万紫

斑羚

千红的霜叶形成了多种多样的自然景观。它们相映成趣，组合成一个天然的山地生物生态园，是大兴安岭南段山地的一颗璀璨的明珠，是我国北方重要的生态旅游胜地。

总之，赛罕乌拉自然保护区境内森林—灌草—草原生态系统，复合结构独特，水源涵养功能重大，珍稀物种资源丰富，文物古迹众多，具有极高的国家级保护价值。

◎ 功能区划

赛罕乌拉自然保护区划分为 3 个功能区。

核心区：赛罕乌拉自然保护区设置了 3 个核心区，核心区总面积为 15790 hm²，

占保护区总面积 15.72%。

（1）正沟森林生态系统核心区（核心区Ⅰ）。核心区以森林生态系统和珍稀濒危动植物为主要保护对象，总面积为 5900hm²，占保护区总面积的 5.9%。该区山势险峻，山高林密，森林生态系统复杂，并有明显的植被垂直分布带谱，海拔由低到高分布有草原、沟谷杂木林、虎榛与杜鹃灌丛、山杨与白桦林和蒙古栎林、天然白杆—云杉林和落叶松、岳桦林、亚高山草甸等。这里是我国华北落叶松分布的最东界和兴安落叶松分布的最西界，也是鸳鸯、黑琴鸡等两种国家二级保护鸟类繁殖地和分布地的南界和西界。该核心区许多地方人迹罕至，斑羚、马鹿、猞猁、鸳鸯、黑琴鸡等珍稀野生动物集中分布在这里，且数量较大。

（2）王坟沟沙地疏林生态系统核心区（核心区Ⅱ）。核心区是以沙地疏林生态系统及珍稀野生动植物为主要保护对象的核心区，总面积 4940hm²，占保护区总面积的 4.9%。该区有发育较好的沙地疏林生态系统和马鹿、猞猁等珍稀野生动物分布，辽代庆陵就建在此。

（3）乌兰坝水源涵养林核心区（核心区Ⅲ）。核心区水源涵养林为重要保护对象，总面积 4950hm²，占保护区总面积的 4.9%，该区森林植被好，林草繁茂，海拔 1500m 以上有落叶松、云杉等针叶林分布，是国家二级保护动物黑琴鸡的主要栖息和繁殖地。国家二级保护动物马鹿和猞猁的数量最多。该核心区还是牛头拜其河、二林坝河、沙艾河、乌兰坝河、白其河等 5条河流的源头。

缓冲区：赛罕乌拉自然保护区规划了 3 个核心区相应的缓冲区，它们并相互连接，以使野生动物能相互沟通交流，总面积 33750hm²，占保护区总面积的 33.6%。

实验区：核心区和缓冲区以外的区域均为实验区，总面积为 50906.1hm²，占总面积的 50.68%。

◎ 管理状况

赛罕乌拉自然保护区的管理机构是内蒙古赛罕乌拉国家级自然保护区管理局，下设 6 个股室、15 个管护站、1 个专职防火检查站、4 处兼职防火检查站、两座瞭望塔。有管理人员 44 名，管护人员 117 名。

沟谷杂木林

◎ 科研协作

近几年来，赛罕乌拉自然保护区建设了自动观测气象站、野生动物救助站和生态定位观测站，开展了多学科多领域的科学研究，为更好地实施保护奠定了基础。（群力、闫峰供稿）

沙地疏林

内蒙古 白音敖包
国家级自然保护区

内蒙古白音敖包国家级自然保护区位于内蒙古自治区赤峰市克什克腾旗经棚镇西北75km的草原深处，地理坐标为东经117°05′38″～117°20′，北纬43°29′18″～43°36′42″。保护区总面积13862hm²，属森林生态系统类型自然保护区，主要保护对象为沙地云杉林生态系统。2000年经国务院批准晋升为国家级自然保护区。

狍

沙地云杉林

草原羊肚蘑（李景章摄）

大鸨

◎ 自然概况

白音敖包自然保护区处于大兴安岭山地向内蒙古高原的过渡地带，东接大兴安岭南端西侧的低山丘陵，西部与锡林郭勒草原连接，海拔在1300～1498m，地势南高北低，以南部的白音敖包山为最高点，海拔为1498m，由火山喷发的火山岩、玄武岩形成，目前除敖包山出露以外，全部为沙丘覆盖，沙层厚10～100m。沙地为极不稳定基质，局部地区由于受人类活动影响已改变成半固定沙地和流动沙地。

白音敖包自然保护区气候属于大陆性温带草原气候，年平均气温-1.4℃，年均降水量400mm左右，年蒸发量1526.8mm。本地气候干燥，且降水年变化率大，风力强，具有沙漠化的动力条件，是生态环境非常脆弱地区。主要河流有查干套海河，横贯于保护区内，同南部的敖包河汇合为贡格尔河流入达里湖。

白音敖包自然保护区的沙地云杉林为典型的原始森林，面积为2226hm²，蓄积量为70033m³。由于分布地形和植物种类的不同，可将沙地云杉林划分为4个类型，即藓类苔草沙地云杉林、禾草杂类草沙地云杉林、杂类草白桦沙地云杉混交林和沿河沙地云杉林。林木平均树高12m，最高22m，平均胸径22cm，最大胸

径80cm，平均年龄120年，最大年龄400年。由于沙地云杉林长期适应于干旱贫瘠沙地上，已形成自己特殊的森林群落，具有极强的抗旱机理，它属浅根系植物，侧根特别发达，侧根的长度相当于树高的1.5～2倍，一株大树就能控制一座大沙丘，是我国西部生态治理以及环北京沙源工程的优良树种。

在植物区系上，以蒙古植物区系为主，具有明显的区系过渡性质，代表华北植物区系成分的有油松、虎榛子、桑树、元宝槭等。兴安植物区系成分有兴安落叶松、沙地柏、楼斗叶绣线菊、红花鹿蹄草等，此外还有东北植物区系成分如茶条槭、稠李等。沙地云杉是我国特有种。据不完全统计林内有高等植物68科239属460种，单种科和寡种科占总数的87.8%以上，说明了沙地云杉林生态系统的脆弱性。此外，保护区具有丰富的群落多样性，如森林群落有沙地云杉林、山杨林、白桦林、榆树疏林。灌木群落有山杏灌丛、虎榛子灌丛、山刺玫灌丛、金老梅灌丛等。草原植被有线叶菊草原、针茅草原、羊草草原、达乌里羊茅草原等。草甸植被有薹草草甸、拂子茅草甸等，还有沼泽等。此外，沙地云杉林生态系统为许多国家一、二级保护鸟类、哺乳动物提供了栖息繁衍场

白音敖包的春天

黑琴鸡

马鹿（李景章摄）

所，林内有鸟类150余种，其中有国家一级保护鸟类7种：黑鹳、东方白鹳、大鸨、波斑鸨、金雕、白尾海雕、中华秋沙鸭；国家二级保护鸟类27种，《IUCN受威胁物种红色名录》鸟类17种。保护区主要保护对象为沙地云杉林生态系统。该区沙地云杉林分布面积大，长势好，林相整齐，有代表性。

沙地云杉是我国珍稀特有新种，在世界上只分布在浑善达克沙地东部边缘，集中分布在白音敖包自然保护区，这是长期自然历史发展和现代自然条件综合作用结果，因此保护好沙地云杉对了解我国云杉起源，演化以及气候变迁具有重要的科学价值。

沙地云杉新种形成，是经过漫长的过程。沙地云杉是山地白杆演化出来的新种，对干旱贫瘠的环境有强大适应能力。因此，白音敖包自然保护区是我国最大的沙地云杉天然基因库，为北方防风固沙林营造和三北防护林体系建设提供了大量种苗基因资源。

沙地云杉生态系统是陆地上非常罕见的森林生态系统类型，是我国珍贵的自然财富，由于分布浑善达克沙地东部边缘，形成了华北地区天然屏障，因此，保护好白音敖包自然保护区天然沙地云杉林，对控制北方土地沙漠化，改善当地农牧民生活环境，进而减少首都风沙侵袭发挥着巨大的生态效益、经济效益和社会效益。

沙地云杉林生态系统是我国许多珍稀濒危的一、二类保护鸟类和动物的栖息繁衍基地。因此，保护好沙地云杉林生态系统，也就是更有效综合地保护好珍稀濒危动物资源。

◎ 功能区划

白音敖包自然保护区规划为核心区、缓冲区、实验区3个功能区。其中核心区2780hm²，约占总面积的20%；缓冲区3539hm²，约占总面积的25.5%；实验区7543hm²，约占总面积的54.5%。

◎ 管理状况

设置自然保护区管理局，行政隶属于内蒙古自治区赤峰市克什克腾旗人民政府，业务由克什克腾旗林业局主管，现有职工40人。

根据白音敖包自然保护区沙地云杉及栖息于此的生物多样性保护的需要，保护区管理局制定并实施了如下保护工程：

（1）天然林资源保护工程：根据《国有林区天然林资源保护工程规划》启动原始林、生态公益林保护工程，转变了经营方式，对沙地云杉资源建立保护机构，采取有效的保护措施，使植被逐渐恢复和发展。

（2）围栏围封工程：在保护区周边界线及实验区内，凡在人畜频繁出入地段均设置围栏进行保护，共计110km。

（3）基础设施建设：生物多样性保护工程的基础设施建设包括建设了检查站两座、瞭望塔两座、界桩130个、标牌6个、建设巡护路段20km。

（4）科研监测：开展了云杉林种群动态、云杉小蠹虫、云杉扁叶蜂等虫口密度监测工作。

白音敖包自然保护区在保护管理好自然资源的前提下，积极地开展了综合性的科学研究工作。区内建永久性监测点10处，对沙地云杉林种群、云杉小蠹虫、云杉扁叶蜂等种群动态进行监测。

永远神圣的白音敖包——沙地云杉林之秋（李景章摄）

白音敖包自然保护区完成了摸清家底的自然资源调查，及常规的观测工作。野生动植物及昆虫的深入调查，完善了白音敖包保护区的动植物及昆虫名录，采集制作野生动植物及昆虫标本，为宣教提供资料和展品；沙地云杉扦插繁殖技术与无性系的研究取得了重大突破；开展了沙地云杉丰产林营造技术的研究；沙地云杉种子园、种子林建立技术的研究；沙地云杉更新幼树移栽造林技术研究；沙地云杉生态界面对干旱适应机理的研究；沙地云杉种群发生、发展和衰亡规律的研究；沙地云杉林生态系统结构、功能和提高生产力的研究；沙地云杉生态林生态恢复生态研究。

白音敖包自然保护区自成立以来一直坚持社区共管原则，使沙地云杉林得到了有效的保护。当地社区与保护区在资源保护与开发利用方面基本达成共识，保护区管理局与周边达里镇、巴音查干苏木、白音敖包林场、防火站建立了社区共管委员会。

主要措施与方法：立足合作，推行专业与行政职能的结合。一方面，由保护区管理局推行专职人员负责组织实施全区生态保护工作，开展科学考察与研究；另一方面，当地政府通过行政管理，组织群众参与保护，并为群众积极排忧解难，促进了自然保护工作的开展。吸收当地牧民做管护工作，有效地保护了沙地云杉林生态系统；立足能力建设，促进社区与保护区持续发展；发展个体苗圃，为当地群众提供菌木销售渠道。牧民增收有路了，逐渐摆脱单一以畜牧业为主的生产方式，减轻了周边牲畜对保护区的危害。

白音敖包自然保护区通过多种形式向社区进行宣传教育，使森林、野生动物及自然保护等方面的法律、法规深入人心，社区群众普遍知法、守法、用法，保护意识与知识水平明显提高，稳定的生态系统逐步形成。通过近10年的努力，区内生物种群不断扩大，数量增多；森林火灾与破坏野生动植物案件明显减少。通过多年的社区共管，社区群众的自然保护意识和生产技术得到很大提高，区内及周边社区偷砍盗猎等破坏野生动植物案件大为减少，生产性跑火率降低，实现了连续10年来核心区无火警，实验区无火灾的好成绩，极大地改善了白音敖包地区的生态环境与社会环境。

区内生态旅游2004年启动，2005年7月14日云杉漂流旅游项目正式开业。云杉漂流在保护区实验区境内的敖包河上，全长5km。乘皮筏顺流而下，皮筏在苍松古柏间穿行，一种神秘感悠然升起，河水蜿蜒曲折，一段一景，景景怡人。皮筏时而卷入漩涡，时而平静安逸，既能体验船摇欲翻之惊，又无溺水伤身之险。云杉漂流项目自开展以来，广受游客的喜爱。

（群力、闫峰供稿）

沙地云杉林之秋（李景章摄）

沙地云杉林之冬（李景章摄）

黑里河
国家级自然保护区

内蒙古黑里河国家级自然保护区位于内蒙古自治区赤峰市宁城县的西南部，燕山北麓的七老图山脉，属茅荆坝天然林区。地理坐标为东经118°16′～118°33′，北纬41°18′～41°35′。保护区总面积27638hm²，森林面积21335hm²，森林覆盖率达77.2%，属森林生态系统类型自然保护区。黑里河自然保护区的前身是四道沟水源涵养林保护区。1999年黑里河自然保护区加入了中国人与生物圈保护区网络。2003年6月6日国务院批准建立黑里河国家级自然保护区。

针阔混交林

◎ 自然概况

黑里河自然保护区地处燕山山脉东段北缘的七老图山支脉，属华北地层区阴山—努鲁儿虎山分区围场建平小区。该区出露的地层有太古界建平群、中生界侏罗系、新生界第四系。大地构造位置属华北地台（北缘）内蒙古地轴东段，处于阴山东西向构造复杂带与大兴安岭北东向构造带交汇部分。地貌隶属燕山山脉七老图山支脉中低山地貌组合，地势西高东低，山体为北东、南西走向，山势陡峭，有悬崖峭壁等险隘地形分布，北坡相对较平缓，具有气候单面山的特征，山体平均海拔在1400m以上，相对高差200～500m，最高峰新开坝山高达1836m，最低点打鹿沟门为770m，相对高差1060m。成土母岩多为花岗岩、玄武岩。群山之间百溪穿流，分布有较多的河谷小阶地。

黑里河自然保护区为华北平原向内蒙古高原过渡的山岳地带，属暖温带大陆性季风气候。夏季短促而炎热，雨热同季；冬季漫长而严寒。由于山体抬高和森林植被的影响，雨量充沛，年降水量500～750mm。保护区

年平均气温4.8℃，最冷月1月平均气温-10.4℃，最热月7月平均气温21.7℃；年有效积温2000～3000℃，无霜期110天左右，冻土厚度150～200cm；年日照时数2800～2900h。全年盛行西北风，年平均风速3.5m/s。

黑里河自然保护区土壤为棕壤，因受地形地貌的影响，地带性土壤垂直和水平分布明显。棕壤由高向低分别出现粗骨性棕壤、生草棕壤、典型

棕壤、潮棕壤等四类。

黑里河自然保护区内的黑里河是老哈河上游的主要支流，地处西辽河流域老哈河水系源头，也是贯穿保护区最大的一条河流，发源于四道沟乡丈房沟。河流全长59km，流域面积653.16km²，年平均径流量1.005亿m³。河道两岸高山环抱，河谷狭窄，河槽深切于谷底，水流湍急，纵坡比降1/2000左右。泉水丰富，为常年补

给河水的水源之一。对西辽河流域水质水量起着举足轻重的作用。

黑里河自然保护区处于东北针阔混交林向华北落叶阔叶林的过渡地带，是燕山山地生物多样性的典型地段和物种资源的"基因库"。保护区有野生高等植物140科465属953种，其中：苔藓植物42科88属176种；蕨类植物12科18属32种；裸子植物1科3属4种；被子植物85科356属741种。此外，还有众多的地衣、菌类资源。

黑里河自然保护区动物地理区划属古北界华北区，有鸟类16目38科117种；哺乳动物6目14科33种；两栖动物1目3科5种；爬行动物2目4科12种；鱼类1目2科10种；昆虫7目51科168种。

黑里河自然保护区林深木秀，奇峰、怪石、飞泉、流瀑、古松、石海、杜鹃、冰河堪称黑里河八大景观。保护区内奇峰怪石如林，如蛤蟆石、龟石望月、石人、冰川遗迹等争戟苍天，黑、白蛇如丝相缠，栩栩如生；龙王洞、喇嘛洞别有洞天。黑里河历史悠久，民族文化更是源远流长。这里以蒙汉杂居为主，人民世代耕耘劳作，生息繁衍过程中形成了独具特色的生活方式，风土人情。此处尚有古汉墓群、汉长城遗址、烽火台遗址清晰可见。尤其是萧太后驱人崖上造方井等美丽动人的传说更为该区的人文景观增添了不少神秘的色彩。春夏之季，万物相继孕蕾吐蕊，竞相绽放，林中蜂鸣蝶舞，鸟语花香。深秋时节，层林尽染，枫叶如丹。野果晶莹剔透，各显娇态，争尽风流。隆冬银装素裹，苍松翠绿，风采依然。深入其间，呼清新空气，饮洁净甘泉，无不令人陶醉，令人神往。

◎ 保护价值

黑里河自然保护区有三大保护对象：

保护对象之一：大面积天然油松林为代表的暖温型针阔叶混交林生态系统。保护区地处东亚阔叶林区，温性针叶树种油松是保护区的代表性物种。区内有天然油松林4667hm²，是华北山地面积最大，长势最好，最为集中连片的分布区。常与蒙古栎、白桦等阔叶乔木组成针阔混交林。天然油松林分类型复杂，依据结构组成、生境、海拔高度，可划分为2个亚群系9个群丛组，是保护区内最重要的植物群系，具有重大的保护价值。

油松林在保护区分布面积仅次于白桦林，位居第二。在保护区山地阳坡、半阴半阳坡、阴坡均有分布，不论土层厚薄，坡面陡缓均能生长，占据着海拔800～1400m的植被带。

黑里河油松纯林下的植物，重要值高的有反映中旱生和肥沃土壤生境的小红菊、胡枝子、羊胡薹草、矮山黧豆、紫苞鸢尾、铁杆蒿、柴胡、玉竹。这些植物大部分属于东亚成分和华北植物区系，因为地区偏南海拔中等，所以西伯利亚成分少见。相反，热带亲缘的种类，如五味子，在混交林下

第四纪冰川遗迹——冰石河

天然油松优良林分

32m高的油松王

却为数不少。油松混交林下植物种类较多，超过纯林的1.5倍。

黑里河自然保护区的油松生长较快，平均年生长量接近$5m^3/hm^2$，50年生油松林平均高13.7m，平均胸径15.9cm，每公顷株数2452株，蓄积量$333.7m^3$。林下灌木稀疏，有土庄绣线菊、铁杆蒿等，草本植物以日阴菅、矮山黧豆、鸢尾为主。50年生物量每公顷为194.39t，其中乔木层129.30t，下木和草本层合计1.5t。可见，油松林的生物量很大，其中林木层的生物量最高，占93.9%，其枝叶量亦相当可观，而大量的枝叶是森林涵养水源的物质基础。

八道沟核心区保存着最好的天然油松林，面积达$680hm^2$，这里的油松具有皮薄枝细，自然整枝良好，冠型较窄，干形通直，尖削度小，生长迅速等特点，1982年被林业部确定为我国油松良种种源基地。2001年标准地调查，66年生天然油松的平均胸径达27.6cm，平均树高19.1m，最大单株胸径48cm，高24m，单位面积蓄积量达$367m^3/hm^2$。林下天然更新状况良好，天然落种形成的幼树树龄结构梯

大花杓兰

粉绿垂果南芥

段报春

度变化显著。林下灌木层以迎红杜鹃、二色胡枝子为主，草本以蒿类禾草等杂类草为主，较为稀疏。国家重点保护的兰科植物绶草在此成稳定群落，温性针叶林的特有鸟类黑头鹀常年在这里生息繁衍，足以说明该油松林群落的稳定。

保护对象之二：生物多样性资源及其珍稀濒危物种。保护区是燕山山脉东端北缘山地的典型地段。特殊的生态地理位置，造就了植被类型复杂，生物物种丰富，同时蕴藏着众多的珍稀濒危物种。有国家二级保护植物：刺五加、穿龙薯蓣、中国沙棘、核桃楸、野大豆、黄檗、五味子、紫椴、大花杓兰、手掌参、角盘兰、沼兰、勘察加鸟巢兰、二叶兜被兰、二叶舌唇兰、蜜花舌唇兰、绶草共17种。保护区气候温和，植被茂密，完整的森林生态系统为野生动物提供了良好的生存条件。同时过渡带的边缘效应使得野生动物多样性十分显著。有国家一级保护动物豹、金雕2种，国家二级保护动物黑熊、白枕鹤、灰鹤、大天鹅、鸳鸯、勺鸡、（黑）鸢、白尾鹞、大鵟、普通鵟、雀鹰、松雀鹰、红隼、燕隼、黄爪隼、红脚隼、领角鸮、长耳鸮、雕鸮等19种。被列入《中国生物多样性保护行动计划》中鸟类物种多样性保护优先序列的21种；属于《濒危野生动植物种国际贸易公约》的鸟类5种；有81种鸟类被列为"国家保护的有益或者有重要经济、科学研究价值的野生动物"名单。保护区还有《IUCN受威胁物种红色名录》鸟类鸿雁、褐头鸫在此繁衍生息。

保护对象之三：西辽河重要的水源涵养地。保护区山高林密，林下苔藓等涵养水源植物和枯枝落叶层丰富，水源涵养作用极强。境内大小沟系，常年流水不断，地表水资源十分丰富，是西辽河的重要源头区之一。为西辽河下游科尔沁沙地及沿岸人畜饮水和

山杨白桦林

悬钩子

花楸

葛枣猕猴桃

300 年蒙古栎

农牧业用水提供了重要水源，在西辽河流域的生态环境建设中，处于举足轻重的地位。

黑里河自然保护区距首都北京380km，是环京津地区的天然绿色生态屏障，为保护京津地区的生态环境发挥着巨大作用。同时保护区地处西辽河流域老哈河水系源头，每年向西辽河输水 1.005 亿 m³，是西辽河沿岸生活和社会经济可持续发展的生命源泉。

◎ **功能区划**

黑里河自然保护区划分为核心区、缓冲区、试验区 3 个层次的功能区。

核心区：保护区共区划出 3 个核心区，总面积 10088hm²，占保护区总面积的 36.5%。二道梁核心区位于保护区西北部，面积 5922hm²；老道沟核心区位于保护区东北部，面积 3486hm²；八沟道核心区位于保护区南部，面积 680hm²。

缓冲区：缓冲区与核心区数量相对应，共划分为 3 个，总面积 11248hm²，占保护区总面积的 40.7%。

实验区：是开展各种实验活动的集中地区，总面积 6302hm²，占保护区总面积的 22.8%。

◎ **科研协作**

在黑里河自然保护区建立的同时聘请北京林业大学、东北师范大学、内蒙古大学、内蒙古教育学院的专家多次来保护区实地考察，先后完成了

保护区哺乳动物、鸟类、维管束植物、苔藓、菌类等资源的本底调查。撰写出《黑里河自然保护区综合科学考察报告》；在此基础上委托内蒙古林业勘察设计院完成了黑里河自然保护区《总体规划》。在此基础上于 2004 年开始着手编制《保护区建设工程可行性研究报告》，2005 年 8 月通过国家林业局的批准。

黑里河自然保护区不断深化发掘本底资源和保护价值，利用 6 年时间采集、制作了 2000 余号动植物标本，录制拍摄了大量的影像资料，制作出黑里河生物资源科教片和黑里河风光光盘，建立起动植物标本室和图片展览室。

建立一个自然监测网络，开展自然监测工作，是自然保护工作的一项重要任务。通过对保护区内的生物种群、群落及其非生物环境进行连续观测和生态质量评价，掌握人为活动和自然因素对保护对象及其相关因素的影响、危害，为调整保护措施、改进保护管理及周边地区生态建设提供翔实的科学依据。保护区在天然油松分布区的二道岔、三道岔、四道沟、杖房沟、道须沟等地设立了 10 块永久性监测样地。所设立标准地的第一次野外调查现已完成，并对调查数据进行整理分析。

◎ **管理状况**

黑里河自然保护区大力开展《中华人民共和国自然保护区条例》和《内

蒙古自治区自然保护区管理办法》等有关的法律、法规的宣传，以此提高保护区社区居民的自然保护意识。

黑里河自然保护区在"保护优先，适度开发，持续发展"的方针指导下，按科学发展观的要求，以自然资源为依托，以实现森林资源无消耗创收为目标，以产业开发为途径，在认真发掘县域文化、保护区历史文化底蕴，并科学分析研究旅游市场需求和自身条件的基础上，本着以人为本，贵在自然，重在和谐，精干效益并能展现古、朴、土、特山野风格的思路，在保护区实验区的大坝沟开发建设了一处集旅游观光、休闲度假、避暑娱乐、生态教育综合服务功能的生态旅游度假区，取得了良好的社会效益和经济效益。

（群力、闫峰供稿）

内蒙古 大黑山
国家级自然保护区

内蒙古大黑山国家级自然保护区位于内蒙古自治区赤峰市东南部，地处燕山山脉努鲁儿虎山中东部，东部与辽宁省北票市相连、南部与内蒙古自治区敖汉旗四家子镇毗邻、西南部与辽宁省建平县接壤，北部和西北部与我国著名的科尔沁沙地相临。地理坐标为东经120°00′00″～121°31′36″，北纬42°00′00″～42°14′14″。保护区总面积86799hm²，是以保护内蒙古高原与松辽平原毗邻的森林生态系统及珍稀野生动植物和西辽河上游重要水源涵源地、科尔沁沙地南侵的天然生态屏障为主的森林生态系统类型自然保护区。保护区始建于1996年、2001年6月经国务院批准晋升为国家级自然保护区。

◎ 自然概况

大黑山自然保护区山体呈现东北—西南走向，是中生代燕山期造山运动塑造而成，地貌属于低山丘陵区，东西两面高、中间低，保护区西部海拔为800～1255m，东部海拔为700～1074m，中部海拔为590～900m，山顶多为光顶状，局部出现浑圆状或平台状，山脊线呈现南北向分布，山鞍与山顶区分明显，山坡平直多凸坡，坡度20°～30°，局部陡坡60°～80°，山体西侧沟壑发育，并连成树枝状，断面呈V型，壑底和壑坡多被5～10m的第四系沉积物所覆盖，山体主要由第三系玄武岩、上侏罗系熔岩及燕山期—印支期花岗岩组成。

大黑山自然保护区属温带干旱－半干旱大陆性季风气候区，冬季漫长寒冷，降雪量少，春季干旱，多大风天气，夏季短促炎热，降雨量集中，

十八盘核心区

核桃楸

核桃楸

桔梗

秋季气温下降快，霜冻来临早。年总辐射量为6000MJ／m²，年日照数为2800h，植物生长期（4～9月）日照时数在1470～1680h之间。保护区年平均气温在4.9～7.5℃之间，7月份最热，初霜期在9月底，终霜期在4月底到5月初，无霜期为140～145天，≥10℃的积温为3200℃。大气降水是保护区的主要水分来源，冬春两季雨雪少，春旱较严重，年降水量400～450mm，降水量的70%集中在夏季，年蒸发量为2200mm，湿润度为0.6～1.0。保护区盛行西北风，多年平均风速为4.7m／s，一年之中以春季大风最

多，≥8级大风日数约20～30天，夏季风速最小，冬季又大于秋季。多年平均大风日数为62天。

大黑山自然保护区境内分布有西辽河一级支流叫来河及其支流，年涵养水源约1.4亿m³。境内叫来河中段有一座水库，兴利库容928万m³（正常高水位），总库容9171万m³。

大黑山自然保护区地带性土壤为棕壤土。由于地貌类型及小气候条件不同，影响到各区域的水热条件的再分配，从而使土壤类型也有所不同，在海拔700m以上山坡或沟谷中，广泛分布有棕壤土（棕色森林土），海拔

700m以下分布有褐土，形成棕壤土－褐土的垂直带谱。

◎ **保护价值**

大黑山自然保护区是一个以保护草原、森林等多样生态系统及珍稀野生动植物栖息地和水源涵养地为主要保护对象的丘陵山地综合性自然保护区。

大黑山自然保护区处于暖温夏绿阔叶林带向中温型典型草原带的过渡地带，是内蒙古自治区范围内生物地理省较好的代表地段，其生态系统的组成与结构比较复杂，类型较为丰富。

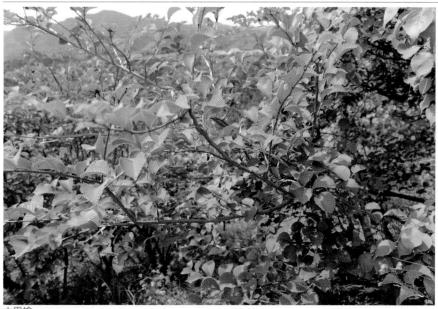
大果榆

生物物种相对丰度较高，保护区内高等植物种数占内蒙古自治区高等植物种数的比例达32.4%，是我国研究自然过渡带生物物种多样性及环境演变敏感区生态环境的良好场所，是西辽河重要水源涵养地，是科尔沁沙地南侵的天然屏障。

大黑山自然保护区是东北、华北、内蒙古草原三区植物交汇处，保护区有5个植被类型，14个群系，主要有草原、森林、灌丛植被、半灌丛植被、

草甸植被。保护区内有野生维管束植物99科370属735种，其中，属国家级珍稀濒危保护植物的有3种，即胡桃楸、野大豆和文冠果；属国家重点保护野生植物的有11种，其中国家一级保护植物1种——大花杓兰，国家二级保护植物10种，分别为草麻黄、核桃楸、五味子、甘草、野大豆、紫椴、沙芦草、北重楼、穿龙薯蓣、绶草。保护区记录到鸟类9目27科54属90种，属国家重点保护鸟类的有2目3

科8属13种，其中国家一级保护鸟类1种——金雕，国家二级保护鸟类21种，属中国濒危动物红皮书名录中的有6种，隶属于5目6科6属，其中易危4种，稀有1种，需与关注的1种；有哺乳动物6目12科22属27种；爬行类动物2目3科6属10种；两栖类1目3科3属4种。保护区保存有小叶朴、大果榆等为建群种的古老残遗植物群落，具有较强的典型性、代表性、特有性和脆弱性，在全国生物多样性保护中有重要地位，对研究全球环境演变具有重要价值；其中有锦带花、土庄绣线菊、兴安杜鹃、迎红杜鹃、桃叶卫矛、稠李、丁香等可开发利用的观赏植物资源117种，是北方园林绿化树种重要的天然分布地。

◎ 功能区划

大黑山自然保护区功能区划为2个核心区、2个缓冲区和实验区5个功能区；保护区东南部的十八盘核心区和保护区西部的四道营子大山核心区总面积4238.4hm²，是保护区的重点保护区域，植被类型多样、生态系统良好、珍稀濒危物种分布相对集中；缓冲区

穿龙薯蓣

蒙古栎

绶草

灰斑鸠

兴安白芷

翠雀

分布在两个核心区外围与实验区之间，总面积7763.4hm²，占保护区总面积8.94%，对核心区起保护和缓冲作用，在该区固定路线和范围内可进行科学研究、教学实践活动；实验区分布在缓冲区外围，人为活动较频繁的区域，是提供各种实验活动的区域，实验区面积为74797.6hm²，占保护区总面积的86.17%。（大黑山自然保护区供稿）

内蒙古 高格斯台罕乌拉
国家级自然保护区

　内蒙古高格斯台罕乌拉国家级自然保护区地处大兴安岭南麓，位于内蒙古自治区赤峰市阿鲁科尔沁旗北部的罕山林场境内，北与阿鲁科尔沁旗的巴彦包勒格苏木、巴彦温都尔苏木毗邻；南与内蒙古乌兰坝—石棚沟自然保护区和巴彦温都尔苏木接壤，东与内蒙古自治区通辽市相连，西接锡林郭勒盟的西乌珠穆沁旗。地理坐标为东经119°03′～119°39′，北纬44°41′～45°08′。保护区总面积106284hm²，其中，核心区35594hm²，缓冲区23660hm²，实验区47030hm²。保护区是以保护森林生态系统类型的自然保护区，主要保护对象为：保护大兴安岭南麓山地典型的过渡带森林—草原生态系统的完整性；保护西辽河源头的重要湿地生态系统；保护栖息于该生态系统中的野生马鹿（东北亚种）种群；保护国家重点保护鸟类大鸨、黑鹳及其他珍稀濒危鸟类的繁殖地。保护区始建于1997年，2011年4月16日经国务院批准晋升为国家级自然保护区。

◎ **自然概况**

高格斯台罕乌拉自然保护区范围为大兴安岭褶皱带东侧的褶皱火山岩带，以不完全的褶皱为主，保护区处于大兴安岭山脊部位阿尔山支脉，地势较陡，由于降水量较为丰富，相对湿度大，因而侵蚀地形发育，地形切割较深，山地分布了较多的山沟和冲谷，从而形成了以山地为主的地貌，山体呈东北至西南走向。区域地形高差不大，海拔高度在800～1500m之间，属中低山和丘陵河谷地形。地貌类型主要有冰川地貌、河谷地貌、重力堆积地貌。

罕山林场位于中纬度温带半干旱大陆性季风气候区。春季干旱多大风，蒸发量大；夏季雨热同季，降水集中，秋季短促，气温下降快，秋霜降临早；冬季漫长而寒冷，光照充足，积温有效性高。年平均气温为3.8℃，最热7月平均气温21.6℃，最冷1月平均气温−16.1℃，极端最高气温40.6℃，极端最低气温−42.0℃。年日照时数平均为3119h，其中春季为862h，夏季为864h，秋季为525h，冬季为868h。年均降水量为437.3mm，多集中在6～8月，降水量为322.7mm，占全年降水量的73.8%。林场年蒸发量1958.1mm，是降水量的5倍。无霜期为115天。

罕山林场的河流属于西辽河流域，乌力吉木伦河水系和霍林河水系。共有14条河流发源于林场境内，分别是黑哈尔河、呼老吐河、阿拉洪都尔河、霍林河、达拉林河、苏吉河、宝日嘎斯台河及一些汇入邻区的无名河，向南流向西拉木伦河，向北流向锡林郭

发源于保护区的阿鲁科尔沁旗人民赖以生存的黑哈尔河（钱宏远摄）

核心区（钱宏远摄）

芍药（钱宏远摄）

黑琴鸡（公鸡）（钱宏远摄）

勒草原，是补充阿鲁科尔沁旗南部农区和锡林郭勒草原地下水的主要来源。林场境内有着丰富的水力资源，是补充阿鲁科尔沁旗南部农区地下水的主要来源，是南部农村解决人畜饮水和灌溉的珍贵水源。同时，也是西辽河水重要的水源涵养地，每年向西辽河输水 9436 万 m^2。

在漫长的地质岁月中，土表岩层自然风化和雨水的侵蚀作用，形成坡积屑状和冲积层状成土母质。成土母质在地形、气候及植物的进一步综合作用下，逐步发育成为山地独有的浅层灰色森林土和地带性棕色针叶林土。此外，在山间谷地和沼泽地带还存在着一定数量的草甸土和沼泽土，与灰色森林土、黑钙土、暗棕壤等共同组成保护区的土壤。土壤划分为 6 个土类（灰色森林土、黑钙土、草甸土、沼泽土、石质土和粗骨土），12 个亚类，28 个土属，39 个土种。区域内土体较厚，养分含量高，有机质、全氮、碱解氮含量均十分丰富，达到全国 II 级标准以上，反映出该区土壤有机质积累多，氮素充足的特点。但磷分含量较低，平均仅 8 $\mu g/g$，为全国标准 IV 级。

高格斯台罕乌拉自然保护区植被

保护区东南部以森林植被为主，西北部以草原植被为主，再向西便过渡典型的内蒙古高原草原区，植被分布呈现出东西向的从森林到灌丛再到草原的过渡规律。据不完全统计，保护区有高等植物 842 种，隶属 116 科 388 属，大型真菌 160 种，区内共有国家级珍稀濒危保护植物 1 种，列入《濒危野生动植物种国际贸易公约》保护的植物 5 种，有内蒙古珍稀濒危保护植物 12 种。在调查过程中，发现了《内蒙古植物志》（第二版）没有收录的植物物种，属于内蒙古新记录种，即小檗科的红毛七。

由于高格斯台罕乌拉自然保护区动物栖息地类型复杂，区系成分多样，因此，保护区珍稀动物较多。保护区有国家级保护动物 39 种，其中国家一级重点保护动物 2 种（均为鸟类），国家二级重点保护动物 37 种（兽类 2 种、鸟类 35 种）。被列为《中国濒危动物红皮书》的有 17 种，包括两栖类 1 种，鸟类 14 种，兽类 2 种。被列为《世界受胁鸟种》的有 5 种。属于《濒危野生动植物种国际贸易公约》简称（CITES）附录所列的物种有 36 种。

高格斯台罕乌拉自然生态环境独

特，古朴原始的风韵犹存，地域空间博大，辐射范围广阔。区内森林莽莽，季相景观奇异，地质古老，地形复杂，地貌奇特，水体灵秀，环境优美，天象瑰丽，珍禽异兽众多，特有种丰富，历史文化积淀深厚，造就了美丽绝伦的风景旅游资源，具有极高的观赏审美价值和古、旷、奇、艳的特色。春花烂漫、夏树葱茏，秋叶灿烂，冬林映雪，季相万千，无时不美，是东北地区生态旅游的瑰宝。自然景观资源包括森林景观资源、地质地貌景观资源、天象景观资源、水体景观资源、森林生态环境。

◎ **保护价值**

高格斯台罕乌拉自然保护区是以保护大兴安岭南部山地的山地森林、灌丛、草原、湿地生态系统及其内栖息的生物物种，集生物多样性保护、科学研究、宣传教育、生态旅游和可持续利用等多功能于一体的综合性自然保护区。

经科学考察，该保护区有如下保护价值：

（1）保护大兴安岭南部山地典型的森林、草原过渡带生态系统。高格

杜鹃花（钱宏远摄）

马鹿（公鹿）（钱宏远摄）

斑翅山鹑（钱宏远摄）

斯台罕乌拉自然保护区处于岭南的中部，北部与内蒙古高原的锡林郭勒草原接壤，南与松辽平原的科尔沁草原相连，因此，该区处于华北植物区系向东北植物区系、草原与森林双重交汇过渡的典型地带，是植物区系之间连接的纽带和桥梁。保护区自东向西表现出森林、灌丛、草原的渐变性过渡特点。东部山顶的森林、中部的灌丛与山前草原次序分布，层次分明；中部中山山地，阴坡的森林与阳坡的灌丛、草原交替分布；西北部为内蒙古高原，以草原为主体，仅在丘陵山地顶部的小阴坡镶嵌有团块状的森林斑块。因此，在保护区内出现了明显的森林类型的多样性、灌丛类型的多样性和草原类型的多样性，并保留了植被的原生性特点。有关专家认为，高格斯台罕乌拉自然保护区是中国北方森林—草原交汇区，东西过渡特征最为明显的地区，是中国大兴安岭南部山地景观的缩影，是阻挡蒙古高原风沙向南侵入的天然生态屏障。保护好这个特殊过渡带的森林—草原生态系统，不仅对研究各植物区系之间及植物与动物之间相互影响、相互交流

有着重大意义。同时通过该生物多样性变化来研究生物对全球气候变化的反应，对于全球生物多样性保护具有十分重要的意义。

（2）保护西辽河源头重要湿地的生态系统。高格斯台罕乌拉自然保护区是我国大兴安岭南部保存较为完整的山地森林—草原生态系统。其间孕育了大面积的湿地，保护区有湿地 14851hm²，占保护区总面积的14.0%。主要有森林湿地、灌丛湿地、沼泽湿地、湖泊湿地、库塘湿地等湿地类型，这些保存完好的湿地植被类型具有较强的蓄水、集水和保水功能，像天然的绿色水库，孕育了丰富的水资源。源于保护区的河流有 14 条，向东流入西辽河，向西流入锡林郭勒草原，是补充阿鲁科尔沁旗南部农区和锡林郭勒草原地下水的主要来源，是解决保护区南北人畜饮水和珍贵的灌溉水源。保护区每年可为西拉沐沦河补水约 1 亿 m³，在调节我国北方水分平衡和水资源供给中起着重要的作用，是我国东北典型、重要的水源涵养林区。

因此，高格斯台罕乌拉自然保护

区在调节西辽河水位、涵养水源、保持水土发挥着巨大的作用，对西辽河流域产生着巨大的生态效益。

（3）保护栖息于该区的野生马鹿（东北亚种）种群。由于高格斯台罕乌拉自然保护区特殊的地理位置和多样的自然资源，为野生马鹿提供了良好的隐蔽和觅食的条件，使其在大兴安岭呈连续分布，因此，保护区是马鹿重要的栖息地和集中分布区。有关专家经过实地考察认为，保护区的马鹿种群保持了原始性，且能稳定繁殖，这在中国马鹿分布区是少见的，该区是国家二级保护动物——马鹿的基因库，应加强保护。

（4）保护国家重点保护鸟类大鸨、黑鹳及其他珍稀濒危鸟类的繁殖地。保护区有国家级保护鸟类 37 种，其中国家一级保护鸟类 2 种，国家二级保护鸟类 35 种。被列为《中国濒危动物红皮书》的鸟类有 14 种；被列为《世界受胁鸟种》的有 5 种；属于《濒危野生动植物种国际贸易公约》附录所列的鸟类有 34 种。每到繁殖期，约有黑鹳 5 对、大鸨 10 对及其他珍稀濒危鸟类来这里繁衍生息，目前，保护黑鹳、

蓑羽鹤（钱宏远摄）

大鸨等珍稀濒危鸟类的繁殖地已成为该保护区的重要工作之一。

◎ 科研协作

自高格斯台罕乌拉自然保护区成立后，对保护区的生物资源进行了科学考察及普查工作，几年来先后聘请了赤峰市林业局、内蒙古大学、内蒙古师范大学、吉林农业大学、东北师范大学、中国地质科学院和赤峰市博物馆的昆虫、真菌、动植物、湿地地质以及古文化等方面的有关专家、学者及专业技术人员作技术指导对保护区的野生生物资源进行了全面调查，完成了相应的专项调查报告。初步查清了保护区的生物资源种类和资源储藏量，湿地、地质和古文化资源状况，采集了上万号生物标本，为保护区资源的保护和持续利用提供了第一手资料。

1999 年、2001 年内蒙古师范大学生命科学与技术学院刘书润教授、哈

黑鹳、国家"三有"保护动物赤麻鸭（钱宏远摄）

斯巴根教授对植物进行了专项考察；

2001～2003 年内蒙古师范大学生命科学与技术学院能乃扎布教授对昆虫进行专项考察；

2002～2003 年内蒙古大学生命科学学院邢莲莲、杨贵生教授以及赤峰市野生动植物保护中心张书理博士对鸟类、哺乳动物进行了专项考察；

2000 年，内蒙古林业勘察设计二院对保护区进行了二类森林资源调查；

2002 年吉林农业大学图力古尔教授对大型真菌进行了专项考察；

2003 年东北师范大学地理系郎惠卿教授进行生态考察；

2004 年内蒙古大学白学良教授对苔藓进行了专项考察；

2004 年，中国地质科学院韩同林、陈尚平两位研究员对保护区的地质进行了考察；

2004 年，赤峰市博物馆张松柏馆员对保护区古文化进行了考察。

2012 年内蒙古师范大学在保护区内建立了生物多样性研究基地，东北林业大学、内蒙古农业大学、赤峰市农学院也相继在保护区建立了野生马鹿等科研基地。

（高格斯台罕乌拉自然保护区供稿）

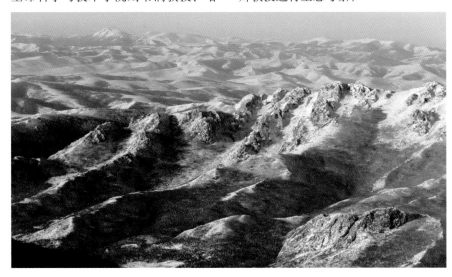

保护区冬季雪景（钱宏远摄）

95

内蒙古 大青沟
国家级自然保护区

内蒙古大青沟国家级自然保护区位于内蒙古自治区通辽市科尔沁左翼后旗西南边境内，处于科尔沁沙地东南缘，距旗政府所在地甘旗卡镇约25km。南与辽宁省阜新市彰武县相连，西与库伦旗接壤。地理坐标为东经122°13′25″～122°15′42″，北纬42°43′40″～42°49′18″。保护区东西最长11km，南北最宽为10km，总面积8183hm²，属森林生态系统类型自然保护区，主要保护科尔沁沙地原生森林生态系统和科尔沁沙地天然珍贵阔叶林。1988年经国务院批准晋升为国家级自然保护区。

沟头远眺

◎ 自然概况

大青沟自然保护区地质构造体系属西辽河沉降带。在长期复杂的地质运动下，由于地表径流与地下水潜流的交互作用在保护区形成了两大沟壑，即大、小青沟。沟宽200～300m，沟深50～70m，在保护区内全长26.3km。大、小青沟纵贯保护区东西，于镐头沟合并向南延伸。沟里泉水潺潺汇集成溪。沟上高低不平的沙丘草原地貌。大青沟自然保护区及邻近地区除地质沉陷水流下切形成的大、小青沟外，地貌上最显著的特点是沙地大量分布。沙地的来源是第四纪冰期后由西辽河及其支流泛滥沉积的沙层，平均厚度可达百米。经风力吹运，形成了低矮的沙丘群，沙丘形态多为北西西—南东东走向的条垄状，相对高度一般为5～15m，并且构成沙丘与丘间洼地相间排列的地形组合，当地群众泛称"坨甸地"。

大青沟自然保护区（除大、小青沟）地下水位均在30m左右，植物生长主要靠天然降水，而大、小青沟内的水资源比较丰富。沟谷内由于地下渗透水形成无数泉眼汇集成溪流形成河流，常年不断流淌，水面宽2～4m，水深1m左右，年平均流量为0.9m³/s，每年约有3000万m³水流入辽河的支流柳河，水质清澈，甘甜爽口，pH值7.59。

大青沟地区在"中国气候区划"中属东北温带半湿润气候区向内蒙古温带半干旱气候区过渡地带。年降水量450mm左右，主要集中在6～8月，约占全年降水量的70%以上，年蒸发量1900～2000mm。保护区热力资源丰富，日照时数在2800h以上。年平均气温6℃左右，日平均气温稳定，超过10℃的年积温在3200℃以上，无霜期150天左右。春季干旱多风沙，6级以上的大风日数在50～70天左右。

沟上疏林地（大树为五角枫）（乌兰呼奇摄）

生长于沟坡树形奇异的蒙古栎（乌兰呼奇摄）

大青沟自然保护区位于科尔沁沙地南缘栗钙土地带，地域性土壤类型主要有风沙土、草甸土、沼泽土三大类。风沙土占总面积的95%，有机质含量低。这一区域主要分布着大果榆疏林地和人工针叶林。草甸土主要分布在大、小青沟谷底冲积滩地和沟坡下部，地下水位一般在1～3m，土壤肥力好，土层厚度一般在30cm左右，颜色为灰褐色，有机质主要集中于地表，向下锐减。沼泽土主要分布在大、小青沟沟底溪流沿岸，地表有积水或地下水位在50cm以内的区域，土壤水分经常处于饱和状态，造成通气不良，微生物活动受到限制，有机质得不到充分分解，一般泥炭层、腐殖质层，厚达30cm左右。

大青沟自然保护区物种资源丰富，植物区系为蒙古区系与东北平原植物种类交错的西辽河坨甸真草原区。在保护区内又有两种分布不同的植物区域：其一是沟上的沙丘草原和疏林地，伴生有榆树、五角枫、山杏、胡枝子、沙蓬、沙蒿类、莎草、唐松草等植物；其二是沟内珍贵阔叶树种混交林，伴生有水曲柳、黄波罗、椴树、榆树、柞树、五角枫、榛子、山葡萄、五味子等木本植物和沙参、党参、玉竹、黄精等草本植物。据考察，保护区目前已发现的植物有709种，其中木本植物122种，草本植物507种。该区对农林牧生产有益的禽类较多，仅食虫益鸟就有9目17科38种。如啄木鸟、黑枕黄鹂、杜鹃、燕子、猫头鹰、伯劳、云雀、柳莺、苇莺、秃鹫、雕、鹰等。还有害鼠天敌狐狸、沙狐、黄鼬、山狸子、艾虎子。野生动物还有狼、獾、貉、山兔、沙鸡、野鸡、灰鹤、刺猬等。

在大、小青沟的小溪和塘坝里还有鱼类资源，如鲤、鲫、鲢、草鱼、嘎鱼等。

大青沟自然保护区沟内的阔叶树种混交林与长白山天然阔叶树种混交林的森林景观相近似，与沟外的沙地和疏林相比景象别具一格。沟内生长着具有原始森林状态的混交林，蕴藏着丰富的植物资源，是一座自然资源的绿色宝库。

随地形、地貌、土壤等综合自然因素的影响，植物的分布具有明显地带性。有沙丘草原、疏林地、珍贵阔叶树种混交林等不同的自然景观地域。沟下一年四季常流水，冬季仍可看到翠绿的水生植物。夏季沟外气候干旱，沟内则清凉湿润，景色宜人，一派森林景象。

◎ 保护价值

大青沟自然保护区主要保护对象是科尔沁沙地原生森林生态系统和科尔沁沙地天然珍贵阔叶林。该区是科尔沁沙地森林生态系统保存最完整的地区，是科尔沁沙区内现存面积最大的天然林，属科尔沁沙地溪流谷型落叶阔叶林生态系统。植被类型多样，可划分为6种植被类型，23个群系。主要有水曲柳、蒙古栎、大果榆为代表的3个植被类型。保护区是科尔沁沙地在相同纬度上，目前唯一保存完好的沙区原生林。该保护区地形复杂，森林茂密，树种繁多，水资源丰富，保存着较为丰富的野生动植物资源。这里分布

大青沟自然保护区森林覆盖率79.6%，有林地活立木总蓄积量16.8万 m³。随着整个地形、地貌、气候、土壤等综合自然因素的变化，植物群落的分布也具有明显的地带性。这里生长着内蒙古、华北、长白山三个区系的植物，在这些种类繁多的植物中，蒙古栎是本地区顶极植物群丛的代表，它的发生主要与气候有关而非土壤。在自然演替中它是前进而非后退的。

护区不仅保护生物多样性，而且为辽宁省彰武县大青沟水库输送清洁的水源。保护好大青沟自然保护区现存的遗传种质资源，将对科尔沁沙地具有重要的科学价值和潜在的经济价值。该区植物种类组成的群落结构在生长发育进化演替等方面，都有独特的规律，反映了本地带中植被最高自然生产力水平和自然生态平衡。因而在科学研究上具有保护价值，在治理科尔

稠李（包秀奇摄）

沁沙地，维护生态平衡方面更具有特殊的意义。

大青沟自然保护区地处东北、华北行政区的交界处，具有涵养水源、保护水土、净化空气等多种作用，它可有效地遏制沙地南侵，减缓农田、牧场的沙化和土地荒漠化，保护着当地群众的农业生产稳定发展。

谷底风光（大树左1为稠李、左2为水曲柳）（乌兰呼奇摄）

着《全国重点保护野生植物名录》中的水曲柳、核桃楸、黄波罗、紫椴、刺五加等。其中，水曲柳面积达72.5hm²，非常珍稀。上述5种植物均被列为国家二级保护植物。保护区植物资源有维管束植物673种，隶属105科348属，其中：蕨类植物17种，隶属10科11属；裸子植物6种，隶属2科4属；被子植物650种，隶属93科333属。

从植物资源及其利用的角度划分，区内植物包括油脂植物55种、淀粉植物26种、鞣科植物25种、芳香植物12种、野菜野果植物30种、药用植物200多种、蜜源植物13种、辅助蜜源植物31种，其中椴树、五角枫、山里红等均为优质蜜源植物。

这里，可作为研究科尔沁沙地自然植被的天然标本园，也是一座加强管理、合理开发利用自然植物、动物资源的宝库。这里的植物、动物、菌类等保存的完整、平衡，对研究我国北方古植被、古气候和动植物资源有着很大的历史意义和现实意义。

森林是陆地生态系统中最重要的动物栖息地，是生物多样性富集地。保护区有科尔沁沙地面积最大的沙地原生林，又是科尔沁沙地生物多样性最丰富的区域。其地貌、气候、土壤、植物和动物区系在科尔沁沙地也具有代表性，是生物多样性保护的关键地区。同时，该区是辽宁省彰武县大青沟水库的重要水源地，大青沟自然保

◎ 功能区划

大青沟自然保护区划分为3个功能区，即核心区、缓冲区和实验区。

核心区是保护区内残遗森林植物群落分布最集中，长势最好，保持着原始森林自然景观，受到的干扰最少，最有代表性的地区。沟上部分基本保持科尔沁沙地原生状态，是沙坨地的代表性区域。核心区内保护珍稀野生植物、野生动物及其主要栖息地。核心区内包括三个主要被保护森林植被类型，即水曲柳林、蒙古栎林和大果榆疏林。核心区总面积1322.4hm²，占保护区总面积的16.2%。

缓冲区位于核心区的外围,总面积为 2082.2 hm²,占保护区总面积的 25.4%。作为缓冲地带,可从事科学观测。

实验区位于缓冲区的外围,面积为 4778.4 hm²,占保护区总面积的 58.4%。

◎ 管理状况

大青沟自然保护区目前管理机构

沟上沙地人工樟子松林(乌兰呼奇摄)

为内蒙古大青沟国家级自然保护区管理局,隶属于科尔沁左翼后旗人民政府所辖。管理局下设机构有政秘科、财务科、资源保护科、林业生产科、科研办公室、旅游综合科,在保护区还驻有武警森林部队、森林公安派出所。共有职工 320 人。

大青沟自然保护区生物多样性保护工程的主要内容包括:标桩和标牌工程,围封和护林防火道路,防火瞭望台,防火检查站,通讯网工程,病虫害防治工程。

根据保护区内特有的在沙地上发育和生长的"珍贵阔叶林"森林生态系统,保护区的资源保护及管理工作主要包括:

贯彻《中华人民共和国自然保护区条例》和《内蒙古自治区自然保护区实施办法》,依法对自然历史遗产以及该地区的生物资源进行管理和保护。

以规划的宏观性指导保护区管理。根据规划的目的,指导思想协调各部门掌握自然保护区规划与计划,并监督检查其实施。

保护生态发展,把保护生态系统的自然演替过程作为保护的前提,依据自然规律恢复生态系统的演替。

保护生态系统的整体性和区域性。生态系统各组成部分有着错综复杂的关系,改变其中的某一部分,必然会对整个生态系统有所影响,所以本保护区要根据它的地域性特点,因地制宜,因类制宜。

沟底风光(大青沟沟底森林)

完善管理机构,充实管理人员,明确责任。制定工作规范、充实管理人员、定期检查。加强科学管理与人员培训。通过多种渠道有计划、有目标的对保护区工作人员进行思想教育和人员培训,积极开展国内外的交流与合作,提高保护区的管理和科研水平。

建立健全防火机构。建立有效的防火体系与防火制度。保护区按规划建立健全护林防火组织,搞好护林防火的宣传教育工作,建立各种有效的防火制度,如:护林防火承包责任制、巡护瞭望制度、联防护林制度、火情预测制度、奖惩制度等。保护区进行火险地段等级的划分,根据立地条件的干湿度和树种特性划分了 3 级。建立防火通讯网,利用无线通讯网组对讲机构成通讯网络、超短波中继台将发挥核心作用。保护区成立扑火队。

大青沟自然保护区病虫害防治工作以"预防为主、综合防治"为指导思想,结合保护区具体情况制定切实可行的防治计划。有效保护植物的多样性,严禁破坏保护区的自然资源。以生物防治病虫害的发生发展为主要措施。

大青沟自然保护区积极和当地政府协作,取得政府的支持,同周边群众建立协作联防,帮助周边群众解决实际困难,以达到齐抓共管的目的。以保护在沙地上发育生长的珍贵落叶阔叶林生态系统为前提,开展社区共管工作。依法加强社区对保护区各项工作不利影响的管理。加强宣传教育,发动群众,动员全社会各界力量共同参与共同保护。

在坚持资源保护、保持原有自然景观、原始特色的原则下,合理适度的开发利用旅游资源,把保护自然环境与发展生态旅游有机地结合起来。

(群力、闫峰供稿)

内蒙古 科尔沁
国家级自然保护区

内蒙古科尔沁国家级自然保护区位于内蒙古自治区兴安盟科尔沁右翼中旗境内，处于科尔沁右翼中旗东北部，北靠突泉县，东与吉林省向海国家级自然保护区相邻，南以霍林河为界，西距旗政府所在地巴彦呼舒27km。地理坐标为东经121°40′13″～122°14′07″，北纬44°51′42″～45°17′36″。保护区南北长约47km，东西宽约43km，总面积126987hm^2，是一个以科尔沁草原、湿地生态系统及栖息在这里的鹤类、鹳类等珍稀鸟类为保护对象的湿地生态系统类型自然保护区。1985年经国务院批准建立国家级自然保护区，2001年11月8日，经兴安盟公署批准，科尔沁国家级自然保护区划归到林业系统管理，得到国家林业局认可，并于2003年颁发了国家级自然保护区牌匾。

丹顶鹤

科尔沁草原景观

◎ 自然概况

科尔沁自然保护区在地质构造上属于松辽断陷盆底的边缘区域。松辽盆地作为华力西褶皱带中具独立性的中间硬块，受印支运动影响，沿大兴安岭东麓深断裂持续下降，并逐渐扩大，形成中、新生代陆相沉积盆地，目前为第四系冲击、风积及湖相沉积物所覆盖，使整个地貌呈现西北高而东南低。

科尔沁自然保护区内地表水和地下水资源相当丰富，境内有3条河流，即额木特河、突泉河、霍林河，这3条河流都源于大兴安岭南麓，在保护区内形成了无尾河，是形成大面积草甸、沼泽的源泉。霍林河是保护区境内最大的河流，年径流量2.91亿m^3，同时这条河是向海自然保护区的水源河。

科尔沁自然保护区属中温型半干旱大陆性气候，具有寒暑剧变的特点。春季多风，夏季温热，降水集中在7～9月，日照充足，秋凉而短促，冬季漫长且寒冷。保护区光能资源丰富，年日照时数3132.5h，植物生长季日照时间长，有利于植物的光合作用和成熟。年平均气温5.5℃，7月份最热，平均气温23.1℃，1月份最冷，平均气温－13.7℃。初霜期在9月底，终霜期在4月底，无霜期约140天左右，≥10℃年积温3000℃。降水是保护区的主要水分来源之一，其特点是降水集中，年内降水量分配不均匀，冬、春季雨雪少，春季干旱，年降水量383mm，降水量75%集中在夏季，植物生长季节中（4月至10月初）雨量约占90%。年蒸发量2390mm，是降水量的6倍多，湿润度0.3～0.4。保护区内全年盛行西北风，平均风速4.5m/s，冬季风速较大，4～5月份风速达到最大值。

科尔沁自然保护区的西部和北部

湿地景观

分布着栗钙土，这类土壤是在半干旱气候条件下发育形成的，其机械组成质地较轻，主要为细砂粒；保护区的中部和南部分布着风沙土，土壤剖面不明显，只有非常弱的腐殖层和母质层，缺少淀积层，是一种长期处于发育不稳定状态的原始阶段幼年土壤，这类土壤在保护区分布的面积占总面积的50%以上。草甸土和沼泽土主要集中在北部突泉河、额木特河流域，以及保护区中部的霍林河流域与向海自然保护区交界处。草甸土多出现在河流阶地、丘陵间盆地、沙坨间甸子地、冲积平原等地形部位上。沼泽土主要分布在低洼积水处。

科尔沁自然保护区共有种子植物65科239属448种，脊椎动物有254种，其中，兽类有6目12科37种，鸟类16目54科240余种，两栖类1目4科6种，爬行类4目5科10种，鱼类8目10科28种。

科尔沁自然保护区生态类型较为复杂，湿地、草原、灌丛、疏林、农田镶嵌分布，构成一个较为多样的复合景观生态系统。包纳了湿地景观、草原景观、森林群落景观等不同类型。

湿地景观：保护区的湿地面积大、类型多，总面积约45500hm^2。湿地是地球的肾脏，是百鸟聚集的地方。大

面积的湿地为鹤、鹳类等珍禽、雁鸭类水禽提供了理想的栖息繁殖环境。全世界有鹤类15种，作为湿地的指标动物，仅在科尔沁保护区栖息的鹤类就有6种，它们是丹顶鹤、白鹤、白头鹤、白枕鹤、灰鹤、蓑羽鹤，列入国家一级保护种类的有：东方白鹳、黑鹳、丹顶鹤、白枕鹤、白鹤、白头鹤、大鸨、金雕、虎头海雕共9种，其中丹顶鹤、白枕鹤、蓑羽鹤在本地区繁殖。白鹤、白头鹤、灰鹤为旅鸟，仅在春秋两季在此停歇各一个月的时间。游人在这里可观赏到鹤舞翩翩、薄草丛生、芦花摇曳等美丽的自然景观。

科尔沁草原景观：保护区内有3000hm^2的西伯利亚山杏天然次生林，或疏或密，与坨甸相间的草原，榆树疏林构成了科尔沁草原独特的原始景观和风貌。内蒙古地区由于连年的干旱和畜牧业的快速发展，作为内蒙古三大草原的科尔沁草原已几近荡然无存，而唯一能够体现其原始景观风貌的只有科尔沁国家级自然保护区。在这里游客还可以欣赏到草原上的大型飞禽——国家一级保护鸟类大鸨的身影，它是草原上的一大亮点，时而翩翩起舞，时而似孔雀开屏，令人流连忘返。

蒙古黄榆天然林景观：保护区内

大鸨雏

豆雁

约有 28000hm² 的蒙古黄榆天然林，作为珍稀物种的蒙古黄榆，远远望去，它千姿百态、婀娜多姿，多少年来一直忠诚地庇护着保护区这块神奇的土地，成为本地区重要的生态屏障。蒙古黄榆为国家一级保护珍禽东方白鹳的栖息、繁衍提供了天然的隐蔽场所。游客置身于这里，能够欣赏到白鹳的英姿。据调查，每年都有 3～5 对白鹳在蒙古黄榆树上筑巢繁殖，有众多的鹰隼类、雀形目鸟类筑巢繁衍，因此具有较高的保护价值和旅游价值。

◎ 保护价值

科尔沁自然保护区具有多种特性而受到广泛关注。

(1)地理位置特殊性：科尔沁草原地区的湿地生态系统是有代表性的地区，也是我国草原、湿地珍稀鸟类繁殖最多的地区之一。保护区的建立和发展壮大，将有利于促进该少数民族地区社会经济的发展，有利于维护民族团结，有利于开展国际间学术交流与协作。

(2)景观典型性与多样性：保护区内自然植被保存完好，蒙古黄榆天然疏林、西伯利亚杏灌丛和湿地草甸植被镶嵌分布，构成了独特的科尔沁草原自然景观。在保护区内，科尔沁草原自然景观比较完整地保留下来，这对研究科尔沁草原的发展、演替及其生态环境的变化提供了一块理想的研究基地。保护区内的五角枫、大果榆天然疏林、西伯利亚杏灌丛、疏林灌丛草原和面积广阔的湿地构成了多种多样的景观类型，仅以湿地景观为例，就包括了河流型、湖泊型、沼泽型三种湿地景观类型，还具备了淡水湿地的主要类型。

(3)生态环境的天然性与脆弱性：保护区内人口比较稀疏，生产规模不大，资源利用程度低，人为干扰因素较少，大部分区域处在半天然的状态，部分区域处于天然状态。保护区内的珍稀物种对环境的改变有很高的敏感性，环境一旦改变，它们就很难生存。保护区位于半干旱地区的科尔沁沙地边缘，沙坨地上广泛分布着风沙土，植被极易遭到破坏。保护区南部大部分区域的自然植被已遭到人为破坏，土地沙化非常严重，因此，如不加以妥善管理和保护，这一地区的生态环境一旦遭到破坏，恢复起来就非常困难。

(4)保护物种的稀有性：保护区国

白鹳

科尔沁湿地

家一、二级保护动物34种，其中，有4种已被列入世界最濒危的物种，有2种列入世界受严重危险的物种。另外，该区鹤类物种多样，目前已发现6种，从种类到数量都为自治区之首。在我国一个自然保护区内有如此众多的珍稀鸟类也是比较少有的。

总之，科尔沁自然保护区是研究科尔沁草原、湿地生态系统及其动态演变规律的理想场所，是草原、湿地类型地区的重要基因库，对开展相关学科研究具有极高的科研和学术价值。

◎ 功能区划

科尔沁自然保护区划分为核心区33127.1hm²、缓冲区14352.9hm²和实验区79507hm²。

核心区包括生态系统核心区、物种保护核心区和珍禽繁殖地核心区三部分：

生态系统核心区是保护区的一个缩影，它浓缩了科尔沁草原的主要景观生态类型。境内有榆树疏林、西伯利亚杏＋大针茅灌丛化草原，以及低湿地、草原等组成，是保护区的典型代表区域，也是白鹤的主要繁殖区。面积为10414hm²。

物种保护核心区是为珍稀物种的就地保护而设立的，这里生境类型多样，水域、沼泽、草甸、疏林、灌丛及草原等均有分布，并且基本处在自然状态下，为珍稀鸟类，特别是鹤类、鹳类及大鸨等鸟类的栖息繁殖提供了极好的场所。这里是保护区物种多样性较集中分布的区域。面积为3828hm²。

珍禽繁殖地核心区是丹顶鹤等珍禽在保护区筑巢繁殖和觅食的主要区域。珍禽繁殖地的生境类型单一，以芦苇为主，面积为3565hm²。

缓冲区：缓冲区位于核心区的外围，其功能是防止人畜侵害对核心区的影响，对核心区的保护起缓冲作用，缓冲区可进行适当的科学监测等工作和管护工作。

实验区：保护区在实验区内重点设置了珍禽人工繁育地。

◎ 管理状况

科尔沁自然保护区管理局行政隶属科尔沁右翼中旗人民政府，业务归兴安盟林业局。下设办公室、业务科、生态检测室、管理站和公安派出所，人员编制为12人。

2003年科尔沁右翼中旗人民政府出台了关于在全旗范围内进行"禁牧、休牧、轮牧、围封、退耕及还林还草"的政策，特别是在该保护区内全年禁牧。并且在全旗范围内对草原、天然林进行围封和退耕还林还草，截至目前在保护区内共围封天然林达10000hm²，退耕还林还草2000hm²，有效地保护了生态环境。

科尔沁自然保护区目前正执行白鹤GEF项目，该项目是联合国环境署（UNEP）和全球环境基金（GEF）及国际鹤类基金会为保护亚洲白鹤及其他重要水鸟的迁徙通道和栖息地而设立的项目。开展白鹤GEF项目以来，已完成水资源共管计划活动，正在开展动物、植被及水文本底调查活动，活动的开展为保护区内的水文及动、植物信息，为合理的分配水资源、恢复和保护科尔沁湿地，开展保护区的管理和建设提供了科学依据，对保护区将产生深远的影响。

科尔沁自然保护区得天独厚的自然条件，众多的珍稀物种，独特的科尔沁草原自然景观形成了独特的旅游资源。境内还有几十个大小不一的湖泊及大面积的野生芦苇。这些自然资源可以有限度地成为向社会开放的自然风景区，保护区在核心区外围，初步规划建设两个生态旅游景区，为合理利用资源、开展生态旅游开创新的思路。

（群力、闫峰供稿）

科尔沁五角枫景观

白鹤

内蒙古 图牧吉 国家级自然保护区

内蒙古图牧吉国家级自然保护区位于内蒙古自治区兴安盟、扎赉特旗境内最南端，东与黑龙江省泰来县接壤，西与兴安盟科尔沁右翼前旗毗连，南与吉林省镇赉县接壤，北与扎赉特旗小城子乡为邻，行政区域范围主要是归扎赉特旗的图牧吉镇管辖。地理坐标为东经122°44′13″～123°10′24″，北纬46°04′12″～46°25′47″。保护区总面积948.3km²，属内陆湿地生态系统类型自然保护区。2002年7月经国务院批准建立国家级自然保护区。

◎ 自然概况

图牧吉自然保护区位于我国东北大兴安岭东侧山前台地的东缘，是嫩江水系、二龙涛河流域的一部分。该区是大兴安岭山地与松嫩平原的过渡地带，也是我国温带草原与干草原的过渡地带。地质、地貌、植被的过渡特点，使之具有独特的地理景观。

图牧吉自然保护区系大兴安岭东侧向松嫩平原辐散的广阔冰水积扇的东部边缘，构成了西高东低，波状起伏的台地平原地貌形态，其海拔多在150～230m之间。以亚砂土，亚黏土和黏土状堆积为主。较大型的侵蚀洼地则积水成湖，主要湖泡有图牧吉泡、三道泡、靠山泡等。保护区的中部，有小型中生代花岗岩残丘，海拔165m左右，称为哈达山，并向东北方延伸至靠山屯一带，呈潜山状。残丘西侧有断陷洼地，积水成湖，称百灵湖。

图牧吉自然保护区地处温带大陆性季风气候区，气候特点表现为春季干旱多风，夏季炎热多雨，秋季干旱凉爽，冬季严寒少雪。年降水量400mm，降水变率大，多雨年份年降水752.7mm(1988年)；少雨年份降水量仅275.6mm(1975年)。年蒸发量约为降水量的4倍。日照时数达2855.5h，日照百分率达64%；无霜期140天，早霜出现在9月30日左右，晚霜在翌年5月5日左右。土壤冻结期为10月至翌年5月，最大冻土深2.42m。

流经图牧吉自然保护区的河流主要是二龙涛河。二龙涛河是洮儿河的支流，属松花江水系，为间歇性河流。干旱年份往往断流干涸，多雨年份或遇暴雨则产生洪泛过程。为防止

图牧吉草原

干旱年份二龙涛河流量过小，1985年挖渠引绰尔河水，引入图牧吉水库。水库面积5000hm²，最大水深3m，平均水深1m，蓄水量9000万m³，湖滩为大面积芦苇沼泽地。哈达湖（百灵湖），位于区内哈达山西侧，水面面积2000hm²，最大水深25m，平均水深9m，蓄水量2000万m³。湖岸较陡，湖滩狭窄。三道泡子，位于图牧吉水库东南2km，水面面积260hm²，最大

灰背鸥

104

水深1m，平均水深0.7m。湖滩宽阔，沼泽湿地发育。靠山湖，位于百灵湖北5km，水面面积约100hm²。最大水深2m，平均水深1.5m，湖滩盐化明显。该区台地平原砂砾层富含地下水，潜水埋深5～7m，单井水量可达10～30t/h，但含氟高，不适饮用。

图牧吉自然保护区地处温带针茅草原栗钙土地带的东部，与黑钙土地带接壤，因此，其地带性土壤为栗钙土，局部有黑钙土交错分布。由于地形条件和水文地质条件的差异，保护区内尚发育草甸土、沼泽土、盐土等非地带性土壤。草甸土、碱化草甸土是香蒲等挺水植物的生长基地，也是水禽的重要栖息地。

图牧吉自然保护区动物资源十分丰富。保护区内有脊椎动物28目71科309种。其中鱼类3目9科43种；两栖类1目3科5种，爬行类2目3科12种；鸟类16目43科310种；哺乳类5目10科26种。

◎ 保护价值

图牧吉自然保护区分布有国家一级保护鸟类13种：大鸨、白鹳、东方白鹳、黑鹳、丹顶鹤、白鹤、白头鹤、金雕、玉带海雕、白肩雕、虎头海雕、白尾海雕、遗鸥。特别是世界珍禽——大鸨的数量较多，每年在此繁殖的数量在100对以上，夏季大鸨种群数量最多达到300多只。因此，保护区的保护对象为大鸨、丹顶鹤、白鹤等珍稀鸟类及其赖以生存的草原和湿地生态系统。

在图牧吉自然保护区记录有6种鹤，并且均为夏候鸟。在该区繁殖的鹤类有3种，即丹顶鹤、白枕鹤和蓑羽鹤。白鹤、白头鹤、灰鹤在保护区度夏，但未见繁殖个体。在除蓑羽鹤分布在马鞍山草原区外，其余鹤类均在图牧吉水库栖息和繁殖。

白鹤在我国一直认为是旅鸟和冬候鸟。每年迁徙季节在保护区有大群白鹤停栖。2002年春季最大迁徙群数量为600多只（2002年5月6日）。2003年最大迁徙种群数量为596只（2003年5月8日）。从2002年开始发现白鹤在该区度夏。2002年记录夏季个体为8只。2003年夏季个体为7只。这是白鹤在我国第一次度夏的记录。从而确定白鹤在我国也是夏候鸟。白鹤虽然连续两年在保护区度夏，但一直未发现巢，也未见到雏鸟。

白头鹤在保护区一直认为是旅鸟，每年春季均可见到大群白头鹤在此停栖。最大春季集群数量为492只（2003年5月10日）。但2002年和2003年，每年均有5只白头鹤在该区度夏。他们多聚集在湖心岛附近的浅水湿地中觅食。有时也和其他鹤类混群栖息。

丹顶鹤在保护区为夏候鸟。每年有10多对在此繁殖。迁徙时的种群数量达50多只。2002年春季迁徙时记录最大集群为23只。共发现5个繁殖巢，其中4巢在图牧吉水库，1巢在三道泡。2003年发现3个巢，均在图牧吉水库。2003年8月24日在图牧吉水库4个不同地点记录到18只丹顶鹤（分别为9只、2只、5只和2只）。在9只的集群中发现2只幼鸟，在5只的群中见到1只幼鸟。

白枕鹤在保护区为夏候鸟，每年均有两三对在该区繁殖。每年迁徙季节可见50多只的迁徙群。2002年记录到最大迁徙群为30只（2002年4月20日）。2002年发现白枕鹤繁殖巢2个。2003年仅在图牧吉水库发现1个巢。2003年8月24日在图牧吉水库湖心岛的北面记录到8只白枕鹤集群，其中

丹顶鹤

大鸨

飞翔的灰鹤

有 2 只幼鸟。

灰鹤在保护区为夏候鸟，但未见有繁殖个体。每年迁徙季节均有大群迁徙个体在该区停栖。2002 年和 2003 年记录到最大迁徙群分别为 89 只、87 只。夏季数量较少。每次记录仅为 5 ～ 6 只。2003 年 8 月 23 日早晨考察时在湖心岛北部 1000m 处记录到灰鹤 52 只，分成 3 群，分别为 23 只，18 只和 11 只。每群个体间距离为 5 ～ 50m。每群间距为 500m 以上。一字排开向南边走边觅食，每群之间的距离也不断发生变化。在湖心岛东面 500m 处还发现两对（4 只）灰鹤，两对灰鹤的间距为 1500m 左右。

蓑羽鹤在鹤类中是体型最小的种类，在保护区亦属最常见的鹤类。也属于繁殖鸟，但繁殖数量较少。主要分布在保护区的马鞍山草原。每年可发现一两个繁殖巢。2002 年春季记录到的最大迁徙种群数量为 31 只。2002 年和 2003 各年发现 1 个繁殖巢。2003 年 6 月 25 日在马鞍山草原见到 6 只。分成两群，分别为 4 只、2 只。2 只家族为 1 成 1 幼。

大鸨，又名地鵏、老鸨，为古北界种类，是典型的草原鸟类。我国有两个亚种，指名亚种只分布于新疆而为留鸟，普通亚种栖息于干旱草原区，地面营巢。大鸨是我国一级保护鸟类。国际鸟类保护委员会（ICBP）已将其列入世界濒危鸟类红皮书。大鸨在《中国红皮书》中易危（V）、《IUCN》中稀有（R）、《CITES》中Ⅱ级。普通亚种在中国东北地区数量不足 1200 只，主要分布图牧吉自然保护区等地。国内主要越冬地在辽宁、河北、山西、河南、山东、陕西、湖北、江西等地。

大鸨，为鹤形目、鸨科、大型野禽。是地球上能够起飞的鸟类中的"巨人"。它虽然和鹤类相近，但由于长期适应草原奔跑生活，外形与鸵鸟十分相似，所以也有人称其为"亚洲鸵鸟"。资料显示，在世界范围内，体形如此大，飞翔能力如此之强的鸟类已不多见。

大鸨是一种美丽而可爱的大鸟，是地球上古老的居民，我国很早就有关于鸨的记载。如《诗经·郑风·大叔于田》："叔于田，乘乘鸨。"《诗经·唐风·鸨羽》中有"肃肃鸨羽，集于苞栩"之句。据《辞海》释：鸨羽的"羽"，在这里作动词"云集"讲。大鸨云集，遍及郑、唐。可见，在 2500 年以前，鸨在我国各地并不鲜见。而如今，大鸨已远不如它们的祖先当年那样繁荣昌盛。野生大鸨的数量自 19 世纪以来，呈明显下降的趋势。我国已将大鸨列为国家一级保护动物。

大鸨的雌雄个体差异很大，雄鸟身高背宽，头部深灰色，下颈部有橙栗色带斑，喉侧长有细而长（10cm 以上）的纤羽，向外斜生，很像一簇修饰得极其整齐的"八"字胡须，后背是棕

苇荡湿地

色，并有黑色斑纹，它的腿很长，脚趾只有3个，没有后趾。身高可达1m，体长1m左右，两翼张开可达2m多，体重达15kg以上，雌鸨个体较小，下颈部无橙栗色带斑，喉侧光光的没有一根纤羽，身高不足0.5m，平均体重仅3.6kg左右，都叫它"石鸡"。

近20年来大鸨的数量急剧下降。种群下降的主要原因主要是大面积的草原被开垦，过牧引起草场严重退化、沙化、荒漠化，适合大鸨栖息的生境大大地减小；人类生产活动加重，草原上牲畜量猛涨。最最严重的是人类非法偷猎捡拾鸨卵活动，是导致鸨数下降的主要的直接的原因。

国际鸟类联盟发起的"亚洲大鸨保护行动计划"于1997年正式运行。1999年3月28～30日在内蒙古图牧吉自然保护区召开了"大鸨保护国际研讨会"。由于图牧吉保护区是中国境内大鸨的主要迁徙、繁殖地，所以被誉为"大鸨的故乡"。

◎ 功能区划

图牧吉自然保护区总面积为948.3k㎡，其中湿地面积为286k㎡，草原面积为368k㎡。按功能划分为核心区、缓冲区和实验区3个区。

核心区，是最具典型的草原生态系统和沼泽生态系统。保护区共区划4个核心区：

（1）马鞍山核心区：保护对象为草原生态系统及珍禽——大鸨。该核心区位于保护区西南部，植被为西伯利亚杏灌丛草原、大针茅草原和小面积的线叶菊—羊草草甸草原，国家级保护鸟类除鸨外，尚有猛禽类的雕、隼和鹰。

（2）靠山核心区：保护对象为草原生态系统及珍禽——大鸨。该核心区位于保护区西北部，植被为西伯利亚杏灌丛草原、大针茅草原，国家级保护鸟类除大鸨外，东北部的靠山湖，每年有数十只天鹅在此地栖息、繁殖，因此又称天鹅湖。

（3）图牧吉泡子核心区：保护对象为湿地生态系统及珍禽鸟类。该核心区位于保护区的东部，湿地生态系统包括湖泊水域及周边的芦苇沼泽，国家级保护鸟类除大天鹅、小天鹅、白额雁外，还有6种鹤、2种鹳及雁鸭类

和鸥类。

（4）三道泡子核心区：保护对象为湿地生态系统及珍禽鸟类。该核心区位于图牧吉泡子核心区南侧，湖水较浅，植被主要为芦苇沼泽、香蒲沼泽及沼泽化草甸，是涉禽的栖息和雁鸭类迁徙的停歇地。

缓冲区，位于核心区的外围，对保护区起到屏障的作用。

实验区，位于缓冲区外围，是保护区管理局、野生动物救护中心、宣教中心所在地。建设自然博物馆380㎡，现有动物标本112只。建设观鸟台一处。目前，保护区已经建立和完善了动物救护保护网络。

主要旅游景点布局构成了百灵湖旅游度假村—自然博物馆、野生动物救护中心—图牧吉水库—观鸟台—三道泡子核心区—马鞍山景点环形旅游路线网。

（群力、闫峰供稿）

百鸟天堂

白琵鹭

白枕鹤

内蒙古呼伦湖国家级自然保护区位于内蒙古自治区东北部，行政区划上属于内蒙古自治区呼伦贝尔市，横跨新巴尔虎左旗、新巴尔虎右旗、满洲里市，北邻俄罗斯，南与蒙古国相接，处于中国、蒙古、俄罗斯三国边境交界处。地理坐标为东经116°50′10″～118°10′10″，北纬47°45′50″～49°20′20″。保护区总面积为7400km²，是以保护珍稀鸟类及其赖以生存的湖泊、河流湿地及草原生态系统为主的综合性自然保护区，属湿地生态类型自然保护区。1992年11月经国务院批准成立国家级自然保护区。

大鸨

◎ 自然概况

呼伦湖自然保护区位于大兴安岭西麓，内蒙古高原东部的呼伦贝尔高平原。该地区地形地貌复杂多样，除了湖盆外，可划分为滨湖平原和冲积平原、河漫滩、沙地、低山丘陵及高平原五种类型。

呼伦湖水系是额尔古纳河水系（黑龙江水系）的主要组成部分，包括达赉湖、哈拉哈河、贝尔湖、乌尔逊河、乌兰诺尔、新达赉湖、克鲁伦河、达兰鄂罗木河（新开河）。100km以上河流有3条，20～100km河流有13条，20km以下的共有64条。全流域河流总长度2374.9km，流域总面积（国内）37214km²。

呼伦湖自然保护区属中温型半干旱大陆性气候，具有中温带为主的寒暑剧变的特点。春季干旱多大风，夏季温凉短促，秋季降温急剧、霜冻早，冬季严寒而漫长。

由于该地区气候干旱、风大，致使地面物质粗糙，土层浅薄。栗钙土是保护区的地带性土壤。主要分布在保护区的低山丘陵，冲积平原。保护区内达赉湖东、南岸沙地上分布有风沙土，这类土具有颗粒粗、不黏结、松散性等特点，其表面常出现移动与堆积过程。草甸土和沼泽土是保护区主要土壤类型，主要分布在河谷阶地、低洼盆地上。草甸土剖面构造由腐殖层、氧化还原层和潜育层组成，其水分充足，肥力较高。沼泽土以低洼积水的地形为其形成的主要条件，土壤剖面构造由泥炭层和潜育层组成。

呼伦湖自然保护区内共计有野生种子植物74科653种，在植被区划上属欧亚草原区，亚洲中部亚区，蒙古高原植物省，蒙古东部州。植物区系组成以达乌里—蒙古、泛北极、古北极、东古北极、亚洲中部、古地中海和黑海—哈萨克—蒙古植物种占相当重要的地位。另外，本地区植物区系组成的特征是含单属科和寡属科多，此特征是由保护区地理位置所决定的，它反映了该区植物区系的基本性质。主要植被类型有：典型草原植被、沙生植被、沼泽植被、草甸植被。

呼伦湖水系共有鱼类30种，隶属于4目6科。分别为鲤形目3个科（鲤科、鳅科、鲇科）；鲱形目鲑科；鳕形目鳕科；单肩目狗鱼科。鲤形目鲤科占绝对优势，除鲑科2种、鳅科2种，

克鲁伦河

鳕科、狗鱼科、鲶科各1种外，其余19种均为鲤科鱼类。

呼伦湖自然保护区内哺乳动物有6目13科35种，以小型哺乳类为主，无大型食肉和食草类动物。啮齿类动物有2目6科15种，占总种类数的42.86%，是优势种类。另外，黄羊、水獭、兔狲是国家二级保护动物。

呼伦湖自然保护区鸟类区系属古北界蒙新区东北草原亚区。主要区系特点是夏候鸟和留鸟构成该区的主体。在已记录到的310种鸟类中，古北种约占80%，广布种占20%左右，按生态类型分，水禽种类数占42.5%，雀形目种类占40.4%，猛禽占10.6%。国家一级保护鸟类有9种：大鸨、黑鹳、遗鸥、丹顶鹤、白鹤、白头鹤、金雕、玉带海雕、白肩雕；国家二级保护鸟类有43种。

呼伦湖自然保护区内生态景观类型包括以下几类：草原景观、湿地景观、沙地景观、林地景观、人工建筑景观。其中以草原景观和湿地景观为主。

◎ 保护价值

呼伦湖自然保护区地处呼伦贝尔草原区，呼伦贝尔草原为蒙古—达乌尔草原在中国境内延伸部分。基于生态气候因素，全球共发育了四大草原，即欧亚草原、北美草原、南美草原和热带稀树草原。在欧亚大陆，欧亚草原植被西自多瑙河流域下游起，呈带状向东延伸经东欧平原、俄罗斯、哈萨克斯坦丘陵、蒙古高原，直达中国东北平原，东西延绵110个经度，构成地球上最宽广的草原区。蒙古—达乌尔草原生态区属于欧亚草原区东部，其面积大约有300万km²。万里欧亚草原区中，这片草原相对保持着她原有的自然状况。她位于中蒙俄三国交界处的广阔地区，以其独特的气候条件，栖息条件，植被及野生动物资源

占据着主要地位。数千万年前，这里曾经是一片亚热带海洋，这一点已被频繁发掘出的珊瑚和海洋生物化石所证实。这里海拔600～800m，属于山地草原。这片草原曾经养育了众多草原游牧民族，创造了光辉灿烂的文明，对草原生态系统的保护与持续利用做出了不可磨灭的贡献。蒙古—达乌尔草原上分布着地球上最古老的生物类群，这里的植被类群独一无二，以大针茅和克氏针茅为建群种的典型草原生态系统为主。在此景观中，啮齿动物，食肉类动物大量分布，国家二级重点保护动物黄羊也在此活动；就草原而言，由于该景观面积大、外貌变化小，所以鸟类种类分布相对单一，主要有雀形目百灵科，以及鸦科和隼形目、鸮形目等猛禽。其中蒙古百灵、角百灵、云雀、大鵟、普通鵟、草原雕、雕鸮密度较高。

本地区是黑龙江和贝加尔湖等主要水系的发源地，分布着数以千计的大小湖泊、河流，其中较著名的是达赉湖、贝尔湖以及连接两者的乌尔逊河。呼伦湖又名达赉湖，是我国第五大湖，面积2339km²，是全国少有的带有原始面貌和生态条件的北方大湖，是一块未受工业污染的"净化乐土"，有着朴实、粗犷的自然美，其水域宽广，沼泽湿地连绵，周边草原辽阔。贝尔湖位于呼伦贝尔高原的西南部边缘，是中蒙两国共有的湖泊。湖呈椭圆形状，长40km，宽20km，面积608.78km²。其中大部分在蒙古国境内，仅西北部40.26km²为我国领土。贝尔湖主要是集纳自东南流来的哈拉哈河水而成的湖泊，由乌尔逊河与呼伦湖连接在一起。贝尔湖水清澈，为沙砾湖床，湖中鱼类资源丰富，湖岸为优良牧场。乌尔逊河发源于贝尔湖，

黄羊群

乌兰诺尔湿地鸟类

丹顶鹤（于永刚摄）

大鵟（于永刚摄）

全长223.28km，北流注入呼伦湖，是重要的鱼类洄游通道。她似一条玉带，使呼伦湖和贝尔湖挽手相恋，滋润着美丽的巴尔虎草原，呼伦贝尔市的名称也由此而来。保护区主要的湿地景观由湖泊景观、河流景观、芦苇沼泽景观、柳灌丛景观、盐化草甸景观和盐碱滩景观组成。达赉湖、贝尔湖、新达赉湖、乌兰诺尔及附近小型碱泡构成湖泊景观，该景观中无挺水植物，总面积约2600km²。这里是鱼虾等的主要活动场所。河流景观充分体现出草原河流的主要特征：水流缓慢，比降小，多洲渚和牛轭湖。河谷及两岸发育有茂密的芦苇沼泽、灌丛化草甸等湿地类型，是保护区内生物多样性最丰富的地区。众多湿地水草繁茂，芦苇葱郁，一望无际，食饵丰富，吸引了成千上万候鸟。这里是大洋洲—东北亚洲迁徙路线的西部支线，大约分布着两百余种候鸟，其中已被列入IUCN全球性易危或者稀有物种名录的25种鸟在此地区停歇或繁殖，包括6种鹤类：白鹤、丹顶鹤、白枕鹤、白头鹤、蓑羽鹤、灰鹤，2种鹳：东方白鹳、黑鹳，还有大鸨、遗鸥、鸿雁、半蹼鹬、金雕、草原雕等，对于其中有些种类而言，蒙古—达乌尔草原是其赖以生存之关键栖息地。因此，这里是一处我国乃至世界的重要生物物种库，这片湿地的生态学价值无法估量，具有稀有性、原生性和自然性的特点。

呼伦湖湿地是我国及东北亚少有的尚未污染保持原始面貌的大泽，在调节气候、涵养水源、控制水量、防止水土流失、缓解草原荒漠化、聚积物质与能量、分解污染物及维护区域生态平衡方面起到了至关重要的作用，这片湿地一旦失去，呼伦贝尔草原很难保住。因此，呼伦湖湿地生态系统与呼伦贝尔草原和大兴安岭森林生态系统一起成为我国北方绿色生态屏障。

呼伦湖具有湿地的各种功能，是湖区数十万人民赖以生产生活的基础，是当地社会经济发展不可或缺的物资来源。芦苇是达赉湖湿地的代表植物，是呼伦贝尔市造纸业的主要生产原料。湖区周围的满洲里市、新巴尔虎右旗、新巴尔虎左旗生产生活用水都来自达赉湖。另外，呼伦湖还是内蒙古自治区最大的淡水水产品基地。

呼伦湖自然保护区的生态旅游资源十分丰富，保护区内保存有相对完整的湿地、草原生态系统，有复杂多样的生态景观和众多的珍稀鸟类。在

此处，人们能够尽情地享受真正的蓝天、碧水和绿野的自然风光。可以畅游烟波浩渺的达赉湖，陶醉在呼伦贝尔草原。湖东岸沙滩、乌兰诺尔湿地及珍禽使来此旅游者流连忘返，巴尔虎部族的游牧文化和风俗习惯、草原佛教圣地甘珠尔庙的诵经声、"扎赉诺尔人"遗迹、猛犸象化石、鲜卑墓葬、诺门罕战争遗址等文化历史资源使人们感受到呼伦湖地区悠久的历史和草原人民创造过的灿烂的民族文化。

◎ 管理状况

呼伦湖自然保护区内设有4个核心区管护站、2个旅游区管护站，到目前已设立了乌兰诺尔核心区管护站、嘎拉达白辛核心区管护站、呼伦沟核心区管护站，成吉思汗拴马桩管护站。

呼伦湖自然保护区管理局通过"严格管理，积极合作"使珍稀物种和生态系统得到了有效地保护。正在开展的具体管护工作有：

分区管理：对生态系统完整，保护对象集中，受人为干扰较小的地区，保护区划定了4个核心区，依法实行严格管理。核心区总面积759.50km²，占保护区总面积的10.03%。每个核心区外围设有相应的缓冲区，总面积为386.50km²，占保护区总面积的5.2%，其余84.5%（6254.00km²）为实验区。

辖区管理：各站由保护区管理局分别划定管辖区域。各站对本辖区进行严格管护，各核心区管护站须按照"严管核心区、监控缓冲区，合理利用实验区"的原则开展工作。各旅游区管护站须对辖区内自然资源的利用状况严格管护，防止出现无序开发和非法利用资源事件发生，防止人为污染和人为破坏自然环境现象发生。

执法巡护：各站在规定的时间范围内沿相对固定的路线对保护区进行全面巡护，包括每月对核心区增加3

白枕鹤

次巡护。在巡护过程中，工作人员必须处理发现的违反《中华人民共和国自然保护区条例》的案件，走访牧民、企业，调查社区情况，对野生动、植物进行监测，帮助牧民解决困难。各站每月将巡护、监测情况报局机关，为安排全局的保护管理工作提供第一手材料。

建立共管委员会：保护区于1995年成立了由呼伦贝尔市政府牵头，市农牧局、水利局、公安局、国土资源局、林业局、城建局、环保局、科技局、呼伦湖渔业公司、新巴尔虎左旗人民政府、新巴尔虎右旗人民政府、满洲里市人民政府参加的达赉湖国家级自然保护区共管委员会，对保护区内资源利用状况进行协作管理，保障自然资源的开发利用合理有序。

各站对各自辖区内的牧民进行宣传，在与管辖范围内牧民协商的前提签订了以自然资源的永续利用和保护社区人民生产、生活赖以发展的物质基础——生物多样性，维持生态平衡、改善人们的生活环境，提高当地居民生产、生活水平为目的的自然保护区

共同保护协议书。协议书中明确了双方的责任和义务。保护区工作人员在巡护走访时了解协议书的履行情况，随时调整协议书内容。

◎ **科研协作**

呼伦湖自然保护区自建立以来，开展了多方面的国际合作，接待了加拿大、美国、英国、法国、瑞典、澳大利亚、斯里兰卡、日本、俄罗斯和蒙古等国家和香港地区的观鸟团和专业考察团，其中从1987～2004年保护区先后四次接待国际鹤类基金会（ICF）的官员，并与国际鹤类基金会、国际鸟盟（Birdlife）、世界自然基金会（WWF）、国际爱护动物基金会（IFAW）、国际自然联盟（IUCN）、湿地国际等组织建立联系，得到了支

持和帮助。1994年经中国、蒙古国、俄罗斯联邦三国政府签署协定成为中蒙俄达乌尔国际保护区成员；2001年1月加入澳大利亚－东北亚涉禽迁徙网络；2002年1月成为国际重要湿地；2002年11月加入世界生物圈保护区网络。1994年5月6日，保护区与美国玛洛尔国家野生生物避护地结成姊妹保护区。

（群力、闫峰供稿）

乌兰诺尔湿地（于永刚摄）

疣鼻天鹅（于永刚摄）

蓑羽鹤群

红花尔基樟子松林
国家级自然保护区

内蒙古红花尔基樟子松林国家级自然保护区位于大兴安岭南段西坡，呼伦贝尔市鄂温克族自治旗的南端，坐落在红花尔基林业局红花尔基场施业区内。西临呼伦贝尔草原，东枕大兴安岭西麓。行政区划为鄂温克族自治旗境内。地理坐标为东经120°09′～120°32′，北纬48°02′～48°08′。保护区总面积20085hm²，属森林生态系统类型保护区，主要保护我国乃至亚洲最大的沙地樟子松林。2003年1月经国务院批准建立国家级自然保护区。

◎ **自然概况**

红花尔基自然保护区位于大兴安岭山区和呼伦贝尔草原的过渡带，属呼伦贝尔沉降带，它是多字型构造的中间凹陷区，主要由志留系至泥盆系的千枚岩、板岩、石英岩及华力西期的花岗岩侵入体所构成。

红花尔基自然保护区为新华夏系第三隆起带（大兴安岭隆起带）。主要地貌为垄状坡度起伏的沙地和低山丘岭构成的山地，坡度较缓，一般沙地为0～5°，山地为10°～15°。海拔767～1155m，相对高差约388m。

红花尔基自然保护区位于伊敏河上游，在呼伦贝尔市属降水量低值区。

区内有道勒古河由东向西北穿过保护区全境，河东侧有红花尔基河以及西侧的浩迪力河，因此，河网较为发育。除此之外，保护区地下水源也较丰富，其特点是埋藏浅、水量充足。

红花尔基自然保护区土壤有4个类型和6个亚类；沙土类—松林沙土亚类、生草沙土亚类；灰色森林土类—

保护区全景（樟子松林景观）

灰色森林土亚类；黑钙土类—黑钙土亚类。粗骨质黑钙土亚类；草甸土类—暗色草甸土亚类。

红花尔基自然保护区地处高纬度，低海拔寒冷半湿润林区，年降水量 260～490mm，年日照数 2800h，年平均气温 -3.7～-1.5℃，无霜期 100 天左右。

红花尔基自然保护区地处森林—草原过渡地带，故植物成分是欧洲—西伯利亚成分和东西伯利亚向南迁移，以及东亚成分和华北成分向北迁移镶嵌交错现象比较突出。

红花尔基自然保护区内共有维管束植物 74 科 302 属 682 种。其中，木本植物 49 种，常见药用植物 100 余种，约占大兴安岭药用植物种数的 40%，食用浆果类、坚果类有 10 余种。

红花尔基自然保护区内的植物种类相对较多，在大兴安岭南段西坡具有较高的代表性。除主要保护对象樟子松是国家二级珍贵树种外，还有三级保护植物黄耆、草苁蓉等。

红花尔基自然保护区内野生食用菌种类繁多，蕴藏量较大，据统计有 150 余种，是一个巨大的天然绿色保健和食品库，具有较高经济价值和药用价值的食用菌 10 余种之多，可食菌类 120 余种，主要有蒙古口蘑、铆钉菇、鸡油蘑、大白桩菇等。

红花尔基自然保护区及周边区域的野生动物，迄今有记录 230 种脊椎动物，分属 31 目 64 科，占内蒙古地区脊椎动物总数的 53%，其中兽类有 54 种，隶属 6 目 16 科，占内蒙古地区古兽类总数的 39%；鸟类 161 种，隶属 17 目 37 科，占内蒙古地区鸟类 436 种的 37%。

◎ 保护价值

由于红花尔基自然保护区地处大兴安岭亚区位于森林与草原的交汇处，该区域动物区系属古北界，大兴安岭

花尾榛鸡

黑琴鸡

水獭

狍子

亚区，种类多样，珍稀物种也较多。有国家一级保护兽类 1 种：貂熊，国家二级保护兽类 8 种，占内蒙古地区保护种数的 30%。鸟类的珍稀种类十分丰富，有国家一级保护鸟类 5 种：黑鹳、东方白鹳、白肩雕、金雕、细嘴松鸡，国家二级保护鸟类 37 种。保护区内有鱼类 7 种，隶属 5 科。昆虫种类繁多，共有昆虫 687 种，其中：森林昆虫 126 种，有收藏价值及观赏价值的绿带碧凤蝶和黄凤蝶。由此可见，红花尔基自然保护区及周边地区野生动物多样性很高，而且珍稀种类

丰富。

红花尔基自然保护区以沙地樟子松森林生态系统及其栖息的貂熊、棕熊、驼鹿、马鹿、雪兔、细嘴松鸡、黑琴鸡、花尾榛鸡等珍稀濒危野生动物及东北岩高兰、钻天柳、黄耆、草苁蓉等保护植物为主要保护对象。

红花尔基自然保护区内的主要保护树种樟子松的主要特征是生长在属于大陆性干旱气候的沙地上，具有耐严寒、耐干旱、耐瘠薄、抗风能力强的显著特点。它完全不同于分布在大兴安岭北部呼玛、漠河区域的与兴安落叶松混交的山地樟子松林，尤其是该物种种群历经历史沧桑，集中表现为樟子松纯林，因世代分明，林型为纯林复层林，属沙地樟子松，由此可见，该保护区具有一定的典型性。

红花尔基自然保护区从其保护对象在自然界中数量状况来看，具有一定的稀有性，是典型的稀有种群。保护区及周边区域的樟子松林又是在沙地中自然演替发展起来的，从一定意义上讲又是稀有的生境。在内蒙古境内的毛乌素沙地、浑善达沙地、科尔沁沙地、呼伦贝尔沙地中，只有呼伦贝尔沙地上形成了这样一个完整的沙地樟子松森林生态系统。因此，该保护区是被世人确认的稀有物种生存的关键性区域。另一方面，保护区内还栖息着许多珍稀濒危动物。如国家一级保护动物貂熊、金雕、细嘴松鸡等。这些动物有较高的保护价值，在保护区内都有所分布。这方面也体现了保护区具有较高的稀有性。

红花尔基自然保护区地处森林草原过渡地带。其保护区及周边区域土壤类型、动植物种类组成都涵盖着森林区系的成分和草原区系的成分。因此，具有丰富的生态系统多样性。保护区内有维管束植物 682 种，脊椎动物 230 种。且许多种为寒温带地区的

幼龄林

中龄林

河流

代表种。

红花尔基自然保护区是很少受人类干扰的自然森林生态系统，区内无任何居民点和生产点。其完整的森林植被处于自然状态，是我国乃至亚洲最大集中连片的沙地樟子松林，林内丰富的生物物种都按其发生发展规律有序地自由生活，并相互影响，协同进化。

红花尔基自然保护区内保存的沙地樟子松群落是比较脆弱的，它是保护区的顶极群落，完全适应当地气候，并且还为其他生物提供栖息、繁衍条件；所以一旦遭到破坏，将有可能引起整个生态系统的崩溃。如果没有强烈的人为干扰，可长期保持稳定的植物群落顶极状态。

◎ 功能区划

红花尔基自然保护区总体规划实施后，进一步加强了沙地樟子松林森林生态系统的保护，保持其生态系统的完整性和连续性。人为干扰对自然保护区的影响下降到最低程度。核心区内的森林生态系统在绝对保护的条件下，是一个十分稳定的系统，并能为野生动物的栖息和繁殖提供理想场所，已经成为动植物资源保护的示范区。

在实验区内适度地开展生态旅游和多种经营活动也将带来间接的生态效益，以上两项活动的开展可以使生态系统环境保护工作更加顺利地进行下去。实验区内有计划地开发和管理，可以成为野生动物栖息繁殖、觅食、

停歇、隐蔽的辅助区域，成为保护区环境保护的屏障，维护保护区的生态平衡。

红花尔基自然保护区的各项工程按总体规划实施后，保护区的各项工作将以总体规划为依据，逐步纳入规范化和程序化。这些工作的开展，有利于促进自然保护区资源保护工作的开展。同时，通过工程的实施，积累大量的可靠、全面的检测资料、档案资料。为有关科研单位进行专题性科学研究，做好配套工作，为我国自然保护区网络的建设和管理做出贡献。

综上所述，保护区各项工程的落实，带来了巨大的社会效益。既提高了保护区的知名度，又对社会进行了科普教育；既保护了自然资源，又带动区域的经济繁荣；既做到了资源的

可持续利用，又改善了与周边社区的关系。因此，红花尔基自然保护区的发展前景是美好的。

直接的经济效益主要体现在生态旅游和多种经营项目的实施，这两项工程投资较少，带来的效益比较可观。从经营角度来看，有利于自然保护区的长期发展和资金的积累，以及以区养区目标的实现。间接经济效益评价基于目前资源有价的思想，自然保护区总体规划实施后带来的间接经济效益也是十分巨大的。这种间接的经济效益虽不能直接以货币的形式体现出来，但它确实存在。林木蓄积量的增加，野生动植物种类对整个环境的影响，都有潜在的经济效益，也就是间接的经济效益。

核心区总面积 5126hm^2，占保护

樟子松根系

保护区林海（何蒙德摄）

区总面积的26%。核心区是保护区内自然景观保持最完好、受人为干扰最小、最有代表性的地段。同时，也是珍稀野生动物集中分区。该区域占据14个林班。区内地貌有低山、丘陵、河谷、小溪，由此构成植被类型的多样，有非常完整的沙地樟子松林和岛状镶嵌的白桦林、白桦山杨林混交林、贝加尔针茅草原、线叶菊草原、羊草草原、山地灌丛、河谷灌木柳等。核心区地形地势与整个保护区的地形地势基本相同，总体上东南高西北低。区内河谷、小溪形成网状，是额尔古纳水系伊敏河支流上游发源地。核心区内无居民居住，受人为干扰较小，是各种植物群落保存较为完好的区域。

缓冲区（缓冲带）位于核心区的外围，面积2250hm²，占保护区总面积的11%。缓冲区是为核心区得到有效的保护而在其外围一定范围内划定的区域，它为科学研究、观测、监测等活动提供了场所。缓冲区占据共计21个林班。

实验区位于缓冲区的外围，面积为12709hm²，占保护区总面积的63%。含25个林班。实验区内在不破坏保护区环境的原则下，可以进行适度的生态旅游开发和多种经营活动，同时，区内可以在国家法律法规允许范围内开展科学实验、教学实习，参

观考察、野生动物繁殖驯养及其他资源的合理利用等。

红花尔基自然保护区主体保护对象樟子松13550.3hm²，占总面积的67.4%，樟子松蓄积252.5万m³，占总蓄积量的86.4%，森林覆盖率为82.79%。

◎ 管理状况

2004年6月，内蒙古自治区编制委员会批准组建"红花尔基樟子松林国家级自然保护区管理局"，编制为55人，内设3科1所1办；基本建立健全了组织管理机构。保护区隶属呼伦贝尔市林业局；下设保护科、计财科、科技科、公安派出所、办公室、野生动物救护站、保护区管理站和4个检查站及3个管护点。

红花尔基自然保护区管理局针对工作特点，结合实际情况，严格按照《中华人民共和国森林法》和《中华人民共和国自然保护区条例》等国家法律法规的要求进行管理。2004年呼伦贝尔市人民政府出台了《红花尔基樟子松林国家级自然保护区暂行管理办法》，同时建立了相关的职责和制度，使保护区的各项管理工作有条不紊的开展，努力做到有章可循、有法可依。

为规范数据管理标准化模式，建立了自然保护区资源档案数据库。根据保

护区周边的地理环境，设置了8块大型解说性标牌和30块小型警示性标牌，并建立了3个外站和3座瞭望塔。根据保护区工作总体安排。经过实地测量和精心测算，共设置247个标桩，边线总长度为123.25km。其中：保护区外围线77.85km；核心区边线45.5km。为了提高保护区全体工作人员的业务素质，加强管理水平，对全体工作人员进行了专业技术培训。

2003～2004年，内蒙古林业勘查设计二院对保护区进行了二类森林经理调查，进一步摸清保护区的资源底数，为总体管理打下了基础。2005年保护区工作人员在红花尔基国家级森林公园内建立了一座"森林博物馆"，现有各种植物、动物、菌类、昆虫、鱼类、矿石、土壤、两栖类等标本427件。

红花尔基自然保护区坚持"严格保护、科学管理、合理利用、持续发展"的原则，适当合理的开发保护区内各种景观资源和可再生资源。严格按照"绝对保护核心区，严格控制缓冲区，适度开发实验区"管理和建设保护区。

（群力、闫峰供稿）

樟子松变异类型（何蒙德摄）

乌拉特梭梭林—蒙古野驴
国家级自然保护区

内蒙古乌拉特梭梭林—蒙古野驴国家级自然保护区位于内蒙古自治区巴彦淖尔市乌拉特中旗、乌拉特后旗北部的巴音杭盖苏木、巴音前达门苏木境内，北与蒙古国接壤。地理坐标为东经106°15′～108°00′，北纬41°50′～42°27′。保护区东西横跨140km，南北纵深22km，总面积131800hm²。保护区以梭梭林和蒙古野驴为代表的珍稀濒危野生动植物种群、原始古老的自然地貌、稀有多样的荒漠物种、极端脆弱的荒漠生态系统为主要保护对象，属荒漠生态系统类型的国家级自然保护区。

1985年内蒙古自治区人民政府批准建立的乌拉特后旗努登梭梭林自然保护区，面积为28000hm²，主要保护对象为该区内分布的原始天然梭梭林和栖息的蒙古野驴、北山羊、鹅喉羚等珍稀野生动物。并于1999年将保护区面积扩大到68000hm²，同时更名为乌拉特梭梭林自然保护区。

2000年8月，由蒙古国境内迁移过来2万多头蒙古野驴。蒙古野驴是我国一级保护野生动物，中国濒危动物红皮书列为濒危(E)级动物。在IUCN濒危物种红皮书中蒙古野驴列为数据不足(DD)物种，CITES将蒙古野驴收录在附录I。蒙古野驴主要分布在新疆维吾尔自治区东部和北部，内蒙古自治区西部额济纳旗、狼山、居延海一带也见报道，1994年估计我国蒙古野驴数量不超过2000头。这次迁移种群数量达2万多头，实属罕见。为了让回家的蒙古野驴得到有效保护，内蒙古自治区建立了乌拉特—蒙古野驴自然保护区，保护区管护范围地跨乌拉特后旗、乌拉特中旗两旗，管护面积达131800hm²。2001年6月，经国务院批准建立乌拉特国家级自然保护区。

梭梭林

◎ 自然概况

乌拉特自然保护区在地质构造上属于阴山东西向构造带，狼山旋扭构造系。保护区的地貌主要由戈壁高平原、剥蚀低山残丘、沙地和宽浅凹地等地貌类型所组成。总的地势为东南高，西北低，相对高差为130m左右，海拔840～960m。

由于乌拉特自然保护区深处内陆，长年受大陆气流的控制，表现为极端干旱的内陆荒漠特征，冬季受蒙古冷高压的影响寒冷干燥。年平均气温6.5℃，1月份平均气温-14℃，

7月份平均气温22℃，极端最低气温-41℃，极端最高气温34.3℃。年降水量90mm左右，多集中在7～8月份，年蒸发量2800mm，是全年降水量的30倍。全年日照时数为3340h，全年大风日数60～70天，最多年份达120天，沙尘暴日数24.4天，平均风速5.4m/s，最大风速24m/s。风速迅猛，降水偏少，蒸发量大是影响梭梭更新的主要因子。

乌拉特自然保护区地带性土壤为沙砾质灰棕荒漠土，非地带性土壤有风沙土、盐化草甸土。土壤质地较细，剖面中有黏土间层，但厚度较小。

乌拉特自然保护区属于干旱内陆荒漠区，全年降水量少，只有一些季节性降雨，由狼山山区顺地形而下，形成径流河道纵向伸入保护区境内，西部阿布日和音高勒河道控制保护区大部。地下水位较浅，埋深2～4m，水质较好，人畜、动物均可饮用。

乌拉特自然保护区内蕴藏着丰富的野生动植物资源。脊椎动物有80种，其中，兽类有7目13科31种，鸟类4目13科37种，两栖类2科4种，爬行类2科6种，鱼类1科2种。根据1998年《国家重点保护野生动物名录》，保护区兽类中属于国家一级保

蒙古野驴

盘羊

革苞菊

裸果木

护动物有蒙古野驴、北山羊2种；属于国家二级保护动物有鹅喉羚、盘羊、猞猁、兔狲、荒漠猫等5种。保护区鸟类中列入国家一级保护种类有大鸨、波斑鸨、金雕等3种，列为国家二级保护种类有蓑羽鹤、灰鹤、草原雕、鸢、苍鹰、秃鹫、红隼等7种。两栖爬行类常见有蟾蜍科的花背蟾蜍等，蛙科的有疣皮蛙等。爬行类有蜥蜴科的沙蜥、蒙古沙蜥等。

乌拉特自然保护区内共有种子植物22科60属96种。保护区的植物区域属于亚洲荒漠区—亚洲中部亚区—阿拉善荒漠植物省—东阿拉善州。该区的植物区系成分是以干旱地区的种类占主导地位，具有显著的荒漠特点。列为国家一级保护植物有裸果木，列为国家二级保护的珍稀濒危野生植物有绵刺、革苞菊。

列入内蒙古珍稀、濒危保护植物有4种（根据内蒙古人民政府办公厅1988年颁布的《内蒙古珍稀、濒危保护植物名录》）：沙木蓼、荒漠黄耆、戈壁短舌菊、蒙新苓菊。

◎ 保护价值

乌拉特自然保护区不仅是国家一级保护动物蒙古野驴、北山羊等经常出没的地方，也是国境边防线上的一道生态屏障，巨大的"绿色宝库"。这里的原始天然梭梭林是梭梭林在我国分布的最东缘，而且多数树龄已达几百年，林地上枯老的粗干虬枝纵横倒伏，新生长的中幼梭梭在干旱贫瘠的荒漠中顽强生长，没有生态环境的破坏和污染，反映了原始古老的自然状态。梭梭根部寄生的肉苁蓉具有"沙漠人参"之美称，"九头锁阳"是稀世药宝，都具有很高的药用价值和经济价值。周边的阴山岩画、长城遗址、恐龙化石区、风蚀景观、玛瑙湖等历史文化景观和独特的荒漠生态系统的自然景观吸引了世人的关注。

乌拉特自然保护区的主要保护对象是以梭梭林和蒙古野驴为代表的珍稀濒危动植物资源；脆弱的荒漠生态系统及其生物多样性；古老原始的自然地貌；不同自然地带的典型自然景观。保护区地处典型的荒漠地带，位于典型荒漠带的最东端，处于由典型荒漠向草原化荒漠的过渡地带，自然环境极具典型性。保护区所特有的古老的自然性、荒漠生物的多样性、保护物种的稀有性、地理位置的特殊性，决定了它的重要保护价值。

梭梭是干旱荒漠地带的珍贵树种，是国家重点保护植物，具有适应干旱条件的生理特性，形体高大，能形成沙漠生态体系和荒漠特殊景观，是改善荒漠地区生态环境，草食性野生动物赖以生存发展的珍稀植物。保护区的植被为典型的荒漠植被，其中最具特色的是梭梭荒漠植被。梭梭在保护区内主要分布在断陷盆地内、干河床的两侧及覆沙地段，因而多随地形成条带状断续分布。梭梭群落通常呈一片绿色或灰绿色的疏林状外貌，与邻近其他荒漠群落的低矮、稀疏、灰色、

大鸨

北山羊

肉苁蓉

单调的外貌相比，富有生气，形成独特的"森林"景观。

梭梭属植物在全世界有10种之多，但在我国仅有2种：梭梭和白梭梭。白梭梭仅在新疆地区有分布，而梭梭分布较广，从新疆、青海、甘肃到内蒙古西部等地均有分布。保护区面积广大，许多地方仍呈原始状态，因而成为该物种生态地理区中最典型、最具特色的代表。实践证明有梭梭分布的地区，荒漠化程度小，草场植被好，是国家重点保护的蒙古野驴、北山羊、鹅喉羚等动物的栖息繁殖区，也是肉苁蓉和锁阳的盛产地。据专家估算，梭梭林等植被一旦被破坏，我国戈壁荒漠将向东推进50km，向南推进20km，而且这里的沙暴次数会大大增加，不仅威胁乌拉特中旗和乌拉特后旗，威胁内蒙古东南部，进而直接威胁华北地区和首都北京。因此，保护好乌拉特梭梭林，不论是对大的地理环境，还是具体的生态环境，都是极为重要的。

◎ 功能区划

根据乌拉特自然保护区的自然地理特征和建设任务，将保护区总面积13.18万 hm^2 划分为核心区、缓冲区和实验区。

核心区：中蒙边境线一带，梭梭林分布较为集中，蒙古野驴在国内主要集群和栖息的区域。核心区面积为4.28万 hm^2，占总面积的32.5%。

缓冲区：核心区北侧以国境线为界，故只在核心区南侧设立缓冲区。其功能是防止人畜侵害对核心区的影响。缓冲区内可进行必要的监测工作，通过保护和移民工程，缓解生态环境逐步恶化的势头。该区面积为3.8万 hm^2，占保护区总面积的28.8%。

实验区：是保护区境内动植物资源、宜林地资源的典型区，这里景观秀丽、水源较高、水质较好，是开展各种实验活动的集中地区。该区面积为5.10万 hm^2，占保护区总面积的38.7%，其中梭梭林分布面积6800 hm^2。

2001年10月内蒙古自治区及巴彦淖尔盟两级政府批准成立了内蒙古巴彦淖尔盟乌拉特国家级自然保护区管理局，行政上隶属于巴彦淖尔盟行政公署，业务上同时接受内蒙古自治区林业厅和巴彦淖尔市林业局的指导，属事业型单位。保护区实行三级管理，即管理局—管理站—管护点。保护区管理局下设三个管理站，即乌拉特中旗管理站、乌拉特后旗管理站、乌梁素海管理站。保护区管理局目前有干部职工80人。

◎ 管理状况

乌拉特自然保护区自建立以来，保护区的工作人员克服自然条件恶劣、管护面积大、经费不足、交通通讯设备极其短缺、人手不够等困难，在保护、管理、科研和基础设施建设工作上做出了突出的成绩。

乌拉特自然保护区已拍摄完成《大漠在呼唤》《乌拉特的蒙古野驴》2部纪录片。

为及时救护受伤的野生动物，分别在色尔崩和巴音查干管护点建设了2处野生动物救护站，同时在动物救护站附近各建了一个周长为250m的封闭围栏，以圈养受伤的野驴等动物。一期工程中建成了保护区综合办公大楼1座、管理站2处、管护站10个、区碑2座，围栏工程86km，挖浅水井5处，设补饲点10处，固定样地20处，修建瞭望塔3座。三级气象因子定位观测点2处和生态定位观测点1处，还设置了界碑等设施，这些设施设备的修建和配备都为保护和研究梭梭林、野生动植物提供了有利的物质保障和

乌拉特自然保护区管护点

基础。按照科学规划、因地制宜的原则，较好地完成了建设任务。建设项目的实施，使保护区内以梭梭为主的天然植被得到有效的恢复，复壮更新速度明显加快，遏制了乱捕滥猎和乱采滥挖行为，野生动植物的种群明显增加，保护区工程建设成效显著。2004年9月，一期建设工程圆满通过国家林业局检查验收。 　　　　（群力、闫峰供稿）

梭梭荒漠群落

内蒙古 哈腾套海
国家级自然保护区

内蒙古哈腾套海国家级自然保护区位于内蒙古自治区巴彦淖尔市磴口县西北部的乌兰布和沙漠的东北缘，距磴口县城约60km。地理坐标为东经106°09′~106°50′，北纬40°30′~40°57′。保护区南北宽约42km，东西长约53km，总面积123600hm²，其中：山地65700hm²，沙漠29910hm²，平原27990hm²，保护区内有湿地12处，总面积3600hm²，属自然生态系统类别的荒漠生态系统类型自然保护区。2005年7月经国务院批准建立国家级自然保护区。

沙冬青

◎ 自然概况

哈腾套海自然保护区地处内蒙古中部槽区，出露地层中，较老的地层为志留系的哈达呼舒群，新地层包括白垩系下统、第四系全新统。哈达呼舒群(S)是保护区出露地层中具有磴口县独自的特点、并以保护区附近地名命名的单元，分布在保护区西部的阴山地区。保护区内第四系不发育，只有全新统的堆积，厚度3~10m，仍保存了起伏高差不大的沙丘地貌特点，

大部分地段因植被发育而使风成沙移动极缓慢或不明显，局部地区因处于风口或风力集中的原因，形成流动沙丘。由于风向是以西北风向为主，故风成砂西北向东南移动。

哈腾套海自然保护区内无常年性河流，仅有几条从阴山（狼山）流入山前冲积扇的季节性溪流，流量不大，每年雨季时才有地表水从山地流入到山前洼地变成潜流。另外，黄河侧渗、降水入渗保护区内形成湿地12处，面积3600hm²，占全县湿地总面

积的38%。水深在2m左右，最深处达10m，水质pH值约为8.5，灌溉水入渗并形成湖泊、湿地。

哈腾套海自然保护区属于中温带大陆性季风气候，全年大部分时间受西伯利亚高压控制，气候特点是：降水稀少，极端干旱、风大沙多、光照充足，冬季严寒而漫长，夏季炎热而短促。年平均气温7.6℃，最热月7月平均气温23.9℃，最冷月1月平均气温－10.5℃，年较差34.4℃。年降水量119.0mm，其中6~9月份降水量占全年降水量的78.8%，而冬季仅有5.1%左右。相对湿度47%，干燥度3.8，年蒸发量2406.1mm，约为年降水量的20倍。全年日照时数3209.5h，年平均日照百分率72%左右。太阳辐射总量历年平均153.69kJ/cm²，光合有效辐射历年平均57.29kJ/cm²。全年平均风速5.4m/s，年平均大风(8级，风速为≥17m/s)日数80天，集中于春、冬两季，常常引发沙暴，年平均沙暴日数达28天。风向以西北风为主。

哈腾套海自然保护区保护区内土壤类型为典型的荒漠土壤，共分为5个土类，11个亚类，15个土属，其中

荒漠植被

地带性土壤以灰漠土为主，非地带性土壤以风沙土为主。

哈腾套海自然保护区保护区内有高等植物53科160属302种(包括变种及栽培种)，其中，蕨类植物1科1属3种，被子植物52科159属299种(野生植物有40科128属239种)。种子植物53科160属302种。在种子植物中，裸子植物有1科1属3种，全部为国家二级保护植物。

植物区系属于亚非荒漠区—亚洲中部亚区—阿拉善荒漠植物省—东阿拉善州。植物区系地理成分相对丰富、区内单科属较多、特有种较多，植物区系独特以灌木和半灌木为基本生活类群。植被类型多达4个植被型、8个群系组、14群系。保护区内有陆生野生脊椎动物96种，其中兽类有6目11科27种，占脊椎动物种数的28.1%；鸟类有14目28科62种，占脊椎动物种数的64.6%；两栖爬行类7种，占7.3%。

哈腾套海自然保护区生态旅游资源丰富多彩，有秀丽的水体和奇幻的天象等自然地理景观，有富有特色的少数民族风情，还有类型多样、色彩丰富、四季变化的荒漠植被景观资源和活泼可爱、形态娇美的动物景观等生物景观资源，构成了神奇粗犷、雄浑壮丽、丰富深邃的生态旅游资源体系。类型多样、丰富多彩、纯自然风光观赏价值高、具有野、奇、新、美诱人魅力的生态旅游资源，既具有很高的艺术、美学、文化、科学和观赏价值，也具有巨大的开发利用价值。主要景区有：

(1) 阿贵庙：阿贵庙亦称宗承寺，位于狼山山脉阿贵山东麓，海拔1500m，是国内主要的"红教"庙宇，内有宋代木雕斗拱、清代石雕盘龙，雕梁画栋、佛光熠熠，左右有"莲花洞"和"上乐金刚洞"幽深莫测，旁边是"仙女池"，整个庙宇群掩映在峰峦叠翠之中。

(2) 鸡鹿塞：鸡鹿塞位于狼山山脉哈日嘎那沟口西侧台地上，塞口陡崖如壁，有汉代建筑石城，是重要的古代军事要塞。鸡鹿塞全部用石块堆砌，登

临城池，追昔远古，令人感慨万千。

(3) 洪羊洞：洪羊洞位于阿贵庙南1.5km，为天然石洞，洞深约30m，平均宽度3m，上层似琉璃，五彩缤纷，下层为朱砂、耀眼夺目，还有许多神秘而古老的传说。依洞远眺，千峰万壑尽收眼底。可谓是"一奇、二幽、三高、四险"，令人神往。

(4) 阴山岩画：阴山岩画现已发现有万余幅，是我国岩画艺术的宝库之一，阴山岩画约作于旧石器时代晚期，作者为原始部落和匈奴、敕勒、突厥、蒙古等民族，内容丰富，画风古朴粗犷，最大的岩画面积达400m²有余，岩画反映了古代北方各游牧民族经济、文化生活、审美、宗教信仰等。

◎ 保护价值

哈腾套海自然保护区的主要保护对象为荒漠植被生态系统和珍稀濒危野生动植物，由于保护区地理位置的特殊性、自然性、生物多样性、物种稀有性决定了它的重要保护价值。

哈腾套海自然保护区植被类型多

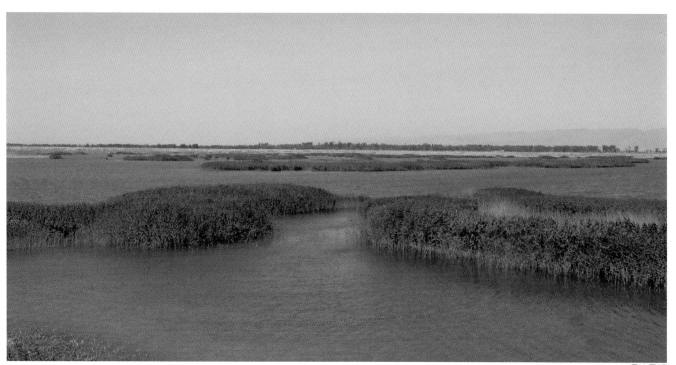

湿地景观

样，有荒漠草原植被、荒漠植被、盐化草甸植被和草本沼泽植被等。荒漠草原植被位于保护区西部的狼山山地，狼山不但阻止乌兰布和沙漠的东扩、阻挡沙尘东侵，而且还是保护区内荒漠动物重要的栖息地。荒漠植被位于保护区中部，既起固沙作用，也是荒漠动物的栖息地，荒漠植被的保护重点为灌木林。盐化草甸植被和草本沼泽植被位于保护区的中东部，是保护区候鸟的栖息地、繁殖地或停歇地。

哈腾套海自然保护区内有国家重点保护野生植物6种（根据1984年国务院环境保护委员会公布的《中国濒危保护植物名录（第一批）》），濒危保护植物总面积21700hm²。其中国家二级濒危保护植物沙冬青、绵刺、肉苁蓉，面积约16400hm²，盖度在30%以上的

面积为8600hm²。

哈腾套海自然保护区内有国家重点保护野生动物22种，其中国家一级保护动物有北山羊、金雕、黑鹳、白鹤、大鸨、波斑鸨等6种，国家二级保护动物有盘羊、青羊、鹅喉羚、黄羊、岩羊、漠猫、大天鹅、疣鼻天鹅、蓑羽鹤、灰鹤、红隼、秃鹫、草原雕、大鵟、鸢、纵纹腹小鸮等16种。另外，7种野生动物属于《濒危野生动植物种国际贸易公约》，13种鸟类属于《中日候鸟保护协定》的保护物种，8种鸟类属于《中澳候鸟保护协定》的保护物种。

哈腾套海自然保护区独特的地理位置在一定程度上缓解了乌兰布和沙漠的东扩，保护着大片的牧地与农田。保护区也是策源于中蒙边境和乌兰布和沙漠的沙尘暴入侵北京的途经地之一，因而其建设和发展也将能较有效地缓解沙尘暴，减轻沙尘暴的强度，减少进入华北地区的沙尘，从而改善黄河中下游、华北地区甚至东北地区的生态与环境，并对全国的生态与环境建设产生重要的影响。因此，该保护区的建设和发展对于防治荒漠化和沙尘暴、减轻沙尘暴危害具有重要的战略意义。

哈腾套海自然保护区位于乌兰布和沙漠的东北缘，其建设和发展可有效地提高植被覆盖率，从而有效地减缓乌兰布和沙漠向东蔓延。因为有保护区植被的存在，才使浩瀚的干旱环境之中出现"绿色翡翠"。它有山地、沙漠和平原湿地三大生境类型，是典型的生态复合体，为不同的野生动植物种提供良好的栖息地和生存环境，特别是在干旱地区集中连片地分布的柠条、梭梭、沙冬青等为建群种的纯天然灌木群落，成为西北荒漠地区的生物宝库。

哈腾套海自然保护区植被的保护、恢复和发展，可有效地保持水土，并

锁阳

苁蓉

将在一定程度上阻止沙漠的东扩，防止周边地区的荒漠化，使耕地牧场得到保护。同时，保护区通过减少空气中的沙尘等，使区域生态环境得到保护，有利于农牧业高产稳产，可以说，保护区的建设和发展将对磴口县乃至黄河河套地区工农业的可持续发展产生深远的影响。

哈腾套海自然保护区地理位置特殊，动植物物种多样，生态系统脆弱，是开展科研、定位监测、普及推广科学技术，提高环境保护意识的良好场所，是天然的教学"大课堂""科研实验场"。尤其对研究荒漠生态系统演变规律、荒漠动植物生存和生长规律具有重要意义。

◎ 功能区划

根据生态完整性原则、多功能性原则、协调发展原则、便于基础设施内部联网以及与外部衔接的原则、可操作性原则，结合哈腾套海自然保护区资源分布特点及生态保护功能与其他功能协调统一的需要，将保护区划分为核心区、缓冲区和实验区。

核心区：核心区由山地核心区和平原核心区两个部分组成，总面积为 51610hm²，占保护区总面积的 41.8%。其中：山地核心区位于保护区西部的狼山山地，面积为 28410hm²，占核心区面积的 55.0%；平原核心区位于保护区东部的沙地和湿地区域，面积为 23200hm²，占核心区面积的 45.0%。保护区内所有的国家重点保护野生动物在该区域均有分布。

缓冲区：沿两块核心区外围分别划出缓冲区，形成保护缓冲地带。缓冲区也由山地缓冲区和平原缓冲区两个部分组成，总面积为 32180hm²，占保护区总面积的 26.0%。其中：山地缓冲区面积为 20161hm²，占缓冲区面积的 62.7%；平原缓冲区面积为

鹅喉羚

大天鹅

大白柠条

12019hm²，占缓冲区面积的 37.3%。缓冲区内的植被因受人为影响而有所退化，但只要得到充分的保护，将很快恢复。

实验区：保护区边界以内，缓冲区界限以外的部分区域划为实验区。实验区面积为 39810hm²，占保护区总面积的 32.2%。实验区又进行了二级区划，将景观资源集中的区域划为生态旅游区，总面积 7068hm²，占实验区面积的 17.8%。

◎ 管理状况

哈腾套海自然保护区设有专门的保护管理机构——内蒙古哈腾套海国家级自然保护区管理局，并形成管理局—保护管理站—管理点三级保护管理体系。目前建成 2 个管理站和 1 个

公安派出所，现有人员 38 人。

为了保证巡护工作的顺利开展，对重点保护的沙冬青、梭梭、柠条等灌木林，采用细钢围栏进行全部围封，确保这些灌木不受到人畜的破坏，得到有效保护。

哈腾套海自然保护区积极贯彻执行国家和地方有关自然保护的方针、政策和法律法规，根据《中华人民共和国环境保护法》《中华人民共和国森林法》《中华人民共和国自然保护区条例》等有关法律法规，制定了《哈腾套海自然保护区管理办法》，并针对保护区管理特点，制定了《自然保护区管理局岗位职责、管理制度》等规章制度，使广大干部职工在各自岗位上有章可循，取得了良好的管理成效。

为了有效地保护好自然资源和自然环境，保护区管理局与苏木政府和嘎查委员会签订了自然保护协议。并通过在中小学中开展"上好一节生态课，过好一个团队日活动"和家长承诺"不乱捕滥猎、不食野生动物"等宣传教育活动，使得周边社区乃至全县人民对保护野生动物的保护意识不断提高。

（群力、闫峰供稿）

鄂尔多斯遗鸥
国家级自然保护区

内蒙古鄂尔多斯遗鸥国家级自然保护区位于内蒙古自治区鄂尔多斯市中部，行政区划位于东胜区泊江海镇和伊金霍洛旗苏布尔嘎镇境内。地理坐标为东经 109° 14′ ~ 109° 23′，北纬 33° 25′ ~ 34° 00′。保护区总面积为 14770hm²，主要保护对象是以国家一级保护野生动物遗鸥为主的 83 种鸟类。保护区地理条件独特，分布着众多的咸水湖泊湿地，区内鸟类资源丰富，是全世界遗鸥鄂尔多斯种群最集中的分布区和最主要的繁殖地。保护区属于高原内陆湿地生态类型自然保护区。保护区始建于 1998 年，2001 年经国务院批准晋升为国家级自然保护区。

遗鸥（孟宪毅摄）

◎ 自然概况

鄂尔多斯地区是地球上最原始的古陆地之一，经过多次复杂的地壳运动和海陆变迁，形成目前较完整、稳定的构造单元。保护区地质构造较为简单，只在露头较高的地方具有小型褶曲和大规模的断裂构造，规模较大的断裂构造和褶曲则潜伏在燕山期构造层之下，保护区统属于太古界古老变质岩石系。

鄂尔多斯自然保护区属鄂尔多斯波状高原区，整体地势由西南向东北倾斜。最高点为巴彦敖包山，海拔 1520m，

最低点位于桃—阿海子湖区，海拔 1360m，高差变化不大，80% 以上的地域面积在海拔 1367 ~ 1412m 之间。

鄂尔多斯自然保护区境内主要湖泊有桃—阿海子、侯家海子和苏家圪卜海子。其中的桃—阿海子位于保护区中央。湖区呈驼峰形，景色迷人。水质呈碱性，pH 值为 8.4 ~ 8.6，平均水位面积为 100hm²，平均水深 2.5m，最深处超过 9m。桃—阿海子是一个基本不干涸的内陆湖，但水面面积很不稳定，山泉水及局部深水区保证桃—阿海子永不干涸。雨季到来，扎日格

沟河、孟家河等季节性河流的雨水大量涌入湖内，使其水质、水量得到了充分的保证。

侯家海子位于保护区的西北，苏家圪卜海子位于保护区飞地范围内，两者的常水位水域面积分别为 40hm²、70hm²，平均水深 3m，每年雨季的雨水通过漫流注入湖区，使湖水得以补充。保护区地下水位一般在 10m 左右，矿化度大于 1g/L，pH 值 7.0 ~ 8.5，水化学类型较复杂。

鄂尔多斯自然保护区内有栗钙土、潮土、风沙土 3 个土地类型。栗钙土

属地带性土壤，主要分布在保护区的北部地区；潮土（浅色草甸土）主要分布在保护区的湖泊周围、水洼地以及地下水出流不畅的封闭洼地；风沙土主要分布在保护区的东南和西南，面积较广。

鄂尔多斯自然保护区属温带大陆性气候。主要受西北环流与极地冷空气影响，气候特征是春季干旱，夏季温热，秋季干爽，冬季寒冷，季节更替明显，冬长夏短，四季分明。

鄂尔多斯自然保护区内光照资源丰富，年日照时数3200h，年日照率大于70%，1年内太阳辐射能量达598.7kJ/cm^2。年平均气温5.2℃，最热的7月平均气温21.3℃，最冷的1

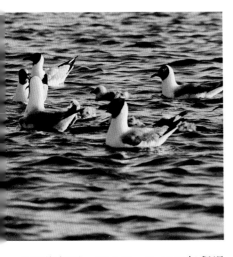

月平均气温-12.9℃。≥10℃年积温2580.3℃，平均地面温度为8.1℃，土壤冻结始于10月下旬，冻结天数为5个月左右，冻土层最厚达139cm，无霜期年平均116天。

鄂尔多斯自然保护区降雨多集中在每年的7～8月份，占全年降水量的65%，年降水量324.8mm，蒸发量2501mm，以春夏两季蒸发量最大，保护区的相对湿度较低，年相对湿度为52%，年平均湿度0.25。

鄂尔多斯自然保护区年平均风速4m/s，最大风速28m/s，年大于17m/s风速的大风日数48天，沙尘暴

日数多达26天。保护区主要灾害性天气有干旱、洪涝、沙漠化、霜冻、大风、沙尘暴、冰雹等。

鄂尔多斯自然保护区内动物以湿地鸟类和草原动物以及爬行类动物为主。现有湿地鸟类83种，国家一级保护动物有遗鸥、东方白鹳、白尾海雕等3种，国家二级保护动物有角鸊鷉、赤颈鸊鷉、白琵鹭、大天鹅、大鵟、鸢、红脚隼、蓑羽鹤、仓鹰、黑浮鸥等10多种。

典型的草原动物主要有蒙古野兔、艾鼬、黄鼬、赤狐、兔狲、刺猬、蒙古黄鼠、五趾跳鼠、田鼠和草原沙蜥等。

鄂尔多斯自然保护区植被稀疏，多为沙生植物。草原以长芒草、糙隐子草、萎蒿、百里香、冷蒿为主；沙地上以油蒿、中间锦鸡儿为建群种；流沙上以沙米、沙竹、白沙蒿等为先锋群落；湿滩地植被类型有以寸草苔为建群种；柳湾林地以沙柳、乌柳等为建群种，盐化滩地以芨芨草、碱蓬、红柳等为建群种的盐化滩地等。湖中的水生植物主要有会眼子菜、刚毛藻、绿藻等，以及苇等挺水植物。

人工植被主要分布在保护区的北部，有人工林900hm^2，成林方式以片状或带状为主，造林树种有杂交杨、旱柳、柠条、沙柳和桎柳等。

◎ 保护价值

遗鸥是保护区内主要的保护对象，遗鸥属鸥形目鸥科，体长430～460mm。虹膜黑色，眼周白色，嘴和脚暗红色。夏羽：头部黑褐色，眼后上、下方有一白色三角斑，上体为珠灰色，腰部和尾羽白色，两翼为珠灰色，初级飞羽带有黑斑。栖于草原、沙漠和半荒漠的湖泊和沼泽地，分布于鄂尔多斯高原海拔1200～1500m的沙漠咸水湖和碱水湖中。遗鸥是我国一级保护野生动物，是人类认识最晚的鸟类之一。

IUCN和ICBP将遗鸥列为濒危物种，后被列为稀有物种或受威胁物种。

鄂尔多斯自然保护区湖泊、岛屿众多，水湿地、谷地草场遍布，半荒漠化湿地生态系统为遗鸥等众多候鸟提供栖息、繁殖良好的环境条件。到目前为止，遗鸥被发现了四个繁殖种群：中亚种群、远东种群、戈壁种群和鄂尔多斯种群。其中，鄂尔多斯种群是迄今为止在自然界中发现最晚、数量最大的遗鸥种群。在对鄂尔多斯高原的野外考察中，共记录到遗鸥14个分布点，包括2个繁殖点、1个非繁殖群分布点、9个散布点以及2个迁徙停歇点。从1987年在桃—阿海子发现遗鸥，到1990年在该海子湖心岛发现了迄今为止所知的最大遗鸥种群，以后每年在桃—阿海子的繁殖巢数逐年增加，1990年581巢；1992年1028巢；1993年1509巢；1994年1931巢；到1998年已达到3594巢。表明鄂尔多斯遗鸥种群数量已达到1万余只，并主要集中分布在保护区范围内。

由于气候干燥、植被稀少，该生态系统的显著特点就是生态脆弱性。但由于人为活动相对较少，野生动物尤其是湿地鸟类种类丰富，具有重要的就地保护和科研价值。

鄂尔多斯自然保护区的动物区系属于古北界—中亚亚区—蒙新区—西部荒漠亚区，特点是种类比较单一，区内动物以湿地鸟类和典型草原动物以及爬行类动物为主。由于保护区湿地生境较为复杂，因此，湿地鸟类的物种多样性比较丰富，共有湿地鸟类83种。保护区植物多样性比较简单，植被稀疏，主要是耐旱的沙生植物。

鄂尔多斯自然保护区的生境多样性比较复杂，有农田（旱地和水浇地）、草地（人工和天然）、灌丛、林木、湿地（包括咸水湖泊、河流、沼泽、湖滩、小岛）、沙地等多种生境类型，

为湿地鸟类等野生动物提供了丰富的栖息环境。

尽管保护区的物种多样性比较简单，但保护区蕴藏了很多稀有物种。保护区是遗鸥鄂尔多斯种群的唯一繁殖地。因此，2002年2月，鄂尔多斯遗鸥自然保护区被列入国际重要湿地名录。

鄂尔多斯自然保护区及其周边自然环境面临的最大压力是土地的沙漠化。保护区所处鄂尔多斯市是我国沙漠化最严重的地区之一。保护区所处区域目前沙化土地面积达8170hm²，占该区域总面积的56%。尽管建立保护区后，土地沙化的趋势被整体遏制，但由于自然条件恶劣，治理难度大，该区域的生态在较短的时间内难有大的改善，如果不制定相应的保护和治理措施，加大治沙力度，湿地环境将会受到威胁，有些小的湖泊、沼泽可能消失，从而威胁遗鸥种群的栖息和繁殖。

鄂尔多斯自然保护区是遗鸥等珍稀物种重要的栖息繁殖地，保护区在中国甚至在世界范围内对物种多样性、遗传多样性保护方面有重要的作用，尤其对保护遗鸥这种人类认识最晚的世界稀有物种有极其重要的作用。保护区的建立有利于沙化土地的治理和植被的恢复，遏制该区域的沙漠化趋势具有重要作用。保护区内的湿地生态系统在半荒漠的干旱地区对气候调节具有十分重要的作用，保护区的建立起到了保存和维护了这些湿地的生态功能。

鄂尔多斯自然保护区拥有丰富的自然资源，秀丽的高原风光和宜人的景色，又位于少数民族地区，栖息着众多的珍稀水禽，它们既是旅游资源，同时还具有很高的美学价值和文化价值，是开展生态旅游、美术、摄影和研究了解民族文化的理想场所。保护

区又是一个生物物种的重要基因库，为人类未来的利用保留了重要的基因资源，对人类未来的贡献是无法估量的。保护区开展的一些植被恢复和治沙工作，将为周边地区沙漠化的防治提供经验。

◎ 功能区划

鄂尔多斯自然保护区分为核心区、缓冲区、试验区3个部分。

核心区：分为2处。核心区总面积为4753hm²，占保护区面积32.18%，核心区的主要生境类型为湖泊湿地和草地，是遗鸥及其他珍稀鸟类的主要觅食区和繁殖区。其中桃—阿海子核心区位于保护区的中南部，面积4535hm²，占保护区面积的30.69%，占全部核心区的95.41%。保护区的湿地主要位于该区，其类型包括桃—阿海子湖泊、以寸薹草为主的漫水草滩和河流湿地，其他主要土地类型为白刺沙地、草地和沙化土地等。该区的湿地区域是遗鸥等其他水禽的主要栖息地和觅食地，湖中的湖心岛是遗鸥、棕头鸥等鸟类的繁殖地；候家海子核心区以候家海子为中心，包括周边其他一些较小的湖泊、草地和沙化土地，面积218hm²，占保护区面积的1.48%，核心区面积的4.59%，是遗鸥及其他鸟类的觅食栖息地。

缓冲区位于两块核心区的四周，其范围是在核心区外围的300m区域，总面积1627hm²，占保护区面积的11.02%。

实验区是缓冲区至保护区边界之间的连续区域，主要是草地和退化草地，其他土地类型主要为人工耕地、林地、沙化土地和居民点。实验区面积8397hm²，占保护区面积的56.82%。

◎ 管理状况

鄂尔多斯自然保护区持续开展法制宣传教育，增强周边群众的环保意识和法制意识。同时加强专业队伍建设，对工作人员进行教育培训，选派专业技术人员参加国家林业局等有关单位组织的湿地管理培训班，并有4名同志去香港米埔自然保护区参加湿地知识培训学习。

鄂尔多斯自然保护区管理局制定了《内蒙古鄂尔多斯遗鸥国家级自然保护区管理办法》，针对不同的功能区确定了不同的管理办法，遵章循法，严管严罚，禁止一切非法的捕鱼、狩猎、开垦、放牧和乱砍滥伐行为，减少人为活动对野生动物栖息地的干扰。

除管理局的管护人员外，还在鸟类繁殖季节建立巡护队伍，对保护区进行巡护管理。

沙化对鄂尔多斯自然保护区湿地生态系统的功能和结构产生巨大的破坏作用。近年来，管理局在保护区及其周边地区开展了广泛的防沙治沙工作，栽植红柳、旱柳、沙柳、杂交杨和柠条，遏制了保护区的进一步沙化、恶化，取得了良好的效果。

遗鸥（孟宪毅摄）

◎ 科研协作

鄂尔多斯自然保护区科学研究内容包括湿地生物多样性编目和数据库建立、湿地生物多样性指数研究、湿地生物多样性经济价值评价、湿地生物多样性资源的生态旅游价值评价四个方面的内容。

自从在桃—阿海子发现遗鸥繁殖群以来，原伊克昭盟野生动物主管部门即开展了遗鸥保护方面的科研工作，选派了科技人员积极配合中国科学院动物研究所的专家、学者开展遗鸥及其生境的研究，取得了不少成果，发表了论文数篇。通过开展科学研究，保护区管理局从中获取了有关遗鸥的习性、生物学方面等多方面的知识，为制定合理的保护管理对策奠定了基础。

桃—阿海子的湿地鸟类大致归为繁殖鸟、夏候鸟和旅鸟。

桃—阿海子湖区的繁殖鸟呈现三种状况：第一种是居留在那里的几乎所有个体均参与繁殖，主要为鸥科鸟类，种类有遗鸥、鸥嘴噪鸥、棕头鸥；第二种是自4月下旬到5月上旬起，其数量就基本保持稳定，但群体中只是部分个体参与繁殖，如黑颈䴙䴘、赤麻鸭、反嘴鹬；第三种是其大量个体在湖区逗留一段时间后继续北迁，仅极少个体逗留并繁殖于此，如小䴙䴘、斑嘴鸭、赤膀鸭等。

在桃—阿海子湿地鸟类的年居留时间平均在270天左右。大天鹅是最早回归的种类，最晚一批离去的种类有小䴙䴘、大天鹅、赤麻鸭、红嘴鸥等，可滞留至11月中下旬。繁殖季节，桃—阿海子的湿地鸟类总维持量至少保持在10000只的水平。

通过几年的野外观察结果表明，桃—阿海子的遗鸥繁殖群构成了该地繁殖鸟的主体。遗鸥在繁殖季节仅营巢于桃—阿海子中的湖心岛屿上。通过观测，从没有发现遗鸥在湖岸、草地及沙地等生境下做巢繁殖。对繁殖生境的苛刻选择是造成此物种濒危的一个重要原因，有限的湖心岛屿的数量和面积影响着遗鸥群体的繁殖，而桃—阿海子湖水水位变化较大，常随年季降水量、蒸发量的多少而出现很大的波动。因此，在丰水年过后，由于湖心岛屿减少，随着遗鸥繁殖数量的增加，这种矛盾显得尤为突出。如1998年，遗鸥在桃—阿海子湖心岛的繁殖巢数达到了3594巢，而湖心岛的面积较小，出现了遗鸥之间为争夺繁殖地盘而相互争斗和撕咬现象。1998年秋季由于保护区内普降暴雨，使湖心岛遭受灭顶之灾。次年，遗鸥的繁殖出现异常，繁殖极不成功。为了给遗鸥创造一个宽松、安全的繁殖环境，探索扩大遗鸥繁殖地的可能方案，1999年冬在原有湖心岛的旁边，被淹岛屿的基础上，模拟原有的生境状况，在原有湖心岛的东北边，进行人工筑岛实验。人工岛屿面积2700m², 高出水面0.5m, 2000年4月20日，有遗鸥在此岛上筑巢。5月1日上岛清点，共有遗鸥巢534巢。在人工岛上繁殖的遗鸥表现正常，与在天然岛屿上繁殖的遗鸥群无任何区别，孵化率达100%。通过观测认为，在不破坏周围环境的前提下，小规模地建立人工岛屿，建设与原湖心岛相同的繁殖生境，是能够招引遗鸥坐巢繁殖，增加繁殖空间的。

（群力、闫峰供稿）

西鄂尔多斯
国家级自然保护区

内蒙古西鄂尔多斯国家级自然保护区位于内蒙古自治区西部，地跨乌海市和鄂尔多斯市的鄂托克旗两个行政区，保护区东部为鄂尔多斯高原的西部边缘，南部、西部为桌子山山地、黄河，桌子山西麓及黄河为保护区西界，北部以包兰铁路和鄂托克旗与杭锦旗的旗县界为界，与乌兰布和沙漠东北边缘隔河相望。地理坐标为东经106°42′～107°44′，北纬39°13′～40°11′。保护区南北长约105km，东西宽约86km，总面积55.68万hm²，属荒漠生态系统类型自然保护区，是一个以保护古老、孑遗、濒危、珍稀植物及草原向荒漠过渡的植被带和多样的生态系统为主要对象的综合性自然保护区。1997年经国务院批准建立国家级自然保护区。

◎ 自然概况

西鄂尔多斯自然保护区地处黄河大湾以南、鄂尔多斯高原西缘的中生代大型内陆凹陷盆地，深处欧亚大陆内部，地貌类型极其复杂多样，从太古代到现代地质年代的地层均有明显分布，古生物化石也十分丰富。这里远在太古代就有陆相出现，其地质本身就是一部完整的天然史书。

西鄂尔多斯自然保护区内的水源主要由地表水和地下水两部分组成。黄河是保护区的最大地表水源，从保护区西部穿过。保护区西部还有几条季节性山洪沟，仅在夏季、秋季降水时有水，并形成径流注入黄河，平时为干河床。保护区地下水分布不均，在桌子山、千里山的山前冲积－洪积阶地分布有较丰富的地下水，保护区东部为大面积的干草原，这一地区植物生长所需的水分来源主要靠降水。

西鄂尔多斯自然保护区属典型的暖温带大陆性气候，具有高原寒暑剧变特点，昼夜温差大，气候干燥，日照时间长，太阳辐射强，风沙大，热能及风能资源丰富。另外，由于保护区地貌类型复杂，地势变化较大，受地形影响，东西部的气候特点有所不同，这里所指的气候数值特征均为该地区平均值。

西鄂尔多斯自然保护区地带性土壤为漠钙土，是荒漠区东部温暖而干旱气候条件下形成的一种荒漠土壤，其形成过程的生物作用非常微弱，而薄层的风化壳受干热气候的影响，成为荒漠土壤形成过程的主导因素。地表多沙质化、砾石化和龟裂结皮。土壤呈强碱性反应，pH值在9.0～10.0

保护区最高峰桌子山（海拔2419m）

四合木

四合木群落之一

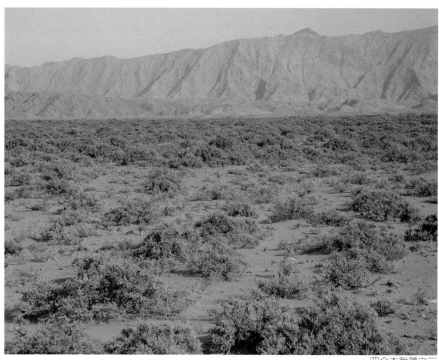

四合木群落之二

之间，土质贫瘠，肥力低下。由于保护区地貌类型多样，使土壤类型也变得复杂多样，主要分布有灰漠土、棕钙土、栗钙土、风沙土、草甸土等土类。

西鄂尔多斯自然保护区现已查明的植物有 335 种，分属于 65 科 188 属。其中有国家级重点保护植物四合木、半日花、绵刺、沙冬青、革苞菊、胡杨、蒙古扁桃等 7 种（前 5 种被列入中国生物多样性保护行动计划中植物种优先保护名录）。被列入内蒙古自治区珍稀濒危植物的有 20 余种；其中大部分为第三纪孑遗物种。

西鄂尔多斯自然保护区有野生动物 120 余种。其中有青羊、貉、獾等哺乳动物 20 余种，云雀、猫头鹰、鸭、石鸡、鸿雁等鸟类 40 余种，青蛙、壁虎等两栖及爬行动物 10 余种，还有 8 目 3 科 63 种昆虫类。

◎ 保护价值

西鄂尔多斯自然保护区地处草原向荒漠的过渡带，大体可分为山地、丘陵、荒漠、草原、河流、滩地六大景观生态类型。亚洲荒漠特有的 6 个植物属，在保护区就分布有 5 个属。这在干旱荒漠地区是十分罕见的。

西鄂尔多斯自然保护区具有极高的科研和旅游价值，是研究物种起源、发展、演变的极好场所。

◎ 功能区划

西鄂尔多斯自然保护区共划分为 5 个核心区（在乌海市境内有一个核心区面积为 0.44 万 hm²）、5 个缓冲区。其余均为实验区。在鄂托克旗管辖内的保护区核心区，总面积 7.74 万 hm²。缓冲区总面积为 3.66 万 hm²。

◎ 管理状况

针对西鄂尔多斯自然保护区面积大且地形复杂、工作人员少的现状，保护区管理局积极探索适应于保护区现状的管护办法，在加大对职工的素质教育、出台各种规章、加强对保护区巡护管理等一系列的保护措施的同

半日花

时，多次深入有关苏木、乡、镇及广大农牧民家中，与苏木、乡、镇领导和牧民征求意见，共商保护措施，在此基础上该局积极转变思想观念，变以前的被动管护为主动管护，提出了"参与式"管理模式、施行两个转变的新方式，即牧民参与保护区的管护，牧民由原来的被管理者变为管理的主体，保护局由原来的管理者变为服务者，与此同时为了加强对现有珍稀植被的保护力度，严格执行旗委、政府制定的草畜平衡政策，为减少对农牧民收入上的损失，该局主动组织科技人员深入牧户家中帮助他们改良草牧场并号召保护区社区牧民积极采摘珍稀植物种子，保护局包收包销，以此来增加牧民的收入，得到了农牧民的拥护和支持，使保护区内植被逐渐走向恢复阶段。同时从 2001～2005 年与加拿大合作开展为期 5 年的中国—加拿大内蒙古生物多样性保护及社区发展项目也圆满结束。

◎ 科研协作

近年来，西鄂尔多斯自然保护区与内蒙古大学、内蒙古农业大学等多所大学积极合作，对保护区内的植物、生态与环境进行多次科研考察，摸清了保护区的本底，并合作开展了多项科研项目，取得了丰硕成果。

（群力、闫峰供稿）

保护区工作人员在草原区监测

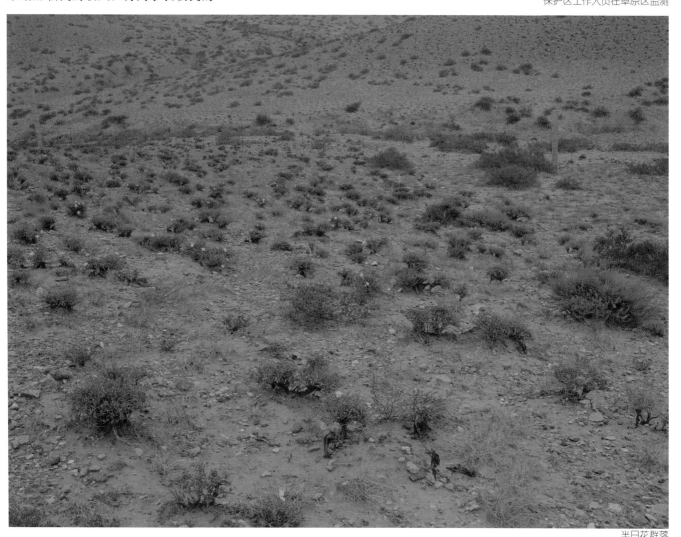

半日花群落

内蒙古 贺兰山
国家级自然保护区

内蒙古贺兰山国家级自然保护区位于内蒙古自治区阿拉善盟阿拉善左旗境内，腾格里沙漠东缘，地理坐标为东经105°40′～105°58′，北纬38°10′～39°08′。保护区总面积88500hm²，活立木总蓄积量2803721.7m³，属森林生态系统类型自然保护区，主要保护对象为青海云杉等珍稀野生动植物资源。保护区于1992年经国务院批准晋升为国家级自然保护区，1993年经阿拉善盟行政公署批准成立内蒙古贺兰山国家级自然保护区管理局。1995年加入中国人与生物圈保护区网络。

南寺雪岭子景区一角（青海云杉林）

◎ 自然概况

贺兰山山体呈东北—西南走向。南北长86km，东西宽8～12km，属阴山山系，是阿拉善荒漠东南的一座孤山。贺兰山隆起于中生代晚期的燕山运动。整个地形呈南缓北陡，多悬崖。山体海拔1500～3550m。最高峰为哈拉乌沟马蹄坡俄博疙瘩，海拔3556.1m，整个山体相对高度2000m。贺兰山地质历史古老，地层发育较为齐全，前寒武纪的太古界和上元古界片麻岩与石英岩均有出露，下古生界寒武系的石灰岩、砂岩、页岩发育良好，分布普遍，上古生界则以石炭与二叠系地层同等发育为特点，中生界三叠系地层广泛分布，侏罗系次之，白垩系和第三系地层都不发育。在山前地

绿染山林（贺兰山森林景观）

带和山间低地广泛分布着第四系冲积洪积物、风积物和山麓堆积物等。

贺兰山自然保护区内40余条大沟都有流量不等的地表径流，是阿拉善左旗地表水资源的主要源头，流域面积超过2000km²，年平均径流量达312万m³，地下水资源1.358亿t，该区水资源是阿拉善左旗沿山苏木镇工农牧业生产和居民生活用水的主要源泉。

贺兰山地处内陆，属典型的大陆性气候，就大范围而言属于温带干旱区。气候特点为：干旱少雨，风大沙多，日照充足，蒸发强烈，冬寒长，春暖慢，秋凉早，无霜期变幅较大。气候有明显的垂直梯度分布规律，随山体垂直高度的不同，气候有明显的差异。海拔每升高100m，降水增加9mm，而温度下降0.62℃，年平均气温7.5℃，≥10℃年积温2993℃，年平均蒸发量2100～2337mm，为降水量的8～10倍，无霜期100～130天，积雪厚度50～100mm。

贺兰山自然保护区土壤类型随着海拔高度不同而呈现差异，从上到下主要分布有高山草甸土、山地淋溶灰褐土、山地灰褐土、山地灰钙土等。

贺兰山自然保护区主要分布有青

海云杉林、油松林，具有西北干旱典型特征的森林生态系统、野生动植物种群。贺兰山明晰的森林植被类型垂直空间变化的序列，显示出典型温带干旱半干旱山地的特殊植被景观。

贺兰山自然保护区的植被类型分为8个植被类型：针叶林、阔叶林、针阔混交林、灌丛、草原、疏林草原、荒漠、草甸。野生维管束植物约有690种，隶属80科324属。

贺兰山自然保护区动物属温带草原—森林草原—半荒漠动物群落，区系分布较复杂，具有华北区与蒙新区的特点，但主要以蒙新区为主。贺兰山保护区分布有脊椎动物177种，其中兽类、两栖爬行类62种，鸟类115种，隶属于19目50科。

贺兰山地理位置及山体走向较为特殊，它犹如一堵巨壁，耸立于内蒙古腾格里沙漠的东缘，宁夏绿洲的西侧，山势雄伟壮丽，气势磅礴，巍峨壮观。在陡峭的山体上布满了翠绿常青的云杉、油松、杜松，在沟谷地带生长着的紫丁香、毛樱桃、单瓣黄刺梅和黄花忍冬的点缀下，展现出绚丽多彩的迷人景象。区内各大沟道，泉溪潺潺，鸟声悦耳，水清如镜，置身

贺兰山岩画

此地，忘却所在，犹如梦游南疆仙境，流连忘返。

贺兰山自然保护区内有两处寺庙，即南寺和北寺。分别坐落于贺兰山南北两端，是阿拉善规模较大的两个寺庙。北寺亦称福音寺，为阿拉善第一大寺，全寺有房舍400余栋，原有喇嘛1000余人。寺周丘岭起伏，山泉回绕，松柏挺生。南寺又名广宗寺，建于清乾隆八年（1743年），共有11个庙殿，主庙大殿能容纳2000个座位，第六世达赖喇嘛仓央嘉错的木乃伊大殿，极家塔尔寺的金瓦大殿，远视金光闪闪，辉煌灿烂，壮丽美观。陡峭的山壁上还刻有许多岩画，古朴传真，清晰可见。在贺兰山南端沿山麓还有长城遗迹，断续存在。登高远眺，大漠风光尽收眼底。

◎ 保护价值

贺兰山自然保护区主要保护对象为云杉等野生动植物。保护区是来自蒙古、华北、青藏高原以及其他植物成分相互渗透的汇集地，不仅使该地植物区系的地理成分变得复杂多样，而且具有显著的过渡特性。

贺兰山自然保护区有野生维管植物约690种，隶属80科324属，其中蕨类植物有9科10属12种；裸子植物有3科5属8种；被子植物68科309属670种；有10个特有种，7个特有变种。就属的分布区类型而言，在我国15个分布区类型、31个变型中，贺兰山就有14个类型、13个变

贺兰山外麓

黄刺梅果实

木贼麻黄

蒙古扁桃

型。在各类型中以各种温带分布类型比例最多，共190属，占该山总属数的73.6%。地中海区分布类型次之，从而决定了贺兰山植物区系的温带性质和兼具地中海区系的色彩。按照我国植物区系的分区，贺兰山位于泛北极植物区，亚洲荒漠植物亚区，中亚东部地区的西南蒙古地区。由于山岳地带的特殊性，致使贺兰山植物区系除了占优势的蒙古成分外，又有华北、青藏等多种成分出现，而且青藏、华北成分居生态环境支配地位，如青海云杉、油松、灰榆、山杨、虎榛子、杜松等，占据了贺兰山森林植物群落的广阔面积和最大优势度。区内有国家及内蒙古自治区珍稀濒危保护植物四合木、沙冬青、蒙古扁桃、野大豆、大叶细裂槭、斑子麻黄、甘草、文冠果、贺兰山丁香、脓包草、沙木蓼、贺兰山棘豆、内蒙古棘豆、油松、贺兰山黄耆、贺兰山女娄菜、贺兰山稀花紫堇、贺兰山南芥、阴山芥、针枝芸香、长叶红沙、内蒙古邪蒿、阿拉善点地梅、互生叶醉鱼草、贺兰山玄参、内蒙古野丁香、蒙新久苓菊、贺兰山女蒿、阿拉善凤毛菊、山丹等。

除上述重点保护植物外，还有许多植物在贺兰山分布极为局限且数量稀少，如不加以保护，大有绝迹的可能。这些植物为：小叶朴（榆科）、松潘叉子圆柏（柏科）、花叶海棠（蔷薇科）、西北沼委陵菜（蔷薇科）、青杨（杨柳科）、文冠果（无患子科）、黄花

杜松—云杉针叶混交林

忍冬（忍冬科）、甘草（豆科）、霸王（蒺藜科）、花花柴（菊科）、凹舌兰（兰科）、荆条（马鞭草科）、油松、毛山楂、稠李（变种）等。在保护区内尚有零散分布且需加强保护的植被区，称为保护点。保护点共有10处，总面积10.24hm²。如峡子沟羽叶丁香保护点、赵池沟大叶细裂槭保护点、赵池沟山麓古酸枣保护点、峡子沟松潘叉子圆柏保护点、峡子沟沙冬青保护点、哈拉乌南北沟水源保护点、哈拉乌北沟古炭迹保护点、镇木关沟火烧迹地更新演替保护点、南寺冰沟口"青海云杉王"保护点、雪岭子杜松林保护点等。

贺兰山自然保护区动物属温带草原—森林草原—半荒漠动物群落，区系分布较复杂，具有华北区蒙新区的特点，但主要以蒙新区为主。贺兰山自然保护区分布有脊椎动物177种，其中兽类、两栖爬行类62种，鸟类115种。保护区内国家重点保护的兽类有8种：马麝、马鹿、岩羊、盘羊、青羊、猞猁、兔狲、石貂等。国家一级保护鸟类：黑鹳、金雕、白尾海雕、胡兀鹫等4种；国家二级保护鸟类：苍鹰、雀鹰、松雀鹰、秃鹫、峰鹰、鸢、兀鹫、鹊鹞、短趾雕、猎隼、游隼、燕隼、红脚隼、红隼、蓝马鸡15种；爬行类资源有2目4科8种：榆林沙蜥、荒漠沙蜥、丽斑麻蜥、密点麻蜥、黄脊游蛇、白条锦蛇、虎斑游蛇、蝮蛇；

贺兰山岩羊（张保红提供）

两栖类资源1目2科3种：花背蟾蜍、黑斑蛙、中国林蛙。

◎ 功能区划

贺兰山自然保护区划分为核心区、缓冲区、试验区和禁牧区。核心区20200hm²，缓冲区10762.5hm²，实验区36747.5hm²，禁牧区20790hm²，旅游区3455hm²。

◎ 管理状况

随着国家西部大开发战略和天然林资源保护工程的实施，贺兰山管理局抓住机遇，加大机构改革和基础设施建设力度。1996～2003年完成保护区基础设施建设一、二期工程。1999年阿拉善左旗旗委、政府、人大决定在贺兰山自然保护区全面实施退牧还林移民搬迁工程，并按照旗政府的统一安排，进行了自然保护区定界立碑工作，一举从根本上解决了贺兰山长期以来存在的林牧矛盾，保护区基础设施建设也初具规模。从此，贺兰山植被彻底杜绝了牲畜的践踏和啃食，林草植被逐年生长旺盛。退牧还林移民搬迁工程给贺兰山森林植被创造了"休养生息"的良好环境，不但促进了森林的生长，而且还使野生植物种群朝着多样性的方向发展，使贺兰山森林植被水源涵养、防风固沙、水土保持功能不断增强，促进了阿拉善生态环境的良性循环。2003年该保护区被列为自治区森林防火特殊管理区域。

多年来，贺兰山自然保护区管理局认真贯彻执行《森林防火条例》、自然保护区法律、法规和方针政策等，使森林资源得到了有效的保护，森林覆盖率达到了40.5%，并取得了连续56年无森林火灾的显著成绩。采取的主要措施有：加强宣传教育；对保护区内的坟墓进行搬迁；定期组织护林员、森林公安干警进行行政执法和防扑火技能培训，提高护林防火队伍的综合素质；形成联防协作、群专结合的防火体系；严格实行火情报告制度和防火戒严制度；全面推行防火警示卡制度。2002年被国家林业局授予"全国森林防火先进集体""全国自然保护区先进集体"，被自治区人民政府授予"全区造林绿化先进集体"，被阿盟林业局授予"护林防火先进单位"、2003年被自治区防火指挥部授予"全区森林草原防扑火先进集体"、2004年被自治区人民政府授予"全区森林草原防扑火先进集体"、2005年度被自治区林业厅授予"野生动植物保护奖"等荣誉称号，被内蒙古自治区林业厅列为自治区示范自然保护区。

贺兰山自然保护区积极开展生态建设和科学研究活动。按照"保护优先，合理开发，永续利用"的原则，1995年和1998年先后开发建设了贺兰山北寺和南寺旅游区（现为内蒙古贺兰山国家森林公园）。贺兰山森林生态旅游业的发展，是实施林业产业多元化发展的一条致富之路。贺兰山森林生态旅游不仅是信息交流、引进资金、引进人才、扩大林业与外界社会交往的途径，同时促进了农牧副业、餐饮食品业、商品服务业、轻工业、工艺美术服务等行业的发展。改善了当地的投资环境，也促进了城乡富余人员再就业，成为当地新的经济增长点。2003年被阿拉善盟行政公署评为"全盟旅游工作先进单位"。

◎ 科研协作

近年来，从贺兰山自然保护区的实际出发，开展了一些基础性的科研工作，并取得了一定成果，如"贺兰山西坡森林类型及其涵养水源功能的综合评价"等多项研究，为了进一步保护好贺兰山提供了科学依据和支撑。

（群力、闫峰供稿）

秋草植被（森林与草甸）

内蒙古 额济纳胡杨林
国家级自然保护区

内蒙古额济纳胡杨林国家级自然保护区位于阿拉善盟额济纳旗的中心位置——额济纳绿洲，西邻额济纳旗政府驻地达来呼布镇，北接居延海，行政区域包括达来呼布旗和苏泊淖尔苏木的一部分。地理坐标为东经101°03′~101°17′，北纬41°30′~42°07′。保护区总面积26253hm²，是一个以保护胡杨林为主的温带干旱绿洲生态系统自然保护区，属于野生植物类型自然保护区。2003年1月经国务院批准建立国家级自然保护区。

胡杨秋色

◎ 自然概况

额济纳自然保护区地质上属于天山、阴山地槽。是介于阿拉善活化台块与北山断块带之间的呈北—北东走向的断裂凹陷盆地。额济纳地处阿拉善活化台块和北山块断带之间的额济纳河断裂带上，总地势是由西南向东北逐渐倾斜，呈四周高、中间低的地势，海拔高度平均为900~1600m。在漫长的地质年代里，由于受地质构造和内外营力的控制，特别是外营力长期的风水侵蚀作用和堆积作用，形成了额济纳复杂的地貌结构：东部是巴丹吉林沙漠的西北部，沙漠边缘分布着古日乃湖和拐子湖两大湖盆洼地；

南部狼心山最高海拔1646m；西部马鬃山主峰海拔高度2580m，属于中高山区；绿洲北部是黑河最后积水地——西居延海（嘎顺淖尔，1961年干枯）和东居延海（苏泊淖尔，1992年干枯）；中部是发源于祁连山黑河水系末端的冲击的扇形三角绿洲。额济纳自然保护区就位于这个绿洲的核心地带，按其地貌形态和物质组成，主要为洪积平原及部分风力沉积的半固定、固定沙丘和戈壁。

额济纳旗地处亚洲大陆腹地，远离海洋，西南、西、北三面不同距离内都有山脉环绕。由于受高山、高原阻隔，加之距离大海遥远，太平洋、印度洋暖湿气流很难到达该地区，形成了这

里的极强大陆性气候下的干旱沙漠戈壁。保护区就处在这个浩瀚的戈壁沙漠绿洲上，冬半年受蒙古高压气流控制，夏半年受西风带影响，为大陆性气候，具有气候干燥、降水量少、冬季寒冷、夏季炎热、温差大，光照充足、多风沙的气候特点。年平均气温8.3℃，1月平均气温-12.5℃，7月平均气温26.3℃，极端最高气温42.2℃，极端最低气温-37.6℃，无霜期145天，年降水量37.9~49.3mm，蒸发量3746~4213mm，平均蒸发量是降水量的88~109倍。这里光热资源十分丰富，年日照时数3396h，≥10℃年积温3694℃，干燥度11.0~13.7，太阳辐射总量最大达666.6kJ／cm²，最少为645.6kJ／cm²。另外，这里风多且大，易起沙暴。每年秋末至夏初，受蒙古高压气团的影响，盛行西北风，年均风速4.4m／s，春季平均风速4.8m／s，8级以上的大风日数52天，多风月平均扬沙日数为21天，且冬春大风常伴寒流的出现。

额济纳自然保护区内的土壤可分为11个土类，24个亚类。可分为林灌草甸土和盐化草甸土两大类。其中以林

金色胡杨

冬日雪松

胡杨秋日

金秋胡杨

更新复壮

现鄂木讷河的年径流量仅为 3 亿 m³ 左右。

额济纳自然保护区的地下水在全国水文地质区分上属于内陆气候的沙漠与干旱水文地质，准格尔与塔里木盆地及阿拉善沙漠、石漠水文地质亚区的一部分。由于地形闭塞、气候极其干旱、降水稀少，保护区的地下水的主要补给来源为河水径流和地下径流，保护区地下水位较高，距地表 2～5m，但表层地下水水质差，不适于人畜饮用。

额济纳自然保护区的植物区系属于泛北极植物区域亚洲荒漠植物区、阿拉善荒漠植物省、西阿拉善州亚区。本植物区系具有以下几个特征：起源古老，且绝大部分为旱生或强旱生植物；组成成分以被子植物为主；区系

灌草甸土为主，这是一种非地带性土壤，且与固定、半固定风沙土、潮土等相间分布。

由于额济纳自然保护区降水稀少，境内遍布戈壁沙漠，不产生地表径流，只有发源于祁连山北麓的季节性河（黑河）水注入旗内，是全旗林、耕、牧的生命线。黑河进入额济纳旗后称额济纳河，额济纳河至狼心山分为东（河）西（河）两系，东河又称为鄂木讷河，额济纳自然保护区位于鄂木讷河下游的东岸。鄂木讷河的年平均径流量为 8 亿～9 亿 m³。但近年来由于黑河中上游大量截留，致使河水下泄量锐减，

的地理成分相对丰富；区内单种科属较多，特有种较多；植物区系的生活型十分独特（灌木和半灌木植物是最基本的生活型类群）。保护区处于本植物区系的特殊位置，即荒漠绿洲中，除具备本植物区系的大部分特征外，还具有荒漠绿洲植被类型的特殊特征。保护区的植被以胡杨林为主，同时其他野生动植物资源也极其丰富，可以说这里是荒漠生物多样性的聚集地。

据不完全统计，额济纳自然保护区内共有维管束植物 71 种，分属 20 个科 54 个属。有陆生野生动物（不包括昆虫）118 种，分属 5 个纲 21 目 43 科。

这些野生植物中，有国家一级保护种裸果木 1 种，有国家二级保护种野大豆、沙冬青、甘草、肉苁蓉、梭梭等。

◎ 保护价值

额济纳的胡杨林是世界上的三大胡杨林区之一，是额济纳绿洲的主体，保护区有 0.8 万 hm² 的胡杨林，形成了十分壮观的绿洲景观。在保护区周边还有居延海、巴丹吉林沙漠和神树等独特的自然景观，同时还有许多历史遗迹和人文景观。

在额济纳旗的荒漠、半荒漠河岸森林中主要是以胡杨为建群种的森林群落。胡杨林是保护区内面积最大的森林群落，也是该保护区的主要保护对象。保护区内主要的植被类型都是以胡杨和

柽柳为主形成的森林林分，其中胡杨为主的植被面积为 8165hm²，约占额济纳绿洲森林的 26.7%。

胡杨是一个古老的树种，据胡杨叶化石推断，胡杨距今约有 300 万～600 万年的历史。由于人为的破坏，现存于世的胡杨已经不多，且大部分分布在我国。额济纳绿洲的胡杨林，是我国典型荒漠地区天然分布的胡杨林的主要林分之一，也是内蒙古地区西部荒漠区唯一的乔木林，其分布面积和活立木蓄积在我国仅次于新疆地区，居我国第二位，世界第三位，是珍贵的物种资源和遗传种质资源，具有很

弱水河畔

金秋胡杨

高保护价值。

在额济纳自然保护区中有大量国家重点保护的野生动物。其中国家一级保护野生动物6种：蒙古野驴、野马、野骆驼、胡兀鹫、雪豹、波斑鸨；国家二级保护野生动物33种：漠猫、猞猁、鹅喉羚、白琵鹭、疣鼻天鹅、白额鸭、苍鹰等。

额济纳地区历史悠久，人杰地灵。早在新石器时期，人类就在这里生息繁衍，创造了绚丽多彩的远古文明。主要古人类文化遗址有1988年国务院公布的第三批全国重点文物保护单位汉代"居延遗址"和内蒙古自治区重点文物保护单位"黑城遗址"。

额济纳自然保护区处于沙漠与戈壁之间，右上为茫茫戈壁，左下为巴丹吉林沙漠，属典型的绿洲生态系统，生态与环境十分脆弱。

额济纳绿洲是全旗1.6万人的生态屏障，胡杨林是额济纳绿洲的主体，它的兴衰关系着绿洲的存亡。兴则绿洲得以保存，衰则绿洲不复存在。绿洲消失，不仅当地居民无法生存，而且国防建设也会受到影响。保护区位

于阿拉善盟西北部，巴丹吉林沙漠的西北缘，是全国荒漠化最严重地区之一，也是我国沙尘暴的主要策源地之一，保护区的建设和发展可有效地保护绿洲生态系统的稳定性，减缓绿洲土地的荒漠化和沙漠化。保护区也是策源于中蒙边境的沙尘暴入侵北京地区的途经地之一，因而其建设和发展还能有效地缓解沙尘暴，减轻沙尘暴的强度，减少进入华北地区的沙尘，从而改善黄河中下游、华北地区和东北地区的生态与环境，并对全国的生态与环境建设产生重要的影响。

额济纳绿洲是阿拉善茫茫戈壁上的绿色明珠，是珍贵的景观资源。在茫茫戈壁上，绿洲是生命的依托。额济纳旗90%以上是戈壁、沙漠和低山丘陵等裸露的地面，绿洲只占5.6%，可谓万里戈壁一点绿。

额济纳自然保护区地处历史悠久、文化灿烂的居延海地区，这里与古丝绸之路上的罗布泊、楼兰古国齐名，在史书上居延古城比楼兰古国留下更多的记载。这里不但具有丰富的自然景观，而且还有独特的人文景观和历

史遗迹。其中非常著名的有甲渠遗址、黑城遗址、绿城遗址、大同城遗址、居延城、五座塔和红城子等。这些文化历史遗迹具有重要的科学价值和旅游价值，而且在国外都享有盛誉。17世纪中叶，闻名中外的蒙古土尔扈特部从伏尔加河畔回归祖国，最后就是在此定居。这片绿洲是蒙古族同胞耕牧生息之地，是他们生命的摇篮。

◎ 功能区划

额济纳自然保护区核心区北起永红，南至巴彦陶来农场五队，西起纳林河支流，东至呼荣博日格，面积为8774hm²，占保护区总面积的33.4%。核心区是胡杨林生态系统保存最好的地段，目前保持着原生性生态系统的基本面貌，是额济纳绿洲自然景观的精华所在，区内没有居民点，受人为干扰少。

缓冲区位于核心区周围，面积为10018hm²，占保护区总面积的38.2%。这里人类活动少，胡杨林生态系统的原生态保存较好，对于开展非破坏性的科研和教学活动较为理想。

实验区北起乌素荣贵，南至昂次河分水闸，西起达来呼布镇，东至巴彦陶来，面积为7461hm²，占保护区总面积的28.4%。该区大部分为次生胡杨林。

额济纳自然保护区成立以来，在基础设施方面做了一些工作，取得了一定的成绩，截至目前，保护区已进行了部分区域的块状围封，区域内退化的老龄胡杨林得到休养生息，有了一定的复壮更新效果。经多方努力，将驻旗武警森林部队从200km外的梭梭林区迁到胡杨林区，加强了保护区的护林防火工作。同时积极与中国科学院高寒干旱区研究所、内蒙古农业大学等科研院所协作，开展科学试验研究，提高保护区科学管理水平。在生态旅游方面，保护区突出本地的金秋胡杨、大漠戈壁、航空航天等特色，在不妨碍保护区建设以及自然资源与环境的保护的前提下，适度进行了景点开发和旅游服务设施建设。

◎ **管理状况**

额济纳自然保护区以处理好保护区与周边牧民的关系为管理内容，让牧民参与保护区管理，走保护区和区内苏木、嘎查共同发展之路。合理利用自然资源，安排好区内牧民的生产、生活，依靠群众，取得群众支持，照顾群众的切身利益。在保护的前提下，尽可能满足他们的实际需要和正当要求，帮助区内牧民早日脱贫致富。向保护区社区居民示范和传授有益于资源保护的生产项目，控制和减少不利于资源保护的产业，走社区共管的保护道路。

（群力、闫峰供稿）

金秋胡杨

秋之韵

弱水河畔

古日格斯台
国家级自然保护区

　　内蒙古古日格斯台国家级自然保护区地处大兴安岭南部山地余脉的北麓，位于内蒙古自治区锡林郭勒盟西乌珠穆沁旗境内，距西乌旗政府所在地巴拉嘎尔高勒镇东南约55km。保护区东北部与西乌旗巴音花镇相邻；西部以西乌旗浩勒图高勒镇相邻；南与赤峰市内蒙古赛罕乌拉国家级自然保护区、内蒙古乌兰坝—石棚沟自治区级自然保护区相连。地理坐标为东经118°03′45″~118°48′36″，北纬44°18′21″~44°34′52″。保护区总面积98931hm²，森林覆盖率为60.7%。保护区是以保护区境内的"古日格斯台山"蒙语命名，汉译为"有狍子的山"的意思，该山海拔为1957m，是锡林郭勒盟最高的山。保护区成立于1998年，2008年5月，被评为盟级环境教育基地，2012年1月经国务院批准晋升为国家级自然保护区，成为锡林郭勒盟境内第一个森林生态系统类国家级自然保护区。

◎ 自然概况

　　古日格斯台自然保护区所在地区位于古中朝板块的北缘。中泥盆世到早二叠世时期中朝板块与西伯利亚板块拼接，天山—兴安碰撞带形成，大兴安岭山地开始形成，到第三纪时该山地已被强烈剥蚀，新构造运动使大兴安岭山地又有所抬升，山地南段也出现偏转。中石炭统本巴图组、上石炭统阿木山组岩层在保护区相伴出现，并夹有中性火山岩。华力西晚期的黑云母似斑状花岗岩、黑云母花岗岩多呈岩基产出。燕山期侵入岩以花岗岩为主，岩石多呈肉红色，常具钠长石化、云英岩化，呈岩株状产出。古日格斯台自然保护区地貌主要以低山为主的山地。山体东南高，西北低，平均海拔1000~1500m，相对高差为100~300m，坡度在10°~20°之间。气候属温带半干旱大陆性季风气候区。春季干旱，多大风，蒸发量大；夏季雨热同季，降水集中；秋季短促，气温下降快，秋霜降临早；冬季漫长而寒冷的特点。自然保护区土壤类型为中山向蒙古高原过渡的低山丘陵区，主要分布着黑钙土；在洼地、河流两侧的河滩地及丘间低地上分布有草甸土、沼泽土和粗骨土。保护区水资源丰富，发源于该保护区内有4条河流，均为内陆河，属乌拉盖水系。河流流量大、水质好，多为重碳酸型，流向由南向北，河流总长度998km，总流域面积14904km²，年平均总流量0.8168亿m³。

　　古日格斯台自然保护区内生物类

型多样，动植物物种丰富，被称为"植物的王国，动物的乐园"。有森林、沙地—伏沙地复合群落、灌丛、草原、草甸、湿地6大植被类型，包括了10个植被亚型、47个群系组、80个群系。区内有苔藓植物22科75种，大型真菌植物16科52种，其中可食用真菌有蒙古口蘑、野蘑菇、金针蘑、木耳、毛木耳等30余种，药用真菌有大马勃、小马勃、紫马勃、灵芝等10余种；维管植物94科330属654种6变种，有

甘草、秦艽、达乌里龙胆、防风、黄芩、远志国家重点保护野生药用植物6种；有野大豆、草苁蓉、沙芦草、内蒙古大麦草等国家二级保护植物4种；有山丹、芍药、龙胆、沙参等内蒙古自治区重点保护植物20种；有猪毛菜、蕨菜、黄花菜、山葱、龙须菜、野韭菜等野菜100余种。自然保护区内有脊椎动物66科223种，其中有国家一级保护动物黑鹳、大鸨、金雕、丹顶鹤4种，有国家二级重点保护动物黑

琴鸡、鸿雁、大天鹅、灰鹤、大雁、燕隼、青羊、马鹿、雪兔、狼、草原雕、猞猁等29种，有《国家重点保护脊椎动物名录》中记载的33种，被列为《中国濒危动物红皮书》的有21种，被列为《世界受胁鸟类》的有5种。自然保护区有昆虫218种，隶属12目91科，优势类群为鳞翅目、鞘翅目、双翅目、半翅目。

古日格斯台自然保护区内山势起伏、河网密布、森林茂密、物种丰富、环境优美，景观独特，有森林、草原、草甸、湿地等多样的生态系统，是大兴安岭南部山地北麓目前保存下来最具代表性的沿山地垂直带由森林向草原过渡的重要地区，是森林、草原野生动物的栖息地，也是乌珠穆沁草原重要的水源涵养地。古日格斯台自然生态环境独特，古朴原始的风韵犹存，地域空间博大，辐射范围广阔。区内森林莽莽，季相景观奇异，地质古老，地形复杂，地貌奇特，水体灵秀，环境优美、天象瑰丽，珍禽异兽众多，特有种丰富，历史文化积淀深厚，造就了美丽绝伦的风景旅游资源，具有极高的观赏审美价值和古、旷、奇、

艳的特色。春花烂漫、夏树葱茏，秋叶灿烂，冬林映雪，季相万千，无时不美。

◎ 保护价值

古日格斯台自然保护区是我国大兴安岭南部山地北麓保存较为完整的山地森林、草原、湿地生态系统，保护区境内生物类型多样，物种丰富，是内蒙古自治区重要的物种资源库。保护区内的天然华北落叶松与兴安落叶松林镶嵌分布，为原始状态，林龄多在200年左右，是大兴安岭最南端伸入到草原中的保存最好和面积最

原始落叶松（张圣军摄）

大的一片华北落叶松林，是目前发现的最北界。在海拔1650m以上，还分布有白杆残存林，多以片状或田块状分布。白杆林发育良好，群落结构复杂，明显成层，种类多样，尤其灌木及蕨类植物种类较多，北温带成分七瓣莲也出现于这一群系中。保护区是基本没有受到人类干扰的自然生态系统，区内无任何生产点，其完整的植被处于较原始状态。区内有许多枯立木、病腐木以及横卧林地上的腐朽程

度和粗细不同的倒木，由于保护区内从未进行过任何形式的生产经营活动，仍保持着自生自灭的自然状态，尤其有大面积的原始林，这在内蒙古草原区是罕见的。在原始林中，这些枯立木和倒木是森林生态系统中重要的不可缺少的组成部分。粉枝柳乔木湿地和白杆＋华北落叶松林是保护区特有的植被类型。因此，该保护区是我国大兴安岭南部山地最有代表性的自然生态系统。自然保护区良好的森林与草原过渡带植被，是我国东部典型、重要的水源涵养林区，像天然的绿色水库，孕育了丰富的水资源，是补充

粉枝柳（张圣军摄）

柳兰（张圣军摄）

乌珠穆沁盆地地下水的主要来源，是补充乌拉盖湿地重要水源。大面积的灌丛、草原、湿地，再加上夏季日照时间长，这得天独厚的自然条件为黑鹳和大鸨及众多的鸟类提供了理想的繁殖条件。每到繁殖期，黑鹳、大鸨及其他珍稀濒危鸟类来这里繁衍生息。目前，保护黑鹳、大鸨等珍稀濒危鸟类的繁殖地已成为该保护区的重要工作之一。由于保护区特殊的地理位置和多样的自然资源，为野生马鹿提供

了良好的隐蔽和觅食的场所，保护好该区的马鹿，并使种群不断扩大，对于改变我国大兴安岭野生马鹿种群分布间断的现状具有十分重要的意义，保护区是野生马鹿重要的栖息地和集中分布区。根据科学考察，保护区内有马鹿几千只，夏季，马鹿零散个体随处可见，进入繁殖期，常见1只雄鹿与5～8只雌鹿在一起活动，冬季常见到8～20只不等的马鹿群体，而且幼体与成体比例合理，这说明，保护区的马鹿种群稳定。保护区的马鹿种群保持了原始性，且能够稳定繁殖，这在中国马鹿分布区是少见的，是国

蒙古栎（阿拉塔摄）

成群结队的野猪（张圣军摄）

家二级保护动物马鹿的基因库。

◎ 功能区划

古日格斯台自然保护区划分为3个功能区，即核心区、缓冲区、实验区。主要采用自然区划方法进行功能区划。保护区的核心区总面积43919.0hm²，核心区的东南部与内蒙古赛汗乌拉国家级自然保护区的核心区和内蒙古乌兰坝—石棚沟自治区级自然保护区的核心区相接。核心区的区划本着核心

区是森林、草原、湿地生态系统和生物多样性的精华所在，以确保森林、草原、湿地生态系统通过自我调节，维持系统的平衡和稳定及自然演化过程，满足其野生动物种种群栖息繁衍和正常活动所需空间，将最有保护价值，最典型、野生动物集中分布、基本没有不良因素干扰和影响的地段全部区划为核心区。

缓冲区总面积 15883.0hm²，缓冲区是为了核心区得到全面的保护而在其外围所划定的区域，它是核心区的缓冲带，对核心区起保护和缓冲作用，避免核心区受到人为活动的直接干扰，

凤头麦鸡（张圣军摄）

大天鹅（张圣军摄）

为科学研究、观测等活动提供了场所。

缓冲区以外的区域均为实验区，面积为 39129.0hm²。该区在国家法律、法规允许的范围内开展科学实验、教学实习、参观考察等活动，有计划地开展生态旅游、绿色食品开发、野生动植物繁殖驯养及其他资源的合理利用等活动，发挥自然保护区自养能力和生产示范作用。实验区内，许多地方风景秀丽多姿，奇松、怪石、山光、水色吸引了无数的中外游人来此观光

旅游，因此，自然保护区可以通过合理规划，有计划地开展生态旅游。

◎ 科研协作

2001 年自治区级自然保护区成立后，先后聘请了内蒙古大学、内蒙古师范大学等单位的有关专家、学者及专业技术人员作技术指导，对保护区的野生生物资源进行了全面考察及普查工作，完成了相应的专项调查报告；2010 年，保护区管理处联合内蒙古高校成立了内蒙古大学生命科学学院野外实验基地、内蒙古农业大学林学院科教实验基地和内蒙古电子信息职业

狍子（张圣军摄）

蓑羽鹤（张圣军摄）

技术学院古日格斯台自然保护区实训科研基地，根据需要，在缓冲区、实验区内布置了针叶林监测样地、夏绿阔叶林监测样地、粉枝柳乔木湿地监测样地、沙地榆树疏林监测样地、柳灌丛湿地监测样地、金莲花沼泽湿地监测样地、中生灌丛监测样地、草甸草原监测样地等 8 处，并对样地内树种进行编号登记造册，定期记录样地林木消长变化情况；2011 年，古日格斯台自然保护区被遴选入编《中国环

大鸨（张圣军摄）

打斗的黑琴鸡（张圣军摄）

东方白鹳（张圣军摄）

境年鉴》；2012 年，古日格斯台自然保护区同内蒙古电子信息职业技术学院签订"物联网技术在自然保护区境内生态环境动态监测中的应用"协议，对自然保护区内的生态环境进行实时动态监测，并对监测数据进行科学研究。

（曹玉龙供稿）

内蒙古 青山
国家级自然保护区

野大豆

内蒙古青山自然保护区位于兴安盟科尔沁右翼前旗南部青山林场境内，大兴安岭中段东坡，嫩江二级支流归流河的下游。自然保护区南接突泉县，西邻阿里德尔镇，东北沿线与俄体镇、古迹乡、哈拉黑镇毗连。地理坐标为东经121°12.06′～121°33.5′，北纬45°53.7′～46°9′。保护区南北长29.6km，东西宽28km，总面积26989hm²，属森林生态系统类型自然保护区，主要保护对象为森林草原交错带的生态系统及其生物多样性，重点保护的植被类型有大面积的蒙古栎林、分布集中的紫椴林和典型的草甸草原和草甸等。国家重点保护植物有紫椴，野大豆，线叶玉凤花和凹舌兰2种兰科植物等。国家重点保护动物有大鸨、黑鹳、丹顶鹤等40种。

◎ 自然概况

青山自然保护区的地质构造属于新华夏系第三隆起带的大兴安岭隆起带中段。地层发育以新生界、中生界特征为主，新生界第四系地层中的并层、冲击、洪积、风积、冰积区分布在巴拉格歹河的源头及河道沿线。中生界侏罗系上统宝石组中酸性火山岩、点砂岩、砾砂岩出露面积最大，也有霍林河组砂砾岩、泥岩、煤层，但面积很小。侵入岩发生于侏罗纪末之前，有闪光岩、花岗岩等。

青山自然保护区属低山地貌，西部是大兴安岭的主脉，东部与低平的松嫩平原相接，地势由西向东呈阶梯式下降的地貌特征。保护区地形主体是兴安岭中段东坡第一台阶上的山地群，海拔多在800～1000m，最高山峰达1200m。沟谷多而狭窄，纵横密布。

在中国气候区划中，内蒙古青山

144

自然保护区属于温暖半干旱区，气候类型属于温带大陆性季风气候。气候特点是由东南向西北随海拔的升高，呈现出明显的立体气候特征。光照丰富，热量随海拔的提升递减。汛雨集中，降水量年际变化率大，年降水量380～420mm，多雨年雨量是少雨年雨量的2倍。全年盛行西北风，蒸发量是降水量的3～5倍，最高达2000mm。

春季：冷暖空气交替频繁，气旋活动增多。气温回升，多寒潮大风天气，降水不多，第一场透雨偏晚，春风使蒸发加剧，十年九春旱。终霜结束较迟。

夏季：降水集中，雨季峰期形态多样，时有伏旱发生。盛夏短促温热，高温天气日数不多，暴雨和冰雹经常给农业生产造成危害。水热同季，是作物生长的旺季。

秋季：冷空气势力加强，频频南下，降水量虽明显减少，但常伴雷暴、冰雹。降水变率较大，易出现秋吊或秋涝灾害，气温急剧下降，低温冷害及霜冻危害较重。

冬季：受蒙古冷高压控制，冷气团的长期滞留致使本地冬季漫长寒冷。北部多寒潮风雪，大寒期达3月余，积霜覆盖整个隆冬岁月，致使白灾时有发生。

气象要素：年日照时数2900h；太阳年辐射总量559.8kJ／cm²；年平均气温4.2℃，极端最高气温39.9℃，极端最低气温−33.9℃；≥10℃积温2772.2℃，无霜期127天，终霜最早5月5日，最晚5月31日，初霜最早9月7日，最晚10月3日；年均降水量为409.8mm，其中，夏季降水305mm，占全年降水量的75%；最大风速为28m/s，多集中在春季的4～5月份。

青山自然保护区是嫩江三级支流、归流河一级支流巴拉格歹河的发源地，流经古迹水库后注入归流河，流域面积为217.0km²，径流量为0.24亿m³，径流深111.1mm。保护区内泉水出露较多，虽涌水量较小，但涌水稳定常年不断，很多泉水汇流成溪，有的潜入地下成为伏流，水位埋藏深度2～4m。地表水、地下水水质符合饮用和农业用水标准，化学类型主要为HCO_3-Ca型水，各种离子含量不大，矿化度均为350.0mg/L，为低矿化度淡水，pH值6.6～8.3。

青山自然保护区的土壤可以分为5类，即：暗棕壤、黑钙土、灰色森林土、草甸土、棕色针叶林土。其土壤类型随地势的变化有所不同。海拔550～1000m的土壤为暗棕壤，700～1000m

黑桦林

樟子松林

土庄绣线菊灌丛

山蒿灌丛

蒙古栎林

尖嘴薹草草甸

为灰色森林土，海拔在 400～600m 的河流两岸地势平坦的开阔地带，广泛分布着黑钙土和草甸土，部分坡地分布着少量棕色针叶林土。

青山自然保护区内生物物种资源丰富。区内共有高等植物 625 种 3 变种 1 变型，隶属于 113 科 366 属。其中，苔类植物 11 科 13 属 13 种；藓类植物 21 科 49 属 65 种；蕨类植物 8 科 9 属 16 种 1 变种；裸子植物栽培 1 科，2 属，2 种；被子植物 72 科，293 属，529 种 2 变种 1 变型。自然保护内还发现有大型真菌 23 科 97 种，其中白蘑科最多，共计 24 种，占全部种的 25.5%；其次是多孔菌科，计 14 种，占全部种的 14.9%；蘑菇科 11 种，占全部种的 11.7%；鬼伞科 7 种，占全部种的 7.4%；马勃科、蜡伞科、光柄菇科各 4 种，分别占全部种的 4.3%。

青山自然保护区内分布有脊椎动物 5 纲 75 科 237 种，鸟类最多，有 52 科 178 种；哺乳类有 13 科 33 种；鱼类有 5 科 15 种；爬行类有 3 科 6 种；两栖类有 2 科 5 种。其中列入《国家重点保护野生动物名录》的有 40 种，国家一级重点保护野生动物 5 种，有

大鸨、丹顶鹤、黑鹳、金雕和白肩雕；二级保护野生动物 35 种，如雀鹰、松雀鹰、苍鹰、普通鵟、毛脚鵟等。有《濒危野生动植物种国际贸易公约》（CITES）保护动物 39 种，其中列入附录 I 的有 4 种，列入附录 II 的有 35 种。

青山自然保护区生态系统的组成成分与结构复杂，类型丰富。据统计自然保护区内分布有 5 个植被型组，6 个植被型，26 个群系。其中典型的森林植被类型——蒙古栎林内物种丰富，群落内物种达 30 余种。山地草甸以禾本科、伞形科的物种为主，种类繁多。据调查统计，每平方米的草甸内有植物 15～20 种。沟谷湿地草甸主要分布于汴家沟内，群落类型多样，主要有灰麦薹草草甸、尖嘴薹草草甸等，水杨梅、千屈菜、小花花旗杆等物种夹杂其间，不同群落成斑块状交错，五彩斑斓。

青山自然保护区内广泛分布有大量国家重点保护植物紫椴和野大豆群落，还多处发现珍稀的兰科植物凹舌兰，这些植物均属我国重点保护的珍稀濒危植物种，是该区域森林植被多

样性丰富、生境良好的直接标志。

青山自然保护区被 IUCN 评估为濒危物种的有毛腿渔鸮、丹顶鹤、鸿雁和豺，另有 10 种易危鸟类。在《中国物种红色名录》（第二卷）中被列为极危种的有 1 种，濒危种的有 4 种，易危种的有 13 种，近危种的有 22 种，占保护区陆生动物种类的 13.4%。可见，无论在世界范围，还是在我国疆域内，保护区分布的野生动物都具有重要的保护价值

青山自然保护区的景观资源主要有辽代古城墙、古墓群、金代界壕、神奇的老道洞。

◎ 保护价值

大兴安岭—吕梁山—青藏高原东缘一线是我国森林与草原分布的分界线。内蒙古青山自然保护区位于大兴安岭中段东坡，正位于这条分界线上，自然保护区内既分布有大面积的温带落叶阔叶林，又含有大面积的草甸、草原，物种丰富，植被类型多样，生态系统复杂，体现了森林草原交错带自然植被的典型性和独特性。

（1）自然性：青山自然保护区位

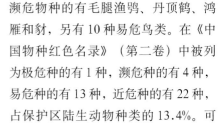
白肩雕

蛇眼蝶

红脚隼

赤条蝽

莎草眼蝶

鸳鸯

于森林草原交错区，地处偏远，交通不便，当地社区居民多以种田为主，全区已经完全禁牧，没有工业、矿业的发展。该自然保护区是科尔沁右翼前旗人民政府于1997年批准建立的旗级自然保护区，后经自治区政府批准，于2003年晋升为自治区级自然保护区。自治区级自然保护区成立后，管理部门采取了大量保护措施，虽有少量人为干扰，但核心区和缓冲区仍保持自然状态，在核心区和缓冲区内没有村落和居民，只有在实验区内有一小的自然村徐家窝棚，但居民数量不多，常住人口107人。

（2）典型性：青山自然保护区内分布有大面积的蒙古栎林和黑桦林，集中连片。蒙古栎林林龄多在50年以上，蘑菇顶等局部区域分布有林龄超过100年的林分。黑桦林郁闭度高，林相整齐，平均树高达10m。这些森林是温带草原区域中温带亚湿润大区的最好代表。除分布有大面积的森林植被外，区内还分布有大面积的草原、草甸植被，如羊草草原、野青茅草甸等，这些草甸植被多分布于山顶以及开阔的沟谷地带，四周被茂密的森林环绕，

其中贝加尔针茅草原、羊草草原、野青茅草甸等丛生禾草草甸草原是温带草原区域中温带亚干旱大区植被的典型代表。在开阔的沟谷中还分布有大面积的湿生植被，主要有灰麦薹草草甸、尖嘴薹草草甸等。

（3）脆弱性：青山自然保护区位于温带草原区域中温带亚湿润和亚干旱大区的分界线上，森林植被和草原植被交错分布，蒙古栎林、黑桦林等森林植被虽然分布很广，但破坏后很难恢复，不加以严格保护，森林将向草原转变，草原将会面临沙化的危险。

◎ **功能区划**

青山自然保护区划分为3个功能区，即核心区、缓冲区、实验区。

（1）核心区总面积为8802hm²，占保护区总面积的32.6%，其中南片面积为3918hm²，北片面积为4884hm²。核心区最突出的特点就是保存着原生性森林的基本面貌，是保护森林和草甸等自然生态系统的精华所在。

（2）缓冲区位于核心区的周围，沿着核心区的外围，平均宽度300～

800m划出缓冲区，在核心区的外围形成保护缓冲地带。其功能一方面使核心区不受人类活动的干扰，确保森林生态系统良性循环，另一方面通过退化植被自然演替，使野生动植物生境不断改善。缓冲区分为南北两区，南片缓冲区面积3359hm²，北片缓冲区面积3191hm²，缓冲区总面积6550hm²，占保护区总面积的24.3%。

（3）实验区是保护区除核心区和缓冲区以外的地带，位于缓冲区和保护区边界之间。在实验区内，在国家法律法规允许范围内和不破坏环境的原则下，可以适度开展一些科研和生产活动。实验区的面积为11637hm²，占保护区总面积的43.1%。主要功能是开展社区共管、科学实验和教学实习活动。 （青山自然保护区供稿）

细叶白头翁

虎榛子

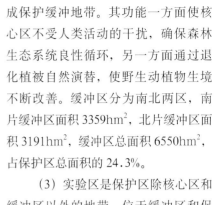

燥原荠

蒙椴

小红蛱蝶

鸡油菌

内蒙古 罕山 国家级自然保护区

内蒙古罕山国家级自然保护区位于大兴安岭南段主脉，地处锡林郭勒草原向科尔沁草原过渡地带的大兴安岭隆起带上，北靠绵绵大兴安岭国有林区，西依蒙古高原与锡林郭勒草原，东南与科尔沁草原毗邻，南面是我国东北地区最大的科尔沁沙地。罕山自然保护区在内蒙古自治区通辽市扎鲁特旗西北部，距通辽市扎鲁特旗人民政府所在地鲁北镇约120km，距霍林郭勒市30km。西北、北分别与阿日坤都楞苏木及其种畜场接壤，东与阿日坤都楞苏木及巴雅尔图胡硕镇相连，南与格日朝鲁苏木毗邻，西与格日朝鲁苏木及赤峰市阿鲁科尔沁旗交界。地理坐标为东经119°33′15″～120°02′09″，北纬45°00′19″～45°26′10″。保护区南北长约48km，东西宽约37km，总面积91333hm²。根据国家自然保护区的分类标准（GB/14529-93），罕山自然保护区属自然生态系统类别，森林生态系统类型自然保护区。罕山林场始建于1960年，从1998年被批准为市级保护区，2000年9月晋升为自治区级自然保护区，2013年12月经国务院批准晋升为国家级自然保护区。

◎ 自然概况

罕山自然保护区地质经历了大兴安岭隆起、松辽平原沉降和锡林郭勒高原抬生的沧桑巨变，形成了西北高东南低的地质特点。

罕山自然保护区地质构造属新华夏构造带发育地段，大兴安岭隆起带呈北北东走向斜贯保护区，该隆起带主要发生于中生代燕山期，由于受压扭性或挤压性应力作用，沿北北东方向出现区域性大断裂，并发生块断隆起和阶梯式断裂，同时垂直于褶皱轴有张断裂和张扭曲裂分布，沿断裂带露出不同性质的火山岩。泥盆系和迭系地层构造断裂的存在，火山活动强烈，有大规模花岗岩裸露体外，并沿断裂喷出大量的中基性和中酸性火山

保护区全景图（孔繁硕提供）

罕山人工林——落叶松（孔繁硕提供）

林海（孔繁硕提供）

泉水（孔繁硕提供）

大鸨（孔繁硕提供）

戴胜鸟（孔繁硕提供）

泉水（孔繁硕提供）

黑鹳（孔繁硕提供）

马鹿（孔繁硕提供）

蓑羽鹤（孔繁硕提供）

岩，构成了褶皱带主体。

山地为罕山自然保护区地形的主体，属于中低山地形，沟谷及河谷呈枝状、网状散布其间。海拔 800～1440m，局部地区低于 800m 和高于 1440m。相对高度在 250～600m 之间。保护区西及西北部山体高，坡度大，沟谷狭窄；东南及南部为低山、丘陵向草原过渡地带，坡度趋于平缓，相对高度较小，山势低矮浑圆，山间平坦开阔。山体由许多间夹着沟谷的山岭组成。保护区内逾千米的山峰十余座，其中最高峰为吞特尔峰，高达 1444.2m，次之为特格音罕乌拉峰，高 1426.2m。

罕山自然保护区属温带大陆性季风气候区。气候特点表现为春季干旱少雨多风，夏季温热多雨，秋季干燥凉爽，冬季严寒少雪。年平均气温 2.5℃。极端最高气温 36.5℃，极端最低气温 -34.5℃。≥10℃ 积温 2735.0℃。年降水量 421.5mm，多集中在 7～9 月份，占全年总降水量的 55%。年平均日照时数 2941.2h，占可照时数的 66%。年平均风速为 3.1m/s，无霜期约 114 天，早霜出现在 9 月 11 日左右，晚霜在 5

月 24 日左右。结冻为 9 月下旬，解冻在 4 月上旬。

罕山自然保护区主要的河流有霍林河、阿日坤都楞河、敦达哈布西拉河和达勒林河。这几条河流均发源于保护区内。霍林河、阿日坤都楞河、敦达哈布西拉河属嫩江水系；达勒林河为新开河源头河流，属辽河水系。

罕山自然保护区土壤可划分为 5 个土属，8 个土种。除石质土、粗骨土外，其他土壤土层厚度均在 30 厘米以上，腐殖质层厚度 15～50cm。森林土壤以灰色森林土、草甸暗棕壤为主，局部有小面积的石质土、粗骨土、草甸土、黑钙土等土类。草原、草甸则以草甸栗钙土、草甸土为主，局部有小面积的黑钙土、草甸沼泽土等类型。成土母质可分为坡积物、洪积物、淤积物、沉积物、冲积物、湖积物和残积物。

罕山自然保护区地处我国东北内陆，优越的自然条件，十分有利于动、植物的生长和繁衍，长期以来，林木葱郁，水草丰美，四周群山环抱，层峦叠嶂；又因为地处山地向草原过渡区，低温潮湿，云雾缥缈，景观瞬间

白桦林（白巴嘎那摄）

花楸（白巴嘎那摄）

蒙古栎（白巴嘎那摄）

白桦林（白巴嘎那摄）

山地草原（白巴嘎那摄）

山地草原（白巴嘎那摄）

变化，加之山光水影，景色宜人。

独特的地理位置和生态环境，形成了别具一格的自然景观和人文景观。这里既有茂密的森林、辽阔的草原、叮咚的甘泉，也有奇峰异石、峡谷幽深，溪流涓涓，更有多姿多彩的人文景观。远在一千年以前，保护区及其周围地区是一片茫茫林海，素有"松洲"之称，具有"深山闻鹿鸣，林黑自生风"的原始森林自然景观。

◎ 保护价值

罕山自然保护区作为内蒙古通辽市面积最大的保护区，其主要保护对象是自然生态系统多样性及赖以生存的大鸨、金雕和黑鹳等珍稀濒危野生动物。

罕山自然保护区内中低山及丘陵交错分布，沟壑纵横，溪泉密布，森林和草原相间分布，使得保护区内植被类型复杂，植物种类繁多。地处欧亚草原区，地理位置十分重要，生态系统的组成成分与结构比较复杂，类型比较丰富；物种相对丰富度较高。经考察统计：保护区内维管束植物有79科312属613种9变种1变型。主要植被类型共有6个植被型，30个群系，52个群丛。保护区蕨类植物共5科5属11种。占保护区植物种类的1.8%。保护区裸子植物共2科4属5种1变种。占保护区植物种类的0.9%。松科所有种均为引进的栽培种；麻黄科两种皆为野生种。其中，樟子松及草麻黄为国家重点保护植物。保护区被子植物共72科303属597种8变种1变型。占保护区植物种类的97.3%。是构成保护区生物遗传多样性、物种多样性、生态系统多样性和景观多样性的主要成分。其中，野大豆、草麻黄、蜻蜓兰、绶草、手掌参、宽叶红门兰、角盘兰等为国家重点保护植物；兴安升麻，芍药，山丹，桔梗等为内蒙古自治区重点保护植物。保护区药用植物资源种类十分丰富，在623种维管束植物中，有300余种可以作为中草药利用，其中，较为珍贵的中草药有黄精、桔梗、手掌参、列当等。一般药用植物主要有毛节缬草、地榆、土三七、山野豌豆、射干鸢尾、麻花头、轮叶婆婆纳、藜芦、刺儿菜、香薷、百里香等。保护区芳香油类植物种类主要有亚洲百里香、白藓、薄荷、香薷、糙苏、尖齿糙苏、蒙古糙苏、裂叶荆芥、缬草、山刺玫、兴安杜鹃、照白杜鹃等。保护区野生油脂类植物有西伯利亚杏、东北接骨木、兴安胡枝子、扁蓿豆等。保护区真菌种类不是很丰富，经考察记录到9科26属29种。其中木耳科、齿菌科、多孔菌科及侧耳科的主要种类多分布于山地森林中，生于树干上、枯立木上及伐桩上。

罕山自然保护区内野生动物十分丰富，据调查统计，野生脊椎动物共160种，隶属22目50科。其中有大量的珍稀濒危野生动物物种，有国家一级保护动物3种，分别为大鸨、金雕

五角枫（白巴嘎那摄）

黑琴鸡（白巴嘎那摄）

秃鹫（孔繁硕提供）

林海（白巴嘎那摄）

和黑鹳。国家二级保护动物24种，分别为鸟类的灰鹤、蓑羽鹤、草原雕、秃鹫、苍鹰、雀鹰、松雀鹰、普通鵟、毛脚鵟、大鵟、猎隼、燕隼、红脚隼、红隼、黑琴鸡、纵纹腹小鸮、短耳鸮、长耳鸮、红角鸮、长尾林鸮，兽类的马鹿、棕熊、黄羊和猞猁。蒙古百灵为内蒙古自治区特有鸟。保护区是一个难得的野生物种资源基因库，也是一处天然的动植物园和理想的科研、宣教基地。对于深入研究大兴安岭、科尔沁草原和科尔沁沙地的地质地貌、森林植物群落演替、野生动植物资源、森林生态环境等方面都有很重要的意义。

罕山自然保护区位于锡林郭勒草原向科尔沁草原过渡的大兴安岭隆起带上。在植物地理学区划位置上隶属欧亚草原区科尔沁省，地处于大兴安岭向科尔沁草原的过渡带。它综合地反映了过渡区森林及草原的特点，即有黑桦、白桦、柞树等树种组成的森林植被；也有由大针茅、线叶菊及一些杂类草等组成的草原、草甸植被，还有由西伯利亚杏、绣线菊、虎榛子等种类组成的灌丛植被；这些植物群落在我国北方温带森林向草原过渡区，具有一定的典型性和代表性。

◎ 功能区划

罕山自然保护区功能区划为核心区、缓冲区和实验区。核心区是保护区主要保护对象的中心分布区，为保存完好的自然生态系统和珍稀濒危动植物的集中分布区，是保护区的精华所在，被保护物种丰富、集中、地域连片，生态系统完整，保护对象有适宜的生长、栖息环境和条件。核心区面积达30732hm²，占保护区总面积的33.6%。缓冲区可以开展非破坏性的科研、教学及标本采集等活动，禁止开展生产经营活动。缓冲区内也有相当数量的保护物种，且周围人为活动频繁，所以保护管理和防火工作显得尤为重要。缓冲区面积为30398hm²，占保护区总面积的33.3%。实验区可以从事科学试验、参观考察、旅游以及野生动物繁育等。实验区面积为30203hm²，占保护区总面积的33.1%。

◎ 科研协作

根据罕山自然保护区的自然资源条件，保护区同有关部门开展了常规性科研项目，如森林资源二类清查、森林分类经营、荒漠化监测、野生动植物普查等科研项目，2002年罕山自然保护区分别被自治区环保局命名为环境教育基地，被自治区摄影家协会命名为摄影家创作基地，多年来一直是内蒙古民族大学教育实习基地。为了加强内蒙古东部森林草原过渡区生态环境监测和研究，建立森林生态环境动态评价和预警体系，维护区域生态安全、为森林可持续经营提供科学依据和技术支持，2011年国家林业局批准在保护区建设国家陆地生态系统定位研究站。进行环境和各种生态系统的长期定位研究和动态监测，以便充分认识生物间的制约关系、生物与环境间的依赖关系，为保护、恢复和发展森林和野生动物资源及合理开发利用自然资源提供科学依据。

（罕山自然保护区供稿）

内蒙古 乌兰坝

国家级自然保护区

　　内蒙古乌兰坝国家级自然保护区位于内蒙古自治区赤峰市巴林左旗北部，地处大兴安岭南部山地，属原乌兰坝林场和石棚沟林场辖区，保护区北部与内蒙古锡林郭勒盟接壤，东部与阿鲁科尔沁旗相邻，西部与巴林右旗毗邻，距旗政府所在地林东镇90km。地理坐标为东经118°43′50″～119°24′10″，北纬44°08′10″～44°47′00″。保护区总面积为78672hm²，其中核心区面积为28115hm²，缓冲区面积为20794hm²，实验区面积为29763hm²，属森林生态系统类型的自然保护区。2014年12月经国务院批准晋升为国家级自然保护区。

◎ 自然概况

乌兰坝自然保护区地处大兴安岭南部山地，位于大兴安岭新华夏系南端东侧，地质构造属于天山—阴山东西复杂构造带北缘。保护区处于大兴安岭山脊部位，阿尔山支脉。以山地为主的地貌，山体呈东北至西南走向。区域地形高差不大，海拔高度在800～1500m之间，属中低山和丘陵河谷地形。地貌类型主要有冰川地貌、河谷地貌、重力堆积地貌。

乌兰坝自然保护区地处中纬度温带半干旱大陆性季风气候区。春季干旱多大风，蒸发量大；夏季雨热同季，降水集中；秋季短促，气温下降快，秋霜降临早；冬季漫长而寒冷，光照充足，积温有效性高。年平均温度为3.8℃，极端最高气温40.2℃，极端最低气温－31.6℃。无霜期为90～115天，≥10℃积温2200℃。年日照时数为2900～3000h。年降水量为380～400mm，多集中在6～8月，年蒸发量1958.1mm，是降水量的5倍。年平均风速一般在3m/s左右。

乌兰坝自然保护区的河流属于西辽河流域，乌力吉木伦河和西拉沐沦水系。共有8条河流发源于保护区境内，分别是浩尔图河、乌兰达坝河、胡吉尔河、牛头白其河、乌兰白其河、查干白其河、黑里黑坝河、石棚沟河。这些河流向南汇流成乌力吉沐沦河或西拉沐沦河后注入西辽河，向北流入锡林郭勒草原，是补充西辽河流域和锡林郭勒草原的重要水源地。保护区丰富的水资源，是补充巴林左旗、阿鲁科尔沁旗至整个西辽河流域农牧区地下水的主要来源，是我国东北西辽河流域人畜饮水和灌溉的珍贵水源涵养地。

乌兰坝自然保护区土壤可划分为6个土类（灰色森林土、黑钙土、草甸土、

沼泽土、石质土和粗骨土），12个亚类，28个土属，39个土种。保护区内土体较厚，养分含量高，有机质、全氮、碱解氮含量均十分丰富，说明保护区土壤养分充足。

乌兰坝自然保护区位于蒙古高原向东北平原的过渡地带，有森林、灌丛、草原、湿地等多样的生态系统和丰富的珍稀濒危野生动植物。保护区的森林类型为典型的原生性温带落叶阔叶林，同时分布有纬度最高的华北落叶松林，也分布有海拔最低的岳桦林，

有相对集中分布的斑羚、马鹿，也有在此繁殖的黑鹳、蓑羽鹤等。

乌兰坝自然保护区有高等植物1071种，隶属133科453属。保护区的植物区系是以东亚成分为主导，温带成分数量最多，草原成分强烈渗透，种类繁多，成分复杂、年轻的过渡性植物区系，是连接各大区的重要枢纽。保护区森林资源特点主要表现为温带落叶阔叶林分布集中，森林覆盖率较高，森林类型多样。保护区有林地占保护区总面积50%以上，其中，阔叶

天然落叶松

卷柏

黄柏

石棚沟鹿场马鹿放养

山杨＋白桦

林占80%以上，主要有蒙古栎林、白桦林、黑桦林、山杨林、榆林、针叶林是孑遗分布的寒温性华北落叶松林。

乌兰坝自然保护区已查明的脊椎动物有29目81科321种，占内蒙古自治区种数的44.7%，占大兴安岭地区的52.6%，哺乳类有6目17科45种，占内蒙古种数的32.6%。鸟类有242种，分属17目52科，占内蒙古种数的54.6%，占大兴安岭种数的53.1%。两栖爬行类2目6科15种，其中两栖类2科5种，占内蒙古种数的55.6%，占大兴安岭种数的26.2%。

乌兰坝自然保护区在我国动物地理区划上属于东北区、松辽平原亚区、松辽平原省，与北部的大兴安岭紧密相连，与蒙新区无明显屏障，又临近东部季风区，动物区系反映出东北区、华北区及蒙新区成分相互渗透的特征，其组成古北界成分占比例最大，达85.5%，具有绝对优势，可见，保护区脊椎动物区系反映出北方特色。

◎ 保护价值

乌兰坝自然保护区位于我国大兴安岭南部山地，地处蒙古高原向东北平原过渡地带，主要保护对象是大兴安岭南部山地森林、草原、湿地生态系统及珍稀濒危野生动植物资源。保护区野生动植物丰富，其中不乏珍贵稀有和濒危野生动植物。

乌兰坝自然保护区内有国家重点保护的野生植物黄檗、紫椴2种，12种野生植物被列入《濒危野生动植物种国际贸易公约》附录物种，另有国家重点保护的药用植物8种；有内蒙古自治区重点保护的植物12种，内蒙古自治区重点保护药用植物8种。其中黄檗在保护区形成稳定群落，在大兴安岭南部山地首次发现，更为珍稀。

乌兰坝自然保护区有60种脊椎动物被列为不同的保护级别，其中国家一级保护鸟类有黑鹳、金雕、白肩雕、玉带海雕、大鸨、丹顶鹤等6种；国家二级保护物种44种；被IUCN评估为濒危的有鸿雁、丹顶鹤等2种，评估为易危的有9种；列为CITES附录

Ⅰ保护的哺乳类有斑羚和鸟类白肩雕、丹顶鹤、白枕鹤和游隼等5种，列为附录Ⅱ保护的物种28种；被中国物种红色名录评估为濒危的有丹顶鹤1种，评估为易危的有33种。珍稀濒危昆虫有碧凤蝶、橘凤蝶、金凤蝶、柳紫闪蛱蝶、红珠绢蝶和黄花蝶角蛉6种。

乌兰坝自然保护区的保护价值主要有以下六大方面：一是保护区内的森林为原生性温带落叶阔叶林，草原和湿地也维持着原生状态，典型性突出，对我国生物多样性保护和科学研究具有很高的价值；二是保护区是华北落叶松分布的北缘，保存了华北落叶松生存的原始生境，保护和监测分布区北缘的华北落叶松群落对全球气候变化研究以及落叶松种质资源保存具有积极作用和科学意义；三是保护区保护了西辽河源头区重要的湿地生态系统，对西辽河流域以及锡林郭勒草原的用水安全具有重要作用；四是保护区是我国斑羚、马鹿（东北亚种）、黑鹳、蓑羽鹤等国家重点保护野生动物的重要栖息地，对保护区与高格斯台罕乌拉、赛罕乌拉、古日格斯台国

家级自然保护区的连接、探索区域性
保护区体系建设、消除动植物种群隔
离趋向、减少小种群遗传多样性丧失
和绝灭的风险具有示范意义；五是保
护区发现了黄檗群落，这是黄檗在大
兴安岭的新分布地，长期监测黄檗群
落变化动态，对研究我国大兴安岭南
部山地植被动态、植被恢复重建以及
植被对气候变化的反响具有重要科学
价值；六是保护区是科尔沁沙地的天
然屏障，能一定程度上遏制科尔沁沙
地生态的继续恶化，对保障京津风沙
源的治理和首都周围的生态安全都具
有重要作用。

◎ 科研协作

乌兰坝自然保护区几年来先后聘
请了北京林业大学、东北林业大学、
内蒙古大学、内蒙古师范大学、中国
地质科学院的脊椎动物、高等植物、
昆虫、真菌以及地质等方面的有关专
家、学者技术指导对保护区的野生生
物资源、地质遗迹进行了全面调查，
完成了相应的专项调查报告。初步查
清了保护区的生物资源种类，采集了
上万号生物标本，为保护区资源的保
护和持续利用提供了第一手资料。

（居文华供稿）

栎

草地

内蒙古 大兴安岭汗马
国家级自然保护区

内蒙古大兴安岭汗马国家级自然保护区位于内蒙古自治区根河市，行政隶属于内蒙古大兴安岭林业管理局（中国内蒙古森工集团）。东与黑龙江呼中国家级自然保护区相接；北、南、西均与内蒙古大兴安岭林区已建或规划的自然保护区毗邻，是大兴安岭保护区网络建设的核心和重点。地理坐标为东经122°23′34″~122°52′46″，北纬51°20′02″~51°49′48″。保护区总面积107348hm²，属森林生态系统类型自然保护区，区内森林覆盖率高达88.4%，主要保护对象为寒温带明亮针叶林及保护区中的野生动植物。1996年经国务院批准建立国家级自然保护区。

兴安迎客松

◎ 自然概况

汗马自然保护区地处大兴安岭山脉的西坡北部，属中山山地，剥蚀苔原区。大兴安岭山脉的主脊环抱东、西，使汗马成为大兴安岭较为独特的地理单元，其地质、地貌、气候、森林、湿地、土壤等方面均具有大兴安岭北部林区的典型特征。地质系海西早期断裂化运动中形成的古生代地槽区海西褶皱带，额尔古纳地槽褶皱系。其岩系组成以岩浆岩的侵入岩和喷出岩为主，主要岩石有花岗岩、石英粗面岩、玄武岩、石英斑岩等。在这种岩石上主要发育有酸性的半骨骼土，成土母

峰顶（偃松林）

汗马异彩

圈河小岛

质主要为残积物和坡积物，其次为冲积—淤积物。土壤可划分为3个土类8个亚类。包括棕色针叶林土、草甸土、沼泽土。其中棕色针叶林土是地带性土壤，从南到北均有分布，包括4个亚类。沼泽土包括2个亚类。冰沼土则分布在河谷两侧的落叶松林下，呈块状分布，是极特殊的土壤类型。

汗马自然保护区的山脊呈圆弧状或长岗状，山坡较缓，山谷宽阔平坦，保护区海拔较高，840～1466m之间，平均达1000m。保护区属寒温带大陆性气候，冬季寒冷而漫长，积雪深厚，由于位于大兴安岭山脉的隆起带上，其寒冷比漠河北极村有过之而无不及。保护区全年有10个月的时间有积雪，局部地区积雪常年不化。夏季温凉短暂，湿润多雨，春季干燥风大，四季温差和昼夜温差大。年平均气温−5.3℃，极端最高气温35.4℃，极端最低气温−49.6℃，年平均相对湿度71%，年降水量450mm左右，主要集中7～9月，约占全年总降水的70%，年日照时数2630.6h。

汗马自然保护区的动物组成具有明显的古北界特征。国家一级保护野生动物有细嘴松鸡、紫貂、原麝、貂熊等4种，还有国家二级保护野生动物小天鹅、鸢、苍鹰、红隼、花尾榛鸡、棕熊、猞猁、马鹿、驼鹿、雪兔等22种动物。系统地说，保护区内有脊椎动物174种，包括鸟类106种、鱼类26种、两栖类6种、爬行类6种和兽类30种。保护区不仅野生动物物种丰富，野生植物

也是多种多样，保护区高等植物88科222属468种，其中包括国家二级保护野生植物或珍稀濒危植物岩高兰、大花杓兰等，属于内蒙古自治区重点保护植物有9种。

徜徉于汗马自然保护区之中，你可以真正地体会到"人与自然的和谐共生"。由于山势起伏较大，森林茂密，山谷宽阔，群山逶迤，湖泊、河流交织出一条条风景如画的长廊。圈河是保护区的重要景观。这里大小河流10多条，河道弯曲，河道常常倒木成堆，堵塞河道。雨季时雨水暴涨，河流改道，形成众多圈河，有的像脚印、有的像月牙、有的像玉盘。其中塔里亚河是形成圈河最多的一条河流，河水清澈，

晶莹剔透，从山上眺望，蜿蜒如林中飘带。在塔里亚河边，巍然耸立着两座灵秀的山峰，称为大孤山和小孤山，山上植物丛生、怪石林立，或光如镜面，或形如飞鸟，或状如走兽，蔚为奇观。此外"塔头沼泽""藓类落叶松林沼泽""亚高山偃松矮曲林带"，也让人感叹从河谷到高山，无所不在的自然奇观。

汗马自然保护区还有一处独特的自然景观，那就是凝翠欲滴的"牛耳湖"，湖中冷水鱼多达20余种，水质清澈，可以清晰地看见鱼儿悠然游弋。周围兴安杜鹃灌丛环绕拱卫，春季鸟语花香，为深邃、静谧的冻土苔原景观增添了色彩和活力。

◎ **保护价值**

汗马自然保护区具有极高的保护价值，在中国森林生态系统类型自然保护区中是不多见的。这里依然保持着它的原始风貌和自然属性，完整地揭示寒温带森林生态系统的演替过程和亮丽景观，极具典型性和代表性。

美丽河湾

日出

脆弱的生态

由于交通十分不便，远离人类的干扰，有许多区域还未进行过更系统的科学考察和研究。在神秘莫测的自然法则演化下，她迸射出生态系统强大的活力，又悄然隐匿在静谧的山林溪水、晨霜雾凇之中。在这里，湿地与森林血肉交融、浑然一体，无法分割。可以说河流滋润着森林、灌丛，另一方面却是湿地、森林在孕育河流。

典型的寒温带明亮针叶林森林生态系统，是汗马自然保护区最主要的保护对象。保护区有植物群落类型24个。其中森林植被类型13个，灌丛类型3个，沼泽类型7个，草甸草原类型1个。各种植被类型由北向南错落分布，水平分布呈现规律性。依次分布着偃松灌丛、偃松—落叶松林、杜鹃—落叶松林、杜香林、草类林、丛桦林、沼泽、沿岸林。其森林垂直分布尤为明显，特点突出，林相整齐。海拔1100m以上分布着偃松灌丛、偃松落叶松林、杜鹃林，海拔950~1100m分布着杜鹃林、杜香林、草类林，海拔950m以下分布着杜香林、草类林、丛桦林、沿岸林、沼泽草甸。

汗马自然保护区是野生动植物最重要的栖息地，是林栖动物和鸟类最好的家园和避难所，也是珍稀濒危植物的重要栖息地。在其他地区几乎绝迹的原麝在这里依然出没，留下生活、繁衍的印记。各项调查都显示，驼鹿种群数量居大兴安岭之首。由于河流都处于原生态状态下，细鳞鱼等珍贵冷水鱼种分布较多，而在其他地区均濒于灭绝。该保护区在兽类和鱼类保护中均具有重要意义。

这里是黑龙江主要支流的上游水源涵养地。汗马的湿地类型多样，发育种类齐全。共有河流、湖泊和沼泽三大类湿地，总面积达2万hm²，其中森林湿地达1.5万hm²，比重之大，为大兴安岭罕见，彰显其水源涵养地的生态价值。涓涓小溪在林中静静流淌，最终孕育了林区最险峻的河流之一——激流河的源头"塔里亚河"。塔里亚河用它宽广的胸怀融汇了安库拉河、西肯河、吉那米基马河、森盖河等11条支流河，成为额尔古纳河和黑龙江流域的最重要的上游支流。

总之，汗马自然保护区保存了完整的原始森林景观和功能，使生态系统结构完整、功能健全、能量流动、物质循环和信息传递处于动态平衡状态。保护区的地带性植被属于典型的寒温带明亮针叶林带，由于海拔高、纬度高，又靠近大兴安岭主脉，故具有高山苔原带的某些特征。如冰沼土、高位沼泽和大量高山及环北极植物的分布，标示着一种极端的、脆弱的生境状况。该区域植被的典型性和代表性高于其他地区。由于保护区位于我国重要流域——黑龙江上游的发源地，保护其复杂的生态系统和维系其脆弱的冻土冰缘生态具有重要意义。特别是保护区内的偃松分布面积大，生境十分脆弱，一旦遭到人为干扰和破坏，很难恢复，后果难以预测。目前对冻土和湿地的研究还很不够，对整个生态系统的影响很难估量，但其重要性已得到共识，对其加大保护和研究已迫在眉睫。她还是大兴安岭一座天然的自然博物馆和生物实验室、重要的物种基因库。蕴涵的物质资源使其在物种保护方面具有重要地位，几乎大兴安岭所有的野生哺乳动物都在这里栖息，冷水鱼的调查研究还有待更进一步扩大深度。一些濒危物种可在这里寻到踪迹，如原麝、貂熊、冷水鱼类等。对汗马野生动物的考察和研究，将在重点物种拯救工作中起到重要作用，全面提高大兴安岭的生态价值。

对有幸进入到汗马自然保护区的观光旅游者而言，雄峻的山川，神奇的森林，罕见的野生动植物构成了美丽风景。在这里宣传和学习有关环境知识，增强保护自然、爱护环境的意识，增强体魄，宽扩胸怀，在自然的怀抱中，呼吸着鲜草和松香的气息，无疑是一次对心灵的洗礼。这里是我们逐步亲近大自然，敬畏大自然的圣殿。

◎ 功能区划

汗马自然保护区根据地理状况、资源分布特点分为核心区、缓冲区、实验区3个功能区。以保护森林生态系统和珍稀濒危野生动植物及其栖息地为目的，保持森林生态系统稳定和珍稀动植物种群自然生存长期繁衍为宗旨。

核心区实行绝对保护，除必要的巡护检查外，严禁任何人员进入，不得从事任何生产和生活活动，以使核心区内的生态系统和野生动植物种群在严格的自然条件下自然演替和繁衍。不在核心区进行任何工程建设。核心区总面积46510hm²，占保护区总面积的43.3%。

缓冲区实行重点保护，在缓冲区内除可进行组织的科研、教学、考察等工作外，不允许从事任何生产、生活活动。工程建设中除保护工程、科研监测工程外，不设立与保护、科研、教学无关的工程。缓冲区面积37250hm²，占保护区总面积的34.7%。

一般保护区域包括实验区及保护区外围，将保护区与金河林业局相连的区域划为实验区，作为科研、考察、教学、旅游基地，面积23588hm²，占保护区总面积的22%。在保护区周围建有4个保护管理站，10个管护点，以及3个观测站和1个冻土站。主要用于山地植被垂直分布研究、湿地植物群落的研究及纬度冻土的研究、原始林生态系统、动植物资源种类种群分布、动植物分布和演替规律的观测研究、野生珍稀植物和重要资源植物物种的驯化、繁殖方法的研究、动植物病虫害及病虫害预测、预报与防治的研究、野生珍稀动物驯养繁殖试验。

如今的汗马自然保护区在认真贯彻执行有关法律法规的同时，制定了《汗马自然保护区管理条例》。根据保护区的特点，以地方法规的形式确定保护区的保护范围、重点保护对象、资源保护管理措施、资源合理利用方式、方法及限度等，使保护区资源保护管理有法可依。

在实验区及保护区外围可进行保护性经营，在严格保护基础上，可以对此区的资源进行合理利用，可开展科学实验、教学实习、参观旅游、野生动植物养殖等多种经营活动。工程建设中可以建设保护工程、科研监测工程、旅游设施、多种经营工程等，但工程建设和生产生活不得破坏自然资源和自然环境，不得影响自然环境的整体性和协调性，不得危害野生动植物的生长繁衍，不得产生环境污染。

◎ 管理状况

汗马自然保护区在管理目标确定、建设规划的编制、管理法规的制定等方面做了大量工作，编制了自然保护区总体设计，制定了适合保护区现状的管理目标和管理计划，建立了保护区日常管理制度、巡护制度、防火制度等各种保护管理制度，使保护区管理逐渐走向制度化。

汗马自然保护区经过几年的建设，在机构建设、资源保护、基础设施等各方面取得了积极进展。自然保护区人员配备本着精简、高效的原则，做到一人多职和一职多能。汗马自然保护区加强保护区人员能力建设，提高人员素质。强化对管理人员和技术人员的岗位培训工作，逐步实行岗位培训、考试发证和持证上岗制度。并且从实际出发，搞好保护区的科研管理工作。保护区既是资源保护基地，也是科学研究基地。巡护和监测是主要任务，在此基础上要积极开展科研工作，在具体的巡护监测管理工作中，制定有针对性的巡护监测管理办法。在巡护方法上努力更新手段、增加科技含量，将GPS全球定位系统、GIS地理信息系统、野外放置红外线自动照相机等先进的自然保护和生态监测手段运用到保护管理工作中来。保护管理的模式既完成了生态监测任务，又对森林防火、森林病虫害防治及排除人为干扰等工作进行落实。

（大兴安岭汗马自然保护区供稿）

塔里亚河

内蒙古 额尔古纳 国家级自然保护区

内蒙古额尔古纳国家级自然保护区位于大兴安岭北部西麓，与俄罗斯隔额尔古纳河相望，行政区划属内蒙古自治区呼伦贝尔市额尔古纳市莫尔道嘎镇。地理坐标为东经 120°00′26″～120°58′02″，北纬 51°29′25″～52°06′00″。保护区总面积为 124527hm²，属森林生态系统类型自然保护区，主要保护对象为大兴安岭山地原始寒温带针叶林森林生态系统。2006 年 2 月 11 日经国务院批准晋升为国家级自然保护区。

◎ 自然概况

额尔古纳自然保护区为中低山丘陵地貌。全区平均海拔 800m 左右，平均坡度 10° 左右，坡度趋缓，相对高度小，沿额尔古纳河一带，地势更为平缓。

额尔古纳自然保护区是大兴安岭降水量高值区之一。由于区内地形复杂，水蚀作用强，河网较为发育，河网密度系数 0.2～0.3km/km²，有大量山泉小溪分布其间，径流量丰富。境内最大河流是额尔古纳河，流经保护区 94km，第二大河是激流河。保护区地下水资源比较丰富，其特点是埋藏浅、水量大、水质好。

额尔古纳自然保护区地处高纬度地区，属寒温带大陆性季风气候，年温差较大，无霜期短，冬季漫长严寒，夏季短暂炎热。气温年变化呈单峰性，7 月最高，1 月最低。年平均气温 -6～4℃，7 月平均气温 18.8℃，1 月平均气温 -33.1℃。极端最高气温 33.9℃，极端最低气温 -44.5℃。无霜期 100 天左右，初霜早在 8 月末出现，冬霜一般在 5 月中下旬结束。年降水量在 414～528mm，多集中在 7～9 月，

河心岛（刘兆明摄）

银色世界（杨水山摄）

占全年降水量的 75%。

额尔古纳自然保护区属寒温带大兴安岭北部森林土壤地区，原始针叶林棕色针叶林土地带，内蒙古大兴安岭林区北部山地冻结棕色针叶林土省。地带性土壤为棕色针叶林土和灰色森林土；非地带性土壤主要为草甸土和沼泽土。

额尔古纳自然保护区处于东西伯利亚泰加林南延的区域，区内保存着

大面积的以兴安落叶松为主要植被类型的原始寒温带针叶林，是大兴安岭北部山地欧亚草原植物区的缩影。由于保护区同时受到东亚夏绿阔叶林植物区和欧亚草原植物区系成分的渗透，生物资源复杂多样，在全国生物多样性保护中占有重要地位。保护区共有植物 858 种，其中低等植物 152 种，高等植物 706 种，隶属于 155 科 476 属。其中国家一级保护植物 2 种，即钻天柳、浮叶慈姑；自治区重点保护植物 11 种。经济类植物有 40 科 108 属 148 种，还包括 41 种野生食用菌。保护区内主要树种有兴安落叶松、白桦、樟子松、山杨等近 10 余个树种，兴安落叶松是组成保护区山地针叶林的主要建群种，随着海拔高度的不同，呈明显垂直带谱分布。

额尔古纳自然保护区动物地理区系隶属于古北界、东北区、大兴安岭亚区，有野生脊椎动物 329 种，其中兽类 56 种，鸟类 227 种（11 亚种），两栖类 7 种，爬行类 7 种，鱼类 31 种，圆口类 1 种。昆虫 626 种。其中国家一级保护兽类 3 种，即紫貂、原麝、貂熊；国家二级保护兽类 6 种；国家

一级保护鸟类有黑鹳、金雕、白尾海雕、玉带海雕、黑嘴松鸡、白头鹤、丹顶鹤、白鹤 8 种；国家二级保护鸟类 35 种。

额尔古纳自然保护区内群峰起伏，河流纵横，森林繁茂，珍禽异兽，奇花异草，蓝天白云和大自然的气象万千构成了保护区的原始生机、和谐和多种多样的自然景观。

额尔古纳河水面宽阔，气势磅礴；登高远眺，激流河宛如一条蓝色的绸带，抖出了无数幅经典画卷；翠绿的阿基玛河面上倒映着奇山秀树、碧草云天，像一幅幅浓墨重彩的丹青画，自然而洒脱，平淡而奇崛；被称为"千岩万转路不定"的水磨沟河，百米九湾、回环奇绝、碧波涌浪，旷渺而浩远，

神秘不可言状。

巍峨兴安，钟灵毓秀。小尖山一峰擎天，独秀北疆，巍峨陡峻，气势磅礴，被人们誉为额尔古纳自然保护区的"擎天柱"；牛耳山颇具雄性风采，伟岸而高洁，九曲十八弯的激流河在它的脚下划出了许许多多的问号后恋恋不舍地流入额尔古纳河；望火楼北山是观光览胜的好去处，颇有"一峰耸奇秀，数里诱人行"的风姿。仲夏之时，这里林海流翠、云雾升腾，宛如远方飘来的乐曲，若隐若现，飘忽游移。

额尔古纳自然保护区及周边地区的民族主要由汉族、蒙古族、满族、回族、壮族、朝鲜族、土家族、达斡尔族、

版画似的村庄（国境线上的村庄）

初雪边塞

激流河环岛（刘兆明摄）

鄂伦春族、鄂温克族等10多个民族。在这个多民族的大家庭中，由于民族不同、文化传统、习俗背景不同，基本人生态度、情感方式、思维方式、处事方式和价值观都存在着一定的差异，它影响着各自文化形态的历史变迁和社会发展，形成了不同的民族风情，同时也是保护区一项宝贵的人文旅游资源。保护区奇异的自然风光，独特的民族习俗，吸引了国内外众多的旅游爱好者。

◎ 保护价值

额尔古纳自然保护区的保护对象为大兴安岭山地原始寒温带针叶林森林生态系统。

额尔古纳自然保护区是我国最北部寒温带大型森林生态系统自然保护区。区内山地垂直带谱比较明显，具有大兴安岭北部林区的典型特征，并发育有高纬度的多年冻土和沼泽植物群落。保护区巨大的森林生态系统是物种赖以生存的环境，蕴藏着巨大的种质资源，是生物多样性的基因库。这种环境经过长期的地质、地貌、气候演变而形成，一旦破坏将难以恢复。

珍稀濒危的野生动植物资源：保护区面积大、地域广。由于气候、地貌、土壤基质等方面的差异，呈现了明显

回头观望的狍子（刘兆明摄）

的物种丰度。基本包含了大兴安岭地区极具特色的植物群落类型以及具有明显北方区系特征的珍贵野生动物资源。如果某一濒危、珍稀物种种群数量及分布区发生显著变化，势必影响整个生物链，从而对脆弱的生态系统产生巨大影响，因此保护该地区的物种多样性尤为重要。

森林湿地与额尔古纳河源头湿地复合生态系统：保护区完整的山地森林生态系统孕育了大面积的湿地，主要有森林湿地、灌丛湿地、草甸湿地、沼泽湿地等10余个湿地类型，这些保存完好的湿地植被类型具有较强的蓄水、集水和保水功能，在调节额尔古纳河水位、涵养水源、保持水土方面发挥着巨大的作用。

额尔古纳自然保护区保存着大面积的以兴安落叶松为主要植被类型的原始寒温带针叶林。目前寒温带针叶林在我国的面积很小，地理分布狭窄，大兴安岭是我国寒温带针叶林最大的分布区，同时在世界上也是主要分布区之一。保护区所特有的典型性、自然性、生物资源多样性、稀有性及脆弱性，决定了它的重要保护价值。

额尔古纳自然保护区是开展科学研究的天然实验室。保护区保存有完整的生态系统，丰富的物种，生物群落赖以生存的环境，为开展科学研究提供了得天独厚的基地和天然实验室，其研究领域不仅包括生态学、生物学

秋色赋

哨所之秋针阔混交林景观（刘兆明摄）

湿地朝霞

杜鹃落叶松林（张焕瑞摄）

方面，还包括经济学及社会学方面，尤其在研究古气候变化、植物迁徙和区系演变研究和生态监测等方面尤为重要，为研究我国高纬度地区永久冻土沼泽化及其植被提供了代表性场所。保护区位于欧亚多年冻土的南缘，是高纬度、高海拔地带，气候严寒且有森林植被覆盖隔温，所以冻土保存完好，冻土厚度 50～60cm，为我国连续分布永久冻土区。永久冻土的广泛分布，不仅使林木因土温低得不能供水而产生生理干旱，生长缓慢，生产力降低，而且局部地段冻胀与融沉。所以保护区的寒冻条件无论是对林学或建筑学来说都是对永久冻土进行系统研究的有利条件。

森林植被类型独特，具有科研价值。由于多年冻土的影响，林地排水不良，加剧了沼泽化程度，土壤中具有明显的泥炭层、潜育层，形成土温低、肥力低的状况。因此，研究该区森林类型的发生与演替及变化规律都具有重要意义和实用价值。

总之，额尔古纳自然保护区是我国大兴安岭北部保存较为完整的山地森林生态系统，良好的森林、灌丛、草甸植被，孕育了丰富的水资源，并且阻挡着西伯利亚冷空气的入侵；保护区是我国寒冷地区生态旅游的理想场所。其独特的自然风光，奇丽的山体景观，丰富的人文景观，造就了极具北方特色的旅游资源，必将成为我国著名的生态旅游景区。

◎ **功能区划**

额尔古纳自然保护区划分为3大功能区，即核心区、缓冲区、实验区。核心区的面的积为 74183hm²，占保护区总面积的 59.6%。缓冲区面积 29774hm²，占保护区总面积的 23.9%。实验区面积为 20570hm²，占总面积16.5%。

◎ **管理现状**

1998 年开始了保护区的划建和保护工作，并成立了自然保护区管理处，在资金缺乏的情况下，配备了人员，购置了部分设备设施，因地制宜地进行了保护区的基础设施建设并重点开展了一些科研监测活动，组织编制了总体规划和科学考察报告、制定了管理办法，建立了日常管理、巡护、防火等制度，使保护区管理已经走向制度化和规范化轨道。晋升为国家级自然保护区后，成立了保护区管理局，全称为：内蒙古额尔古纳国家级自然保护区管理局，行政隶属于内蒙古大兴安岭林业管理局。

（额尔古纳自然保护区供稿）

内蒙古 **毕拉河**
国家级自然保护区

内蒙古毕拉河国家级自然保护区位于内蒙古大兴安岭林管局毕拉河林业局达尔滨湖林场和扎文河林场境内，行政区域隶属于内蒙古呼伦贝尔市鄂伦春自治旗诺敏镇。保护区总面积为 56604hm²，其中核心区的面积为 23009hm²，占保护区总面积的 40.65%；缓冲区的面积为 20289hm²，占保护区总面积的 35.84%；实验区的面积为 13306hm²，占保护区总面积的 23.51%。保护区属大兴安岭北段东麓南坡的森林、灌丛向草原与农牧过渡的嫩江流域，属内陆湿地和水域生态系统类型自然保护区，其重点保护对象为森林沼泽、草本沼泽以及珍稀濒危野生动植物等。2014 年 12 月经国务院批准晋升为国家级自然保护区。

天鹅（曹同国摄）

◎ 自然概况

毕拉河自然保护区位于大兴安岭东南麓，属大兴安岭东南坡嫩江流域，地质构造属大兴安岭中生代复式背斜构造，褶皱轴向多为东向。保护区地形高差变化较小，海拔高度在 377～886m 之间，地势北高南低，由西北向东南缓慢倾斜。

毕拉河自然保护区属中温带湿润、半湿润大陆性季风气候。春季多风，降水稀少，气温多变；夏季温和，降水集中；秋季降温剧烈，霜期早；冬季漫长严寒。年平均温度为 -1.1℃，极端最高气温 35.4℃，极端最低气温 -46.0℃，年平均降水量为 479.4mm，降水主要集中在六、七、八月份，无霜期 130 天左右。主要风向为西北风，年平均风速为 1.9m/s。太阳年辐射总量平均为 4850MJ/m²，年日照总量平均为 2484.2h。年均降水量 479.4mm。全年降水量的三分之二集中在夏季，即在 6～8 月，降水量年际变化大且分布不均。

云海（沈元发摄）

初冬湿地（曹同国摄）

钻天柳（王海翊摄）

毕拉河自然保护区地处嫩江上游右岸，地势西北高，东南低，海拔377～886m。境内河流均发源于大兴安岭东南侧和伊勒呼里山南侧，自西北流向东南，汇入嫩江干流，皆属嫩江水系。流域内为地形起伏较大的山地，受东南海洋性湿润暖气流影响，年平均降水量479.4mm，汇流条件好，水蚀作用强，河网较发育，是嫩江上游主要产流区。

毕拉河自然保护区地带性土壤为棕色针叶林土、暗棕壤和黑钙土，非

地带性土壤为草甸土和沼泽土。

毕拉河自然保护区根据实地调查及分析统计共有高等植物703种，国家二级重点保护植物3种；国家级珍稀濒危保护植物6种；自治区级珍稀林木保护植物12种。

毕拉河自然保护区有脊椎动物322种，其中国家一级重点保护动物5种，国家二级重点保护野生动物40种。

◎ 保护价值

毕拉河自然保护区保护物种的稀

草原雕（曹同国摄）

有性非常高，在所调查统计到的物种中，列入《国家重点保护野生植物名录（第一批）》的国家二级重点保护野生植物3种、国家级珍稀濒危保护植物6种、列入《IUCN世界濒危动物名录》的野生动物有54种、《濒危野生动植物种国际贸易公约》（CITES）附录种类的野生动物有44种、列入《中日保护候鸟及其栖息环境的协定》名录的鸟类有121种，列入《中澳保护候鸟及其栖息环境的协定》名录的鸟类有22种。

毕拉河自然保护区生物种类多样性非常高，共有高等植物703种，其中被子植物565种，裸子植物3种，蕨类植物33种，苔藓植物102种。低等植物中，大型真菌124种，地衣51种，藻类植物240种。脊椎动物有322种，

诺敏河之秋（沈元发摄）

兴安柴胡（王海翊摄）

野大豆（王海翊摄）

高山鼠兔（曹同国摄）

其中兽类 45 种，鸟类 228 种，爬行动物 7 种，两栖类动物 6 种，鱼类 35 种，圆口类 1 种。无脊椎动物昆虫 335 种，环节动物 6 种，软体动物门 10 种，节肢动物门（除昆虫纲外）有 18 种。

毕拉河自然保护区有森林、灌丛、草本沼泽、河流、湖泊等多种生态系统类型。在沼泽生态系统中还有森林泥炭沼泽与草本泥炭沼泽，而且泥炭沼泽的泥炭层较厚、碳含量较高，均具有一定的典型性和代表性。

毕拉河自然保护区内没有常住人口，因此区内的森林、灌丛、沼泽、河流、湖泊等多种生态系统类型都属于天然的生态系统类型，人为干扰较少，保持着较高的自然性，使保护区成为野生动物和迁徙鸟类的乐园。

毕拉河自然保护区是以原始森林和自然湿地生态系统类型为主的自然保护区。森林和沼泽及其他各植被型对调节大气、湿度和降水，对水资源的调控、水质的净化，防止水土流失、减少旱涝灾害，保持交错区植被类型和野生动植物多样性均具有重要意义。同时，保护区内小河流众多并汇入毕拉河，是嫩江水源之一，保护好区内各类生态系统对嫩江的水源涵养，维护东北老工业基地的水生态安全均具有十分重要意义。还有，森林沼泽与草本沼泽的泥炭层较厚、碳含量较高，对减缓全球气候变化，具有重要意义。根据于 2000 年的基准数据，初步估算，毕拉河自然保护区各类生态系统总的生态效益达人民币 34 亿元／年，保护区地处大兴安岭森林、灌丛向草原与农牧区交错的过渡区域，属于嫩江流域，毗邻松嫩草原和呼伦贝尔草原，地理区位十分敏感和重要。

毕拉河自然保护区内森林面积大，森林的枯枝落叶层厚；草本沼泽的苔草、小叶章等地上部分为一年生，每到秋季干枯后十分容易着火。保护区内主要火源为雷电产生的火源，具有不确定性和防患难的特点，一旦火灾所发生过的地方，恢复难度大，需要恢复时间长。同时，保护区地处高纬度地区，年平均气温低，植物生长期短，生长缓慢，植被一旦遭到破坏，难以恢复。因此，保护区内生态系统十分脆弱。

毕拉河自然保护区地处大兴安岭森林向草原与农牧交错过渡的区域，也是森林向平原过渡的敏感区域。同时，毕拉河保护区毗邻松嫩平原和呼伦贝尔草原，形成了森林、灌丛和草原交错分布的独特区位。此外，保护区原始森林面积大，地势平缓，永冻层的普遍存在，植物区系十分复杂，形成多种植物区系成分交错分布的过渡区。

毕拉河保护区特殊的地理区位和受人为干扰较轻的优势，使保护区成为开展湿地生态系统、野生动物等生物学研究的良好场所，也是研究自然保护与森工企业转型、发展的理想基地。从 20 世纪 90 年代起，先后有东北林业大学、内蒙古大学、内蒙古农业大学、内蒙古自然区环境科学院、中国科学院植物研究所与动物研究所等单位的专家、学者来保护区考察，与保护区建立了长期的科研合作关系，开展资源调查、科研课题等工作。

◎ 科研协作

为全面摸清毕拉河自然保护区资

霍日高鲁湿地（曹同国摄）

膜荚黄耆（王海翊摄）

黄檗（沈元发摄）

源本底情况，2011 年保护区委托东北林业大学林学院组成植物资源学、动物学、生态学、地植物学、土壤学、昆虫学等多学科的专家、教授及研究生科考小组，先后对保护区内的自然概况、动植物资源以及社会经济状况等进行了综合考察，在大量的科学考察的基础上，完成了《内蒙古毕拉河自然保护区综合考察报告》。

为加大毕拉河自然保护区珍稀濒危野生动植物资源保护工作，2012 年，毕拉河自然保护区开展了金雕珍稀濒危野生动物保护项目，对该地区金雕种群数量、栖息地环境等情况进行全面监测。2015 年，开展了兴安柴胡极小种群野生植物资源拯救项目，全面摸清保护区内兴安柴胡分布区域、栖息地环境、受威胁程度等情况，为今后开展兴安柴胡植物资源拯救提供了基础条件。为提高保护区内雁鸭类候鸟种群数量，2015 年，保护区开展了野生大雁招引工作，试养招引大雁 150 对，通过开展招引工作，使保护区野生雁鸭类鸟类种群数量得到明显增加。

毕拉河自然保护区不断加强资源保护与监测工作力度，严厉打击盗伐林木、侵占湿地、采药挖沙、捕鱼狩猎等违法活动，积极做好退耕还湿、清退牧场、野生动物养殖点等工作。截至目前，共完成农地退耕还湿 1400 亩，清退牧场 3 处、野生动物养殖点 1 处，拆毁房屋 5 座。组织职工以义务劳动的形式积极开展生态环境整治活动，共完成 3.2km 路基、11700m² 裸露山体植被恢复和 2917m 石质监测步道铺设工作。

（盖旭超供稿）

辽宁省

辽宁仙人洞国家级自然保护区
辽宁老秃顶子国家级自然保护区
辽宁白石砬子国家级自然保护区
辽宁医巫闾山国家级自然保护区
辽宁辽河口国家级自然保护区
辽宁努鲁儿虎山国家级自然保护区
辽宁海棠山国家级自然保护区
辽宁白狼山国家级自然保护区
辽宁章古台国家级自然保护区
辽宁大黑山国家级自然保护区
辽宁青龙河国家级自然保护区
辽宁葫芦岛虹螺山国家级自然保护区

吉林省

吉林长白山国家级自然保护区
吉林向海国家级自然保护区
吉林莫莫格国家级自然保护区
吉林松花江三湖国家级自然保护区
吉林龙湾国家级自然保护区
吉林集安国家级自然保护区
吉林天佛指山国家级自然保护区
吉林黄泥河国家级自然保护区
吉林珲春东北虎国家级自然保护区
吉林雁鸣湖国家级自然保护区
吉林哈尼国家级自然保护区
吉林汪清国家级自然保护区
吉林波罗湖国家级自然保护区
吉林白山原麝国家级自然保护区

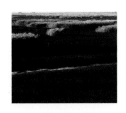

黑龙江省

黑龙江扎龙国家级自然保护区
黑龙江牡丹峰国家级自然保护区
黑龙江兴凯湖国家级自然保护区
黑龙江凉水国家级自然保护区
黑龙江七星河国家级自然保护区
黑龙江三江国家级自然保护区
黑龙江挠力河国家级自然保护区
黑龙江八岔岛国家级自然保护区
黑龙江凤凰山国家级自然保护区
黑龙江胜山国家级自然保护区
黑龙江珍宝岛湿地国家级自然保护区
黑龙江小北湖国家级自然保护区

东　北　篇

辽宁 仙人洞 国家级自然保护区

辽宁仙人洞国家级自然保护区位于辽宁省大连庄河市北部的仙人洞镇境内，地理坐标为东经122°53′～123°03′，北纬39°54′～40°03′。保护区总面积3574.7hm²，属森林生态系统类型自然保护区，主要保护对象为森林生态系统和野生动植物。1992年10月经国务院批准建立国家级自然保护区。

◎ 自然概况

仙人洞自然保护区的地层属华北地层区辽东分区辽南小区。区内出露的地层主要是元古界前震旦系和部分新生界第四系地层。其中，以前震旦系辽河群的榆树砬子组构成保护区地层骨架。山地系由前震旦纪的石英岩、夹绢云母石英片岩和变质砂质岩构成、形成假岩溶地貌，并有冰川遗迹，景观之奇特，国内少有。保护区内有庄河水系和英那河水系，境内集水面积20.5km²。英那河、小峪河流经全区，年平均径流总量11326万m³，河流清澈见底，水质甘甜，pH值6.6～6.9，总硬度11.4°～11.5°，符合国家饮用水标准，是大连市城市用水的源头。地下水类型以第四纪松散岩层孔隙水为主，伴有少量的基层裂隙水，泉多为下降泉，单泉涌水量一般在40t/天。保护区属暖温带湿润季风气候区，南濒黄海，夏季受海洋季风影响，多为东南风，冬季多为西北风，寒潮侵袭时有严寒，春秋两季气候凉爽。四季温和，雨热同季，光照和降雨集中，并具有一定海洋性气候特点。年平均气温8.7℃，历年极端最高气温36.0℃，极端最低气温-25.2℃；无霜期181.9天；年平

赤松林（杨贵权摄）

均日照时数2323.5h，10℃以上年积温1709.8℃；年平均相对湿度69%；平均风速2.9m/s；年降水量799mm，多集中在7～9月。

仙人洞自然保护区土壤属于东部森林土壤区域，辽中－华北棕壤、褐土、黑土土区。土壤类型为棕壤土类，亚类以棕壤性土棕壤为主，占总面积60%，只有30%地块为棕壤，还有10%裸岩。土壤质地多为中壤土。土壤呈微酸性，pH值5.05～6.20，土壤孔隙度45%～50%，土壤通气性、透水性及持水能力比较协调，具有较

高的肥力水平，有利于林木生长。

仙人洞自然保护区植物区系属长白、华北两大植物区系的过渡地带，植物资源十分丰富。全区共有维管束植物108科399属831种，其中种子植物792种，蕨类植物39种，另有苔藓植物38科140种；真菌类植物16科67种；地衣植物12科60种。其中国家一级保护植物4种，分别是银杏、东北红豆杉、水杉和人参。保护区动物属古北界华北区和东北区两大动物区系的结合部，野生动物种类繁多。据调查共有脊椎动物375种，其中兽

石英岩峰林地貌（杨贵权摄）

神女峰

类38种，鸟类278种，爬行类16种，两栖类11种，鱼类32种。保护区内无脊椎动物1500余种。

仙人洞自然保护区具有国内少见的大面积前震旦纪的石英岩、夹绢云母石英片岩和变质砂质岩形成的假岩溶地貌景观，峰峦矗立，气势磅礴，怪石嶙峋，沟谷幽深，千姿百态。英那河和小峪河贯穿全区，九曲回肠，盘旋而出，河流急缓相间，宽窄相宜，深浅交错，倒映蓝天，婉转秀美。赤松－栎林顶极植物群落郁郁葱葱，优美挺拔，漫山遍野，居亚洲首位。区内有上、下两庙，下庙曰圣水寺，佛道两家，上庙曰般若洞，修于龙华山顶岩洞内，洞中有洞，洞中有庙，为世间少有，两庙均为大连市级重点保护文物。这里自然景观和人文景观有机结合，奇峰林立，林茂花繁，山水一色，动物活灵活现，人与自然和谐相处，是旅游、度假、休闲的理想佳地。

◎ 保护价值

仙人洞自然保护区属森林生态类型自然保护区，其主要保护对象是：赤松－柞树原生型森林生态系统；国内少见的大面积前震旦纪的石英岩、夹绢云母石英片岩和变质砂质岩形成的假岩溶地貌及其景观；残存稀有耐寒的三桠钓樟、海州常山、蓝果紫珠等10余种亚热带物种；国内独有的三桠钓樟－蒙古栎植被类型；金雕、白尾海雕、水獭、杂色山雀、人参、天麻等珍稀濒危野生动植物。

仙人洞自然保护区内优良的自然环境条件，形成了区内生物物种和生物群落的多样性。该区植物区系属华北和长白两大植物区系的过渡地带，既有长白植物区系的代表种，也有华北植物区系的代表种；该区动物地理区划属东北动物地理区和华北动物地理区的交汇地带，发现有两个动物地理区的代表动物。

受地理环境及小气候的影响，保护区内形成特殊的小生境。区内生长着大量珍稀濒危野生动植物。国家一级保护植物4种，国家二级保护植物12种；国家一级保护动物4种，即紫貂、金雕、白尾海雕和大鸨，国家二级保护动物33种；辽宁省重点保护动物58种。杂色山雀为仙人洞保护区特有物种。仙人洞保护区是猛禽的重要栖息、繁殖地。区内有猛禽30种，占辽宁总数的69.8%，其中在保护区内繁殖的猛禽有25种。仙人洞自然保护区是辽宁省猛禽的重要繁殖地，其中国家一级保护鸟类——金雕，就在区内栖息、繁殖。

仙人洞自然保护区最为典型的是原生性赤松－栎林顶极植物群落。赤松，我国主要分布在辽东半岛和胶东半岛，仙人洞赤松林郁郁葱葱，平均林龄50～120年，平均胸径16～54cm，郁闭度在0.7以上，分布面积在400hm²以上，面积之大，为亚洲之最。在赤松－柞树混交的植物群落里，不仅生长着人参、天麻、龙胆等名贵

171

药材，还保存着许多华北植物区系的灯台树、玉铃花、盐肤木等植物。第四纪冰川以后，亚热带植物逐渐向南或西南退移，直至现代，区内仍保留着亚热带或热带亲缘植物，并且占有一定的空间，在某些地段上与赤松等形成了稳定的植物群落，在国内少有。如北五味子、盐肤木、三桠钓樟、海州常山、白檀山矾、刺楸、软枣猕猴桃、臭椿、野古草、白棠子树等在区内都有大量分布。

仙人洞自然保护区境内山地的假岩溶地貌景观之奇特，国内少有。面积之大，在我国还是少见的，山势陡峭，奇峰怪石，千姿百态，大小岩洞四十多处，是国内外的著名景观，也是重要的地质学研究基地。

◎ 管理状况

仙人洞自然保护区自建区以来，全面贯彻落实国家有关自然保护的方针、政策和法律法规，坚持保护生物多样性和可持续发展的原则，全面保护自然环境和自然资源，积极开展科学研究，不断创新发展模式，提高保护区的有效保护和管理水平，保护区的各项事业得到了快速、健康发展。

◎ 功能区划

在功能分区上，保护区区划为核心区、缓冲区和实验区 3 个功能区。其中核心区面积 789.7hm^2，是保护区内原生植被保存最完整的区域，主要植被类型为赤松－栎林，核心区禁止任何人进入；缓冲区 876.2hm^2，核心区外围均设置一环形屏障来保护核心

盐肤木（杨贵权摄）

赤松林（杨贵权摄）

172

三桠钓樟（杨贵权摄）

大天鹅（杨贵权摄）

区，缓冲区只允许从事观测性的科学研究工作；实验区面积 1917.8hm²，实验区包括缓冲区外围至保护区界之间的所有区域，在实验区开展生态旅游和生产经营等活动，必须严格按《中华人民共和国自然保护区条例》规定执行。

◎ 科研协作

在科研工作上，为了适应保护区发展和科研工作需要，2005 年保护区组建了科研所，内设综合室、标本采集制作室和监测室 3 个部门，充实了科研力量，提高了科研能力。几年来，保护区科研工作有了突破性进展，取得显著成绩。先后完成了保护区资源本底调查，并建立资源管理档案；组织了环境监测；完成了专题性研究 12 项，并撰写了相关科研论文 12 篇；建立了生物多样性信息管理系统；实施了气象、土壤、植被以及禽流感的监测工作；制作植物标本 400 件，动物标本 900 件，以及保护区沙盘；新发现大连分布新记录植物 9 种。2002 年，保护区组织科研人员编写出版了《辽宁仙人洞国家级自然保护区科学考察集》。

（仙人洞自然保护区供稿）

天然溶洞（杨贵权摄）

"千岩竞秀，万壑争流"（杨贵权摄）

辽宁 老秃顶子 国家级自然保护区

辽宁老秃顶子国家级自然保护区位于辽宁省东部桓仁满族自治县、新宾满族自治县交界处，距桓仁满族自治县县城56km，距本溪市142km。地理坐标为东经124°41′~125°05′，北纬41°11′~41°21′。保护区总面积为15217.3hm²，属森林生态系统类型自然保护区，主要保护老秃顶子独特的森林生态系统。1998年经国务院批准建立国家级自然保护区。

◎ 自然概况

老秃顶子自然保护区属长白山脉龙岗支脉向西南延续部分，其地貌地质形成与华北的地貌形成有紧密的联系，因受中生代华北地壳运动——燕山运动的影响，地层发生倾斜和断裂，岩浆侵入、地势升高，以主峰为中心的山脉呈丫字形向东、西南、北三个方向延伸出海拔1000m以上的山峰有9座，主峰老秃顶子海拔1367.3m，为辽宁省最高峰，素有"辽宁屋脊"之称。山势曲折蜿蜒，沟壑纵横，局部地段因受第四纪冰川气候的影响，形成大面积的乱石窑（跳石塘）地貌。老秃顶子山西麓的大东沟河、东瓜岭河、泉源沟河，向西注入太子河；东麓和北麓大、小冰河、暖河、马圈沟河、黑石沟河、横道河、海清伙洛河、洼子沟河、大皮匠沟河、罗圈沟河等，向东注入大二河汇入浑江，南麓的响水河、三道沟河、旱葱沟河，向东南注入雅河汇入浑江，属浑江水系。上述诸河，四季长清，平均日流量20000m³，对下游城乡工农业生产、生活用水，具有举足轻重的影响，是省内重要的水资源基地。保护区气候属北温带大陆性季风中的辽东冷凉湿润气候区，由于受海洋性气候和森林高差的影响，形成特殊的小气候区。雨量充沛，年降水量827.8mm，年平均相对湿度73%，绝对最高气温38℃，绝对最低气温−33.2℃，年平均气温6℃，年平均无霜期139天。区内的基岩以花岗岩、石灰岩、变质岩和砂岩为主。土壤类型主要以棕色森林土和暗棕色森林土为典型代表，呈酸性或微酸性，土层厚度40~60cm，土质肥沃，很适宜森林植物的生长发育。

老秃顶子自然保护区属长白植物区系的西南边缘，并具有向华北植物区系的过渡带特征。长白植物区系代表种有：红松、紫杉、鱼鳞云杉、沙冷杉、蒙古栎、桦、拧劲槭、核桃楸、暴马丁香、东北刺人参等。华北植物区系代表种有：油松、赤松、槲栎、灯台树、玉铃花、照白杜鹃、天女木

原始林（祝业平摄）

兰等。正是这种交错的植物区系，造就了老秃顶子丰富的植物资源。保护区共有低高等植物 232 科 1788 种。包括真菌植物 50 科 344 种、地衣植物 13 科 84 种、苔藓植物 50 科 204 种、维管束植物 120 科 1156 种。其中属于辽宁新纪录的真菌植物 128 种、地衣植物 53 种、苔藓植物 112 种、维管束植物 33 种；属于中国新纪录的真菌植物 78 种。还有 7 个真菌新种：辽宁膜腹菌、沙松球囊菌、中华块菌、球孢红地菇、果地红菇、拟粉栖地红菇、辽宁静灰球菌。被列为国家级重点保护的珍稀濒危野生植物 17 种。保护区有陆生脊椎动物 63 科 223 种，其中，两栖类 2 目 5 科 5 属 9 种；爬行类 2 目 4 科 7 属 11 种；鸟类 13 目 38 科 81 属 158 种，占辽宁鸟类 43.3%；兽类 6 目 16 科 32 属 44 种，占辽宁兽类 71.0%。被列为

国家一级保护动物有紫貂、金雕、大鸨、原麝等；被列为省级重点保护的野生动物有 91 种。

◎ 保护价值

老秃顶子自然保护区主要保护对象是老秃顶子独特的森林生态系统和丰富的野生动植物资源，具有重要的保护价值。该区具有中山植被垂直分布带谱，海拔 950m 以下为落叶阔叶林带；950 ～ 1050m 为云冷杉和枫桦等共建种组成的混交林带；1050 ～ 1180m 为云冷杉暗针叶林带；1180 ～ 1250m 为岳桦林带；1250 ～ 1290m 为中山灌丛带；1290m 以上为中山草地。就其明显性、典型性、完整性，为我国少见，而且所形成的植被群落各异，这对研究中山植被垂直分布带的成因规律有着重要的科学价值。

粉花天女木兰（史家敏摄）

老秃顶子自然保护区是坐落在本溪市的一个巨大野生动植物资源库和物种基因库。尤为值得说明的是，第四纪冰川孑遗植物双蕊兰是目前世界上唯老秃顶子独有物种，由中国科学院植物研究所陈心启研究员发现并命名。新属双蕊兰属是继金佛山兰属和梅兰属两属之后又一重要的发现。对于研究气候变迁、兰科植物起源等方面有着重要的科学价值。两栖、爬行动物桓仁林蛙、桓仁滑蜥是在老秃顶

云海老秃顶子（王焕顺摄）

子发现并以发现地命名的新种，有重要的药用价值。

老秃顶子地区正处在我国东部生态脆弱地带的边缘，分布着大面积的因受第四纪冰缘气候影响形成的跳石塘地貌，生态系统极易遭到破坏。如果这一地区的植被以及生态与环境得不到有效的保护，极有可能发生啸山、泥石流等重大地质灾害的可能。老秃顶子自然保护区的建立，有效地保护了这一地区脆弱的自然环境，保护了这一地区物种和生态群落的多样性。使各种珍稀濒危野生动植物得到了及时、有效、长期的保护，确保珍稀物种不会灭绝。可以说老秃顶子自然保护区的建立，为保护自然环境、维护生态安全、减少自然灾害的发生、涵养周边地区水源，保存珍贵野生动植物物种都将起着积极的、不可替代的作用，将为子孙后代留下一笔宝贵的财富。

老秃顶子山势陡峻，峰峦叠嶂，气势磅礴，雄伟壮观。由于受中生代华北地壳运动——燕山运动的影响，地层断裂，岩浆侵入，地势上升形成山顶峰脊——辽宁第一峰，其海拔高1367.3m。“会当凌绝顶，一览众山小”，可谓是：“只有天在上，更无与山齐。举头红日近，回首白云低。”在海拔1290m以上峰顶，有中山草地11hm^2，生长有高山冻原植物。东南有沼泽凹地，长年积水，形成月亮天池。因受第四纪冰川气候的影响，在老秃顶子中上部形成大面积跳石塘，局部地带形成地下暗河，老百姓称为天河海眼，四季都能听到暗河水隆隆的巨流声，有如铁马奔腾、海潮咆哮之势。专家认为举世罕见，具有一定的科学研究价值。

老秃顶子是资源丰富、景色神奇的大山，也是英雄的大山。东北抗日联军司令杨靖宇将军1933年率领东北抗日联军一军一师挺进桓仁地区，开辟了老秃顶子山的抗日根据地。在1933～1938年期间，与日寇进行了浴血奋战，组织了二次西征，1936年杨靖宇将军在老秃顶子大冰滹沟二棱顶子司令部与抗联战士共度春节。现在仍有一、二连哨所、教导团、兵工厂等抗联历史遗址。丰富多样的自然人文景观是开展生态旅游和爱国主义教育的理想场所。

桓仁滑蜥（祝业平摄）

桓仁林蛙（祝业平摄）

云海（王焕顺摄）

层林尽染（刘俊生摄）

◎ 功能区划

老秃顶子自然保护区依据自然生态条件、生物群落特征，以及保护经营目的的要求，本着有利于充分发挥保护区的多功能、多效益，有利于保持森林生态系统的完整性，有利于自然与生态系统保护与管理，有利于开展生物与环境科学研究和资源可持续利用等原则，将保护区划分为核心区、缓冲区、实验区3个功能区，分区确定保护与管理策略。核心区是保护区的核心，由各种原生性生态系统类型所组成。总面积2800.2hm²，占保护区面积的18.4%；缓冲区是核心区的外围屏障，总面积9505.6hm²，占保护区总面积的62.5%；实验区是由位于老秃顶子山主峰以外，生态群落、植被构成与老秃顶子主峰相近的一些大面积零散地块组成。面积2911.5hm²，占保护区面积的19.1%。

◎ 管理状况

自老秃顶子自然保护区建立以来，尤其是晋升为国家级自然保护区之后，各项事业有了长足的发展，资源保护、科学研究成果显著。保护区境内连续24年无森林火灾发生，各种珍稀野生动植物种群数量得到了恢复和发展，世界上唯老秃顶子独有的珍稀孑遗植物双蕊兰生存环境得到恢复，已经连续8年观察到其生长；国家二级保护动物黑熊已由建区初的10余头发展为65～70头。建区前一度猖獗的乱砍滥伐、乱捕滥猎现象得到了有效的遏制，连续多年没有破坏森林和野生动物生活环境的案件发生。保护区在积极查处各类违法案件的同时，向周边社区的居民大力宣传《中华人民共和国森林法》《中华人民共和国自然保护区条例》等法律法规，使广大群众明白

野山参（郭长泰摄）

紫杉（郭长泰摄）

原始林古树（祝业平摄）

建立保护区的重大意义，并积极参与到保护区的建设和管理中来，广大人民群众被充分发动起来，形成了社区共管、群防群治的喜人局面。保护区积极开展关于生态学、动植物学、地质气象学等相关学科的科学研究活动，与相关科研院所、大专院校开展了广泛的交流与合作，是中国科学院沈阳生态研究所、东北林业大学等多所大专院校、科研单位的科研、教学、实习基地。目前保护区科技人员已在各级学术刊物上发表论文20余篇，区外

专家学者在老秃顶子考察、研究后发表论文10余篇。同时，保护区利用标本馆等场馆，利用学生夏令营等机会，向社会作自然保护相关知识的科普宣传，使社会各界了解自然保护区，关心保护区，支持自然保护事业，推动自然保护区各项工作的开展。

老秃顶子自然保护区的基本建设一期工程已建成宣教中心综合楼建设2563.1m²，基层野生动植物保护站4处，重点防火区道路14km，桥涵26座，自然保护区界碑界桩400个，并购置了相应的防火、扑火及科研设备，保证了日常管理、资源保护与科学研究的正常开展。目前，保护区正在抓紧基本建设二期工程的申报工作，相信随着二期工程各项任务的完成，保护区基础设施落后的现状将得到极大的改善，将会更好地发挥出老秃顶子自然保护区作为辽宁省重要的物种基因库和生物学、生态学等多学科研究基地的作用，推进老秃顶子自然保护区各项事业健康蓬勃地发展。

（老秃顶子自然保护区供稿）

跳石塘地貌（刘俊生摄）

辽宁 白石砬子 国家级自然保护区

辽宁白石砬子国家级自然保护区位于辽宁省东部宽甸满族自治县大川头镇。地理坐标为东经124°44′～124°57′，北纬40°50′～40°57′。保护区东西长约20.0km，南北宽约13.0km，总面积7467hm²，属野生动植物类型国家级自然保护区，主要保护东北亚地区红松针阔混交林生态系统及珍稀动植物。保护区是1981年经辽宁省政府批准建立的省级森林自然保护区，1988年经国务院批准晋升为国家级自然保护区。

◎ 自然概况

白石砬子自然保护区属长白山山脉的南延部分，主峰四方顶，海拔1270.5m，山势陡峻，森林植被垂直带谱明显。该区地质构造属震旦系古老变质岩，由于受到区域变质、混合岩化等复杂的地质作用，褶皱断裂构造较为普遍。岩石多为岩浆岩和混合花岗岩。矿以铁矿为主，其次是钼、铜、铅、锌、铀等有色金属和放射性矿种。白石砬子保护区因地壳变迁造就了形状各异的奇峰怪石。地壳发生的一系列的断裂、抬升，使白石砬子自然保护区在这样地质构造的骨架上，经过长期风化、渗水、重力溶蚀等外营力的作用，塑造成岭谷相间、切割较深、大小不一、纵横交错的区域性地貌。区内有海拔800m以上的山峰18座，1000m以上的山峰8座，最高峰海拔1270.5m。区内较大的沟谷11条，两侧陡立，深达200～600m。保护区气候属温带湿润季风气候，受海洋性季风影响和北部高山阻隔，形成该区特殊的小气候。保护区气候特点是：春季回春迟，秋季降温早，冬季寒冷期长。年

白石砬子主峰（海拔1270.5m）（丁云瑞摄）

平均相对湿度73%。全区年平均气温5.3℃，无霜期132天，年均日照时数1841.3h，日照百分率42%。土壤主要是暗棕壤和棕壤两种地带性土壤，并具有与植物带相一致的垂直分布规律。该区土壤肥力很高，有机质和氮素含量丰富。保护区年降水量1350.0mm，降水量最大年份达到2186.7mm，最小年份也为995.7mm。

白石砬子自然保护区各类低、高等植物共计有249科1841种，其中真菌植物56科141属362种，地衣植物20科32属158种，苔藓植物9科144属865种，维管束植物114科1056种。保护区共有脊椎动物357种，其中兽类6目16科43种，这些种的地理分区绝大多数属于古北界东北区长白山地亚区与松辽平原亚区；鸟类15目47科254种，绝大多数属于古北界鸟类；

大古缸（海拔1250m）（丁云瑞摄）

两栖爬行类动物，两栖类有2目6科11种，爬行类有2目3科13种。

白石砬子自然保护区森林植被群落丰富，垂直分布明显，原生、多样、显得自然、丰富和绮丽。大面积地带性的云冷杉枫桦林，红松阔叶混交林，高山岳桦矮曲林等都是难得一见的森林景观。人文景观有高丽墓遗址，庙宇遗址和古墓地，抗联将领杨靖宇将军住过的"石屋"。区内大自然化育的奇岩怪石，千姿百态，可谓是鬼斧神工，令人赞叹，流连忘返。四方顶、大古缸、二古缸、三古缸、黑石砬子、猴石、棒槌砬子、南天门、龙潭飞瀑、石屋、庙宇等10多处自然景点、姿态不同，惟妙惟肖地分布在崇山峻岭之中。大古缸、二古缸、三古缸遥望如积雪，恰似三口倒扣的大缸，故被称为"古缸三兄弟"。坐落在黑沟南岭

178

东北红豆杉（丁云瑞摄）

上的猴石，形如一尊翘首朝天的猴子。每个景点都有各自的妙姿，都流传着一个动听的故事。保护区的北部边缘靠近双山子镇，有一个偌大的地下溶洞，已经开始有人到这里探秘。区内还有繁多的植物种类，复杂的植被类型，丰富的动物资源，壮丽的自然风光，使保护区披上了神秘多彩的面纱。茂密的森林，奇异的花草，兽吼鸟鸣，流水潺潺。季节多彩变化，四季景色各异：春季山花烂漫，夏季郁郁葱葱，秋季果实累累，冬季青松白雪。这里，无峰不雄，无崖不险，无谷不奇，无木不秀，无水不幽，集雄险奇秀幽于一体，堪称辽东一绝。

◎ 保护价值

白石砬子自然保护区的保护对象一是保护白石砬子的森林生态系统；二是保护东北亚地区地带性原生型红松阔叶混交林；三是保护中山森林植被垂直分布带；四是保护珍禽猛兽鸳鸯、杂色山雀、苍鹰、花尾榛鸡、黑熊等；五是保护人参、细辛、木通、刺五加等名贵中药材；六是保护松茸、羊肚菌、香菇、密环菌、红菇腊伞等名贵食用菌。

白石砬子自然保护区地处长白山华北植物区系的交替地带，为辽宁东部林区的核心区域。地形复杂，气候变化较大。是东北亚地区天然次生森林植被保存比较完整的地方。该区有较完整的大面积天然红松阔叶混交林，

云冷杉枫桦林、岳桦林等典型森林类型分布。该区又是野生珍稀动物分布最多的地带，黑熊、野猪、狍子等在保护区内经常出现。森林植被的原生性、生态类型和物种的多样性分布的地带性都具有非常重要的保护价值。同时也是科学考察、实验、科普教育、教学实习等的重要基地。

白石砬子自然保护区还有着巨大的生态作用。保护区是辽宁省丹东地区的蒲石河、牛毛生河、南股河、北股河四水之源，是鸭绿江水系中重要河源地区之一，具有重要的涵养水源作用。水质优良，主要为 $HCO_3 \cdot Cl-Ca \cdot Mg$，$HCO_3-Ca$ 型水，泉水清凉可口，系宽甸人民生活、生产用水

东北红豆杉繁育基地（丁云瑞摄）

枫林（丁峰摄）

179

长尾雀（丁云瑞摄）

杂色山雀（丁云瑞摄）

潺潺溪流（丁峰摄）

的主要来源。保护区有稳定的生态，健全的食物链和良好的自然生态环境，为区内生物的繁衍生息提供了良好的生境。保护区典型的中山森林植被垂直分布和长白、华北植物区系交替地带的原生型红松阔叶混交林的顶极群落典型演替，具有十分重要的保护价值。

白石砬子自然保护区内动植物区

天女木兰（丁云瑞摄）

系的复杂性、古老性以及物种和植被类型的多样性：一是过渡带典型。红松阔叶混交林是保护区地带性植被，长势十分繁茂，低山、中山寒温性针叶林成片分布。植物种类很多，荟萃长白、华北、兴安三个植物区系的物种。古老的孑遗植物——东北红豆杉、黄波罗等在此区亦属常见；二是植物区系地理成分比较复杂、古老。该区不仅有长白、华北植物区系的代表植物，而且还有兴安植物区系的植物和一些具有热带亚热带亲缘的植物。长白区系代表植物有红松、沙松、鱼鳞云杉、东北红豆杉、人参等；华北植物区系代表植物有油松、灯台树、天女木兰、玉铃花等；兴安植物区系的代表植物有兴安桧柏等；具有热带亲缘的植物有省沽油、五味子、杠柳、猕猴桃等，显示了该区植物区系较古老的物种结构；三是植被类型的多样性。保护区自然植被有针叶林、阔叶林和灌丛草丛3个植被类型组，17个群系，26个基本群丛。动植物种近3000种；四是物种多样性。保护区有野生物种2796种，其中有国家一级保护植物2种：

人参、紫杉。脊椎动物357种，其中列为国家重点保护动物40种，列为《中日保护候鸟协定》127种。昆虫598种。

白石砬子自然保护区呈近圆形完整的自然地貌体系，有利于保护和管理，能够满足生物物种的稳定和可持续发展对地理环境的要求。

白石砬子自然保护区不但具有以

黑熊（丁云瑞摄）

灵芝（丁云瑞摄）

上保护价值，同时也是优秀的科普教育基地。建区以来分别与辽宁大学生命系、沈阳大学师范学院、辽东学院以及丹东地区的中小学校签订协议。每年都有数以千计的学生到保护区来参观学习。

◎ 功能区划

白石砬子自然保护区划分为核心区、缓冲区和实验区3个功能区。核心区面积为2252.10hm²，占保护区总面积30.2%。缓冲区总面积为903.4hm²，占保护区总面积12.1%。实验区面积4312.3hm²，占保护区总面积57.7%。

◎ 管理状况

白石砬子自然保护区1991～2005年共完成了一、二期工程建设和站点完善工程，现已全部投入使用。已建成科研宣教楼和附属工程、护林站点、防火公路、桥涵和防火瞭望台。架设了通讯线路及输电线路。建立了太阳能监测系统和永久性观测样地以及蓄水塘坝。购置了必要的科研设备。成立了白石砬子保护区森林防火指挥中心、野生动物疫源疫病监测机构。安装了防火监控系统，全天24小时对全区进行监测。

白石砬子自然保护区建立健全制度规定，认真执行有关法规。保护区管理工作主要依据《中华人民共和国森林法》《中华人民共和国自然保护区条例》等。经丹东市政府批准制定的《辽宁白石砬子国家级自然保护区管理办法》，保护区内部制定了《护林防火保护森林资源制度》《辽宁白石砬子国家级自然保护区管理局年度职工考核办法》等9项工作制度，对资源保护、日常管理等方面都做了具体的规定。同时保护区管理局与各科

山芍药（丁云瑞摄）

室签订目标责任状，各科室与下设机构签订目标责任状。各单位均为领导负责制，有详细的岗位责任制。所有人员的工资、奖金与考核结果挂钩，奖罚严明。促使保护区的工作正规有序，干部职工工作积极性高。

资源管护措施完善。森林防火和野生动植物保护工作是保护区工作的重心。白石砬子自然保护区采取了一套行之有效的管护措施：一是工作层层落实；二是明确责任，划定责任区域，设立界桩并绘制管区图。形成"沟沟有人管，山山有人护"的格局；三是成立保护区和地方政府联防机构。主要是与保护区邻近村屯人员建立联系联防体系，遇有火情共同出动，实施扑救；四是措施得力，制度健全。建立专业的护林防火队伍，配备扑火机具。定期进行培训，提高人员素质。制定相应制度。坚持领导防火（汛）值班制度，值班领导采用远程微波监控系统进行远程监测与实地检查相结合的方式对林区以及管护人员进行全天候的监测。

（白石砬子自然保护区供稿）

天然溶洞（丁峰摄）

绒被紫萁（王辛琦摄）

百年油松（丁峰摄）

辽宁 医巫闾山
国家级自然保护区

辽宁医巫闾山国家级自然保护区位于辽宁省西部，义县、北镇2县（市）交界处，地理坐标为东经121°31′~121°46′，北纬41°26′~41°46′。保护区南北长40km，东西宽10km，总面积11459hm²，属森林生态系统类型自然保护区，主要保护东亚地区特有的天然油松林及珍稀野生动物。保护区于1981年经辽宁省政府批准建立省级自然保护区，1986年经国务院批准晋升为国家级自然保护区。

◎ 自然概况

医巫闾山属阴山山系松岭山脉，是内蒙古高原到辽河平原的三大屏障之一，是辽西低山丘陵地区的重要组成部分。医巫闾山在辽河平原西侧突兀而起，绵延起伏，峰峦秀耸，全山海拔多在200~800m之间，主峰望海寺山海拔866.6m，是辽西地区的第二高峰。医巫闾山构成体系位置，居于阴山东西复杂构造带中段东端与大兴安岭至太行山新华夏构造隆起带的交接部位，地质较为复杂。地质结构为前震旦纪地层，燕山沉陷带，断层褶皱山脉。医巫闾山母岩多为花岗岩、片麻岩、太古界建平群片岩。花岗岩为中生代，岩性为黑云母花岗岩。矿产以金矿、铁矿、锰矿、石灰矿为主。

医巫闾山自然保护区的水资源均来自天然降水，地下水主要蕴存于花岗岩构造裂隙和风化裂隙中，形成基岩裂隙水。医巫闾山发源的河流均为泄洪性季节河。医巫闾山水质为碳酸钙型，矿化度小于0.5g/L。著名泉水源头多集中东坡，西坡只有少量基岩裂隙水。东坡泉水主要有：玉泉、龙

潭泉、桃花洞泉等。其中源于医巫闾山东坡的河有：东沙河、羊肠河、鸭子河、大沟河、兴隆河等。西坡主要河流有：细河、瓦子峪河、稍户营子河（沙河）等，这些河流除羊肠河、细河、瓦子峪河外，多为季节河。

医巫闾山自然保护区地处暖温带，属半湿润大陆性季风气候。特点是春季少雨多风，夏季酷热多雨，秋季天晴气朗，冬季寒冷干燥。年平均气温8℃，

图山（张明文摄）

气温最高在7月份，平均气温24℃，极端最高气温41.5℃。气温最低在1月份，平均气温-10.3℃，极端最低气温-29℃。年降水量600mm，全年蒸发量在1965mm以上。全年日照时数2871h，积温3358℃以上，无霜期160~180天，最长年份191天，最短年份128天。冰冻期4~5个月，冻土层1m左右。

医巫闾山自然保护区内土壤主要

野生动物园（敖立环摄）

为暖温带落叶阔叶林下发育的棕壤土类，局部少量发育山地草甸土。成土母质主要是花岗岩、变质片麻岩、风化的残积物和坡积物。土壤石砾含量较大，结构疏松，有机质含量均在 2.5% ～ 3.2% 之间，速效养分磷、钾的含量较丰富，有利于植物的生长发育。

医巫闾山自然保护区棕壤土类包括了 3 个亚类，即棕壤性土、棕壤、潮棕壤。

医巫闾山自然保护区植物区系为华北植物区系。地处华北植物区系边缘，与蒙古、长白植物区系毗连，是 3 个植物区系的交错过渡地带；区系成分复杂，植物种类繁多，植被类型多样，兼有 3 个植物区系植物种群分布，共有各类低、高等植物 177 科 593 属 1201 种。其中真菌 29 科 61 属 101 种；苔藓植物 28 科 69 属 131 种，其中苔类 10 科 13 属 20 种，藓类 18 科 56 属 105 种 5 变种 1 亚种；蕨类 10 科 12 属 21 种；裸子植物 4 科 9 属 15 种；被子植物 106 科 447 属 933 种，其中双子叶植物 90 科 355 属 752 种，单子叶植物 16 科 92 属 181 种。

医巫闾山自然保护区动物区系属古北界华北动物区系，又处于古北界华北区、东北区、蒙新区交汇点，动物种类分布反映出区间过渡的特点。区内有野生脊椎动物 322 种，隶属 30 目 75 科。其中哺乳类共有 36 种，隶属 6 目 15 科；鸟类 229 种，隶属 16 目 45 科；两栖动物 6 种，隶属 1 目 4

摩云塔（梁维杰摄）

原生油松纯林（张波摄）

科 4 属；爬行动物 16 种（含 4 亚种）隶属 3 目 6 科 9 属；鱼类 35 种，隶属 4 目 6 科 34 属。国家重点保护动物 31 种，辽宁省重点保护动物 47 种。此外昆虫资源共有 16 目 147 科 749 属 1094 种，蜘蛛资源共有 23 科 73 属 107 种。其中有 2 个新种：辽隐石蛛和围绕隙蛛；6 个国内新纪录种：次成球蛛、朝鲜近狂蛛、树栖平腹蛛、山地单蛛、林狼栉蛛、日本长跳蛛。

医巫闾山自然保护区山石景观形态万千，有名山峰 52 座。奇峰有将军拜母、猴石对峙、莲花初绽、鲤鱼擎天、鹅头峰、雄师岭、草帽山、骆驼峰、兔儿岭、鸡冠山等。怪石有石蟾东望、大鹏远眺、龟背旷观、林海风帆、金

鸡石、蛤蟆石、松抱石、戏台碴子等。森林景观以天然油松林和天然针阔混交林为主体的松涛绿浪，映衬着错落有致的苍山云海，气象万千。古树名木有乾隆皇帝加封的将军松、云巢松和因典故而得名的药王松、华表松，也有因形得名的迎客松、母子松、石抱松、姐妹松、情侣松、卧龙松、龙爪松等。水域景观有大朝阳、玉泉寺游览区傍山辟成的清水池、圣水井，池水幽蓝，水深莫测，四时不竭，游鱼无数。大石湖景区有着省内落差最高的瀑布，水花飞溅，大珠小珠凝聚成如镜湖面，清澈见底，堪称辽西一绝。医巫闾山天象奇景迭出，可与黄山、峨眉山媲美。登上鹅头峰，可入"云海"，

在阴而不雨的天气，登上望海寺，有幸还会见到"佛光"，它是医巫闾山一大奇景。人文景观著名的有炎汉古刹、汉代宝林禅寺，唐代灵山寺等寺庙。

◎ 保护价值

医巫闾山自然保护区内的保护对象是闾山的自然资源、自然环境、自然综合体。以保护东亚地区特有的天然油松林、华北植物区系、现存较完整的天然针叶混交林，以及珍禽黑鹳、白头鹤、天鹅、鸳鸯、金雕等猛禽动物及其栖息、繁衍、迁徙地为重点保护对象。

医巫闾山自然保护区生态系统复杂，生物多样性丰富，具有重要保护价值和意义。区内不但具有相对平衡稳定的森林生态系统和良好的自然环境质量，而且具有大量的旅游资源和名胜古迹，在发挥着森林的多种功能和效益的同时，也促进了科技普及、生产建设、文化教育、卫生保健的发展。它是具有多方面保护价值的自然保护区，它是自然资源宝库，也是开

展各门学科的科学研究教学基地，是向人民群众开展环境教育的生动课堂。作为一个旅游胜地，也为改善人民文化和物质生活提供了广阔的活动场所。其保护价值主要体现在以下几个方面：

一是特殊的自然地理环境。保护区属阴山山脉的余脉，是内蒙古到辽河平原的三大屏障中最后一道天然绿色屏障。气候属暖温带半湿润季风气候，四季分明，光能资源适中，热量资源充足，降雨丰沛，雨热同期。保护区内岩石主要为花岗岩、片麻岩，土壤以棕壤为主，土层较厚，一般30～40cm，适合多种动植物生长繁衍。由于其特殊的自然地理环境及保护区建立以来的生态保护，作为天然绿色屏障，庇护和滋润着辽河平原农业的稳产高产。

二是动植物地理区系的复杂古老。保护区位于长白、华北、蒙古3个植物区系的交汇地段，不仅有长白植物区系、华北植物区系、蒙古植物区系的代表植物，而且生长着热带亲缘植物。同时也为野生动物提供了良好的栖息、繁衍、

天险十八蹬（张波摄）

迁徙的环境条件，闾山保护区动物区系属古北界华北动物区系，以处于古北界华北区、东北区、蒙新区的交汇点，是北方动物地理分布有机组成部分，种类较多，资源丰富。

三是丰富的生物多样性。植被类型的多样性，保护区是华北、长白、蒙古植物区系交错地带上具有代表性的森林生态系统，既分布着"东亚地

闾山（张明文摄）

区特有的天然油松林"，还保存着"华北植物区系现存较完整的针阔叶混交林"，植物群落分为5个植被类型组，6个植被型，18个群系，31个群丛。蕴藏着大量动植物、微生物，是生物物种资源的"基因库"，也是遗传多样性的"繁育场"。在动植物中有不少种类在国民经济中具有重要意义，保护好这些生物资源，对恢复和发展这一生态种群产生深远的影响。

四是科研教学实验的理想基地。保护区地质较为复杂，是地理学、地质学研究的理想场所。保护区内和谐稳定的自然生态系统，对周围地区农业生产起着保护作用，在植物学、林学、生态学和环境科学等方面都有十分重要意义。同时也是土壤学、气象学、动物学、昆虫学研究的广阔天地。

五是风景旅游资源丰富。医巫闾山自古享有盛名，为旅游胜地。从辽至明、清以来，帝王将相、高人名士驻足闾山，留下碑刻文字，给今天医巫闾山带来了巨大影响，可见医巫闾山在历史上早已成为风光绮丽、环境宜人的名山。建立保护区后，随着自然资源、自然环境、自然综合体的保护、恢复和发展，自然奇景比比皆是。是人们走进森林、回归大自然，返璞归真的佳境所在。保护区内"三清观""圣清宫"是道教龙门派的发祥地。

◎ 功能区划

医巫闾山自然保护区共区划为3个功能区，即核心区、缓冲区和实验区。核心区总面积为3398hm^2，占29.7%；缓冲区面积3265hm^2，占28.5%；实验区面积4805hm^2，占41.8%。

◎ 管理状况

保护区管理机关为辽宁医巫闾山自然保护区管理局，隶属于锦州市林业局，为县级事业单位。设有办公室、资源管理处、公安处、产业宣教处4个职能处室，下设朝阳、碾盘沟、老爷岭、森林公园4个管理处及1个科研所，朝阳和碾盘沟2个林业公安派出所，各管理处内设行政计财股、资源保护股、资源产业股。

自1989～2005年一、二期工程的建设项目全部完工，并已投入使用。完成了科研办公综合楼和管理处、保护站房屋新、翻建项目；成立了专门的科研机构：闾山保护区科研所；建成了闾山自然博物馆；成立了闾山保护区森林防火指挥中心；成立了专门的森林病虫害监测机构，并被列为"国家级森林病虫害中心测报点"；成立了专门的野生动物疫源疫病监测机构，并被列为"省级野生动物疫源疫病监测点"；成立闾山森林公园，下设四大景区，分别为大朝阳景区、大石湖景区、宝林楼景区、老爷岭景区；安装了防火电视监控系统，全天24小时对全区进行监测。

森林防火和野生动植物保护工作，是资源保护工作中的重中之重，保护区实行了一整套行之有效的保护管理办法。一是领导重视。主要领导亲自抓，主管领导具体抓，分片包点干部层层抓。二是责任明确。划定责任区域，层层签订护林防火责任状。形成了山有人巡、林有人护、树有人管、责有人负，纵向到底、横向到边的资源保护新格局。三是建立联防组织，落实各项预案。主要是与毗邻单位和地方政府建立各级联防组织，落实各项扑救森林火灾预备方案。四是措施得力、制度健全。主要有：建立护林防火专业队伍，充分发挥公安科、派出所作用；建立专业扑火队，配备扑灭火机具；建立紧急召集制度；与毗邻村屯7种人员签订护林防火合同书（保证书），

护林人员定期走访宣传制度；护林员实行岗位责任制，制定了巡山制度、值班值宿制度等；护林防火、资源管理工作定期检查评比，制定奖罚办法；制定《年度护林防火日常工作规程》《护林防火工作中违纪问题处理意见》等规范性文件等等。在不破坏资源的前提下大力发展林下种养殖业。如药材、林蛙等。合理开发利用自然景观和人文景观，开展森林生态旅游业。

（医巫闾山自然保护区供稿）

油松王（张波摄）

辽宁 辽河口
国家级自然保护区

辽宁辽河口国家级自然保护区位于辽宁省辽东湾北部盘锦市境内的双台子河入海口处，其东界与盘锦市大洼县的二界沟镇相接，西界与锦州市的大凌河口相连，北界为锦盘公路，南界与渤海湾的海岸线和浅海海域相连。地理坐标为东经121°30′～122°00′，北纬40°45′～41°10′。保护区南北长60km，东西宽35km，总面积12.8万hm²，属自然生态系统类的湿地生态系统类型自然保护区。1988年经国务院批准晋升为国家级自然保护区。

白鹳（谷洪旺摄）

◎ 自然概况

辽河口自然保护区的大地构造位于华北台地东北部，区域构造位于辽河断陷的构造位置上，下辽河盆地是中生代的断陷盆地，自中生代形成之后，盆地发生了大幅度下沉，并在其内部发生强烈的分异作用，形成一系列的隆起和凹陷。凹陷内部有巨厚的老三纪堆积，厚度可达6000m。下辽河盆地是沉积中心之一，第三纪发育齐全，上第三纪分为馆陶组和明化镇组。第四纪分布广，面积大，成因类型复杂，岩相变化较大。保护区地貌类型为辽河下游冲积平原，地势低洼平坦，海拔高度为1.3～4.0m，坡降为1/20000～1/25000，河道明显，多苇塘泡沼和潮间带滩涂。该区地处中纬度地带，属于北温带半湿润季风气候区。区内年平均气温8.4℃，年降水量623.2mm，降水主要集中在夏季，平均降水量392.1mm，占全年降水总量的62.9%。区内集水主要来源于地表水和地下水。其中地表水包括流经保护区入海的双台子河、大辽河、饶阳河、大凌河等河流水系和降水的地表径流。地下水为第四系浅层和第三

落日下的鹭群（谷洪旺摄）

红海中的绿（谷洪旺摄）

系地下水，均属松散岩类空隙水。双台子河和大凌河为形成和维持该区湿地生态系统的主导因素。区内成土物质主要来源于河水携带的大量泥沙沉积，土壤以沼泽土盐土、潮滩土为主。由于受长年积水影响，土壤透气性差，养分分解慢；又因土壤含盐量高，影响植物根系对土壤养分的代换吸收，造成土壤养分大量积累。

辽河口自然保护区内的野生动物资源十分丰富，分布有鸟类264种、兽类21种、两栖、爬行动物15种，列入国家一、二级保护的动物35种，多属于鸟类群落的典型代表种。保护区内的原始湿地自然环境为这些动物提供了理想的栖息地，鸟类种群数量在不断扩大，成为观赏鸟类，尤其是滨海鸟类栖息繁衍的理想场所。保护区地处辽河的入海口，俗称"九河下梢"，拥有丰富的湿地自然景观和独特的碱蓬滩涂、丰富的鸟类资源，为旅游活动的开展提供了条件。保护区所在地的盘锦市又是新兴石油化工城市，我国的第三大油田——辽河油田就坐落在这里。富裕的经济条件为开展旅游提供了坚实的物质和经济基础。盘锦市在中国的历史上是著名的"南大荒"，一片退海湿地，既无人文景观，又无历史古迹，可以供人们观赏的仅是这些湿地景观和多种鸟类，这也是百万盘锦人民和外来人员的唯一观光场所。因此，搞好保护区的生态旅游建设具有无比优势。

辽河口自然保护区的河流型湿地景观由21条河流及沿岸边的低湿地共同组成，总面积近2万hm²，占保护区总面积的15%，是许多动植物、养分和水在景观中迁移的通道和过滤器，也是多种鱼类的栖息地，尤其是入海口处的海域部分，是海洋渔业和斑海豹的重要栖息地，也是保护区总体景观中最重要的功能结构之一。湿地景

凤头䴙䴘（谷洪旺摄）

红海滩

大白鹭（谷洪旺摄）

观是保护区景观构成的主体，主要分为芦苇沼泽湿地和海域滩涂；其中芦苇沼泽湿地面积为4.1万hm²，占全区总面积的32%，号称亚洲第一大苇田。海域滩涂面积为1.46万hm²，占保护区总面积的11%，上面生长的碱蓬群落，生长季节一片红色，形成广阔的"红碱滩"，为湿地的一大奇观。

◎ 保护价值

辽河口自然保护区以保护鹤类、雁鸭等珍禽及其他涉禽、游禽等鸟类为主，主要保护对象是丹顶鹤、黑嘴鸥等多种珍稀物种和滨海湿地生态系统。保护区的主要湿地类型包括芦苇

反嘴鹬（谷洪旺摄）

沼泽、河流、海域滩涂等，优势植物有芦苇、碱蓬等。其保护价值有如下几方面：

一是植物与湿地生态系统多样性。保护区内植物区系属华北植物区，受区域湿地生态环境的影响，其种类比较单一，分布有维管束植物126种，分属38科87属，其中呈优势分布的有30余种，建群种不超过10种，多为草本植物，而少有木本植物，仅个别区域常零星地分布有杨、柳、榆等的单株树。由于无自然高地和天然的树林，植物群落仅限于盐沼和耐盐植物的组合，以及淡水沼泽和干旷草地的种类。区内湿地分为人工湿地、半自然湿地和自然湿地。其中，人工湿地主要包括稻田、虾蟹田和盐田；半自然湿地主要是一些人工灌溉的芦苇沼泽；自然湿地包括：甸芦苇沼泽、碱蓬－芦苇沼泽、香蒲－芦苇沼泽、以柽柳为主的灌丛草地及河流等。

二是物种多样性。主要体现在野

丹顶鹤（谷洪旺摄）

斑嘴鸭

生动物多样性上，保护区以珍稀水禽种类分布较多而著名；在现有分布的1144种物种中，浮游植物104种，其他植物126种，浮游动物51种，无脊椎动物443种，脊椎动物420种。无脊椎动物中，甲壳类49种，昆虫299种，软体动物63种。脊椎动物中，鱼类124种，两栖爬行动物12种，兽类21种，鸟类263种。从重要物种的种群监测看，保护区区分布的丹顶鹤数量已由1991年的300只，增加到1999年的540只，白鹤的种群数量分布有420余只（1994年），雁鸭类数量近20万只，其中翘鼻麻鸭的种群数量就有10万只、黑嘴鸥2700余只、涉禽共分布有43种10万余只。

三是重要物种分布。在辽河口自然保护区分布的多种野生动物中，有国家一级保护动物8种，即丹顶鹤、白鹤、白鹳、黑鹳、金雕、大鸨、遗鸥、东方白鹳；二级保护动物29种，主要有灰鹤、蓑羽鹤、大天鹅、白额雁、黄嘴白鹭、白尾海雕、渤海斑海豹等。有《中日候鸟保护协定》规定保护的鸟类145种，如：大白鹭、黑鹳、大天鹅、灰鹤、大杓鹬、黑嘴鸥等；《中澳候鸟保护协定》规定保护的鸟类46

黑嘴鸥（谷洪旺摄）

白眉鸭（谷洪旺摄）

赤麻鸭（谷洪旺摄）

种，如：大白鹭、白眉鸭、琵嘴鸭、彩鹬、小杓鹬、中杜鹃等。在国际有重要保护意义的物种有丹顶鹤、白鹤、白枕鹤、白头鹤、黑嘴鸥、震旦鸦雀、斑背大苇莺、渤海斑海豹等20余种。其中，该区为世界野生丹顶鹤繁殖分

布地的最南限和世界上黑嘴鸥种群的最大面积繁殖地及栖息有黑嘴鸥的最大繁殖种群。

◎ 功能区划

辽河口自然保护区内由芦苇沼泽、滩涂、浅海海域和河流、水库及水稻田6种湿地类型组成。芦苇沼泽从锦盘公路至沿海海堤，近年又向滩涂自然生长，面积为5.7万 hm²，占保护区总面积的44.7%；滩涂包括海滩和河漫滩两种类型，面积为4.0万 hm²，占保护区总面积的31.6%；河流面积为2.0万 hm²，占保护区总面积的15.8%；其他类型湿地面积为1.0万 hm²，占保护区总面积的7.9%。按功能划为核心区、缓冲区和实验区。核心区面积为3.5万 hm²，占保护区总面积的27.3%。缓冲区总面积为6.3万 hm²，占保护区总面积的49.2%。实验区面积3万 hm²，占保护区总面积的23.4%。

◎ 管理状况

辽河口自然保护区有四大建设工程：

一是生物多样性保护工程。完成了鸟类救护中心、湿地生态监测站、环志站等科研工程，并购置必要的科研设备；建成了宣教培训中心，配备了必要的宣教设备，全面开展宣教培训工作；划拨了核心区土地、建设鸟类投食区、管理站、瞭望台等保护工程，配备公安车、摩托车、巡护船等巡护检查工具，逐步完善通讯设施，以提高管理水平、强化管护能力。

二是保护管理工程。建设了东郭管理站。同时，在功能区区划的基础上，做好不同区域的立标工作。保护区鸟类资源丰富，每到迁徙季节，鸟类成千上万群居保护区取食、饮水、补充营养。随着保护区各项工程的建设，环境条件的不断改善，鸟类种群和数量会不断增加，因此建成了一定面积的投食区，以稳定鸟类活动范围，防止灾害性天气和严冬季节缺乏食物，危及鸟类生存，另外在保护区东部的赵圈河管理站西侧设置投食区 $30h m^2$，投放食物玉米、大豆、稻谷、鱼虾等。为了对自然保护区实行全面监控、监测、预报火灾火情及人为活动等，一共修建瞭望塔 4 座，并配备必要的交通工具、通讯设施及望远镜、防火工具等器材。

三是湿地资源的恢复与发展工程。保护区内资源的恢复与发展，主要是在保护好现有资源的基础上，以保护区内自然生境和物种为主，采取一定的人工措施，促进资源的恢复和增殖，从而达到保护的目的，但一切活动均需在实验区内进行。保护区是目前世界上濒危物种黑嘴鸥的最大面积繁殖地，区内共栖息有繁殖的黑嘴鸥 2700 只以上，占其全部种群的 40%，但由于农业的开发和油气资源的开采，对黑嘴鸥繁殖地破坏较大。大面积的繁殖地由于植被的增高和水域环境的变化，已不适于黑嘴鸥营巢繁殖。因此，采取了人工措施，控制碱蓬植被的增长，恢复水域环境或建筑人工岛，并加强人工岛的管理，为黑嘴鸥提供适宜的繁殖环境。管理的重点为滩海小区湿地恢复：该区域位于保护区东部的核心区，总面积 $380h m^2$，地权归保护区所有，由于原地貌植被生态鸟类活动状况较好，所以曾是保护区中一块比较典型、重点的保护小区，也曾经是世

界濒危物种黑嘴鸥的最早和最为重要的繁殖区。自 1990 年拦海大堤建成和三角洲农垦开发后，小区四面被封闭，水源阻断，成了枯岛，地表日益干旱、土壤变化，碱蓬－芦苇植被逐渐消失，自然环境退化，水禽数量逐渐减少，黑嘴鸥也离此择地繁殖。为尽快解决小区的供水问题，恢复原有湿地自然环境，完成水面 $23.4h m^2$，占小区面积的 6%，在小区的北部建集水池一处，面积为 $10h m^2$，并通过管线输送到小区中部，管线总长 2400m，利用海水灌溉进行恢复。

四是科研设施和监测工程。建设湿地生态监测站 1 处及 4 个监测点，并配备了小型实验室及相应的仪器设备，如科研巡护船、越野车和计算机等，对湿地生态系统进行了监测与研究，以便为湿地类型保护区的综合开发和

持续发展提供科学的技术管理手段。保护区仅水禽就分布有百余种百余万只，是东亚—澳大利亚水禽迁徙航道上重要的停歇地、取食地和繁殖地，是研究鸟类迁徙、栖息和繁殖的理想基地。根据科学研究的实际需要，在滩海管理站和东郭管理站各建环志站 1 处，其中滩海环志站以环志水禽为主，东郭环志站以环志猛禽及雀形目的鸟类为主。为保护新生湿地生态系统和珍稀濒危鸟类资源，在赵圈河管理站建鸟类救护中心 1 处，内设急救室、化验室、短期监护观察室及越冬、暂养、繁殖舍，对病、伤鸟类进行收养和救治。同时，对价值高、数量少的鸟类进行人工繁殖、饲养，以扩大其种群。

（辽河口自然保护区供稿）

海滩（谷洪旺摄）

芦荡苇洲（谷洪旺摄）

辽宁 努鲁儿虎山 国家级自然保护区

　　辽宁努鲁儿虎山自然保护区位于辽宁省、内蒙古自治区交界处的朝阳县北部古山子乡境内，地处努鲁儿虎山脉南麓。地理坐标为东经120°7′～120°21′，北纬41°44′～41°54′。保护区总面积13832.1hm²，属森林生态系统类型自然保护区，以保护天然蒙古栎阔叶混交林生态系统和众多的野生动植物及其栖息地，增强保护区的水源涵养功能为主要目的。2006年2月经国务院批准晋升为国家级自然保护区。

◎ 自然概况

　　辽宁劈山沟在大地构造上处于东北—西南走向的低山隆起带。由于受构造运动的两次变动，形成了现在骨架。经过长期风化、侵蚀、搬运等外力作用形成了现在的地貌形态。努鲁儿虎山自然保护区地形属中低山区，平均海拔600m左右，最高山峰平顶山，海拔1123m。山峦起伏，怪石嶙峋，形态各异，优美奇特。保护区属温带半湿润大陆性季风气候，春季少雨多风，夏季酷热多雨，秋季天气晴朗，冬季寒冷干燥。气候的主要特征表现为：冬长夏短，温差较大，年平均气温8.4℃，气温最高在7月份，极端最高气温41.2℃；气温最低在1月份，极端最低气温－31.8℃。无霜期120～140天。≥10℃年积温3365℃。由于努鲁儿虎山地形的差异性，形成了小气候的多样性和复杂性。山沟春夏季节天气温暖，雨量较多，为森林植被的生长发育创造了良好的条件。

　　努鲁儿虎山自然保护区的水系全部为大凌河支流，常年水流不断的河流有劈山沟河、杨树洼河、翁泉子河，其中劈山沟河丰水季节流量可达每小

椴桦混交林

时150m³，在枯水季节流量仍达到每小时60m³。另外有4条季节性河流发源于保护区内。季节性河流在雨季水流湍急，枯水期断流。努鲁儿虎山植被茂密，起到了涵养水源的作用，甘井清泉随处可见，春夏秋溪水潺潺，冬季冰雪封山，年降水量520.4mm。区内有国家小型水库1座，总库容量130万m³。保护区土壤大体分两类：一是暖温带落叶阔叶林下发育的棕色森林土，多分布在海拔600m以上的山坡和植被茂密的阴坡；二是褐土，多分布在海

拔600m以下的山坡及平川、河谷。成土母质主要是花岗岩、变质片岩风化的残积或坡积物，石砾含量较多，结构松散，有机质含量较高，平均在2.4%～3.2%左右。速效养分含磷、钾比较丰富，氮含量较低。

　　努鲁儿虎山自然保护区得天独厚的自然地理环境，复杂的地势地貌类型，多样的山地气候，为植物生长创造了优越的条件，区内已知维管束植物97科412属1015种（含变种、亚种和变型），其中，蕨类植物10科13属33种，裸子植物3科6属12种，被子植物84科393属960种。保护区处于华北植物区系和内蒙古植物区系的交汇地带，是原生次生林保存十分完整的区域。保护区植被可分为3个植被型组、4个植被型、7个植被亚型、7个群系组、10个群系、20个群丛组。该区的地带性植被是落叶阔叶林。保

护区动物的地理区划属华北动物地理区和蒙新动物地理区的交汇地带，这里有华北动物地理的代表动物石鸡和蒙新区的代表动物蒙古百灵、凤头百灵和跳鼠等。由于动物分布含有两个动物地理区的特点，因而动物资源比较丰富。努鲁儿虎山自然保护区共有脊椎动物 27 目 69 科 354 种，其中兽类 6 目 15 科 37 种；鸟类 15 目 43 科 266 种；两栖类 1 目 3 科 5 种；爬行类 3 目 4 科 14 种；鱼类 2 目 4 科 32 种。另外，保护区还有昆虫资源 12 目 98 科 506 种。

努鲁儿虎山自然保护区内山峰峻峭，山石峥嵘，奇特怪异，形态万千，云气缭绕，峰石活跃，如精工细刻，栩栩如生。怪石有小鸟石、猪八戒石、蛤蟆石、鹰嘴石等，形象逼真，令人回味。夏季雨水充足，冬季积雪深厚，造就了极为可贵的山水景观，清泉随处可见，顺沟潺潺而下，听着叮咚的水声，心怡而洁。在 5 月初，山上鲜花灿烂，而沟底却是冰凌遍地，形成了奇特鲜明的对比。保护区植被茂密，种类繁多。每当阳春，山上的报春花、杜鹃盛开，红白相间，花香四溢，沁人心脾；春夏时节，满山花草竞相争

艳，交相辉映，是一个奇妙的野生花卉园；到了深秋季节，枫叶、杏叶如丹，红似残阳，冬季白雪茫茫的天地之间，傲立着排排青松翠柏，给人无畏向上的力量。

◎ 保护环境

努鲁儿虎山自然保护区主要保护对象如下：

一是天然蒙古栎阔叶混交林生态系统。天然蒙古栎阔叶混交林是保护区的地带性植被，林内树种多，乔灌混交，结构复杂，已形成较好的水土保持、水源涵养、防风固沙作用，有较高的生态价值。

二是珍贵的野生动植物。保护区地处动植物区系的过渡地带，物种资源非常丰富，是辽西重要的生物基因库，共有维管束植物 97 科 412 属 1015 种（变种、亚种和变型），脊椎动物 5 纲 27 目 69 科 354 种。努鲁儿虎山自然保护区共有国家重点保护动物 34 种，其中，国家一级保护野生动物 2 种，分别是金雕、大鸨；国家二级保护野生动物有大天鹅、凤头蜂鹰、黑鸢、苍鹰等 32 种。国家二级保护野生植物有野大豆、紫椴、核桃楸、黄檗、黄

黄檗

椴树林

天然阔叶林

雕鸮

红隼

野大豆

椟等9种。

三是鸟类迁徙的陆路通道。保护区共有鸟类266种，既是猛禽的重要繁殖地，又是水禽的重要栖息地，此外，有旅鸟120种迁徙经过，是迁徙鸟类的重要停歇点和补给站。

四是辽西山地水源涵养林。辽西属半干旱地区，水资源的缺乏直接威胁着农业生产、社会经济发展和人民生活。保护区保存完好的森林植被蕴藏着丰富的水资源，是流向朝阳农区几条河流的发源地。

五是丰富的天然山杏资源。在保护区内，以山杏为建群的天然矮林，郁闭度高，集中连片分布，面积达3200hm²，其资源之丰富，全国罕见。

努鲁儿虎山自然保护区是辽西水土流失严重地区保存下来最完整的天然林区。特殊的地理位置决定了保护区较高的生物多样性价值和生态服务功能，其主体植被所表现出的自然性、完整连片性、多样性、脆弱性等特点都具有相当高的保护价值。主要体现为如下几方面：

（1）丰富的生物多样性。保护区植被保存完整、水资源丰富、气候多样，加之处于动植物区系的过渡地带，生物种类繁多。

（2）巨大的生态服务功能。保护区地处努鲁儿虎山脉中段，山脉两侧气候等自然环境迥然不同，山脉的西北侧是内蒙古科尔沁沙地的南缘，其降水较保护区所在的东南侧低100mm以上，而且气温、风速和大风日数有明显差异，山脉两侧自然特点的显著差异在全国也很少见。努鲁儿虎山脉是辽西最大河流大凌河和内蒙古老哈河及叫来河的重要供水区域，保护区完好的森林植被发挥着较大的水源涵养功能。该保护区完好的森林生态系统构成了重要的生态屏障，有效阻挡了来自西北蒙古寒冷气流的袭掠和科尔沁沙地的南侵。加强对努鲁儿虎山自然保护区森林生态系统的保护，增强其水源涵养功能与阻隔风沙功能，对于改善广阔的辽西地区以及京津圈外围生态环境具有重要作用。

（3）生态交错带所体现出的脆弱性和敏感性。保护区属于森林向草原的过渡带，又属于农牧交错区，具有边缘性、脆弱性和异质性等生态交错带的基本特征，加之其西北部的半干

核桃楸

阔叶混交林

旱草原区沙化日趋严重，更突出了其保护价值。

（4）生态系统演替的自然性与主体植被类型的完整连片性。保护区人烟稀少、管理严格、宣传到位，因而区内植被保存完好，天然植被占植被总面积的70%，演替处于无人为干扰的进展演替过程。保护区的阴坡有完整成片的蒙古栎和山杨混交的夏绿落叶林；阳坡以山杏为建群种的天然矮树林，现有面积3200hm^2，全国罕见。

（5）"生态绿岛"的稀有性与生物基因库的可扩展性。在辽西山地，水土流失和植被退化严重，在其西北部的科尔沁沙地更是植被稀少，风沙肆虐。保护区是该区域稀有的一座天然绿岛，对其的有效保护就是保存该区域的生物基因库，对附近区域乃至同类型其他区域的生态工程建设都将是有效而完备的物质储备。

◎ **功能区划**

努鲁儿虎山自然保护区按功能区划分为核心区、缓冲区和实验区。其中核心区面积4899.62hm^2；缓

冲区面积4453.05hm^2；实验区面积4479.43hm^2。

◎ **管理现状**

努鲁儿虎山自然保护区管理实行"以法治区、依法保护、打防结合"的方针，推动自然保护工作走上了法制轨道。保护区从自然保护工作的实际出发，根据有关法律、法规，制定并实施了一系列的规章制度和管理办

法，主要包括：封山禁牧责任制、护林防火责任制、森林资源管理制度、核心区、缓冲区管理制度、管理局和管理站日常工作制度等。

（努鲁儿虎山自然保护区供稿；袁志刚提供照片）

辽宁 海棠山
国家级自然保护区

辽宁海棠山国家级自然保护区位于辽宁省西部，科尔沁沙地南缘，辽西低山丘陵区，阜新市所辖的阜新蒙古族自治县南部。地理坐标为东经121°41′15″～121°52′30″，北纬41°47′30″～42°00′00″。保护区南北长20km，东西宽12km，总面积为11002.7hm²，核心区面积3386.8hm²，缓冲区面积2703.8hm²，实验区面积为4912.1hm²。保护区属于森林生态系统类型的自然保护区。1986年，海棠山自然保护区由辽宁省人民政府批准为省级自然保护区。2007年经国务院批准晋升为国家级自然保护区。

雾上海棠

◎ 自然概况

海棠山自然保护区属于辽宁西部低山区，海棠山属阴山山系松岭山脉，是内蒙古高原到辽河平原最后一道天然屏障。主脊呈东北－西南走向，地势北高南低，其支脉渐缓。保护区内海拔高度多在300～700m之间，最高峰青龙山海拔736.7m，其次海棠山海拔715.4m，最低海拔246.8m，全区平均海拔500m。

海棠山自然保护区处于阴山东西向复杂构造带中段东端与大兴安岭至太行山新华夏构造隆起带的交接部位，构造较为复杂，大部分以华夏构造为主。地层构造属前震旦纪构造层，燕山沉陷带，断层褶皱山脉。山体母岩多为花岗岩，还有片麻岩、石灰岩、混合岩等。花岗岩为中生代，岩性为黑云母花岗岩，地质年代较浅。地貌呈侵蚀剥蚀低山丘陵特征。强烈的侵蚀形成了阳坡大面积基岩裸露，山势陡峻雄伟，巍峨壮丽，成为辽西独特的自然景观。

海棠山自然保护区属北温带半干旱季风大陆性气候区，其气候特点：春

鸟瞰海棠山

季少雨多风，夏季酷热多雨，秋季天晴气爽，冬季寒冷干燥，四季分明。年平均气温7.6℃，最热月为7月，平均气温24.1℃，最冷月为1月，平均气温－12.4℃；年极端最高气温40.9℃；年极端最低气温－30.6℃；全年日照时数为2865.8h，积温3350℃；无霜期156天；年平均降水量541.6mm，6、7、8三个月降水占66%，冬季占1.7%，秋季多于春季，降雨年际变化很大，多雨年（1959年）达824mm，少雨年（1999年）仅322.3mm；年蒸发量1848.2mm；大于10℃积温3350℃；

年平均风速为3.4m/s。由于地形的差异性，形成了小气候的多样性和复杂性，沟谷与山脊、阴坡与阳坡的气温和湿度有明显的差别，春夏季节天气温暖，夏季雨量较多，为森林植被的生长发育，创造了良好的条件。

海棠山自然保护区的土壤，基本上都属于北温带落叶阔叶林下发育的棕色森林土类型，下分两个亚类：即棕壤性土和典型棕壤。局部有少量发育的褐土、山地草甸土。海拔在300m以上的丘陵和低山地带，覆盖着落叶阔叶林、油松林和灌丛等自然植被，

海棠山晨曦

海棠朝雾

海棠奇峰

春至海棠山

保护区风光

山地棕色森林土犹存，且发育良好。阳坡由于植被稀疏，水土侵蚀严重，局部有裸露基岩。阴坡植被较好，土层较厚。距村屯较近的地区，由于人为活动的影响，土层较薄，一般在 10～20cm；远离村屯的深山地区，土层较厚，一般在 30～50cm。成土母质主要是花岗岩、变质片麻岩风化的残积物或坡积物，石砾含量较多，结构松散。有机质含量较高，平均在 2.5%～3.2% 左右，速效养分含量磷、钾比较丰富，氮含量较低。由于土壤抗蚀能力较弱，植被遭到不同程度的破坏，土壤侵蚀比较严重，因此加强水土保持，恢复植被是海棠山国家级自然保护区的重要课题。

◎ **保护价值**

海棠山自然保护区地理位置独特，不仅地处我国一级生态敏感带上，位于荒漠化向外扩展的前沿，是辽西保存较好，森林生态类型最完整、生物多样性最丰富的天然林区，被称为辽西的"绿色明珠"，是蒙古高原到辽河平原最后一道天然屏障；而且，又是处于华北、蒙古、长白三个植物区系的交错地带，植物区系丰富，各种植物群落具有强大的向外辐射能力。也是野生动物区系古北界、华北区、蒙新区交汇地带区，区系自然条件复杂多样，动植物种类繁多，具有植物多样性和动物过渡带的特点。保护区内有高等植物 970 种，其中苔藓植物 105 种、蕨类植物 21 种、裸子植物 15 种、被子植物 829 种，植物中有栽培种 71 种；有真菌微生物 109 种；有陆生脊椎动物 229 种，其中哺乳类 34 种、爬行类 16 种、两栖类 7 种、鸟类 172 种；无脊椎动物昆虫、蜘蛛 550 种。国家一、二级保护动物 23 种，国家有益的或者有经济和科研价值保护动物 156 种；是辽西地区重要的物种基因库。

海棠山自然保护区是以油松栎类森林生态系统为主要保护目标，主要保护对象包括：

（1）保护辽西干旱地区现存较完整的天然油松栎类针阔混交林群落和其他多种植物群落。

多彩海棠山

（2）保护地处国家一级生态敏感带的特殊生态系统。

（3）保护森林生态系统内珍稀濒危生物资源及其栖息地。

（4）保护国家二级保护植物水曲柳、黄波罗、核桃楸、紫椴、野大豆和辽西濒于消失的树种黑桦、山杨、蒙古栎。

（5）保护古北、蒙新、华北3个动物区系交错地带的野生动物豹猫、赤狐、狗獾等。

（6）保护金雕、大鸨、白鹳、黑鹳、石鸡、环颈雉、蓑羽鹤、长耳鸮、雕鸮、猛禽大䴔、燕隼等珍稀濒危野生动物。

（7）保护森林、自然及人文景观。

海棠山自然保护区地处我国一级生态敏感带上，位于荒漠化向外扩展的前沿，又是在我国暖温带半湿润气候向半干旱气候过渡，东部森林区向西部草原区过渡关键区位上，具有极高的保护价值，其保护价值体现在如下几个方面：

（1）保护区植被组成的地理成分浓缩了北温带成分的精华，特别是保护区内400多年的油松，是属抗气候旱化的一个生态型，内含宝贵的基因资源，对其有效保护就是保护人类珍贵的物种基因库。

（2）具有丰富的物种多样性，荟萃了华北、蒙古、长白3个植物区系118科534属970种植物，野生脊椎动物21目57科229种，无脊椎动物13目122科550种。

（3）具有暖温带向温带过渡的气候，有属于我国东部森林区向西部草原区过渡的植被。过渡性造就了区系地理成分的复杂性，对于研究暖温带-温带生态交错带的区系地理学、生物群落演替等提供了难得的场所。

（4）具有核桃楸、黄波罗、水曲柳、紫椴、野大豆以及白鹳、黑鹳、大鸨、金雕、大天鹅、白额雁等28种国家重

保护区秋景

海棠冬韵

保护区风光

海棠山风光

保护区秋色

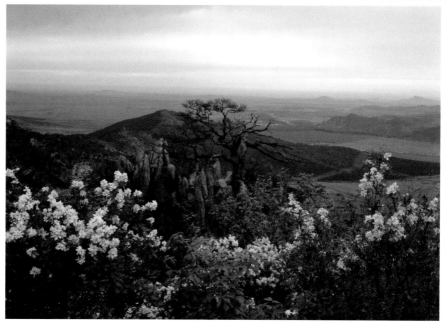

春至海棠

点保护野生动植物。

（5）拥有丰富的森林资源，保护区森林面积达 6673.2 hm²，是阻挡蒙古高原大陆季风的影响和科尔沁沙地南移的生态屏障。

（6）具有十分显著的涵养水源功能。保护区是细河与绕阳河的发源地，也是辽河与大凌河的分水岭，保护区内茂密的森林植被，具有较强的水源涵养功能，是辽河平原重要的水源林区。

◎ 科研协作

海棠山自然保护区建立以来，经过多次资源清查和调查，摸清了保护区本底资源情况，并形成了保护区的科学考察报告，为进一步深入开展科学研究奠定了基础。近年来，保护区多次邀请有关大中专院校和科研单位的专家、学者到区内考察，中国林业科学研究院、辽宁大学、沈阳师范学院、沈阳农业大学、辽宁林业职业技术学院、沈阳医药大学、中国科学院沈阳应用生态研究所、辽宁省干旱地区造林研究所等来保护区考察，发表了多篇专题学术论文。保护区选派专业技术人参与考察活动，撰写调查报告、论文 20 余篇，有的荣获省、市优秀论文奖。并有一篇论文被选入《第一届东亚地区国家公园与自然保护区会议暨 IUCN CNPPA 第 41 届工作会议论文集》。现与东北林业大学、沈阳农业大学、中国科学院沈阳应用生态所、阜新高等专科学校、辽宁林业职业技术学院等合作建立了教学实习基地。

（海棠山自然保护区供稿）

保护区风光

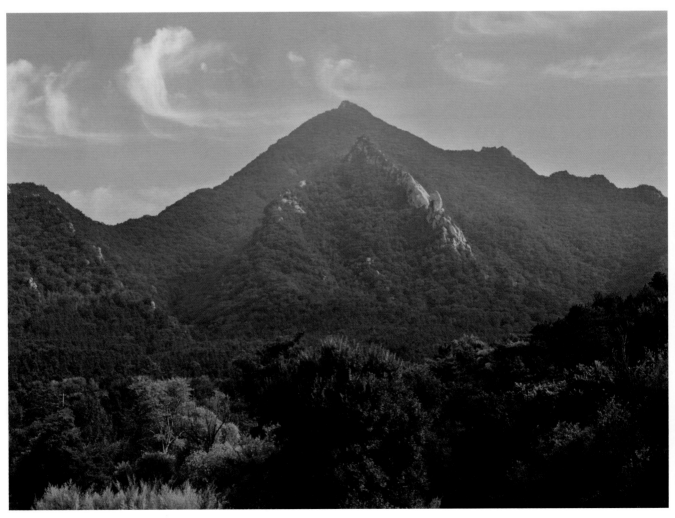

辽宁白狼山国家级自然保护区

国家级自然保护区

　辽宁白狼山国家级自然保护区位于辽宁省西部建昌县境内，东接东北辽东地区，南临渤海的辽东湾，西接燕山余脉的最东端，北靠内蒙古高原、科尔沁沙地和大兴安岭最南部，处于"环渤海经济圈"的北方和"京津唐生态防护区"的东北侧。地理坐标为东经 119°52′30″～120°04′04″，北纬 40°46′28″～41°05′53″。保护区总面积 17440hm²，主要保护对象是华北植物区系、蒙古植物区系和长白植物区系过渡带森林生态系统及野生动植物资源及其栖息地。保护区始建于 2001 年，2011 年 4 月 16 日经国务院批准晋升为国家级自然保护区。

◎ 自然概况

　白狼山自然保护区在地质构造上，处于华北台地的东北部燕辽构造带的燕山沉褶带松岭凹陷山地的南端。在岩石类型上，主要有花岗岩、岩浆岩、砂砾岩和侵入岩 4 类。保护区地貌有中低山、低山、丘陵、河谷和阶地，沟壑纵横，其中中低山、低山类型占的比例达 65% 以上，它们连绵起伏有明显的脉络，坡度较陡。最高峰白狼山的海拔为1140.2m。

在气候上，白狼山自然保护区地处中纬度内陆地区，属温带半湿润半干旱大陆性季风气候。

白狼山自然保护区土壤大体分为棕壤土和褐土两类。棕壤土分布于保护区境内海拔600m以上的山坡和植被茂密的阴坡。褐土主要分布在海拔600m以下的低山地区，而且主要为淋溶褐土亚类。

白狼山自然保护区是辽西最大河流大凌河的主要发源地，保护区水系全部为大凌河支流，有许多支流常年水流不断。此外，辽西的另外两条河流小凌河和六股河也发源于保护区内，形成了保护区内丰富的地表水流。再加上一些季节性河流有着雨季水量的充分补给作用，使得保护区内森林植被郁郁葱葱，遮天蔽日。

白狼山自然保护区在植被区划中属于我国暖温带落叶阔叶林区域，其地带性植被是暖温带落叶阔叶林。依据《辽宁植被区划》，保护区植被可分为4个植被型、10个植被亚型、23个群系。10个植被亚型分别为：常绿

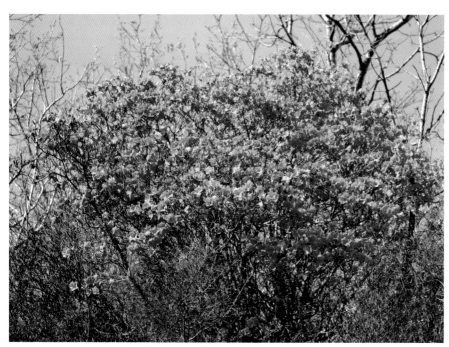

针叶林、落叶针叶林、夏绿阔叶林、针阔叶混交林、常绿灌丛、夏绿阔叶灌丛、半灌木、灌草丛、禾草与薹草草甸和草本沼泽。

白狼山自然保护区植被丰茂，物种多样，被誉为辽西的"绿色明珠"。动植物基因库，最新的科考结果，保护区内有高等植物152科497属1006种（含变种），维管植物121科421属850种（含变种）。其中，苔藓植物31科76属151种；蕨类植物14科22属42种；裸子植物3科7属10种；被子植物103科392属803种。此外，还有大型真菌19科32属40种。共有脊椎动物26目56科221种。其中兽类有6目13科29种，鱼类2目3科23种，鸟类15目33科152种；爬行动物有2目4科12种；两栖动物有1目3科5种。此外，无脊椎动物的昆虫有11目83科482种。

◎ 保护价值

1. 主要保护对象

（1）保护我国辽西地区具有重要水源涵养作用的森林生态系统。白狼山自然保护区处在大凌河、小凌河、

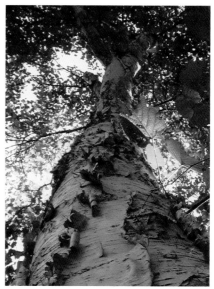

六股河等辽西重要河流的上源集水区，对保证辽西这三条河流的集水起到了重要的作用，直接影响着葫芦岛、锦州等城市生产生活用水，在调节整个辽西地区水分平衡和水资源供给中发挥着重要作用，具有很好的生态价值与社会效益，是值得保护的生命之源。

（2）保护我国分布面积最大的天然侧柏林。白狼山自然保护区分布的天然侧柏林是我国天然侧柏林面积最大的一块。保护区的天然侧柏林主要分布在柏山核心区及其缓冲区，面积达14270亩，约有侧柏70万株。该区域的侧柏保护良好。在辽西比较干旱的燕山余脉之东端发现有如此大面积天然侧柏林的分布，具有重要的学术价值和保护价值。

（3）保护我国"环渤海经济区"和"京津唐生态防线"的绿色屏障。白狼山自然保护区地处燕山山脉余脉，

山体呈西南至东北走向，它不仅位于环渤海经济圈的北方，而且也在京津唐生态防护区的东北侧。保护区丰富的森林资源像一条天然屏障，可以有效防护邻近正北方内蒙古科尔沁沙地的沙尘影响，构筑起一道我国"环渤海经济区"和"京津唐生态防线"的重要生态屏障。

（4）保护动植物区系过渡地带的生物多样性资源。白狼山自然保护区地处华北植物区系、蒙古高原植物区系和长白山植物区系的交汇地带，生物物种相对丰富，植物具有典型的物种多样性、基因多样性和遗传多样性，是辽西干旱地区植被恢复与发展的一个优良种源基地和基因储存库。

经调查白狼山自然保护区有国家一级保护植物1种：人参；国家二级保护植物10种：野大豆、黄檗、紫椴、核桃楸、黄芪、蒙古栎、手掌参、角盘兰、绶草、二叶舌唇兰。有国家一级保护野生动物1种：金雕。国家二级保护野生动物16种：黄喉貂、大天鹅、黑鸢、苍鹰、松雀鹰、白尾鹞、鹊鹞、秃鹫、普通鵟、燕隼、灰背隼、红脚隼、鹰鸮、灰林鸮、长尾林鸮、短耳鸮。

在我国辽西干旱地区有如此丰富的生物多样性以及众多的国家重点保护动植物，具有十分重要的保护意义。

（5）保护好自然景观。保护区地处燕山山脉余脉，属低山丘陵区，区内山高林密，沟深坡陡，地形起伏变化大，地貌景观突出，奇峰巨石比比皆是，不仅有引人入胜的自然景观，而且具有丰富的历史文化古迹，是一处发展潜力大、保护价值高的旅游观光胜地。

2. 保护价值

白狼山自然保护区地处辽宁西部，森林资源十分丰富，是我国"环渤海经济区"和"京津唐生态防线"的绿色屏障，有着强大的生态和社会服务

白狼山之秋

五花山

功能；与同纬度其他保护区相比，白狼山自然保护区有着极其丰富的物种多样性，是一个巨大的动植物天然基因库，有利于保留物种遗传的多样性；白狼山自然保护区有辽西地区保存最为完好的山地森林生态系统，具有我国暖温带落叶阔叶林的代表性和典型性，是理想的教学科研基地；白狼山

自然保护区分布有我国面积最大的天然侧柏林，具有重要的科研和保护价值。另外，保护区内丰富的森林植被，对防止水土流失、涵养水源、调节气候、保障当地及周边人民生产、生活用水等方面具有十分重要的现实意义。

可以说，珍贵而独特的自然资源奠定了白狼山自然保护区无可比拟的保护价值，其自然资源价值、景观资源价值、科学研究价值，以及社会经济价值都无法用货币衡量。

◎ 功能区划

白狼山自然保护区形状为狭长形，呈东北向西南方向走向，长约40km，平均宽10km。根据区划原则，结合保护区的自然环境现状，将保护区划分为核心区、缓冲区和实验区3个功能区。

核心区，将生长比较稳定的地带性植被落叶阔叶林分布区域以及有特殊保护价值的天然侧柏林分布区域划分核心区。面积为8010hm²，占保护区总面积的45.9%。

缓冲区位于核心区的周围，面积2680hm²，占总面积的15.4%。它起到保护核心区的作用，同时促进保护区的植被正向演替。

实验区是保护区内除核心区和缓冲区以外的地带，是自然保护区从事科学研究、教学实习、科普教育和开展生态旅游的基地。面积6750hm²，占保护区总面积的38.7%。

◎ 科研协作

多年来，白狼山自然保护区始终立足本地资源优势，广交各地科研朋友，在科学研究方面开展了许多基础性工作。

1986年与辽宁省林业学校师生开展了白狼山保护区植物初步普查工作，建立了植物资源标本。

1987年建昌森林站对白狼山的天

敌昆虫进行普查，获省科技进步奖。

1994年辽宁省红松研究所造林室对保护区森林群落的混交类型进行了专题调研。

2001年邀请辽宁省林业厅、辽宁省林业调查规划院、辽宁大学、辽宁林业职业技术学院与白狼山保护区的工作人员进行联合调查，编制了《辽宁白狼山自然保护区科考报告及总体规划》方案。

2005年辽宁大学生态与环境管理学院董厚德教授及学生对白狼山的资源进行了全方位的考查。

2006年，内蒙古师范大学、内蒙古大学、北京林业大学、国家林业局调查规划设计院的科研工作人员先后2次对白狼山自然保护区的生物资源、群落类型、地质地貌、旅游景观等方面进行了较为全面的科学考察，形成了全面的科考资料，在此基础上内部出版了《辽宁白狼山国家级自然保护区总体规划》和《辽宁白狼山国家级自然保护区科学考察报告》两部专著。

2010年至今与中国科学院沈阳应用生态研究所合作，先后开展了气候变暖对生态环境的影响及本地花卉生态学特征及生物学特征的研究工作，取得了一定的成绩。

（李怀生供稿；李怀生、任德美提供照片）

辽宁 章古台 国家级自然保护区

辽宁章古台国家级自然保护区位于辽西北低丘平原区，地处科尔沁沙地东南边缘，辽宁省彰武县北部。地理坐标为东经 122° 11′ 15″ ～ 122° 30′ 00″，北纬 42° 37′ 30″ ～ 42° 50′ 00″。保护区总面积 10200hm²，是以保护沙地森林生态系统为主的综合性自然保护区。1986 年 12 月辽宁省人民政府批准建立辽宁省青沟省级自然保护区，2003 年 1 月批准更名为辽宁省章古台省级自然保护区，2012 年 1 月经国务院批准晋升为国家级自然保护区。

◎ 自然概况

章古台自然保护区地处辽西北低丘平原，地势北高南低，呈东西走向。主要的地貌类型有流动沙丘、半流动沙丘、固定沙丘、风蚀洼平地和丘间低地。五种地貌类型上的植物组成、植被覆盖率、土壤养分特征和土壤颗粒组成都具有明显差异。全区平均海拔 226m，最低海拔 195m。属北温带半干旱大陆性季风草原气候，受西伯利亚和蒙古高原大陆气团控制。春季干旱多风，夏季炎热而雨量集中，秋季凉爽短促，冬季漫长而寒冷。年平均气温 7.2℃，年平均日照时数 2822.8h。全年有效积温 1644.8℃，年降水量 510.2mm。年蒸发量 1831.5mm，为降水量的 3.6 倍。年平均风速 3.8m/s，风向多为西南风，年平均无霜日 152 天。土壤属于风沙土、草甸土、草炭土和水稻土。

章古台自然保护区属于辽河流域，位于辽河流域一级支流——柳河的中游，区内的大青沟、小青沟、盘山楼等 3 条河流，均发源于内蒙古，最后注入柳河。由于沙地渗透力强，持水力差。因此，保护区的河流不发达，已逐步蜕变为季节性河流。

章古台自然保护区将保护区植被分为人工植被和自然植被两大类，据统计，保护区维管束植物共 91 科 324 属 564 种及变种，其中野生植物共 84 科 300 属 499 种，人工引种植物共 18 科 37 属 65 种，脊椎动物 26 目 69 科 249 种。

◎ 保护价值

章古台自然保护区是以保护沙地森林生态系统为主的综合性自然保护区，其主要保护对象有：①科尔沁沙地南缘典型的沙地生态系统。②强烈固沙作用的灌丛和森林生态系统。③典型的固沙植物。④本地区残存的核桃楸、小叶杨等种植资源库。⑤沙地动植物资源。⑥泡沼湿地景观及承载的生物物种多样性。

章古台自然保护区位于科尔沁沙地的东南边缘，是由连绵起伏的沙丘向非沙质平原过渡，由温带半干旱气候向半湿润气候过渡，由草原植被向

森林植被过渡，由牧业向农业过渡的交错地带。该地带属中国一级生态敏感带，生态上十分敏感、脆弱。

辽宁省位于世界三大鸟类迁飞区的东部迁飞区，也是东北亚地区候鸟南北迁徙通道之一。辽宁境内划分的四条迁徙通道，其中之一"西北通道"就穿过保护区。保护区有面积可观的河流和泡沼湿地，保护区生态环境的持续健康有利于保障鸟类迁徙途中必要的停歇以及补给，意义重大，具有很强的生态指示作用。

章古台自然保护区内居民较少，虽然历史上受到放牧、砍伐的影响，但以大清沟为代表的3条河流沿岸残存的落叶阔叶林是辽西地带性植被的代表，是全新世以来气候反复变化，暖温带落叶阔叶林在向长白山及小兴安岭地区退却的过程中，在保护区周围残遗的珍贵植物群落类型，是内蒙古大青沟国家级自然保护区原生植被的延伸，原生性质明显，保护意义重大。部分地段的小叶杨、核桃楸、黄檗、花曲柳等原生群落，可以作为长白森林西缘重要的种质资源库加以保护。

章古台自然保护区北部林缘以欧李、锦鸡儿、羊茅、差巴戈蒿等组成的沙地灌草丛，代表了科尔沁南部沙地的植被特点，固定沙丘、流动沙丘、半固定沙丘都有分布，是科尔沁沙地南缘的典型代表；植被逐渐恢复的泡沼湿地和草甸草原，是东北亚地区候鸟南北迁徙通道中重要的、典型的停歇点和补给站。

章古台自然保护区北部为典型的科尔沁沙地生态系统，流动沙丘、半流动沙丘，沙生植被，沙地动物等组成简单的和不稳定的沙地生态系统，生物量和生产力都很低；保护区南部和沟谷中森林生态系统，沙丘被固定，林木生物量和生产力都很高；在森林和沙地之间，有灌丛生态系统和草原生态系统；河流和泡沼有水生生态系统；沿岸和浅滩，以及地下水溢出的泉眼周围则分布有湿地草甸生态系统。生态系统类型组成具有多样性和复杂性。

章古台自然保护区特殊的地理位置，孕育了丰富的野生动植物资源，经初步统计，保护区共有高等维管束植物91科324属564种，脊椎动物26目69科249种。其中国家一级保护鸟类有丹顶鹤、白尾海雕、金雕，国家二级保护鸟类有大天鹅、小天鹅等26种，哺乳动物中国家二级保护动物有黄喉貂，省级重点保护哺乳动物9种，主要有狼、狐狸、貉、野猪、松鼠、花鼠等；国家重点保护植物有水曲柳、黄檗、核桃楸等，是我国花曲柳分布的最西缘，有乡土植物小叶杨、核桃

楸的原生种质资源库；是我国著名的固沙植物资源库和博物馆，保护好有限的自然资源和生物群落不仅是保护沙地类型的生物资源，而且还可以为科尔沁沙地比较差的地区提供生物治理材料。

章古台自然保护区西北部是一望无际、有"八百里瀚海"之称的科尔沁沙地，东南部是三北防护林工程中成功的典范，有"绿色长城"之称的章古台万亩林海，保护区内残存的落叶阔叶林、丰富的固沙植物，是防止沙地南侵，研究群落演替，保障生态安全的重要自然资源和理想的天然实验场所。

在保护区范围内，森林与沙地，草原和荒漠，湿地和灌丛镶嵌分布，相互渗透，共存和演替，和谐统一，构成了自然保护区复杂的生态系统，也是保护区生态系统的一大特色。

章古台自然保护区位置恰好在中国一级生态敏感带上。这一生态敏感带是中国的森林区向草原区过渡、暖温带半湿润气候向寒温带半干旱或干旱气候过渡、农业向牧业过渡的交错带。在这两个具有不同性质的巨大生态系统交界面上，其生物竞争程度高、抗干扰能力弱、变化快、生态敏感性高、生态稳定性差、生态恢复概率低。在这一生态敏感带上产生的生态变化常常是不可逆的。因此，保护区的森林及固沙植被生态系统非常脆弱，如果保护不当，或者力度不够，极易引起森林生态系统的退化和沙地生态系统扩张。如果保护措施得当，土地沙化的演替序列将会逆转，随着小气候的改善，固沙植物的固沙作用充分发挥，沙丘被固定，植被逐渐恢复，随着乔木树种的进入，逐渐演替为森林生态系统。

章古台自然保护区保障性表现在三个方面，一是森林和草原生态系统，阻止了科尔沁沙地的南侵，减少风蚀起沙，防止了土地的进一步沙化，保障了沈阳、阜新等东北中部城市群的生态安全；二是保护区位于辽河水系四大支流之一柳河的中游支流上，水土流失淤积河道最严重的河段之一，良好的植被生态系统，可以涵养水源，有效预防水土流失，减少向柳河的输沙量，保障辽河的生态安全；三是健康而多样的生态系统，是野生动物的避难所和食物来源，野生动物的种类和数量逐渐增多，多样性越来越丰富。

章古台自然保护区特殊的地理位置，植物区系成分的交错、交汇，农牧交错带的边缘效应，丰富的动植物资源，残存的天然阔叶林植被，南侵的沙地生态系统，固沙植物的生理生态等，使得章古台自然保护区成为优良的科研、教学基地，三北防护林可持续发展的理论、原生落叶阔叶林的保护和种质资源保存、沙地和森林之间的相互演替、固沙植物的利用和保护、保障东南部生态安全等，使这里的研究工作具有很高的学术价值。

◎ 功能区划

章古台自然保护区功能区划为核心区、缓冲区、实验区3个功能区。其中，核心区总面积3774hm²，占保护区总面积的37%，为了最大限度地杜绝人为干扰，对核心区进行有效管理，将核心区分为三片，东片核心区、中片核心区、西片核心区。核心区是保存较为完好的沙地森林生态系统以及珍稀濒危动植物的集中分由地，属绝对保护区域，禁止任何单位和个人进入。缓冲区总面积3060hm²，占保护区总面积的30%，缓冲区也分为三片，东片缓冲区、中片缓冲区、西片缓冲区。缓冲区是核心区与实验区之间的过渡地段，区内一般只允许从事科学研究及调查观察活动。除核心区和缓冲区之外的区域为实验区，实验区总面积3366h㎡，占保护区总面积的33%，是保护区人为活动相对较多的区域。

◎ 科研协作

章古台自然保护区成立以来，十分重视科研工作，克服重重困难，与有关科研单位和高等院校配合，开展了本地资源调查等一些基础性的工作。以保护好区内沙地森林生态系统为宗旨，充分利用各方面的科技力量，在综合科学考察的基础上，采取多种途径、多种方式，开展对复杂气候地区森林生态系统结构与功能的监测和研究，在保护好现有生物资源的基础上，遵循自然规律，通过科学实验，不断繁衍扩大珍稀生物种群，为有效保护生物多样性和复杂气候区森林生态系统，恢复森林植被，改善生态环境，提供科学依据。

（章古台自然保护区供稿；宋铁芳提供照片）

辽宁 大黑山
国家级自然保护区

辽宁大黑山国家级自然保护区位于辽宁省北票市西北部、努鲁儿虎山脉东北端南坡，是辽宁省和内蒙古自治区交界区域，西北与内蒙古大黑山国家级自然保护区接壤，西南是辽宁努鲁儿虎山国家级自然保护区，南与锦州相连，距北票城区35km。行政区划包括北票市内的北四家乡、娄家店乡、东官营乡和西官营镇4个乡（镇）的5个行政村6个自然屯。地理坐标为东经120°22.95′～120°37.03′，北纬41°57.67′～42°08.85′。保护区东西长41.0km，南北宽23.4km，总面积13844hm²。依据《自然保护区类型与级别划分标准》（GB/T14529—93），保护区属自然生态系统类中的森林生态系统类型自然保护区。保护区始建于1996年10月，2001年6月经国务院批准晋升为国家级自然保护区。

◎ 自然概况

大黑山自然保护区整体主要以侵入岩为主，形成于第一次火山沉积作用，属于北票—义县地层的兴隆沟组，主要成分是石英砂岩岩屑中砾岩，从岩层的形成年代看，岩层的年代主要涵盖有太古代、侏罗系中统、白垩系中统、第四纪全新统等。

大黑山自然保护区地貌形状早在中生代时期就已基本形成，地貌呈剥蚀中低山丘陵、山前堆积、冲沟、河浸滩等多种形态。类型为海拔1500m以下的低山和海拔500m以下的丘陵。大黑山山体呈东北—西南走向，横亘于辽蒙边界，当地称作辽西脊梁。最高峰平顶山，海拔1074.7m，以平顶山和敖包梁两座山结为中心，六条支脉呈放射状向东、东南、南、西南方向延伸，构成保护区的地貌骨架。保护区最低处海拔350m，相对高差达700m以上，沟谷多呈V形。

大黑山自然保护区属温带半干旱向暖温带半湿润过渡的大陆性季风气候。其特点是春季少雨多风；夏季酷热多雨，雨热同步；秋季雨水减少，日照充足，昼夜温差大；冬季则寒冷干燥，北风多，时间持续长，降雪稀少。年平均气温7.9℃，无霜期135～150天，大于10℃以上的有效积温3300℃，极端最高气温39℃，极端最低气温－31℃，昼夜温差较大。保护区所在地北票市年平均降水量481.5mm。

由于努鲁儿虎山的隆起使东部半湿润气候的水气被该山体截留、阻挡，出现了"雨屏"效应，形成了独特的小气候，平均降水量在500～600mm之间，年均降水量高出周边地区20%以上，为野生动植物的生存繁衍创造了良好的条件。

大黑山自然保护区的水系为大凌河水系，全部为大凌河支流，正常年各沟谷常年流水不断，是北票市内二

龙台川、老寨川、东官营河、西官营河、蒙古营河和龙潭川六条季节河的源头，是辽西地区最大水库——白石水库的重要水源，具有重要意义。

大黑山自然保护区土壤大体分为两类：一是暖温带落叶阔叶林下发育的棕色森林土，多分布在海拔600m以上的山坡和植被茂密的阴坡；二是淋溶褐土，多分布在海拔600m以下的山坡及河谷。成土母岩主要是花岗岩、变质片岩风化的残积或坡积物，石砾含量较多，结构松散，有机质含量较高，平均在2.4%～3.2%，速效养分含磷、钾比较丰富，氮含量较低。

经过初步统计，大黑山自然保护区共有维管束植物3门101科364属892种，其中野生植物共101科355属869种。保护区处在内蒙古、华北、东北（长白）三个植物区系的交汇过渡地带，天然植被可分为4个植被型组、7个植被型、9个植被亚型、15个群系组、29个群系。主要植被类型是温性针叶林、暖性针叶林、温性针阔混交林、落叶阔叶林、灌丛、灌草丛和草甸。保护区有中国特有分布属6属，国家二级保护植物有野大豆、黄檗和紫椴，也是稀有物种辽梅杏的唯一分

布地，辽梅杏野外仅剩下保护区内的1株。经调查，保护区共有脊椎动物27目75科384种，有国家重点保护的脊椎动物46种，其中国家一级保护动物有金雕、大鸨、东方白鹳和黑鹳4种，国家二级保护动物42种。

大黑山自然保护区最高峰平顶山海拔1074.7m，山体险峻、气势磅礴，具有高山、路险、林密、谷幽等特点。除主峰外，海拔超过千米的山峰还有数座，山峰林立，错落连绵，形成几百条沟壑，溪水常流，潺潺作响。

大黑山自然保护区属中纬度内陆区，为温带半湿润、半干旱大陆性气候，四季分明，天象景观丰富多样，色彩纷呈。保护区最高峰平顶山是欣赏天象景观的最佳场所，还可以远眺周边的龙潭水库、白石水库和北票市景。可观赏的有晨光、晚霞、"雪凇"等景观。

大黑山自然保护区境内有6条主要河流，是辽西重要的水源地之一。这些河流增添了保护区境内景观资源的灵气，同时在不同地方与地貌、森林等构成新的水体景观。保护区境内的龙潭川是保护区周边龙潭水库的主要水源；老寨川、牦牛河等则是辽西

最大水库白石水库的重要水源。保护区周边的西苍村有三处温泉涌出，日出水量1200t，水温31℃，水富含锶、氡、偏硅酸等16种对人体有益的矿物质和微量元素。

大黑山自然保护区享有"辽西绿岛"的美誉。树木葱郁，野花遍地，林间百鸟齐鸣，谷中溪流淙淙，苍鹰盘旋，野兔出没，使人心旷神怡，是理想的天然森林浴场。保护区境内以蒙古栎、侧柏、油松、核桃楸、紫椴等多种群系类型的组成山地森林、山地灌丛，形成大黑山阔叶林的独特景观。保护区内的鸟类、兽类使保护区的景观资源更具活力。保护区主要的生物景观资源有：大黑山天然次生林，辽梅分布区，鸽子群落及栖息地（鸽

野生杜鹃花（鞠秀芝提供）

辽西山楂（徐振才提供）

黄檗（鞠秀芝提供）

乌头（鞠秀芝提供）

核桃楸（鞠秀芝提供）

子洞）。

北票历史悠久，因最早的鸟类化石和最早的开花类植物化石在这里出土，北票被誉为"世界上第一只鸟飞起、第一朵花盛开的地方"。保护区周边还有国家级古生物化石自然保护区，在四合屯古生物化石博物馆藏存珍贵化石标本300多块，是世界级古生物化石科考基地，具有重大的科研、旅游价值。

◎ **保护价值**

大黑山自然保护区主要保护对象是：

（1）暖温带半湿润向温带半干旱过渡气候条件下的山地落叶阔叶林生态系统及其生物多样性。

（2）以辽梅杏为代表的特有珍稀植物野外分布地及丰富的天然山杏资源。

（3）以金雕等为代表的山地猛禽珍稀野生动物及其栖息地。

大黑山自然保护区的保护价值主要有以下几方面：

（1）华北、长白和内蒙古三大动植物区系的重要交汇地。根据中国植被区划，大黑山自然保护区处于三个植被区域之间的过渡地带，在植物区系划分上也是华北、内蒙古和长白三个植物区系的交汇地带；在地貌形态上，这里是内蒙古高原和辽河平原之间的山地屏障，地理位置非常特殊，得天独厚的自然地理环境，复杂的地势地貌类型，多样的山地气候，为植物生长创造了优越的条件，有交汇性或过渡性特征。

（2）丰富的生物多样性资源。在大黑山自然保护区13844hm²的较小面积中有维管束植物3门101科364属892种，其中国家二级保护植物有野大豆、黄檗和紫椴3种，珍稀濒危植物12种等；有脊椎动物27目75科384种，其中国家一级重点保护动物金雕、大鸨、东方白鹳和黑鹳4种，国家二级保护动物42种。丰富的生物多样性资源，涵盖了当地所有具保护价值的植物原生地和野生动物栖息地。

（3）努鲁儿虎山独特自然环境和生物多样性的代表。大黑山自然保护区位于努鲁儿虎山脉东北端南坡，其最高峰——平顶山在保护区内。保护区西北与内蒙古大黑山国家级自然保护区接壤，西南近邻辽宁努鲁儿虎山国家级自然保护区。该山系生态功能的发挥，对辽西重要河流的水源涵养起到重要作用，能有效阻挡来自西北寒冷蒙古气流的袭掠，是阻止科尔沁沙地南侵重要生态屏障，同时还将确保辽宁西部、内蒙古东部、京津外围的生态安全，具有重要的生态和经济意义。

（4）努鲁儿虎山系保护区网络的重要补充。大黑山自然保护区地处努鲁儿虎山的东北端，北临内蒙古草原和科尔沁沙地，与西北接壤的内蒙古大黑山国家级自然保护区共同形成阻止科尔沁沙地南侵的重要生态屏障的前沿，为国家一级生态敏感带，是辽西重要的水源涵养地，辽宁努鲁儿虎山国家级自然保护区位于大黑山保护区南面，努鲁儿虎山脉的南段，内蒙古大黑山国家级自然保护区位于大黑山自然保护区北段的西侧，保护区恰好位于中间，将保护区域连为一体，起到中枢作用，这样三个保护区共同形成了努鲁儿虎山系生态保护网络，成为该区域的重要生态安全屏障。

（5）辽西地区重要的水源涵养地。大黑山自然保护区是北票市内二龙台川、老寨川、东官营河、西官营河、蒙古营河和龙潭川6条季节河的源头。保护区处于辽西地区最大水库——白石水库和北票市龙潭水库的上游，是其重要的水源涵养区和生态保障地，对这两水利工程具有重要意义。白石水库是东北老工业基地工业和农业用水的重要水源地，是朝阳市实施荒山造林、水环境保护、控制水土流失和实施大凌河流域水污染防治工程的重要区域。

（6）辽梅杏种质资源。大黑山自然保护区有大面积的天然山杏林，还保存有我国唯一的一株野生辽梅杏，辽梅杏的出现，改变了杏花单瓣色淡的不足，其开发利用使居住在高寒地区的人们可亲睹"梅花"的凤愿成为现实。保护区是重要的辽梅杏种质野生分布地。

（7）特有珍稀植物。大黑山自然保护区拥有较多的特有珍稀植物，其中已发表的植物有：北票山楂、北票元宝槭、辽西朴树、辽西虫实、辽西扁蓿豆、辽西堇菜、辽西杜鹃等。

◎ 功能区划

大黑山自然保护区根据功能区划，划分为3个功能区。其中核心区4523hm²，占保护区总面积32.67%。缓冲区4708hm²，占保护区总面积的34.01%。实验区4613hm²，占保护区总面积的33.32%。

◎ 科研协作

大黑山自然保护区与科研单位合作开展的森林调查及科研项目有：

1979年沈阳农业大学和辽宁林业学校的专家对大黑山林场的植被进行了全面调查研究，采集标本、编写大黑山植物检索。

1991年东北林业大学周以良、李延生、董世林、聂绍奎等教授亲自来大黑山林场进行专题生态环境研究，发现了全国罕见的珍稀植物——重瓣花山杏，经中国科学院北京植物研究所审定并命名"辽梅杏"。

2000年沈阳农业大学组织毕业研究生对大黑山林场的森林土壤因子进行课题研究。

2000～2001年日本生态研究所专家来中国研究辽西地区地质地貌、生

花曲柳（鞠秀芝提供）

态环境、森林群落进行全方位监测研究，历经2年时间编制了辽西地区的《生态环境与森林群落结构》。

2004年国家生态环境研究所3名博士生对大黑山地区的森林生态资源进行调研。

2005年北京林业大学2名研究生在吴刚导师的组织下对大黑山森林土壤因子、森林群落及地质进行了专题调研。

2006年沈阳农业大学殷教授组织6名研究生在大黑山林场对辽西地区不同环境、不同气候、不同树种的生长量进行调研。

2007年辽宁省干旱研究所2名导师对大黑山气候、环境、植被进行了专题研究。

2008年山东农业大学高鹏博士组织毕业研究生对大黑山保护区的森林土壤因子进行调查研究。

2009年山东农业大学高鹏博士组织研究生对大黑山保护区的森林水土保持进行专题调研，秋季作业设计铁丝围栏进行封育项目。

大黑山自然保护区特殊的地理位置，动植物区系成分的交错、交汇，丰富的动植物资源，残存的天然阔叶林植被等，使得大黑山自然保护区成为优良的科研、教学基地和平台。

（鞠秀芝供稿）

核心区（李秀华提供）

辽宁 青龙河
国家级自然保护区

绿头鸭（陈大龙摄）

辽宁青龙河国家级自然保护区位于辽宁西南部凌源市境内。地理坐标为东经 118° 51′ ～ 119° 10′，北纬 40° 46′ ～ 40° 54′。保护区总面积为 12045hm²，其中核心区 4879.2hm²，占保护区总面积的 40.5%；缓冲区 2760.4hm²，占保护区总面积的 22.9%；实验区 4405.4hm²，占保护区总面积的 36.6%。保护区属森林生态系统类型自然保护区。2014 年 12 月经国务院批准晋升为国家级自然保护区。

◎ 自然概况

青龙河自然保护区属燕山山脉的东延部分，海拔高度平均为 300 ～ 800m，区内最高山峰红石砬山，海拔 1256.6m，是辽西第一高峰。

青龙河自然保护区属温带大陆性季风气候，全年气候特征：冷、暖、干、湿四季分明；日照充足，雨热同季；气温、降水实际变化大，区域性差异明显。年平均气温 8.4℃，积温为 3324℃，无霜期 140 天左右。年平均降水量 500 ～ 550mm。

保护区主要河流为青龙河，为滦河上游，属山溪性河流，砾石河床，水面宽 14 ～ 15m，水深 0.4 ～ 1.0m。

保护区土壤大体分为棕壤、淋溶褐土、碳酸盐草甸土三种类型。

据调查统计，保护区共发现维管束植物 112 科 385 属 776 种，其中蕨类植物 14 科 16 属 21 种，种子植物 98 科 369 属 755 种，有国家一级保护植物 1 种（人参），国家二级保护植物 3 种（紫椴、黄檗和野大豆）。《中国植物红皮书》收录的植物 5 种，分别为刺五加、黄檗、核桃楸、野大豆和黄耆。

根据实地调查结果，发现在青龙河自然保护区有 1 属、15 种植物为辽宁省植物分布新记录，分别是黄花油点草、拳蓼、珠芽蓼、大叶碎米荠、香花芥、野皂荚、蒙古荚蒾、刚毛忍冬、蒙古蒿、魁蓟、麻花头、林荫千里光、西来稗、火柴头和长花天门冬。主要植被群系有天然侧柏林、天然蒙古栎林、辽东栎林、槲树、槲栎林、栓皮栎林、沟谷核桃楸林、人工油松林。

青龙河自然保护区动物地理区划属华北和蒙新两个动物地区交汇地带。

老君炉

蒙古栎天然林（张亮提供）

野皂角林（张可嘉提供）

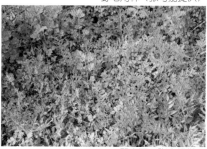

野大豆（张亮提供）

据调查，共记录到脊椎动物30目65科230种，其中，国家一级保护动物2种，为黑鹳和东方白鹳；国家二级保护动物22种，皆为鸟类，有鸳鸯、勺鸡、雕鸮等；辽宁省重点保护野生动物120种，其中兽类8种，有东北刺猬、狍、獾等，鸟类109种，有苍鹭、石鸡、杜鹃等，两栖爬行类3种，有黑斑蛙、鳖、桓仁滑蜥。

青龙河自然保护区内自然旅游资源丰富，其森林群落景观、植被季相景观、森林花卉景观、岩石地貌景观、天象景观、山泉溪瀑景观绚丽多姿，极具观赏价值。保护区内的森林景观可以概括为"春华，夏绿，秋艳，冬韵"。春季百花盛开；夏季绿树葱郁；秋季色彩多样；冬季韵律十足。

◎ 保护价值

（1）典型性。青龙河自然保护区属华北植物区系，蒙古、长白植物区系成分也占有一定比例，具有三个植物区系互相交错、互相渗透的特点，是辽西植被保存较好的地区，森林覆盖率达到90%，成为辽西干旱地区的一道生态屏障，对实现生物多样性和可持续发展具有重要意义。保护区的

辽西栎类阔叶林的植物群落和其他多种植物群落，在全国干旱、半干旱地区植被自然生态演替具有典型意义。

（2）稀有性。青龙河自然保护区拥有丰富的野生动植物资源，尤其是珍稀濒危保护物种较多，保护区是黑鹳等国家重点保护野生动物在辽宁的主要分布区。辽宁省最大的一处侧柏天然林，面积4500多亩，树龄多在100～200年；保护区内分布大面积天然核桃楸林，年龄70～100年，海拔300～1200m，多分布在阴坡沟谷或山坡中下部，林分简单，林相整齐，天然更新良好。保护区内生活着多种国家、省重点保护动物及濒危物种，物种稀有程度较高。

（3）多样性。由于自然保护区特殊的地理位置，丰富的水资源、多样的气候特点，起伏的地貌特征等，形成了多样的生态系统，为动植物资源的多样性创造了必要条件。保护区被誉为辽西的"天然植物园"和"动物的乐园"，是辽西的一处物种基因库，其多样性表现在以栎类阔叶林为主的植被类型丰富多彩，植物种类繁多，同时，保护区地处候鸟迁徙宽带当中，为候鸟迁徙创造停歇和栖息环境，这

对保护与发展生物多样性意义重大。

（4）自然性与完整性。由于自然保护区人烟稀少、演替处于无人为干扰的进展演替过程。保护区的阴坡有完整成片的以蒙古栎为代表的落叶阔叶林，是保护区的地带性植被；保护区内的天然侧柏林是国内面积最大、纬度最高的一处侧柏天然古树林，更新良好，林相保存完整，全国罕见。

（5）敏感性和脆弱性。保护区的天然次生林，特别是以栎类为主的天然落叶阔叶林，是由半个世纪以来的封山育林所带来的丰硕成果，尽管如此，其生物种群和生态系统仍是不稳定的，如果天然林一旦被破坏很难恢复，黄檗、核桃楸以及花曲柳、三裂叶绣线菊等在辽西很难见到的珍稀物种将再次遭到毁灭，没有几十年甚至上百年生态环境的保护和变化，这些树种很难恢复，这种环境与物种的存在关系是非常脆弱的。如何保护好环境促进生态进一步向良性循环转化，促进物种的增加，具有极大的潜在价值。

◎ 功能区划

保护区总面积12045hm²。根据保

护区野生动植物分布和动态，区划出核心区、缓冲区和实验区。

（1）核心区。核心区总面积4879hm²，分为三部分，分别是帽子山核心区、石羊石虎核心区和兴隆山侧柏核心区。帽子山核心区主要保护对象为野生人参、天然核桃楸林、天然紫椴林、天然黄檗群落、天然蒙古栎林、兰科植物等；石羊石虎核心区主要保护对象为天然紫椴林、天然黄檗、野大豆、天然核桃楸林、天然蒙古栎林等；兴隆山侧柏核心区主要保护对象为天然侧柏林、天然蒙古栎林及珍稀乔灌木，林下散生荆条黑钩叶、照白杜鹃和蚂蚱腿子等，草本优势种有野古草、薹草、丛生隐子草等。同时，该三块区域也是勺鸡、鸳鸯、猞猁、雕鸮等近40种珍稀保护动物的主要栖息地，是整个保护区内植被和动植物资源最具代表性的区域，也是凸显整个保护区保护价值的主要区域。

（2）缓冲区。为使核心区得到切实有效地保护，在核心区外围划出一定宽度的区域范围作为缓冲区，区内动植物资源同核心区基本相同。缓冲区分为帽子山石羊石虎缓冲区和兴隆山侧柏缓冲区，缓冲区总面积2761hm²。

缓冲区林分以天然次生林、天然灌木林、人工林为主，树种以油松、辽东栎、花曲柳、山杏等为主，林下散生灌木有荆条、丁香、小叶锦鸡儿等，草木层优势种有薹草、地榆、鸦葱等。

（3）实验区。实验区分布在保护区的周边人为活动较频繁的区域，是保护区内从事科学研究、教学实习和科普教育基地。实验区分为帽子山实验区、石羊石虎实验区和兴隆山侧柏实验区，总面积4405hm²。该区可从事科学研究实验、宣教、参观考察及生态旅游等活动，也可有计划地开展生态旅游、绿色食品开发、养殖业等资源合理开发利用活动，发挥保护区自身造血机能及生产示范作用。

◎ 科研协作

1996～1999年，辽宁省林业厅、辽宁大学生命科学系及朝阳市野生动物保护站的技术人员对辽西青龙河流域进行动植物资源调查。

2009年8月，辽宁林业职业技术学院邹学忠等三位专家及辽宁电视台《新北方》记者对保护区进行名木古树专项调查。

2010年6月，日本北九州市同部海都、武石全慈两位鸟类专家对青龙河自然保护区的世界珍稀鸟类——细尾苇莺进行调查。

2011年3月，辽宁省政府政策研究室来保护区调研，并向省长陈政高等主要领导提交《青龙河自然保护区建设管理经验对辽西生态建设的启示》。

5月，以北京林业大学王楠副教授、邢韶华副教授、张玉钧教授带队，分别对保护区的野生动物、植物和经济与旅游发展等调查。

10月，沈阳农业大学林学院刘明国院长到大河北南大山调研。

11月，国家林业局规划院王志臣处长及北京林业大学教授罗菊春等6位动植物专家对青龙河三道河子侧柏林、大河北南大山核桃楸林等进行了实地考察，并现地研究保护区范围调整与重新功能区区划。

12月，北京林业大学王楠副教授一行9人来到保护区进行了动物调查。

2012年：6～7月，北京林业大学罗菊春教授一行21人对保护区的森

二叶舌唇兰（陈大龙摄）

东方白鹳（陈大龙摄）

针叶林（朴龙国摄）

黄檗林（张亮摄）

黑鹳（张可嘉提供）

雕鸮（张亮提供）

黑桦林（张亮摄）

大天鹅（陈大龙摄）

紫椴（张可嘉提供）

林、湿地植物群落与物种多样性进行调查。

10月，北京林业大学罗菊春教授一行14人对自然保护区的动植物资源、社会经济、旅游资源等进行了补充调查；8日，罗教授做科考成果总结，标志着历时二年、共计5次的大规模科考取得阶段性成果。

2013年：7月18日，保护区标本馆投入使用，展览面积120m²，采集、制作标本435份。

12月16～19日，晋升国家级自然保护区评审会议在北京召开，青龙河省级自然保护区经国家环保部评审通过。

2014年：9月25日，国家林业局长春专员办傅俊卿副专员、陈晓才处长和汤吉民副处长来到青龙河开展全省自然保护区工作检查调研。省林业厅马志刚巡视员、野保处王喜武处长、朝阳林业局及凌源市领导陪同。

12月5日，经国务院办公厅批准，青龙河自然保护区成功晋升国家级。

2015年：4月28日，省林业职业技术学院王书凯教授等二人来保护区，重点对早春开花植物进行调查，特别

是对堇菜分种的标本采集超过15种。

7月，中科院沈阳应用生态研究所树木园副主任张粤等一行4人，历时2天，进行植物分类调查，在河坎子1500m²范围内，同时生长植物超过200种，在辽西实属罕见。

7月21日，由环保部、财政部、水利部组织的《国土江河（滦河流域）综合整治试点2015项目实施方案》评审会在北京召开，辽宁部分《凌源青龙河大河北、前进段河流湿地修复工程项目》顺利通过评审。（尹俊武供稿）

核桃楸（陈大龙摄）

辽宁 葫芦岛虹螺山 国家级自然保护区

辽宁葫芦岛虹螺山国家级自然保护区位于辽宁西部，葫芦岛市连山区北部。地理坐标为东经 120°39′22″～120°52′17″，北纬 40°52′00″～40°57′59″。保护区东西长 18.04km，南北宽 11.23km，总面积为 10008.0hm²。其中核心区总面积为 2590.5hm²，占保护区总面积的 25.9%；缓冲区面积 2355.2hm²，占保护区总面积的 23.5%；实验区面积 5062.3hm²，占保护区总面积的 50.6%。保护区属森林生态系统类型自然保护区，主要保护对象为辽西走廊典型的森林生态系统和原始自然植被、珍稀动植物资源及其栖息地，特别是金雕、东方白鹳、黑鹳、丹顶鹤、黄喉貂、大天鹅等国家重点保护野生动物和黄波罗、紫椴、水曲柳等国家重点保护野生植物；动植物区系过渡地带的生物多样性资源；女儿河、连山河、虹螺山水库等河流的水源地和集水区。2014 年 12 月经国务院批准晋升为国家级自然保护区。

大虹螺山一角

◎ 自然概况

葫芦岛虹螺山自然保护区在地质构造上，处于中朝准地台的北缘、辽冀台褶上的燕辽沉降（陷）带上，总体上地层是以太古界前震旦系古老的变质岩为基底，其上覆盖有震旦系至白垩系的沉积岩地层。此外，有些局部地段为下构造层震旦系形成的沉积巨厚、回旋结构明显的地槽型沉积，以及中构造层寒武奥陶系有明显地台特点的地层等。在岩石类型上，保护区主要有花岗岩、石英岩、石灰岩三种，以花岗岩为主，属"虹螺山粗粒花岗岩"岩组，是五指山、兴城旧门、锦西虹螺山三大岩基之一。保护区属燕山山脉东部，松岭山脉向渤海延伸部分，总体地貌属辽西低山丘陵区。区内地貌以大、小虹螺山为两个主体单元，两山东西相峙，直线距离 8.8km。两山主脊均呈南北走向，东西分水，各向外部呈放射状延伸。保护区周边地区坡度较缓，是典型的低山丘陵地貌，并多村屯居民地分布。

葫芦岛虹螺山自然保护区属暖温带半湿润大陆性季风气候区，四季分明，雨热同期。虽然距渤海较近，但由于渤海属内海，所以保护区受海洋气候影响较小。平均日照时数 2692～2842h 之间，年平均日照率在 61%～64% 之间。年平均气温在 8.2～9.2℃ 之间，平均高温 27.4～28.4℃，极端最高气温 41.5℃，平均低温 −25℃，极端低温 −37～−32℃ 之间。无霜期 160～170 天，生长期在 120 天左右。

葫芦岛地区是辽宁省大风区之一，一年四季均有大风出现，地面最大风速达 35.0m/s，全年平均风速 ≥10.8m/s 的大风日数在 48～78 天左右，而且春季大风日数偏多。

葫芦岛虹螺山自然保护区属半湿润气候区，年平均降水量 560～630mm，全年降水主要分布在 7～8 月份，雨热同季，冬季降水极少，仅占全年降水量的 3%～4%，降雪天数

和积雪天数都很短。年平均蒸发量在 881.4～1193.4mm 之间，蒸发量大于降水量。

葫芦岛虹螺山自然保护区地势为河流发源地，区内无大的河流水系。西部有女儿河、北部有虹螺山水库、乌金塘水库。保护区西部季节性河流直接汇入女儿河；北部河流汇入虹螺山水库；南部河流汇入连山河，东部河流汇入七里河，最终入渤海。

葫芦岛虹螺山自然保护区土壤类型大体分为棕壤和褐土两类：棕壤分布在山坡和植被茂密的阴坡，也是保护区主要土类。褐土多分布在海拔 600m 以下的山坡及平川、沟谷，这些褐土多属华北褐土带的北缘，是暖温带半湿润地区森林、灌丛下生成的地带性土壤。此外，在水土冲刷较重、地表裸露或陡坡地段多为裸岩和少部分风沙土。保护区一般土层较薄，平均 10～20cm，大虹螺山北坡（岔沟）、小虹螺山东北坡（望海寺一带）土层较厚。

葫芦岛虹螺山自然保护区地处华北、蒙古和长白三个植物区系的交汇地带，森林植被以华北植物区系为主，兼有长白和蒙古植物区系物种。各种地理成分相互渗透、相互过渡，具有典型的暖温带油松、栎林地带性分布特征，代表植物为油松、蒙古栎、荆条、绣线菊等。

据有关资料统计，葫芦岛虹螺山自然保护区内有高等植物150科492属967种（含变种），其中，维管植物119科416属816种（含变种），苔藓植物31科76属151种。维管植物中，蕨类植物14科20属34种；裸子植物3科6属9种；被子植物102科390属773种。此外，还有大型真菌19科32属40种。区内有国家二级保护野生植物4种，分别为野大豆、水曲柳、黄波罗和紫椴。此外，保护区还有国家珍贵树种蒙古栎、核桃楸等。在大虹螺山主峰至山下天然寺长1500m，宽500～800m沟内，长满天然梓树林，最大胸径45cm，极为珍稀。

据统计，葫芦岛虹螺山自然保护区有野生陆生脊椎动物54科199种。其中两栖类3科5种，爬行类3科10种，鸟类35科155种，兽类13科29种。保护区现有国家重点保护野生动物20种，其中国家一级保护野生动物4种，分别为金雕、东方白鹳、黑鹳、丹顶鹤；国家二级保护野生动物16种，分别为大天鹅、苍鹰、凤头蜂鹰等。

葫芦岛虹螺山自然保护区独特的地理位置和气候条件，形成了别具特色的地貌景观和森林景观。保护区内森林茂密，植被丰富，品种繁多，尤其是区内大面积的油松林、油松栎林、蒙古栎林、辽东栎林、天然侧柏林等天然林，是难得的地带性的典型森林景观。区内以主峰大虹螺山、次峰小虹螺山为代表，统称虹螺山。虹螺山是辽西地区极具代表性的名山。大、小虹螺山孤峰高耸，视野开阔，历来就是兵家必争之地。小虹螺山明代长城、烽火台遗址，大虹螺山兵洞、兵路等都是可贵的古代人文历史遗存。

◎ **保护价值**

葫芦岛虹螺山自然保护区自然资源丰富，自然生态环境优越，是天然的物种基因库，是科学研究的天然实验室，是对公众进行科普教育的自然博物馆，也是开展生态旅游的理想场所，对维持辽西走廊地区的生态平衡起着极为重要的作用。基于保护区独特的地理位置和生态特征以及其重要的生态服务功能，保护价值主要体现

大虹螺山一角

虹螺山保护区下属虹螺湖湿地

小虹螺山望海寺遗址千年古松

大虹螺山一角

在以下几个方面：

（1）自然性。葫芦岛虹螺山自然保护区内天然林资源极为丰富。按《中国植被》的区划，虹螺山自然保护区属于我国暖温带落叶阔叶林区域的暖温带北部落叶栎林亚带，区内不仅有丰富的暖温带阔叶树种，如以天然蒙古栎、辽东栎为建群种的森林群落，还有以天然油松、落叶松等为主组成的群落类型和其他杂木林群落，生态环境保持基本完好。特别是核心区天然次生林保存完好，基本不受外界干扰。保护区内无其他居民居住。如此丰富优质的自然森林资源形成一道天然的生态屏障，有效抵挡了北方内蒙古科尔沁沙地的沙尘影响，为辽东湾区域提供了有效的生态防御。

（2）稀有性。葫芦岛虹螺山自然保护区的稀有性主要表现在：①辽西走廊典型的森林生态系统和自然植被。②珍稀生物资源及其栖息地。区内有国家重点保护野生动物20种。其中，国家一级保护野生动物4种，国家二级保护野生动物16种。有辽宁省重点保护野生动物88种。国家二级保护野生植物4种，分别为野大豆、水曲柳、黄波罗和紫椴。③动植物区系过渡地带的生物多样性资源。④女儿河、连山河、虹螺山水库等河流的水源地和集水区。

（3）典型性。葫芦岛虹螺山自然保护区地理位置较为特殊，地处燕山山脉最东端的松岭山系，东接东北辽东地区，南临渤海的辽东湾，北靠内蒙古高原和科尔沁沙地，是东北、华北、蒙新等生物区系的交汇区，具有三个植物区系相互交错、互相渗透的特点。保护区是辽西走廊植被保存较好的地区之一，也是辽西走廊暖温带落叶阔叶林的典型代表。尤其是核心区内约70多公顷的天然侧柏林和天然山杨林，是极为可贵的自然森林植被遗存，具有较高的保护和研究价值。保护好这个特殊过渡带的森林生态系统，对研究植物区系之间、植物与动物之间的

鸟瞰虹螺山保护区（谢阿弟提供）

相互影响具有重要意义和极高的学术价值。

（4）脆弱性。虹螺山林场成立以后，着重对区内的天然林，特别是以栎类为主的天然落叶阔叶林进行封山育林。经过半个多世纪的保护，保持了良好的天然林植被和生态系统。但由于保护区地处辽西走廊生态脆弱区，地理位置独特，生态系统不够稳定，其森林植被一旦破坏，恢复难度极大。现在，黄波罗、紫椴以及核桃楸、花曲柳、三裂叶绣线菊等在辽西走廊地区已经很难见到。而近年来，区内良好的自然植被和自然景观吸引了大量周边居民和外来游客进行参观和户外远足，再加上存在干旱、大风、森林山火等自然因素的影响，给保护区内的生态环境带来了更大的压力，在珍稀物种的种群结构、生态系统稳定性以及恢复能力等方面都比较脆弱和敏感。该区域是森林与女儿河、连山河、虹螺山水库等河流交织的水源地和集水区，区内植被一旦遭到破坏，极易造成不可逆转的水土流失和生态系统的逆行演替。因此，保护区的生态系统极为脆弱，生态保护更为重要、更为迫切。

（5）科研价值。保护区具有丰富多样的野生动植物资源、森林资源和景观资源，是科学研究的良好场所。区内的自然资源，具有自然性、多样性、稀有性、典型性和脆弱性等特点，尤其是处于生态脆弱地区独特而典型的植物区系交汇过渡地带的森林生态系统，是许多珍稀动植物的避难所和天然的生物基因库，为各学科的科学研究提供了重要的本底资料，为一系列的考察实验提供了天然实验室。保护区建立以来一直寻求与科研院所开展科研合作，使得区内的珍贵自然资源为科学研究提供宝贵素材的同时，能为保护管理工作提供决策依据。保护区生态质量较好，具有较高的保护价值。

◎ 科研协作

2002年，虹螺山组织科学考察组对虹螺山进行综合考察；2003年与辽宁大学菌类研究所共同在小虹螺山开展菌类试验；2015年夏季，邀请本地区植物专家与保护区干部职工参与植物调查。

（谢阿弟供稿）

吉林 长白山
国家级自然保护区

吉林长白山国家级自然保护区位于吉林省东南部，东南部与朝鲜相毗邻。地理坐标为东经127°42′55″～128°16′48″，北纬41°41′49″～42°25′18″。保护区南北最大长度为80km，东西最宽达42km，总面积196465hm²，主要保护长白山森林生态系统及生物多样性。保护区始建于1960年，是我国建立较早、地位十分重要的自然保护区之一，1980年，经国务院批准，长白山自然保护区被联合国教科文组织纳入"人与生物圈计划"，成为"世界生物圈自然保护区网"成员，被列为世界自然保留地之一。1986年7月，经国务院批准为"国家级森林与野生动物类型自然保护区"。

针叶林（朴龙国摄）

长白山天池（朴龙国摄）

218

◎ 自然概况

独特的地理位置和地质构造，形成了长白山神奇壮观的火山地貌，使之具有典型的植被垂直分布带谱、丰富完整的生物资源、深远厚重的历史文化、美丽奇特的自然风光。长白山以其独有的原始状态、科学品位和历史价值屹立于世界之林。长白山处于欧亚大陆边缘，濒临太平洋的强烈褶皱带。随着新生代喜马拉雅造山运动，伴有火山的间歇性喷发，地壳发生了一系列断裂、抬升，地下深处的玄武岩岩浆大量喷出地面，构成玄武岩台地，形成了由火山地貌、流水地貌塑造的多样性地貌类型。其地貌类型有火山熔岩地貌、流水地貌、喀斯特（岩溶）地貌和冰川冰缘地貌。长白山是一个年轻的、典型的火山地貌区域，自下而上主要由玄武岩台地、玄武岩高原和火山锥体三大部分构成。长白山是中国最大的一座复合式盾状的休眠火山（距最近一次喷发时间约300年）。火山锥体顶部崩裂塌陷，温度降低后溶岩浆逐渐冷凝并形成火山通道——长白山天池。长白山独特的火山地质地貌及其特殊的地理环境，对人类研究火山活动机制、爆发原理、岩浆演变及灾害预防具有极大的科学价值。该区属受季风影响的温带大陆性山地气候，具有明显的垂直气候变化带谱特征。保护区总的气候特点是：春季风大干燥，夏季短暂温凉，秋季多雾凉爽，冬季漫长寒冷。年平均气温3～7℃，最低气温曾出现过 -44℃。年日照时数不足2300h。无霜期100天左右，山顶只有60天左右。年平均积雪深度一般在50cm左右，最深处达70cm。年降水量700～1400mm，6～9月份降水占全年降水量的60%～70%。长白山冰雪覆盖期长达9个月，雪质优良，积雪最深可达2m，阴坡沟谷内斑块状积雪常年不化。由于地质地貌、成土母质、植被和气候等自然因素的差异，形成了长白山明显的土壤垂直分布带谱，自下而上依次为山地暗棕色森林土带、山地棕色针叶林土带、亚高山疏林草甸土带和高山苔原土带。长白山自然保护区内河网稠密，温泉星罗棋布。是图们江、松花江、鸭绿江三大水系的发源地。一条条大小河流从天池脚下呈放射状流出，河流流向多与两侧山岭的延伸方向一致，河谷深切，水流湍急，河道坡降较大，河床多卵石或砾石。茂密的森林植被使河水含沙量极少，水质清澈。春季河水主要靠冰雪融化供给，冬春季降雪的多少决定了春汛水量的大小。夏季降雨较多，故夏汛大于春汛，并以7、8两月水量最大，为主要汛期。区内地下水类型以构造裂隙为主，地形破碎，基岩裸露，地下水排泄条件好。但长白山主峰下面的高山平原多为深厚的黄土层，土壤紧实，渗水条件差，隔断了地下水向平原补给的通道，使地下水通过许许多多的泉眼排入河流或以地表径流方式漫向下游。

长白山是一座自然资源极为丰富的宝山。目前已知有各类低、高等植物2639种另4亚种197变种45变型，分属92目260科。其中真菌类植物16目52科755种，地衣类植物2目22科265种1变种1变型，苔藓类植物15目62科340种另3亚种21变种5变型，蕨类植物8目23科78种12变种1变型，种子植物101科461属1201种1亚种163变种38变型，其中裸子植物3科11种2变种，被子植物98科1190种1亚种161变种38变型。在这些野生植物中，属国家重点

瀑布（朴龙国摄）

苔原带（朴龙国摄）

中华秋沙鸭（朴龙国摄）

保护的有 23 种。其中，国家一级保护植物有人参、东北红豆杉和长白松共 3 种；国家二级保护植物有岩高兰、山楂海棠等 20 种。植物的王国必然是动物的乐园，据统计，长白山有野生动物 1225 种，分属于 73 目 189 科。其中，昆虫 6 目 48 科 387 种，鱼类 2 目 4 科 8 种，两栖类 2 目 6 科 13 种。爬行类 1 目 3 科 10 种。鸟类 18 目 48 科 277 种另 10 亚种。哺乳类 6 目 19 科 58 种。脊椎动物 30 目 61 科 370 种。在 1225 种野生动物中，属国家重点保护的动物有 58 种。其中，国家一级保护动物有东北虎、豹、梅花鹿、紫貂、原麝、白肩雕、中华秋沙鸭、黑鹳、金雕等 10 种；国家二级保护动物有棕熊、黑熊、猞猁、马鹿、鸮、苍鹰、雀鹰、花尾榛鸡等 48 种。

由于受地质变迁及气候影响，保护区内从低到高海拔相差约 1900m，分针阔叶混交林、针叶林、岳桦林、高山苔原 4 个垂直植物带，形成独特的植物区系。著名的长白 16 峰海拔均在 2500m 以上，主峰白云峰海拔 2691m。山巅有一个由火山喷发形成的高山湖——天池，在群山环抱之中，成为松花江的源头。天池呈椭圆形，南北长 4.5km，东西宽约 3.5km，平均水深 210m，最大水深 373m，为我国最深的高山湖泊。天池北侧有一缺口，两侧岸断壁立，谷中巨石兀立，池流急湍奔涌，于海拔 1250m 处陡直轰鸣下跌，落差 68m，形成状如白练悬天、势如银龙飞舞的长白瀑布景观。

东北虎（朴龙国摄）

人参（刘利摄）

距长白瀑布 3km 附近的河谷两侧，有两个圆形湖沼，号称小天池。天池往北约 800m 处，是长白山温泉群，泉水不断从地下涌出，昼夜流淌，气泡滚动如珠，热气翻腾如云，水温多在 70～80℃。较大流量的温泉，在不到 1000m² 的范围内就多达十几处。

◎ 保护价值

长白山也是松花江、图们江、鸭

绿江的发源地。长白山自然保护区的森林生态系统在涵养水源、保持水土、净化水质和大气、改善区域气候等方面发挥着极其重要的作用，是松花江、图们江、鸭绿江中下游广大地区生态安全的重要绿色屏障，对庇护这些地区的生产生活环境，保障和促进这些地区的经济快速发展具有十分重要的意义。

长白山地质构造的特殊性和地理位置的特定性，决定了它是世界上在最小范围内植物带垂直分布最明显、垂直分布类型最多、生物种类最丰富的特殊生态系统。这里云集了相当于北半球温带、寒温带、亚寒带及北极圈的多种气候和生物群落类型，是欧亚大陆生物生态系统和濒危物种持续生存的优良环境，也是濒危动植物不可多得的重要栖息地。包括丰富的生态系统和生物种类多样性，完整且未受到破坏的景观廊道提供了生物生态空间保护的完整性，从而为人类研究生物物种的垂直分布特性和生物物种的永续存在提供了最原始的资料和依据，具有巨大的科学价值和经济价值。这里保留了许多珍贵稀有的植物种类。这些植物有的在发生上十分古老，有的因其分布地域狭窄，成为该区特有种，有的因为各种原因而成为濒危种。因此，该保护区已成为我国北方地区一个珍稀、濒危植物的避难所，同时也是一座不可多得的物种基因库。长白山从山底到山顶，垂直高差2000m，浓缩了从北半球温带到北极圈植物水平分布2000km的生态景观，垂直分布如此明显，世界上实属罕见。

◎ 功能区划

为全面保护生物的多样性，积极开展教学科研活动，适度发展生态旅游业，使长白山自然保护区各项工作协调发展，根据《吉林长白山国家级自然保护区管理条例》，保护区把区域连片、生态系统完整、珍稀濒危物种集中分布的重点区域划分为核心区，面积为128312hm²，占保护区总面积

的65.3%，核心区内除巡护、定位观测和定期资源调查外，禁止开展其他活动；把保护区的周边及道路两侧，人为活动较频繁的区域划分为实验区，面积为48110hm²，占保护区总面积的24.5%，实验区可以进行科学研究、教学实习、考察登山、拍摄影视、驯化繁育珍稀濒危物种，以及在指定的地点进行参观旅游等活动；把地域上介于核心区实验区之间，对核心区起

保护和缓冲作用的区域划为缓冲区，面积为20043hm²，占保护区总面积的10.2%。　　（长白山自然保护区供稿）

高山草甸（朴龙国摄）

岳桦林（朴龙国摄）

针阔混交林（朴龙国摄）

吉林 向海 国家级自然保护区

吉林向海国家级自然保护区位于吉林省通榆县西北部，北邻洮南市，西接内蒙古自治区的科尔沁右翼中旗。地理坐标为东经122°05′～122°35′，北纬44°50′～45°19′。保护区南北最长为45km，东西最宽为42km，总面积为105467hm²，其中，芦苇沼泽23654hm²，羊草草原30396hm²，沙丘榆林29834hm²，水域12441hm²。保护区属湿地生态系统类型自然保护区。保护区自1981年3月建立后经过几年完善与发展，1986年7月经国务院批准晋升为国家级自然保护区。1992年又经国务院批准，指定列入《拉姆萨尔公约》国际重要湿地名录，被世界野生生物基金会评审为具有国际意义的A级自然保护区。1993年5月加入"中国人与生物圈保护区网络"。

◎ 自然概况

向海处于蒙古高原和东北平原的过渡地带，在大地构造上属松辽凹陷的西部沉降带，自中生代以来大幅度下沉，有深厚的中生代和新生代沉积，地貌以沙化和盐渍化的平原为特征，属科尔沁沙地（草原）的延伸部分。发源于大兴安岭东部的三条河流，到这里失去了河道，水流漫散排泄不畅，形成大面积的芦苇沼泽，形成向海湿地。地势由西向东微微倾斜，海拔156～192m，垄状沙丘与垄间洼地交错相间排列，呈西北—东南方向延伸，表现为沙丘榆林、茫茫草原、蒲草苇荡、湖泊水域的自然景色，地貌为沙丘覆盖的冲积平原。区内南部有霍林河贯穿东西，中部有额穆泰河形成的草原沼泽，北部有洮儿河引水灌溉系统，三大水系在向海区域内形成大肚泡、付老文泡等22个较大泡泽，小泡沼数以百计。其中，1971年建成的向海水库，是境内最大的蓄水库，正常蓄水湖面6650hm²，最大湖水面7100hm²。水深一般在0.5～1.5m，最深十几米。向海水库入洮儿河分洪灌溉系统，与黄鱼泡、大肚泡、小泡、兴隆水库等相通。

向海自然保护区属北温带大陆性季风气候，处于吉林省半干旱草原气候地带。春季多风干旱，夏季温暖，冬季严寒少雪，风沙较多。年平均气温5.1℃，极端最高气温37℃，极端最低气温−32℃，年降水量400mm，多集中在7、8月份；年平均蒸发量1945mm，年平均日照时数2876h，无霜期150天左右；全年盛行西南风，

大斑啄木鸟

工作人员春季鸟类迁徙调查

斑翅山鹑

风速一般5～6级，最大风速可达11级，7级以上大风年平均35天。区内土壤主要为栗钙土、草甸土、盐碱土和风积沙土，土壤厚度一般为0.5～1.0m，土壤中腐殖质含量较少，含盐碱量偏高，pH值在7.5～8.5。

向海自然保护区属温带半湿润草甸草原景观，有野生植物600余种，其中药用植物220多种，各种植物组成了丰富的群落类型。植被覆盖率达70%。尤其是以蒙古黄榆为主的沙丘黄榆天然林，林相丰富，错落有致，是目前我国半干旱地区唯一集中成片、生长较好的黄榆天然林群落。此外，还有春榆、家榆、小叶杨等近20种乔木树种。保护区内有大片的芦苇群落，以芦苇和东方香蒲为主。薹草沼泽地以薹草、灯心草、花蔺和水葱为主，

湿草地和草原以羊草、拂子茅、狗尾草、甘草、蒿、地肤和碱茅等植物为主，水域中浮生植物有眼子菜、狐尾藻等。区内有兽类37种，爬行类8种，两栖类5种，鱼类29种，鸟类293种，其中，属国家一级保护鸟类有丹顶鹤、白鹤、白头鹤、大鸨、东方白鹳、黑鹳、金雕、白肩雕、白尾海雕、虎头海雕等10种。国家二级保护动物有白枕鹤、灰鹤、蓑羽鹤、大天鹅、红隼、黄羊、秃鹫等42种。在世界的15种鹤中，向海自然保护区有6种。

◎ 保护价值

向海自然保护区主要是以丹顶鹤、东方白鹳、大鸨等水生和陆栖生物及其生境共同形成的湿地和水域生态系统为主要保护对象。发源于内蒙古大

兴安岭的霍林河在区内水流漫散不畅，形成向海湿地。由于向海自然保护区地处偏僻，人口稀少，村屯分散，境内自然景观类型多且保存良好；优越的水文条件，使得多种生物类型相互渗透，生境类型多样。有郁郁葱葱的天然林，水丰草盛的茫茫草原，繁茂的芦苇沼泽，星罗棋布的广阔水域，是野生动物，特别是鸟类的天然乐园，尤其适宜丹顶鹤等珍禽栖息、繁殖。保护区从自然特性和生态价值方面主要有以下几个特点：

（1）典型性。向海自然保护区是全球同一生物气候带上具有较高代表性和典型性的区域。区内以湿地生态系统为主体，同时具有沙丘榆林—茫茫草原—蒲草苇荡—湖泊水域四种代表性的生物群落，是高度综合、极为

复杂的湿地生态系统。

（2）稀有性。珍稀鸟类（如丹顶鹤、东方白鹳、大鸨等）和沙丘黄榆等天然植被是保护区重点保护对象。蒙古黄榆是干旱地区沙丘岗地上特有的树种，具有耐旱、树形优美、抗病力强的特点。不仅是固沙防风的优良树种，而且还是该地区一些珍禽建巢的主要场所。

（3）多样性。保护区生物多样性丰富：一是种群数量丰富；二是物种多样，仅榆树就有黄榆、春榆、家榆等多种；三是生境多样，荒漠生境、森林生境、沼泽生境、水体生境交错分布。依据《拉姆萨尔公约》，向海境内分布有淡水湖泊及相邻沼泽地、沼泽地及小型淡水池塘、内陆水系及相邻咸水沼泽、水库（人工湖）和季

节性洼水草甸、草地等6种主要湿地类型。

（4）脆弱性。目前，由于放牧、开荒、捕鱼和割苇等人为活动，保护区环境已经遭到一定的破坏。脆弱的生态系统具有很高的保护价值，并且，保护区与科尔沁草地脆弱的生境相联系，使保护更加困难，要求更严格的管理。

（5）自然性。习惯上用自然性来表示植被或立地未受人类影响的程度。这种自然性对于建立科学研究目的的保护区或是核心区有特别重要的意义。向海自然保护区既包括天然的部分，又包括半天然的部分，特别是保护区同时又有稀有性和脆弱性的特点，所以有极高的保护价值。

（6）感染力。保护区不同种类的

物种和生物类型是不可代替的，具有极强的感染力。特别是半荒漠—沼泽草原的原始自然地貌保存完好，资源丰富，景观多样，是开展物种保护研究与旅游的理想场所。

（7）潜在保护价值。保护区有些地域一度曾有很好的生态环境，但由于人为活动遭到了干扰和破坏，如能进行适当的人工管理或通过天然的恢复，生态系统可以得到改善。

（8）科研潜力。保护区生境多样、种群丰富，特别是湿地生态系统面积大、分布集中、类型多样、结构复杂，系统内部各要素及系统与外部环境之间的物质与能量流动相当稳定，具有很高的科研潜在价值。

向海自然保护区不仅是国家重点保护鸟类丹顶鹤、白枕鹤和蓑羽鹤的

大天鹅

重要繁殖地，而且还是白鹤、灰鹤、白头鹤以及《中日保护候鸟及其栖息环境协定》与《中澳候鸟和栖息地保护协定》中许多候鸟在迁徙时的重要驿站。仅中日协定所列227种候鸟中，到向海栖息的就有173种，占协定总数的76.21%。属于《濒危野生动植物种国际贸易公约》的鸟类有49种，其中一级9种、二级33种、三级7种。另外，区内还有广泛分布以当地特有树种蒙古黄榆为主建群树种的荒漠天然植被。保护区内沙丘榆林—茫茫草原—蒲草苇荡—湖泊水域生境相间，构成了较为完整的湿地生态系统。

向海自然保护区面积广阔、资源丰富、风景优美、自然面貌原始，是湿地生态保护基地，珍稀鸟类和半干旱沙丘植物种源储存基地，科研、科普基地和参观旅游胜地。

普通雕鸮

◎ 功能区划

根据保护对象（珍贵水禽及其湿地生态系统）受人类活动影响的程度，兼顾当地群众生产生活的需要，划分核心区、缓冲区和实验区。核心区是受保护的特殊稀有物种（丹顶鹤、东方白鹳、大鸨和黄榆等）的主要栖息地和生境，具有代表性的自然生态系统地段。核心区面积31190hm²，占保护区总面积的29.6%。保护区的缓冲区是沿核心区外围500～800m的范围，总面积为11144hm²，占保护区总面积的10.6%。实验区是保护区边界以内，缓冲区界限以外的地带。实验区内主要为农田、水域、草原和芦苇沼泽，面积为63133hm²，占保护区总面积的59.8%。实验区中的其他经常活动区利用自然和人工相结合的区划方式分界。

在核心区管理上，保护区确立的管理目标是最大限度地为珍稀、濒危物种提供自然栖息地和保护湿地生态系统；对植物进行管理，丰富植物的多样性；改善栖息地条件；提供科学观测点。采取的管理措施是控制核心区的水位，以满足不同濒危珍稀鸟类的生存、水生植物和鱼类生长的需要；严格控制渔业，禁止狩猎、投毒、放牧；禁止核心区内人为活动，核心区内的居民全部迁出，退耕还林、退耕还草；严格控制核心区的芦苇生产作业，保护水禽栖息地。

在缓冲区管理上，保护区确立的管理目标是通过对这一区域的控制和管理，减少对核心区的压力，有效保护核心区；提供机会，使湿地及植被得以恢复；满足宣传和科研的需要；通过改善栖息地的条件，促进动物有效利用栖息地。采取的管理措施是修建蓄水区，增加有效栖息地；集约管理芦苇和其他植物；种植分布于此区的食物和隐蔽性植物。

在实验区管理上，保护区确立的管理目标是提供渔业生产和放牧的场所；提供芦苇生产的区域；建立资源利用、保护和发展的示范区；向人民提供一个理想的自然旅游场所；提供环境教育的场所；促进保护区管理水平的提高。采取的管理措施是选择适合当地经济发展的技术，扶持当地的经济发展计划和项目；创造生态边际效应区，提高动物种群数量；发展当地农业并进行集约经营和管理；绿化和美化环境；建立人工湿地生态系统，吸引鸟类；修建游览小径方便人们游览；建立培训中心，提供讲解、宣传和声像资料；建立人工繁殖中心，供参观。

（向海自然保护区供稿）

吉林 莫莫格
国家级自然保护区

吉林莫莫格国家级自然保护区位于吉林省西北部镇赉县东部嫩江与洮儿河的交汇处，东与黑龙江省隔江相望，北与内蒙古自治区毗邻。地理坐标为东经123°27′～124°04′，北纬45°24′～46°18′。保护区总面积14.4万 hm²，其中湿地面积占全区总面积的80%，是吉林省最大的湿地保留地，属内陆湿地生态系统类型保护区。始建于1981年，1994年被国家环保总局列入我国第一批重要湿地名录，1997年经国务院批准晋升为国家级自然保护区。

芦苇沼泽湿地

◎ 自然概况

莫莫格自然保护区在地质上属于松辽沉降带的北段，呈现出嫩江及其支流冲积、洪积低平原的地貌。

◎ 保护价值

良好的自然环境和秀美的湿地景观成为珍稀水禽的重要栖息地，丰富的动植物资源昭示着这片土地的富饶与美丽。区内有种子植物600种，其中经济植物361种，分属于77科；鱼类计有4目11科52种；两栖类有1目3科5种；爬行类有2目3科7种；常见的兽类有4目9科25种；鸟类计有17目55科296种，其中湿地水鸟120余种，约占东北湿地水鸟的74%，鹤、鹳、雁、鸭类，占我国相应类群的65%。区内鸟类中，国家一级保护鸟类有丹顶鹤、白鹤、白头鹤、大鸨、黑鹳、东方白鹳、金雕、虎头海雕、白尾海雕、玉带海雕共10种。国家二级保护鸟类有白枕鹤、大天鹅等40余种。全世界有鹤类15种，区内就有6种，占世界鹤类种数的40%，而且有3种鹤在这里繁殖（丹顶鹤、白枕鹤、蓑羽鹤）。白鹤、东方白鹳是莫莫格

自然保护区的优势种。研究结果表明，境内嫩江沿岸是东方白鹳秋季迁徙的重要集群地，其数量达500～800只，约占该物种世界种群数量的20%～30%。该区也是白鹤迁徙的重要停歇地，种群数量稳定在300～500只，最多达1200只。白鹤、东方白鹳迁徙停歇期全年达70天左右，居世界各迁徙地之首，成为全球环境基金（GEF）在我国选定的5个"白鹤全球保护项目"实施地之一。

◎ 管理状况

莫莫格自然保护区虽是早期人类的牧猎地，但人类定居开发也只有百余年的历史。特别是从20世纪50年代以来，人类的生产活动日渐加剧，给湿地生态造成巨大压力。修坝挡水断绝了湿地的水源补给，过牧乱垦破坏了湿地植被。加之连年干旱，使湿地资源面临严重威胁。

水是湿地之本。保护区启动了"引嫩入莫"工程，修筑引水堤坝65km，

成功实现了引嫩江水入莫莫格自然保护区。2002～2004年，引水5000万m³进入白鹤核心区。水到之处，成效显著：湿地植被异常繁茂，大批候鸟来此栖息，莫莫格重现了勃勃生机。"引嫩入莫"工程不仅可以恢复湿地生态，而且为当地农牧民发展种植业、养殖业和水产业创造了条件，带来了可观的经济效益。

莫莫格自然保护区道路建设工程共投资1900多万元，修筑了全长9.8km的进岛路、环岛路，使保护区的交通条件得到了根本改变。彩虹桥七彩卧波、飞架南北，成为保护区一道靓丽的风景。哈尔挠核心区位于嫩江东岸，是鹤鹳类珍禽的栖息繁殖地，也是保护区最具典型的湿地保留地，为加强保护，在这里建设了500多m²的保护站。

保护工作是一项系统工程，必须开阔视野，全面发展。保护区实施拉动地方经济的外延型发展战略，承租1500hm²草原，建立了万宝山草原生态治理与旅游开发试验示范基地。充分利用保护区的专业特长和技术优势，开展珍稀鸟类繁育和野化试验。开辟多种经济产业，不断增强造血功能，反哺自然保护事业。目前已在该基地进行了大鸨的半散养繁殖研究，初步取得成功。自然保护是一项公益事业，仅靠一个部门是不够的。保护区一面加大湿地拯救力度，一面动员广大群众参与自然保护事业。在宣传上，通过广播、电视、报纸等新闻媒体，大力宣传湿地重要作用，宣传鸟类知识，提高全民的保护意识。实施生态教育工程，共青团吉林省委在此成立了吉林省首家青少年生态体验教育基地，

湿地景观

红嘴鸥（于国海摄）

薹草、小叶章湿地

号召广大青少年体验生态、关爱自然、增强环保意识。目前，已有大批中小学生在此开展夏令营活动，发挥了良好的生态教育功能。

莫莫格自然保护区地处松辽沉降带北段，松嫩平原西部边缘，特别是沿嫩江一带，有着丰富的石油储量。保护和开发的矛盾始终存在，面对这样的情况，保护区做了三方面的工作。一是严格执法，履行职责。按照《中华人民共和国自然保护区条例》《中华人民共和国野生动物保护法》等有关法律法规和省政府确定的开采范围，实施全过程的执法和监督，制止一切越界和违法开采行为，最大限度地保护现有湿地不被破坏。二是按照国家林业局的指示对保护区的功能区进行了调整，把已经开采的部分核心区调整为缓冲区或实验区。三是移植薹草、小叶章，对开采过程中破坏的湿地植被进行恢复。四是探索一种新的开发和治理模式，争取达到双赢的局面。

莫莫格自然保护区大力实施"以保护带旅游，以旅游促保护"的旅游发展思路，全面开发旅游产业。莫莫格保护区开辟了多条旅游线路，以局址岛为中心，呈辐射分布，形成生态体验、湿地观鸟、江上漂流、草原赛马、草上运动、蒙古风情游等系列项目，伴您休闲度假，回归自然，体验世外生活。

局址岛中心旅游区位于保护区西北角，由近 $400h\,m^2$ 水面环绕而成。站在岛上四周眺望，碧波荡漾，绿浪翻滚，苇枝摇曳，秀色迷人。泛舟在浓密的芦苇荡中，神秘而又新奇，看鸟儿筑巢，听百鸟歌唱，体会生命的快乐。

湿地博物馆是莫莫格保护区生态和鸟类资源的大观园。走进生态厅，就好似走进了绿洲，走进了鸟类的王国。在这美景之中，展示标本 400 余件，栩栩如生，千姿百态。这里一年四季向游人开放，成为科考、学习、陶冶情操的理想场所。

走进百鹤园，你可以与野生鸟类零距离接触，投食、亲近、与鹤共舞，体验人与自然的和谐美妙。

◎ 科研协作

科研工作是保护区的基础工作，是保护区发展、壮大的前提。因此，莫莫格自然保护区提出了"科技兴区"的奋斗目标，配置了专业学校毕业的大学生和科研装备，提高了科技含量。

在常规性科学研究方面，主要依据区内保护对象的属性、分布规律和保护价值，进行经常性和系统性的调查、监测、考察、实验等，获取了区内动植物资源的大量基础资料。为保护管理工作提供了依据。莫莫格自然保护区鹤、鹳类等珍稀水禽的保护和科研价值，得到世界自然基金会（WWF）、全球环境基金（GEF）、国际鹤类基金会（ICF）等国际野生动物、湿地保护组织的高度重视。

专题性科研方面。保护区科研人员在有关专家的参与指导下，进行了不同类型的专题研究。1981～1986年完成了"莫莫格鹤鹳类珍禽的观察研究"；1989～1992年完成了草原鸟类"大

迁徙停歇的白鹤（于国海摄）

鹬的人工饲养研究"；1992～1994年完成了"莫莫格鸟类资源考察报告"；1990～1995年成功进行了"人工招引东方白鹳营巢繁殖研究"。在珍稀水禽和濒危鸟类的繁育和救护方面也开展了不同的专题性试验，丹顶鹤、大

鸨、绿头鸭、白腰杓鹬、反嘴鹬、夜鹭、东方白鹳、白枕鹤、蓑羽鹤、大天鹅等珍禽的人工孵化和饲养研究均获成功。所有这些成果和努力，都得到了国内外专家和鸟类组织的好评和关注。

1994年6月，世界鹤类基金会主席乔治阿其博先生来莫莫格考察时指出：目前在世界上像莫莫格自然保护区这样湿地面积之大，生境自然原始，鸟类资源丰富的湿地已不多见了，应该很好地加以保护。1995～1996年，先后有韩国、日本等专家和学者来保护区考察和学术交流。2003年，由国际鹤类基金会（ICF）联合4个白鹤分

布国家（中国、俄罗斯、哈萨克斯坦和伊朗）共同向全球环境基金（GEF）申请的项目"亚洲白鹤及其他国际重要迁徙水鸟迁徙通道与重要湿地的保护"正式启动，莫莫格自然保护区承担了十几个项目的科研任务。无论是保护价值，还是科研价值，莫莫格自然保护区都具有符合《拉姆萨尔公约》的重要意义，国际地位极其显著。

（莫莫格自然保护区供稿）

东方白鹳（于国海摄）

白鹤（于国海摄）

吉林 松花江三湖
国家级自然保护区

吉林松花江三湖国家级自然保护区位于吉林省东南部，吉林市与白山市境内的五县（市）。地理坐标为东经 126° 51′ 40″ ~ 127° 45′ 21″，北纬42° 70′ 10″ ~ 43° 33′ 06″。保护区总面积 115253.2hm²，属湿地生态系统类型自然保护区。保护区始建于 1990 年，2009 年经国务院批准晋升为国家级自然保护区。

◎ 自然概况

松花江三湖自然保护区属于长白山区，处在吉林省东部长白山至中西部平原的过渡地带，位于松花江上游的河源区，区内有白山湖、红石湖和松花湖 3 座人工湖，是松花江中下游地区生产、生活、生态用水的主要水源。同时，保护区也是我国内陆水鸟迁徙通道上的重要驿站，是我国东北长白山地区国际保护候鸟主要栖息地之一。

松花江三湖自然保护区属温带大陆性季风气候区，其特点是四季分明，降水充沛而日照略显不足。春夏两季多为西南风，秋冬两季盛行西北风。年降水量 600 ~ 830mm，雨量多集中在 6 ~ 8 月，总辐射 4500 ~ 5100MJ/m² 年，干燥度为 0.6 ~ 0.85。年平均气温 1.9 ~ 4.4℃，1 月平均气温 −18℃，7 月平均气温 20℃。无霜期92 ~ 130 天。

草甸

松花江远景

◎ 保护价值

松花江三湖自然保护区属于长白山区，其中一部分处于吉林省长白山至西北平原的过渡地带，生物资源具有典型性、多样性、完整性、自然性，及明显的过渡性。保护区内共有野生植物69目160科526属1489种，其中国家一级保护植物2种，国家二级保护植物有10种；保护区共有脊椎动

物35目93科406种，昆虫类有16目156科896种。其中国家一级保护动物12种，国家二级保护动物44种。

松花江三湖自然保护区以保护松花江上游水源涵养区和珍稀濒危鸟类的重要栖息地为主，保护区内两大生态系统处于第二松花江上游的源头区，对整个松花江流域起着举足轻重的影响。在生态效益、社会效益和经济效益等方面都发挥着重要的功能作用，

具有很高的科研和保护价值。

（松花江三湖自然保护区供稿）

森林湿地

鹤舞

秋景

吉林 龙 湾
国家级自然保护区

吉林龙湾国家级自然保护区位于吉林省长白山北麓龙岗山脉中段，通化市辉南县境内，其东部、南部以龙岗山脊为界，与靖宇县、柳河县相邻，西部和北部与辉南森林经营局地域接壤。地理坐标为东经 126°13′55″～126°32′02″，北纬 42°16′20″～42°26′57″。保护区总面积为 15061hm²，属以火山地貌为基础形成的湿地生态系统类型。保护区成立于 1991 年，2003 年经国务院批准晋升为国家级自然保护区。

三角龙湾

◎ 自然概况

太古代鞍山运动形成了龙湾自然保护区最古老的东西向构造形迹。太古界的鞍山群是该区最古老的地层，在区内广泛出露，局部地段有磷石灰富集。早元古代，由于龙岗隆起，其东西向构造体系趋于形成的地层分布虽不广泛，但出露较全。中元代末期（距今 10 亿年），强烈的老岭运动又波及该区，使鞍山群地层再度改造，岩石受到变质作用影响。中生代侏罗纪至

白垩纪时，燕山运动使已形成的东西向构造再次活动。白垩纪末期燕山的运动趋于结束，新华夏体系基本形成，奠定了现在保护区山冈起伏地貌的基础。新生代第四纪早期，该区火山活动剧烈。直到中更新世后期结束，岩浆喷发形成火山锥体。第四纪下更新统形成了振兴堡冰水层，小椅山玄武岩中更新统形成下部老黄土。大椅山火山溶渣层上部老黄土，全新统形成了四海火山溶渣层，金龙顶子玄武岩及阶地以上堆积。龙湾自然保护区内

由北至南分布有榆树岔河、大坦平河及后河 3 条主要河流，均属第二松花江支流辉发河水系。保护区最大的河流为后河，境内流经长度 24km，发源自保护区最东南端的鸡冠山，宽度约 9m。河流清澈透明、流量稳定。在保护区内自东北向西南依次有东龙湾、南龙湾、三角龙湾、大龙湾、二龙湾、小龙湾。除这些火山口湖外，该区还有一些由熔岩洼地形成的湖泊，如马龙泡。该区除含有十分丰富的地下孔隙水和基岩裂隙水等地下水资源外，还有多处泉眼，属第三系以下地下水，有大泉源、七星泉、百龙泉、天龙泉、温泉等。该区属于北温带大陆性季风气候。四季分明，春季风大干旱，夏季湿热多雨，秋季温和凉爽，冬季漫长寒冷。年平均气温 4.1℃，极端最高气温 35.2℃，极端最低气温 −43.3℃；年降水量 704.2mm，年最大降水量 1020.7mm，年最小降水量 436.5mm，降水时间分布受气候影响显著，夏季雨量集中，占全年降水的 61%；年平均日照时数 2550h，无霜期 110～120 天；年平均蒸发量 1276.1mm。龙湾自然保护区地带性土壤为暗棕土壤，由于地形和水文地质条件，尤其是火山喷发，

大龙湾

232

阔秀大龙湾

幽谷绿水流

三角龙湾

保护区尚发育白浆土、沼泽土、草甸土等土壤类型。暗棕壤为该区面积最大的土壤类型，分布在海拔 800～1200m 之间区域，其原始植被是红松－鱼鳞云杉针阔混交林，土壤表层呈暗棕色，弱酸性，中层厚约 30～50cm，下层多为棕色碎石角砾残积层，下部为岩石碎块；白浆土在该区仅分布在平坦的熔岩台地和河谷阶地上。质地黏重，透水性很差；沼泽土主要分为泥炭沼泽土和泥炭土两种。主要分布于水曲柳－薹草泥澳洲林木下，沿谷底呈条带状。泥炭土主要分布于该区熔岩谷地地势低洼地段，呈岛状或带状分布。

龙湾自然保护区在中国动物地理区划上属于古北界东北区长白山地亚区。由于该地区地形、地貌较复杂，河流湖泡水源充足，植被有森林、灌木、林间湿地、沼泽等多种类型，为动物的栖息、繁衍提供了极为有利的生境条件。因此，该区的动物种类繁多，组成复杂，生物多样性十分丰富。据调查，保护区内有野生动物 279 种，其中鱼类 2 纲 7 目 12 科 42 种、两栖类 2 目 6 科 12 种、爬行类 3 目 4 科 12 种、鸟类 16 目 43 科 171 种、兽类 6 目 16 科 42 钟。保护区植被区系属长白山植物区系，原始植被红松针阔混交林现已退化为次生阔叶林。据初步调查，区内有各类野生低、高等植物 109 科 276 属 462 种，其中：地衣植物 2 科 2 种、苔藓植物 15 科 28 种、蕨类植物 12 科 21 种、裸子植物 3 科 9 种、被子植物 77 科 402 种。

小龙湾

◎ 保护价值

龙湾自然保护区属自然生态系统类别。重点保护对象是以火山地貌为基础形成的湿地生态系统和多种多样的生物物种及其自然生态环境。

龙岗火山群喷期多、旋回多、造型多，致使火山地貌类型复杂。其中火山口湖数量众多（共8个火山口、有6个在保护区内），分布集中，在我国占首位，在世界上也是空间分布密度最大的火山口湖群。由于火山喷发所形成的火山口湖群湿地，构筑了保护区地貌的湿地景观，其独特的生态结构及生态系统，在生物多样性保护中具有典型的代表意义。

由于复杂的火山地貌构成了保护区湿地类型多样性，一是湖泊湿地类型：部分是由火山口湖上发育的现代浮毯型芦苇湿地，另一部分是熔岩堰塞湖湖边发育的大苔穗草湿地；二是沼泽地类型：有的火山口湖水面消失，演替成为薹草沼泽、泥炭藓沼泽、油桦灌丛沼泽等；有的是在熔岩台地、熔岩谷地的洼地上以及山洞谷地滩地上形成的水曲柳薹草沼泽、油桦灌丛沼泽等。

复杂的生态环境构成了丰富的生物物种多样性。据统计区内高等植物约107科270属460种。其中国家一级保护植物有：东北红豆杉、人参共2种，国家二级保护植物有水曲柳、黄檗、

钻天柳、野大豆、刺五加、红松、东北茶藨子、紫椴、核桃楸9种。脊椎动物81科279种，其中有国家一级保护动物东方白鹳、金雕、紫貂共3种；国家二级保护动物黑熊、棕熊、猞猁、鸳鸯、花尾榛鸡、黄嘴白鹭等29种。

龙湾自然保护区的湿地分布于辉发河系（松花江主要支流）的上游区，有重要的水源涵养和径流调节功能。维护周边森林生态系统的安全是湿地生态系统保护的关键，因此，流域自然生态环境是该保护区重要的保护对象之一。

龙湾自然保护区是我国著名的火山集中分布区之一。区内山峦起伏，青

银瀑惊岩

葱玉翠，森林覆盖率为70%～75%。第四纪以来，火山活动极为频繁，多期火山喷出物堆叠形成多种类型的火山熔岩地貌，其中最为著名的是星罗棋布的火山口湖，俗称"龙湾"。其形成过程是先期火山爆破式气体喷发留下低平火山口，积水成湖后，再次喷发形成较深的火山口湖，科学界将其称为玛珥湖。这样独特的成因类型，使其具有较强的封闭性，因此在环境演化研究方面具有重要的科学价值。其中有多个小型的火山口湖泊沼泽化演替过程形成独具特色的湿地。同时，火山活动形成的多种负地貌类型，如熔岩洼地、熔岩堰塞湖等，为沼泽湿地形成和发育提供了优越的自然条件，湿地类型多样，分布集中，成为我国少有的特殊成因类型的湿地分布区。保护区内森林茂密，物种资源十分丰富，有多种国家级保护植物和珍稀濒危动物。保护区以其地貌的典型性、生物的多样性、物种的稀有性、湿地复杂性、生态系统的自然性，景色宜人，旅游资源潜力极大，具有极高的保护价值。

碧水龙湾

湿地景观

杜鹃映红大龙湾

◎ 功能区划

根据龙湾自然保护区的主要保护对象，因受地理环境关系切割成块状分布，共划出3片核心区，面积5678hm²，占保护区总面积的37.7%。区内包括4个龙湾与各种类型的湿地和珍稀动植物物种，无人干扰，基本保存着较好的原始自然状态；缓冲区多分布于核心区与实验区之间和核心区周围，面积5016hm²，占保护区总面积的33.3%。对核心区起到保护和缓冲作用，大部分是天然林和少部分湿地植被；实验区主要分布在保护区西侧边缘，呈一狭窄长边形状，自南到北长25km，最宽处3km，最窄处0.2km，面积4367hm²，占保护区总面积的29.0%。该区人为活动较频繁，是自然保护区从事科学研究、教学实习和科普教育基地，也是开展生态旅游和多种经营的区域。

（龙湾自然保护区供稿）

235

吉林 集 安

国家级自然保护区

　　吉林集安国家级自然保护区地处吉林省东南部中朝界河鸭绿江畔，长白山系老岭山脉，集安市中北部，保护区东北部与通化县交界。地理坐标为东经126°2′21″～126°17′57″，北纬41°11′37″～41°21′40″。保护区沿老岭山脉呈东北—西南方向延伸，东西最大长度22km，南北最大宽度16.2km，保护区总面积13821.6hm²，核心区面积4826.3hm²，缓冲区面积3708.2hm²，实验区面积5287.1hm²。保护区属于自然生态系统类别森林生态系统类型自然保护区。2014年12月经国务院批准晋升为国家级自然保护区。

金雕

秋季景观

◎ 自然概况

集安自然保护区地处辽东台背斜，山岩出露险峻，岩层最大厚度可达25620m，地质时限为19亿～20亿年，岩层构成主要为下元古界集安群，并形成一套含硼沉积。

集安自然保护区位于长白山南麓，属北半球湿润、半湿润地带，山地貌区。区内最低海拔河流沟谷地段为350m，最高山峰——老秃顶海拔1516m，相对高差1166m。

集安自然保护区属于北温带大陆性季风气候区，气候总体特征是温暖湿润，降水充沛，春风早度，秋霜晚至，四季分明。境内由于老岭山脉自东北向西南形成一道巨大的天然屏障，抵御北来寒风，使温暖湿润的海洋气流，沿鸭绿江溯源而来，造就了岭南、岭北两个小气候区。岭南气候温和、空气湿润、降雨充沛、风力弱小，具有明显的半大陆海洋性季风气候，其气温和降雨明显高于岭北，无霜期也长于岭北，素有"吉林小江南"之美誉。

集安自然保护区是吉林省高温多雨区域，年极端最高气温37.7℃，极端最低气温－36.2℃，年平均温度7.2℃，1月份最冷，平均气温－12.3℃，年积温3650℃；年平均蒸发量为1124.9mm，年平均降水量887.7mm；年平均湿度72%，冬季降雪年均初雪日在10月末，年均终雪日在4月上旬，最大积雪深度0.42m，最大风速（9级）为22m/s。无霜期长140～152天。

集安自然保护区属山地灰棕壤土区，区内大都发育为灰棕壤（包括灰棕壤、准灰棕壤、暗灰棕壤）、棕壤（包括石灰岩土、山地棕壤、台地棕壤）和白浆土（包括山地白浆土、台地白浆土、黄白浆土、潜育白浆土）。

集安自然保护区境内山岭绵延、群山环抱，河流纵横，地表水资源十分丰富。全区以老岭山脉为分水岭，河流均发源于老岭山脉，分别向南、北形成多个扇状水网，最终流入鸭绿江。作为鸭绿江的主要支流之一的通沟河是集安市的母亲河，从北向南注入鸭绿江，形成保护区的地表水系网络。

集安自然保护区所处的位置是在吉林省南部的老岭山脉，该山脉是长白山脉向南延伸的余脉，植被类型属于"长白植物区系"，地带性植被是针阔混交林。由于保护区的位置地处"长白植物区系"的最南部，因此，有些"华北植物区系"的植物种类渗透其中，形成特殊的植物体系及景观。

原麝

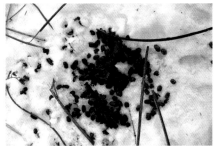

原麝栖息地

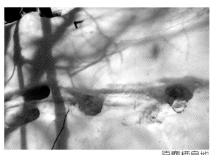

原麝栖息地

鸳鸯

保护区夏季景观

集安自然保护区植物区系组成比较复杂，野生植物资源十分丰富，不仅保留了第三纪子遗植物和地区珍贵稀有植物种，而且还有亚热带、北温带、亚寒带植物。据初步调查，保护区内有野生植物共计6门161科689种，其中，真菌植物门20科57种，占保护区野生植物种数的8.3%；地衣植物门15科34种，占4.9%；苔藓植物门27科50种，占7.3%；蕨类植物门13科23种，占3.3%；裸子植物门3科11种，占1.6%；被子植物门83科514种，占74.6%。

在野生植物中，属于国家重点保护植物共计10种，其中国家一级保护植物有东北红豆杉1种，国家二级保护植物有对开蕨、红松、黄檗等9种。

集安自然保护区内珍稀濒危野生植物除了国家级和省级重点保护植物外，因其具有特殊的地理及气候条件，还生长着一部分中国及吉林省珍贵稀有野生植物，如天女木兰、盐肤木、漆树、灯台山茱萸（灯台树）、白檀山矾等。

集安自然保护区内野生动物种类繁多，资源丰富，据初步调查，保护区内野生动物种类共计242种，隶属于6纲34目79科，其中鱼形类7目12科30种，两栖类2目5科10种，爬行类2目3科8种，鸟类17目42科154种，哺乳类6目17科40种。在这些动物中，除鱼形类外，陆生种群为212种，其中有129种为国家要保护的有益的、有重要经济及科研价值的所谓"三有"陆生野生动物。另外，保护区内还有森林昆虫300余种。

在野生动物中，属于国家级重点保护动物共计33种，其中国家一级保护动物有豹、原麝、中华秋沙鸭、金雕、黑鹳等5种，国家二级保护动物有黑熊、猞猁、水獭等28种。

集安自然保护区生态旅游资源十分丰富，区内山势陡峭，峰多险峻，山清水秀、空气清新、森林茂密、野生植物种类繁多，野生动物穿梭其间，出没无常，海拔800m以上山峰60余座，海拔1000m以上的山峰有30座。海拔最高点（老秃顶）为1516m，最低点为350m。

集安自然保护区内沟壑纵横，溪流淙淙，浪花翻滚，水量充沛、水质优良清澈，共有大小河流30余条。其中境内最高山峰——老秃顶是自然保护区内旅游胜地，因其海拔高地理位置及环境特殊，此处形成了独具特色的植物群落——高山草地，草本植物及花卉生长茂盛，天然草甸松软而富有弹性，犹如天然大地毯，呈现出一派原始生态景观，植被五颜六色，犹如空中花园。置身于高山之顶，一览众山小，举目远眺，烟雾蒙蒙，云雾缭绕，群山起伏，茫茫林海连绵不断，绿浪无边，真切体验到回归大自然之中，融入大自然之感，进行森林浴，宛如身临仙境。另外，区内还有抗联英雄遗迹等历史人文景观。

◎ 功能区划

集安自然保护区的面积大小直接影响到自然保护区物种的保护和管理成效，特别是对于一些以珍稀物种为主的保护区类型尤为重要，保护区总面积为13821.6hm²。

按照保护区功能区划原则和依据，在实地考察、广泛调研和科学分析的基础上，根据保护区的资源分布特点，结合地形地物的走向，综合区划核心区、缓冲区和实验区范围。

核心区总面积为4826.3hm²，占保护区总面积的34.9%。核心区主要

领角鸮

朝鲜崖柏

紫貂

雕鸮

中华秋沙鸭

紫椴

对开蕨

钻天柳

水曲柳

东北红豆杉

黄檗

是自然生态系统保存最为完整、受人为干扰最小、最具代表性的区域，同时也是珍稀野生动植物资源如：豹、原麝、斑羚、黑熊、水獭、东北红豆杉、人参（野山参）等较为集中分布的区域。

缓冲区总面积 3708.2hm²，占保护区总面积的 26.8%。缓冲区是为核心区得到有效保护，而在一定的范围内划定呈环状分布在核心区外围的区域，是核心区与实验区的过渡地带，主要起隔离核心区与实验区的作用，以缓冲核心区的外来干扰或影响，缓冲区为主要保护对象提供生态恢复的场所，从而逐步扩大核心区，同时还为科研、观测及监测活动提供了场所。

核心区和缓冲区面积之和占保护区总面积的 61.7%，能满足自然保护区重点保护及珍稀濒危野生动植物繁衍生息的空间和保持较完整的生物食物链的要求。

保护区范围内，除核心区和缓冲区以外的区域均为实验区。实验区总面积为 5287.1hm²，占保护区总面积的 38.3%。实验区分布在缓冲区外围，在有效保护自然环境与自然资源的前提下，对该区内自然资源进行适度利用，探索自然保护区可持续发展的有

效途径，实验区的划分既为核心区外围设了一道屏障，又为科学实验、教学实习、参观考察及生态旅游等合理利用创造了有利条件。

◎ 保护价值

集安自然保护区这座天然物种基因库中保存了大量的珍稀物种，这些物种是保护区重点保护对象，其地理分布狭窄，有的物种是古老孑遗类型。据初步调查，保护区内有 10 种国家重点保护植物，其中国家一级保护植物 1 种，国家二级保护植物有 9 种，有 33 种国家重点保护动物，其中国家一级保护动物有 5 种，国家二级保护动物有 28 种。由于生态环境的改变和人为活动的干扰，致使一些野生动植物物种数量日趋减少。目前，人参、东北红豆杉、对开蕨、山楂海棠、灵芝、松口蘑、刺楸等野生植物以及豹、原麝、斑羚、猞猁、中华秋沙鸭、金雕、黑鹳、鸳鸯、水獭等野生动物均濒于灭绝。

由于特殊的地理位置和自然环境，自然保护区有多种植物区系成分，包括长白山植物区系（红松、人参、长白落叶松、红皮云杉等）、华北植物区系（盐肤木、油松、太子参、天女

木兰等）和兴安植物区系（兴安落叶松等），此外还有亚热带植物区系（漆树等）的野生植物种。据初步调查，保护区内野生植物共计 161 科 689 种；野生动物种类共计 242 种，隶属于 34 目 79 科；此外，保护区内还有森林昆虫 300 余种。具有较高的保护和科研价值。

◎ 科研协作

集安自然保护区安碌石保护管理站内规划设立生态定位观测站 1 处，气象观测站 3 处，水文水质监测站 2 处，关键物种监测点 5 处，通过提供、分析影响生态环境主导因子的基础数据，及时掌握保护区内各种环境因子变化情况，使对整个保护区环境因子动态变化的观测形成网络，为保护区动植物生存、研究资源状况提供基础资料，为自然保护和管理提供科学依据，并能够加强区内环境保护工作的管理力度，实现保护区环境质量及环境状况的预报。

（宋雨珊供稿）

吉林 天佛指山
国家级自然保护区

吉林天佛指山国家级自然保护区位于吉林省东南部，延边朝鲜族自治州龙井市境内，隔江与朝鲜相望。地理坐标为东经 129°16′～129°46′，北纬 42°23′～42°41′。保护区总面积 77317hm²，属森林生态系统类型自然保护区，主要保护国家二级保护真菌类野生植物——松茸。1996 年经吉林省人民政府批准建立省级自然保护区，是我国第一个珍贵食用菌类的自然保护区。2002 年经国务院批准晋升为国家级自然保护区。

松茸

◎ 自然概况

天佛指山自然保护区地处长白山东麓，总体上属于梯形山地，南北低、中部高，区内最高的三个山峰是昆石列山、天佛指山、老龙八山，其海拔高度分别为 1331m、1226m、1107m。山高谷深、山坡陡峭、雄伟壮观、各种气象因子随海拔高度的变化有较大的差异，构成了该区独特的地貌景观。保护区气候属中温带大陆性半湿润季风气候。其特点是春季干旱多风、夏季温热多雨、秋季天高气爽、冬季温冷，无霜期为 120 天左右，年平均气温 5.2℃，极端最低气温 −34.8℃，极端最高气温 36.5℃。海拔 500m 左右地带 ≥10℃ 年积温 2400～2600℃；海拔 800m 左右地带 ≥10℃ 年积温 1800～2000℃；海拔 1100m 左右地带 ≥10℃ 年积温 1400～1600℃，年降水量 550～700mm，多集中在 6～9 月，占全年降水量的 60%。雨、光、热同季，主导风向春季为东南风，最大风速 4.75m/s，秋冬季为西北风，最大风速 7.56m/s。年平均封冻日 150 天，平均冻层厚度 0.6～0.8m。保护区土壤类

湿地景观

型主要为暗棕壤，其次为森林生草土、草甸土、白浆土和冲积土。这些土壤中森林灰棕壤透水性好，土壤呈酸性，pH 值 5.0 左右，偏酸性是赤松林生长的最佳土壤条件，因此也是松茸主要蕴藏带。保护区内水资源比较丰富，属图们江水系，发源于长白山主峰将军峰东麓，自和龙市流入贯穿保护区境内 110km。经白金、富裕、三合出境，流域面积达 1650hm²，区内水系呈树状分布，构成较密集的水网。以天佛指山和昆石列山为界，山脊以南的大沟、山溪沟、大林沟、大东沟、明东沟、下马来沟、西来沟、安民台沟水全部流入图们江，山脊以北的勇新沟、桦田沟、远东沟、六道河水全部流入海兰江。保护区内有 2 座水库，其中大新水库水源为海兰江支流，地表水

与朝鲜接壤的图们江

比较丰富，水资源总量为 10877.5m³，来自天然降水的部分占 40%，其径流总量为 10831.4 万 m³，资源总量为 385175 万 m³。

天佛指山自然保护区自然植被属长白山针阔叶混交林。其分布情况随海拔高度的差异悬殊，具有明显的垂直分布特征。保护区森林覆盖率达到 88.3%，有林地中天然林面积达到 59569hm²，蓄积 401.9 万 m³；人工林面积 8649hm²，蓄积 43.4 万 m³。该区域植物资源十分丰富。按经济价值分，用材树种主要有柞树、赤松、红松、赛黑桦、山杨、白桦、黑桦等 20 多种，药用植物有党参、黄芪、五味子、刺五加、桔梗等 600 多种，食用植物和菌类主要有蕨类、龙芽葱木、松茸、木耳、榛蘑等 300 多种。另外还有蜜

源植物、工业原料植物和香料植物，具有很高的经济价值。保护区内有8种国家级濒危保护植物，包括松茸、红松、人参、核桃楸、野大豆、紫椴、水曲柳、黄檗等。区内风景秀丽，人烟稀少，水草茂密，有利于野生动物的栖息与繁殖。辖区内的野生动物有野猪、狍子等52种；鸟类有松鸡、啄木鸟、云雀等205种；爬行类和两栖动物有林蛙、蛇类等21种。其中有国家一级保护动物有紫貂、梅花鹿共2种；国家二级保护动物有黑熊、猞猁、鸳鸯、燕隼等12种；有鱼类28种，并有3种珍稀鱼类大马哈鱼、日本七鳃鳗、斑头鱼。

◎ 保护价值

天佛指山自然保护区内物种具有鲜明的代表性、典型性和重要研究价值。保护区保护对象是北温带森林系统中特有的赤松－蒙古栎森林生态系统，集中分布在以松茸资源和多种国家重点保护物种为代表的区域生物多样性中心。保护区内的赤松—蒙古栎森林植被类型是目前我国保存比较完好的地带性植被群落。在独特的地理条件、土壤和森林小气候因子的综合作用下，在赤松—蒙古栎混交林下生长着大量的国家二级重点保护真菌类野生植物——松茸。由于松茸生态习性特殊，地理分布狭窄，在全球仅分布在日本、朝鲜、俄罗斯东部和中国，而天佛指山自然保护区是我国最大的松茸出产地，有特殊的地域区位和重要的国际影响。

龙井市是延边地区松茸的主要产区，20世纪80年代初，产量最高时约80t。由于过度采撷，1996年下降到1.5t，濒临绝迹，加强保护十分重要。盛产松茸的龙井市三合镇、富裕村仅松茸一项人均收入就超过5000元，全市的松茸产量如能恢复到80年代初的水平，按2000年最低价计算可达4000多万元，全市农民人均收入400多元。因此，保护和合理利用好龙井市这一特有的、宝贵的资源意义重大。

◎ 科研协作

天佛指山自然保护区管理局建立后十分重视松茸科研。先后同延边大学农学院、东北师范大学、延边林业科学研究所等单位共同研究了松茸半人工栽培、人工栽培，研究了松茸的生态、生物学特性。每年举办松茸管理、培育、采集技术学习班，请专家讲课，每年培训科研技术人员、松茸承包户300多名。在富裕村建立了9hm²铁丝围栏的松茸科研基地，每年派人自始至终观察和研究松茸，在实验区内还做了松茸半人工栽培实验，主要有子实体埋土、菌丝移栽、被包霉埋土、孢子弹射后埋土等。开展了松茸圈研究，探索松茸生长与气象因子关系。

（天佛指山自然保护区供稿）

红松果林

针阔混交林

黄泥河
国家级自然保护区

吉林黄泥河国家级自然保护区地处东北张广才岭山脉南麓、吉林省延边朝鲜族自治州敦化市西北部，行政上归属黄泥河林业局管辖。保护区北与黑龙江省三合屯林业局接壤，西与吉林省蛟河市相邻，南界、东界与黄泥河林业局接壤。地理坐标为东经 127°51′~128°14′，北纬 43°55′~44°06′。保护区总面积 41583hm²。下设老白山、马鹿沟、小白、珠尔多河、威虎河、都陵等 6 个保护管理站。保护区属于自然生态系统类别，森林生态系统类型的自然保护区。受张广才岭山脉主峰老白山（海拔 1696.2m）地势影响，区内山地植被垂直带谱明显、森林沼泽类型多样，在海拔 1690m 以上的老白山山顶分布的偃松—狭叶棉花莎草—泥炭藓沼泽，是长白山森林沼泽湿地特有的高山湿地类型。同时，保护区又地处我国东北虎历史分布区的中心地带，是目前中国现存的东北虎分布区之一，在东北虎濒危物种拯救、实施我国东北虎保护战略中具有极为重要的地位。保护区始建于 1997 年，2000 年 4 月经吉林省人民政府批准建立吉林黄泥河省级自然保护区，2012 年 1 月经国务院批准晋升为国家级自然保护区。

白背啄木鸟（冯利民提供）

◎ 自然概况

黄泥河自然保护区位于东北区新华夏系构造体系第二隆起带，老爷岭隆起的西南缘，受东西向构造体系和新华夏构造体系的共同控制。保护区总体地形是北高南低。以火烧嘴子—虎圈沿线为界，北部为中山区，最高峰是保护区北端处于吉林、黑龙江两省交界的老白山，海拔 1696.2m，为张广才岭的主峰。南部为低山丘陵区，最低处为额穆林场南侧珠尔多河河谷，海拔 370m。

北部地貌以侵蚀剥蚀中山为主。海拔超过 1000m 的山峰多达十座。受地表流水的深度切割，山坡陡峭，自然坡度常达 20° 以上，最大坡度达 45° 以上，不利于森林采伐，为天然森林

偃松景观（周繇提供）

植被的存在提供了自然条件。南部低山丘陵，在长期的流水和风化作用下，山势和缓、河漫滩广阔平坦，排水条件较差，在季节性冻融作用的参与下，普遍发育泥炭沼泽。

黄泥河自然保护区处于中温带大陆性湿润季风气候区。据额穆气象站资料，年平均气温为2.4℃左右，最冷月为1月，平均气温为−19.2℃；最热月7月，平均气温为20.6℃，极端最高气温为35.6℃，极端最低气温为−39.4℃。日照时数为2446h，日照百分率为55%，≥10℃年活动积温在2000℃左右。年降水量约632mm。最大积雪深度出现在12～1月间，最大积雪深度可达55cm。无霜期120天左右。盛行西风，平均风速为2.8m/s，最大风速为19.3m/s。由于地形差异显著，保护区南北的气候状况明显不同。

黄泥河自然保护区内地表水隶属牡丹江水系，主要河流有珠尔多河、马鹿沟河、东北岔河和威虎河等。其中珠尔多河是保护区内流量最大、流程最长的河流，属牡丹江的一级支流，总长80.1km，流域面积达1750km²，平均流量16m³/s，是保护区重要的水资源和旅游资源。珠尔多河发源于保护区内最高峰——老白山南坡海拔1500m左右的坡面沟谷，是由花岗岩的基岩裂隙水汇集而成，流向西南。河床皆由基岩、巨砾和砾石组成。跌水和瀑布密集，山高谷深，水流湍急，水质清澈，pH值6.98，属中性水。河流的下游，汇集马鹿沟河，河谷宽广，最后在黑石乡丹南屯西北从左岸注入牡丹江。

黄泥河自然保护区地下水以基岩裂隙水为主。含水体主要是海西期二长花岗岩和花岗岩。由于构造裂隙发育，风化强烈，含水量十分丰富。单泉流量多在1L/s以上，是河流重要的

老白山林海景观（周鲅提供）

亚高山草甸（任志鹏提供）

老白山阶梯瀑布（皮忠庆摄）

补给来源。矿化度小于0.2g/L，为重碳酸钙型水。

除基岩裂隙水外，尚有部分松散岩类孔隙水，主要分布在山间河谷之中，为山区河谷潜水，集中于珠尔多河

的漫滩和阶地之中，含水体为砂砾石。

黄泥河自然保护区地处温带针阔混交林暗棕壤地带，地带内地形、水文诸多因素的差异，使该区除发育地带性土壤暗棕壤外，还发育了沼泽土、草甸土等土壤类型；在中高山体上，由于气候植被的垂直分异，相应地发育了山地暗棕壤、山地棕色针叶林土、亚高山森林草甸土及高山灌丛草甸沼泽土、泥炭藓泥炭土等。

通过初步考察，黄泥河自然保护区内有地衣植物、苔藓植物、蕨类植物、裸子植物和被子植物，共计134科863种。

由于海拔垂直落差大，地形复杂，保护区植物群落类型极为丰富，区内的植被型有针叶林、针阔叶混交林、落叶阔叶林、灌丛、草甸、沼泽、水生植被7种群系40种，群丛类型74种。有7种国家重点保护野生植物：东亚岩高兰、红松、紫椴、钻天柳、野大豆、水曲柳和黄檗等。有许多具有经济价值的植物，包括60余种用材树种，人参、刺五加等药用植物，山葡萄、软枣猕猴桃等食用植物，老白山等地亚高山草甸中还有许多观赏植物。

黄泥河自然保护区在动物地理区划上属古北界东北区长白山地亚区。

据初步统计，保护区共有物种231种，其中鱼类11科25种，两栖类5科10种，爬行类3科8种，鸟类39科147种，兽类16科41种。属于国家级保护的动物有31种，其中有一级保护动物东北虎、紫貂、金雕和原麝。

黄泥河自然保护区是吉林长白山野生东北虎现存分布区之一。1998年吉林省专项调查，该区确认虎的数量

林鸮（张晓东提供）

高山红景天（周繇提供）

3只。2006年吉林省监测调查评估，保护区及周边区域仍可能分布东北虎3只。在2002～2011年期间，保护区记录到东北虎分布信息近20个，记录地点包括老白山、马鹿沟、珠尔多河村、威虎河林场、塔拉站林场、半截河大架子沟等地。

老白山的峡谷壮观，峡谷长度约6km，有九道典型阶梯瀑布飞流直下，峡谷两侧是茂密的森林植被。春、夏、秋、冬，景色各异，可开展四季游、森林浴。

实验区的小白峰、鸡关砬子、城墙砬子、五台山等自然景观有惊有险，都是有待开展的旅游资源。

◎ 保护价值

黄泥河自然保护区的主要保护对象为原始的亚高山森林生态系统、野生东北虎及栖息地。具体保护对象为：

（1）以亚高山植被垂直分布带为代表的森林生态系统，特别是岳桦矮曲林带、偃松矮林带、偃松—狭叶棉花莎草—泥炭藓沼泽；保护区内的国家重点保护野生植物岩高兰、红松、紫椴、水曲柳、钻天柳、黄檗和野大豆。

保护极小种群植物。

（2）以野生东北虎为代表的国家重点保护野生动物，国家一级保护野生动物有东北虎、紫貂、金雕和原麝4种，国家二级保护野生动物31种。保护东北虎的捕食猎物，如狍、野猪等。

（3）保护湿地生态系统和典型地貌，保护区湿地面积为4199hm²，占保护区总面积的10.1%。湿地类型主要有河流、湖泊和沼泽湿地。保护老白山阶梯瀑布群。

黄泥河自然保护区的保护价值主要体现在以下几方面：

（1）生态系统典型性。保护区地形复杂，山高谷深，山地植被垂直带谱明显，属温带山地植被垂直带的典型带谱之一，植被类型多样，有原始性的红松阔叶混交林、鱼鳞云杉暗针叶林、岳桦云杉混交林、岳桦矮曲林、偃松矮曲林、亚高山草甸和高山泥炭藓沼泽等，具有从温带向寒带之间的过渡性特点。老白山顶部的偃松—棉花莎草—泥炭藓沼泽湿地为我国首次发现的一种新的泥炭藓沼泽湿地类型。

（2）物种多样性。经初步考察，保护区内有地衣植物、苔藓植物、蕨

东北虎足迹链（郭克勤提供）

五味子果实（周繇提供）

斑花杓兰植株（周繇提供）

小飞鼠（张晓东提供）

野生灵芝（李成提供）

人参植株（周繇提供）

类植物、裸子植物和被子植物，共计103科250属460种，其中有国家二级重点保护野生植物7种。该区动物有321种，其中鱼类11科25种，两栖类5科10种，爬行类3科8种，鸟类39科147种，兽类16科41种，属国家一、二级保护野生动物30种。

（3）物种的稀有性和濒危性。保护区有国家一、二级保护野生动物30种、野生植物7种。近10年期间，先后多次发现极濒危物种——野生东北虎的足迹、粪便及吃牛现场等近20起。目前，我国东北虎野生种群仅20只左右，处在濒临灭绝的边缘。黄泥河保护区及其周边记录到虎的数量达3只，占我国现存野生东北虎的15%，充分体现了保护区物种的稀有性和珍贵性。

（4）自然性。保护区山高谷深，森林茂密，植被保存完整，少部尚保持着原始状态；全区无工矿企业、空气清新、河水清澈透明，无环境污染；该区由于交通不便，人烟稀少、人为干扰少，是珍稀濒危物种理想的栖息地。

◎ 功能区划

黄泥河自然保护区划分为3个功能区，即核心区、缓冲区和实验区。核心区面积16699.73hm²，占保护区总面积的40.16%。缓冲区面积为11019.5hm²，占保护区总面积的26.5%。实验区为13863.77hm²，占保护区总面积的33.34%。

◎ 科研协作

为提高保护区科研能力，黄泥河自然保护区积极与各大科研院所合作，分别与中国科学院昆明动物研究所、北京师范大学、吉林省林业科学研究院、东北师范大学、吉林农业大学、北华大学等联合开展调查研究、科研监测，共取得如下成果：

牛皮杜鹃植株（周绦提供）

岳桦林景观（周绦提供）

2008～2011年，与中国科学院昆明动物研究所合作开展"小鲵的调查"，发现新物种"爪鲵"并命名为"吉林爪鲵"。

先后发表论文：《我国首次发现高山偃松－狭叶棉花莎草－泥炭藓沼泽》发表于《湿地通讯》2000；《黄泥河老白山植被垂直带谱》发表于《山地学报》2003年第1期；《长白山野猪与吉林本地黑猪杂交后代屠宰性能的初步研究》发表于《西北农业学报》2010.19（4）；《吉林省狍的种群数量及动态研究》发表于《经济动物学报》2010.3第14卷；《黄泥河自然保护区野猪冬季栖息地利用》发表于《生态学杂志》2011.30（4）；《吉林省长白山区野猪种群资源现状调查》发表于《氨基酸和生物资源》2011.33（4）；《黄泥河自然保护区狍冬季栖息地选择》发表于《生态学杂志》2011.30（4）；《吉林黄泥河自然保护区马鹿冬季栖息地选择》发表于《四川动物》2012第31卷。

（徐吉凤供稿）

吉林 珲春东北虎
国家级自然保护区

吉林珲春东北虎国家级自然保护区位于吉林省延边朝鲜族自治州东部，中、俄、朝三国交界地带，东与俄罗斯波罗斯维克、巴斯维亚2个虎豹保护区和哈桑湿地保护区接壤，西与朝鲜的卵岛和藩蒲湿地保护区相邻。地理坐标为东经130°14′08″～131°14′44″，北纬42°32′40″～43°28′00″。保护区总面积108700hm²，属于野生动物类型自然保护区，主要保护国际濒危物种、国家一级保护野生动物东北虎、豹及栖息地。保护区成立于2001年，2005年经国务院批准晋升为国家级自然保护区。

◎ **自然概况**

珲春东北虎自然保护区处于欧亚大陆边缘，濒临太平洋板块与欧亚大陆板块碰撞而产生的褶皱带区域，东西呈狭长地带分布，地势北高南低，北部最高点海拔973.3m，南部最低点海拔仅为5m。境内群峰起伏，层峦叠嶂，湖泊河流，交相辉映。该区气候属于近海中温带海洋性季风气候，由于靠近日本海，受海洋性气候影响，与同纬度相比，冬暖夏凉，年平均气温5.6℃，年降水量618.1mm；主导风向春季为东南风，冬季为西北风；无霜期120～126天。保护区的土壤是由北温带地区地带性土壤与长白山的非地带性土壤镶嵌分布、有机结合演化而成。典型的地带性土壤有暗棕壤，呈微酸性，广泛分布于中俄边境的丘陵山地，还有少量的沼泽土、冲积土等穿插其间，形成东北部山区土壤类型；非地带性土壤分布中部平原和周围丘陵、山谷太低，以水稻土、白浆土为主。

珲春东北虎自然保护区常见的野生高等植物有59目119科314属537种，其中有国家一级保护植物东北红豆杉1种和国家二级保护植物红松、紫椴、黄檗、水曲柳、钻天柳、野大豆等9种；野生动物有34目77科183属316种，其中国家一级保护野生动物有东北虎、豹、梅花鹿、紫貂、原麝、丹顶鹤、金雕、虎头海雕、白尾海雕等9种；国家二级保护野生动物有黑熊、马鹿、猞猁、花尾榛鸡等33种。另外，据单项调查表明，保护区内还有大型真菌类和昆虫，已知的大型真菌有12目43科154种，其中，有重要经济价值的69种；已知的昆虫14目118科340属425种。

珲春东北虎自然保护区南部群峰耸立、谷岭交错、沟壑纵横，有大三角山、五加山、水流峰、张鼓峰等五大主峰巍峨屹立于中俄边境线上。山上林木苍翠，野花盛开，浮青绕碧，烟雨蒙蒙。遥望远山，林海深邃，郁

图们江下游近海湿地

三道沟吊水壶

郁葱葱；图们江逶迤如漂浮的玉带，带给人无尽的遐思。星罗棋布的大小湖泊，以圈河相连，似一串珍珠镶嵌于图们江的冲积平原上。湖中鱼、蛙遍生，清澈见底，莲花茂盛，到处都是水草丰美的景象。山间溪流甘洌清澈，或回旋于深山密林，或跌宕于悬崖峭壁，自然之美，赏心悦目。

图们江下游三角洲历史悠久，自古就是兵家必争之地。历代人民在此屯田戍边，留下了许多可歌可泣的动人事迹和惨烈壮观的战场遗址。已发现的古遗址、古墓4处：六道泡遗址、黑顶子遗址、水流峰长城、圈河古墓群，石碣2处：土字牌、彭玉堂墓碑，战场遗址遗迹4处：回龙峰革命洞、玉泉洞越狱旧址、张鼓峰战役旧址、图们江口。

◎ 保护价值

东北虎是目前仅存的虎的5个亚种中体形最大的一种，擅长昼伏夜出，喜以梅花鹿、马鹿、狍及野猪为食。然而，由于近百年来人类无休止的采伐、烧荒和猎杀，使东北虎的栖息地急剧退缩并逐渐形成了岛屿化，其野生种群数量也急剧减少。目前，全世界东北虎的数量不足500只，分布于俄罗斯远东地区和中国的吉林省和黑龙江省的局部区域。

珲春东北虎自然保护区是中国野生东北虎分布数量与密度最高的区域，据中、俄、美三国专家联合调查统计，保护区内的东北虎有3～5只，还有部分东北虎经常游荡于中俄两国之间，就像友好的使者传递着两国间的友谊。保护区内的东北虎主要分布在北部的青龙台、春化和马滴达保护站辖区内，偶尔也活动于敬信和杨泡保护站境内。这里森林生长繁茂，人为干扰少，还蕴藏着大量的梅花鹿、马鹿、狍和野猪等丰富的食物资源，是东北虎理想

的栖息地。保护区管理局自成立以来，由于加大了《中华人民共和国野生动物保护法》等相关法律法规的宣传和对乱捕滥猎野生动物违法行为的打击力度，多次集中开展了清缴非法捕猎工具的专项行动，使东北虎的生存环境有了极大程度的改善，其种群数量也有了显著的提高，并逐步形成了向保护区西部扩散的趋势。尤其是2003年1月24日和2004年1月16日，保护区管理局利用国际野生生物保护学会（WCS）中国项目捐助的红外线照相机，两次成功拍摄到了野生东北虎活动的照片，还在保护区南部拍摄到了成龄雌虎带幼虎活动的足迹，引起了国内外专家和学者的广泛关注。

豹又名金钱豹或远东豹。在猫科动物中以灵巧机智闻名，擅长攀援跳跃，喜食狍、鹿、兔和环颈雉，常栖息于悬崖断壁和树权之间，白天隐身于密林深处，夜晚与东北虎争夺食物，但真正与东北虎不期而遇的时候，它也只能退避三舍，敬而远之。豹曾栖息于中国黄河以北、以东的大部分区域以及俄罗斯远东地区和朝鲜半岛，现在已处于濒危的边缘，其种群数量

不足50只，在世界保护物种红皮书中被列为极危（CR）物种。区内豹的分布极为有限，仅发现了2～4只，但就是这数量极为有限的物种与俄罗斯远东地区的豹进行着遗传信息的交流，仍然保持着潜在的自然繁殖能力，对维护地区的生物多样性，做出了卓越的贡献。2003年，中、俄、美三国虎豹保护专家对珲春进行野外调查时，不仅发现了被虎豹捕食的动物明显增多，还发现了1雌1雄2只豹活动的踪迹，令参与调查的专家欣喜不已。

珲春东北虎自然保护区南部的敬信湿地具有极高的保护价值，虽然农田与湖泊纵横交错，但象征和平的丹顶鹤和志向高远的大雁从未因人类的耕作而远赴他乡，每年都带领着志同道合的伙伴飞越千山万水，在此或驻

东北虎足迹链

足休整，或停留安家，待啾啾小鹤能够展翅高飞之际，举家南迁，来年春季，再次访问。

图们江流域下游邻近日本海，吸引了很多洄游鱼类在此游弋繁殖，如马苏大马哈鱼、驼背大马哈鱼。偶尔也会看到海狗、海豹在此嬉戏玩耍，与图们江上的海鸥和飞舞的野鸭相映成趣，构成了一幅美丽的立体画卷。

珲春东北虎自然保护区作为我国第一个以东北虎、豹及栖息地为主要保护对象的自然保护区，不仅起着联系中、俄、朝三国间虎豹种群自由迁移、维持种群繁衍的生态廊道的作用，在世界虎豹保护战略中也起着不可替代的重要作用。因而备受国内外所关注，联合国教科文组织、联合国开发计划署从2001年10月份就在积极筹划，拟将以该保护区为核心，联合俄罗斯境内的3个虎豹保护区、1个湿地保护区及朝鲜的2个湿地保护区联合建成跨国界生物圈的自然保护区。目前，保护区已经与俄罗斯相关组织和保护区建立了良好的合作伙伴关系，经常性地开展技术交流与合作，为此项工作的顺利实施奠定了良好的基础。

2003年1月24日用远红外线照相机拍到的我国首张野生东北虎活动得照片（虎与猎物）

2004年1月16日用远红外线照相机第二次拍到的野生东北虎活动的照片

◎ 功能区划

珲春东北虎自然保护区总面积为108700hm²，其中：核心区50536hm²，占保护区总面积的46.5%；缓冲区40571hm²，占保护区总面积的37.3%；实验区17593hm²，占保护区总面积的16.2%。另外根据东北虎、豹野生种群活动范围较大的特点，在保护区外围设立外围保护带41778hm²。

◎ 管理状况

珲春东北虎自然保护区自成立以来，得到了上级主管部门和各级政府的高度重视和大力支持。国家林业局为保护区批复一期工程建设资金643万元，其中，国债资金514万元，地方配套129万元。保护区管理局利用此项资金，先后建设了春化、马滴达、敬信等保护站，购置了常规的巡护、监测和宣教设备，逐步完成了勘界立桩的工作，并在主要交通路口设立宣传警示标牌14块，极大程度地促进了保护区各项管理工作的开展。

为了走可持续发展的道路，科学地做好生物多样性的保护工作，保护区管理局以保护为根本，以发展为目标，统筹规划，合理布局，在管理、科研和宣传教育等方面都做了大量扎扎实实的工作。首先，保护区采取"走出去，请进来"的方式，邀请国际野生生物保护学会、世界自然基金会的专家和学者举办各类专业技术培训，并组织中层领导干部到其他国家级自然保护区进行考察学习，有效地提高了管理人员的专业技术水平。其次，通过设立虎豹监测热线电话、信息提供奖励机制及借助边防巡逻和森林警察强化巡护工作等形式，积极做好虎豹的保护与研究工作，共监测到东北虎活动信息100余次，豹活动信息3次，并科学地分析出其个体的差异及活动

拥有一亿三千五百万年历史的野生莲花

范围。第三，积极联合公安、工商、渔政等管理部门，在加大相关法律法规宣传力度的同时，定期不定期地对宾馆、饭店、市场等可能经销野生动物及其制品的场所进行检查。并且从严从快查处滥捕滥猎野生动物的违法活动。第四，广泛开展形式多样的宣传教育活动，邀请中央电视台、新华社、人民日报社等全国20多家新闻媒体，对保护区的建设与发展及不同时期的工作进行全面深入的报道，引起了全社会的广泛关注和支持。有自行创作260余篇新闻稿件在全国多家媒体上发表。先后同电视台合作制作完成了《虎殇》《东北虎的家园》专题片2部。第五，加强国际间的交流与合作，同国际野生生物保护学会、世界自然基金会、联合国教科文组织等国际组织建立了良好的合作伙伴关系，举办召开了"建立图们江下游地区跨国界生物圈保护区国际研讨会""图们江下游生物多样性保护跨国界合作研讨会""中国东北虎野外种群恢复工程建设进程国际研讨会""东北虎野生种群及其被捕食猎物（有蹄类）监测技术国际研讨班"等会议，就实施东北虎、豹野生种群的保护及建立图们江下游地区跨国界生物圈保护区等问题，制定了可行性研究报告和工作计划。还与国

天然针叶林

际野生生物保护学会（WCS）建立了长期良好的合作关系，并设立了"中国吉林虎豹保护项目办公室"，不仅在资金、技术与培训等方面赢得了支持与帮助，而且有效地提高了保护区的国际形象和地位。

（珲春东北虎自然保护区供稿）

吉林 雁鸣湖
国家级自然保护区

吉林雁鸣湖国家级自然保护区位于吉林延边朝鲜族自治州敦化市东北部，地处长白山脉张广才岭东南麓，牡丹江上游，东与黑龙江省宁安县相邻，北与黄泥河林业局接壤，西南与敦化市官地镇、额穆镇、黑石乡相连，东南与敦化林业局相接。地理坐标为东经128°11′40″～128°45′30″，北纬43°39′20″～43°51′28″。保护区东西横距长44km，南北纵距23km，距敦化市城区50km，距镜泊湖国家级森林公园30km，总面积为53940hm²。保护区属于生态系统类别的内陆湿地和水域生态系统类型自然保护区，主要保护北方典型的湿地生态系统及其珍稀动植物资源。2007年经国务院批准晋升为国家级自然保护区。

玉带

◎ 自然概况

雁鸣湖自然保护区位于吉黑褶皱系敦化隆起带，其褶皱属地槽区褶皱；岩浆岩主要是喷出岩，区内新生代火山活动频繁，基性熔岩分布广泛；地层主要有白垩系下统泉水村组、第三系、第四系（其中包括：中更新统、上更新统、全新统）等。

雁鸣湖自然保护区地处张广才岭东南麓，属中、低山丘陵区。总体地势北高南低，张广才岭余脉马鹿岭、小岭等由北向南延伸到牡丹江沿岸。其间分布有溪流、谷地及草甸，构成保护区复杂多样的地貌类型。位于保护区东北区界的小岭山，海拔572m，为该地区的最高处。位于保护区最东南端的牡丹江出境区，海拔340m，是该区的最低海拔处。保护区地貌形态可分为中山、低山、丘陵、盆谷、台地、平原、沼泽等7个明显类型。在空间构成上，具有类型相对集中的特点，形成了7个各具特色的地貌区。

雁鸣湖自然保护区气候属中温带大陆性湿润季风气候，气候特点是春秋短暂、凉爽少雨，夏季温暖、雨量充沛，冬季漫长寒冷，年平均气温4.3℃，无霜期平均为120天左右。

雁鸣湖自然保护区是吉林省河流密度较大的地区之一，松花江一级支流牡丹江自保护区西端入境，由西向东横贯保护区南部，流经保护区的长度为53km，流域面积2383.5hm²，年径流量26.8亿m³。独特的水系分布与地貌特征使区内湿地类型多样，野生动植物资源极其丰富。

雁鸣湖自然保护区内湿地是吉林省东部山区非常有代表性的湿地之一，按照国际湿地公约的分类体系，区内湿地可划分为两大湿地系统8个类型，即天然湿地系统和人工湿地系统，天然湿地系统包括6种湿地类型，即：河流湿地、湖泊湿地、泛滥地、灌丛湿地、森林沼泽和草本沼泽，人工湿地系统包括2种，即灌溉地、蓄

典型湿地群落

水区。湿地面积为18905hm²，占保护区总面积的35.0%，其中天然湿地面积为17357hm²，占区内湿地面积的91.8%，人工湿地面积1548hm²，占区内湿地面积的8.2%。

土壤类型可分为：暗棕壤、灰棕壤、白浆土、草甸土、沼泽土、泥炭土、冲积土、水稻土等8种类型。

据科考结果统计，雁鸣湖自然保护区内有高等植物63目143科512属1460种。其中有苔藓植物11目24科35属50种、蕨类植物8目20科35属81种、裸子植物1目2科6属11种、被子植物43目97科436属1318种。占吉林省高等植物种类的58.6%。此外，尚有地衣植物1目17科27属57种和大型真菌12目42科207种。国家重点保护的野生植物有9种，其中国家一级保护的有1种：人参；国家二级保护的有8种：红松、水曲柳、黄檗、莲、野大豆、核桃楸、紫椴、刺五加。国家重点保护的野生动物有37种，其中国家一级保护的野生动物7种：东北虎、丹顶鹤、黑鹳、东方白鹳、中华秋沙鸭、原麝、金雕；国家二级保护的野生动物有42种。

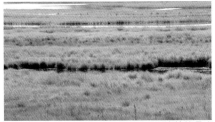

塔头薹草湿地

野鸭

灌丛湿地

黑鹳与白鹤

小山湿地

湿地群落

典型湿地植物——鸢尾

灌丛与沼泽

鹊鹞

黑鹳

鸥

苍鹭

水库

鸳鸯

雁鸣湖自然保护区内东北部处于保护区实验区内，那里有丰富的生态旅游资源，自然景观包括地文、水文、湿地及天象景观，人文景观包括民风民俗和神话传说，具有极高的生态旅游开发潜力。

◎ **保护价值**

雁鸣湖国家级自然保护区的保护价值包含四个方面的内容：①中国北方具有典型性的重要湿地生态系统及所具有的生物多样性；②牡丹江上游重要的水源涵养区；③跨大洲候鸟黑鹳、东方白鹳、丹顶鹤等珍稀水禽重要的栖息地和停歇地；④东北亚地区东北虎迁移的重要生态廊道。

雁鸣湖自然保护区地处牡丹江上游，水利资源充沛、湿地类型多样，植被保存较好，野生动植物资源丰富。尤其是作为牡丹江上游泛洪区，在调

牡丹江河滩地

一号桥湿地

蓄洪水，净化水质，防止水土流失，维持生物多样性方面发挥着重要的生态、社会与经济效益。同时，保护区是珍稀黑鹳、东方白鹳、丹顶鹤、中华秋沙鸭等水禽的栖息地，在东亚—澳大利亚涉禽、雁鸭类保护网络中具重要地位，也是世界最为濒危的东北虎的迁移廊道，在吉林省东北虎野生种群恢复战略中，是联系东北虎哈尔巴岭，张广才岭两个分布区的最佳"生态走廊"。保护区在吉林省湿地及野生动物保护中具有十分重要的价值。

（雁鸣湖自然保护区供稿）

湿地植物——鸡头米

吉林 哈尼
国家级自然保护区

吉林哈尼国家级自然保护区位于吉林省长白山北麓龙岗山脉中段，通化市柳河县东南。地理坐标为东经126°04′09″~126°34′58″，北纬42°04′12″~42°15′44″。保护区总面积28630hm²。保护区属湿地生态系统类型自然保护区。保护区始建于2002年，2009年经国务院批准晋升为国家级自然保护区。

◎ **自然概况**

哈尼自然保护区地貌为中低山地及玄武熔岩台地。最高点海拔1091.7m，最低点海拔557m。属温带湿润，半湿润季风气候，四季分明。年平均气温5℃，全年无霜期128~140天，年平均降水量为755.5mm。

哈尼河属鸭绿江流域，河流长60.2km，流域面积537.22km²。地下水资源1.17亿m³，全年平均径流总量为7.4亿m³，约占全流域径流量的30%。哈尼河流域沼泽地2006hm²，主要有哈尼河水源头哈尼甸子，面积达1678hm²。其他类型有森林沼泽、灌木沼泽和草丛沼泽等。

◎ **保护价值**

哈尼自然保护区内的哈尼泥炭沼泽是中国东北地区泥炭层最厚、储量最大的泥炭矿床，具有沉积速率快，植物残体类型多样的特点，是世界上不可多得的高分辨率的泥炭层标，对涵养和提供水源、净化水质、调节气候以及泥炭沼泽湿地形成、发育和演替过程及生态环境演化等方面的科学研究具有极其重要的科学价值。

哈尼自然保护区共有野生植物131科308属809种，脊椎动物32目79科297种，昆虫14目118科406属546种，大型真菌12目42科207种。其中珍稀动物较多，有国家一级保护动物东方白鹳、金雕、紫貂和原麝4种，国家二级保护动物大天鹅、黑鸢、长耳鸮、黑熊、猞猁等32种；国家一级保护植物东北红豆杉和人参2种，国家二级保护植物紫椴、胡桃楸、红松等9种。

哈尼自然保护区的主要保护对象泥炭沼泽湿地是哈尼河的源头，而哈尼河不仅是通化市城区供水主要来源的第一水源地，还是唯一一条有一定的年径流量且无污染的河流。其涵养水源、调节流量、控制及净化水质的重要生态功能对哈尼河流域地区有着重要意义。　（哈尼自然保护区供稿）

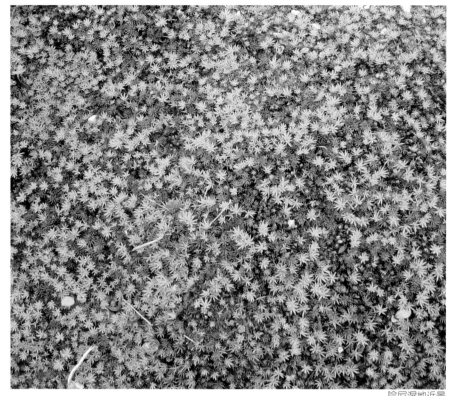

圆叶茅膏菜捕虫叶

哈尼湿地近景

迎红杜鹃景观

吉林 汪清
国家级自然保护区

吉林汪清国家级自然保护区位于吉林省汪清县境内，包括兰家林场、西南岔林场、杜荒子林场、金苍林场、大荒沟林场。地理坐标为东经130°23′07″～131°03′19″，北纬43°05′33″～43°30′17″。保护区总面积为67434hm²，其中核心区面积30056hm²，缓冲区面积17923hm²，实验区面积19455hm²。保护类型为野生生物类别中的野生植物类型，主要保护对象为东北虎、东北豹和东北红豆杉。保护区始建于2002年12月，2013年6月经国务院批准晋升为国家级自然保护区。

◎ 自然概况

汪清的大地构造位置处于天山—兴安地槽区吉黑褶皱系延边优地槽褶皱带延边复向斜的北东翼。按照板块构造学说，保护区处于形成于新元古代的准格尔—松辽板块和形成于17亿年前华北板块的分界线上，同时也是阴山、图们晚古生代板块俯冲带。地层分区属于吉林—延边分区，保护区出露的地层有古生界的二叠系，中生界的侏罗系和白垩系，新生界的第三系和第四系。

汪清自然保护区地貌上处于长白山系北部的中低山区。南部为盘岭山脉，是汪清与珲春的界山，山岭多为海西期花岗岩，二叠系变质岩、侏罗系火山岩构成，局部山顶覆有第三纪玄武岩，并

构成熔岩方山。断裂构造发育，南坡为图们江支流——密江的源头，以中山、低山为主，海拔为800～1200m，相对高度较大，山体破碎，山顶浑圆，有保护区最高峰老爷岭（1477.4m）。北部为大龙岭，是汪清县与珲春市、黑龙江省东宁县的界山，珲春河上源与绥芬河的分水岭，岩石为海西期花岗岩，二叠系变质岩和侏罗系火山岩。东段有大片第三纪玄武岩，以低山为主，海拔700～1000m，相对高度400～700m，山顶多浑圆，为大片玄武岩平顶山和玄武岩高台地，熔岩地面海拔800m左右，南侧受珲春河上游水系深切，形成许多熔岩峡谷，谷深达300m，森林覆盖率较高，坡面侵蚀微弱。

在中国气候区划中，汪清自然保护区属于中温带湿润大区，气候类型属于北半球西风带中温带湿润温凉季风气候区，降水充沛，是该区气候的主要特征。具有春季温度变化剧烈，冷暖干湿无常，多偏西风；夏季短促而温暖，多暴雨，多偏南风；秋季凉爽晴朗，受寒潮威胁严重；冬季漫长而寒冷，降水稀少，多刮西北风。另外，保护区山脉纵横，地势复杂，高度差异大，河流在不同方向切割，形成了复杂多样的各类小气候。全年平均气温为1.5℃，极端最高气温为35.6℃，极端最低气温为−36℃；年平均气温≥10℃以上的活动积温为2500℃以下；年降水量450～750mm，降水集中分布在5～9月，占全年降水总量的80%；年无霜期为100～110天；年平均日照时数为2351h；全年大于或等于8级以上的大风平均为9.5次，冰雹年平均1.8次。

汪清自然保护区内土壤随海拔高度的变化而变化，垂直分布明显。保护区的地形为中山、低山和河谷；植被是针叶林、针阔混交林、阔叶林、草甸和沼泽。成土母质是华力西期侵入的酸性岩浆岩，侏罗系的中性岩浆岩，白垩系的砂页岩，全新统的各种冲积物，第三系喷出的基性岩等。土壤可分为5类，即灰色森林土、暗棕壤、草甸土、沼泽土、冲积土。山地以灰色森林土和暗棕壤为主，谷地以草甸土为主，其次为泥炭沼泽土。

汪清自然保护区属于图们江和绥芬河流域，是绥芬河以及图们江一级支流珲春河和密江的发源地。绥芬河发源于汪清县大龙岭山脉秃头岭的北侧，杜荒子的西部边界是绥芬河和珲春河的分水岭，大荒沟、杜荒子、西南岔和兰家林场属于图们江流域，金苍林场属于绥芬河流域。保护区沟谷较多，纵横密布，中部杜荒子的清河沟、头道沟、二道沟、三道沟等以及西南岔的北岔沟均流入珲春河，北部兰家的兰家趟子河流入珲春河，南部大荒沟的东阳村东沟、小北沟等均汇入密江流入图们江，西部金苍林场的河流汇入新华沟流入绥芬河。

初步统计，汪清自然保护区内共有植物6门131科375属624种，其中低等植物包括：真菌20科33属41种，地衣植物4科4属5种；高等植物包括：苔藓植物6科8属8种，蕨类植物13科16属22种，裸子植物3科7属13种，被子植物85科307属535种。保护区的众多植物中，珍稀濒危植物种类较多，根据国家林业局1999年颁布的《国家重点保护野生植物名录（第一批）》，分布于保护区内有8种，其中国家一级保护植物1种：紫杉，国家二级保护植物7种：红松、黄檗、水曲柳、松茸、钻天柳、野大豆、紫椴；被《中国植物红皮书（第一册）》收录9种，其中濒危植物1种，稀有植物2种，渐危植物6种；被《濒危野生动植物

原麝

2012年4月4日汪清虎照片第一次

梅花鹿（雌）

东北豹

紫椴（叶）

黑熊

种国际贸易公约》附录Ⅱ收录12种。

经调查，汪清自然保护区共有脊椎动物28目68科243种，其中鱼类3目5科11种，两栖类2目5科6种，爬行类2目3科8种，鸟类15目39科190种，兽类6目16科28种，另外还有昆虫9目42科155种。在保护区的243种脊椎动物中，有国家重点保护野生动物34种，占区内动物种数（243种）的13.58%。其中有鸟类25种，兽类8种。国家一级保护野生动物6种：东北豹、东北虎、紫貂、原麝、金雕、梅花鹿，国家二级保护野生动物28种：黑熊、水獭、马鹿等；有《濒危野生动植物种国际贸易公约》附录Ⅰ物种3种，附录Ⅱ物种4种。

◎ 保护价值

东北红豆杉是第三纪孑遗树种，是世界上公认的濒临灭绝的天然珍稀抗癌植物，有植物界"大熊猫"之称。红豆杉属植物内含治疗癌症和恶性肿瘤的红豆杉醇，具有很高的药用价值。保护区的气候特征适宜东北红豆杉生长，是东北红豆杉天然分布的集中地区，种群数量庞大，约有红豆杉118

水曲柳　黄波罗

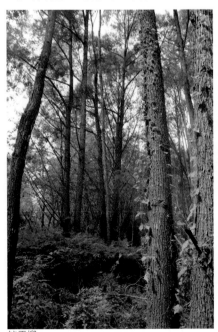

钻天柳

万株,是保护、科研开发的理想场所。

汪清自然保护区是东北虎、东北豹的集中分布区,是俄罗斯东北虎种源向中国境内扩散的重要通道,随着近年保护区及其周边地区生态环境的逐步改善有蹄类动物种群规模逐年增长,为虎、豹提供了充足的猎物资源,保护区不断发现东北虎和东北豹的活动踪迹。据估计保护区内有东北虎1~2只,东北豹4~5只,由于保护区处于生态廊道的关键位置,对于东北虎、豹等物种的保护极为重要。

◎ 科研协作

汪清自然保护区与吉林省内科研单位、大专院校对保护区内东北红豆杉资源进行了初步调查与专项研究工作。"东北红豆杉种植资源保护及高产栽培技术的研究"项目获得省级鉴定,被列为2001年全国林业科技推广项目,在汪清自然保护区管理局现已推广冠下造林59hm²;在亲和种子园林木良种繁育基地还建立了东北红豆杉基因库,对东北红豆杉的生长及生物量进行了研究,其中无性扦插繁殖技术非常成功,种子育苗和扦插的成活率都达到90%;2006年开展了东北红豆杉保护区植物本底调查,建立了野生植物资源数据库。

汪清自然保护区引进了德国、瑞士、马来西亚、俄罗斯等国外先进的理念和技术,进行了有蹄类样方调查、虎豹样线调查、栖息地恢复调查等研究。与北京大学、北京师范大学、WWF(世界自然基金会)合作在野外共同架设了238部远红外相机,用于开展虎、豹及生物多样性长期监测工作,为虎、豹等珍稀濒危物种及生物多样性和生态系统的保护提供基础科学数据。远红外相机多次拍摄到东北虎、豹等国家重点保护动物20余种,2013年11月,在保护区拍摄到大豹带

2只小豹视频,在国内尚属首次。在有蹄类密集区建立13个补饲点,在冬季针对东北虎、东北豹的主要猎物进行人工投喂饲料,并购入纯种马鹿、梅花鹿驯养后进行野外放归,以提高猎物密度。开展虎友好型森林抚育工作,提高虎、豹及有蹄类动物生境质量和环境容纳量。引入国际先进的SMART反盗猎管理系统,通过巡护收集野生动物信息和人为活动信息,进行数据录入和分析,准确地掌握物种分布和盗猎信息,提高了保护区的保护能力。

2011年,保护区独立开展"东北虎生活习性与森林类型关系的研究"项目,旨在为加强东北虎栖息地恢复工作提供科学数据。

(曲丽供稿)

东北红豆杉硕果累累

吉林 波罗湖 国家级自然保护区

吉林波罗湖国家级自然保护区位于吉林省农安县西部。地理坐标为东经124°40′~125°59′，北纬44°22′~44°32′。保护区总面积24915hm²。其中：核心区面积8397.75hm²，占保护区总面积的33.71%；缓冲区面积5426.88hm²，占保护区总面积的21.78%；实验区面积11090.37hm²，占保护区总面积的44.51%。保护区属于自然生态系统类别，内陆湿地和水域生态系统类型的自然保护区，保护对象主要是波罗湖天然湿地生态系统及鹤、鹳类等珍稀濒危鸟类。

◎ 自然概况

波罗湖自然保护区位于松辽平原东南部，处于松辽凹陷的东北隆起带的西部边缘，地势总趋势东南高西北低，在燕山和喜山构造运动下，使保护区产生以北东向为主的褶皱与断裂构造。保护区及其周边地区冲沟较发育，分布微波状台地和浅丘状台地，大部分地面为海拔200~220m的台地平原，高台地西缓东陡，东坡以下有波罗湖等大片湖积平原。波罗湖以东还有敖宝图泡大型湖泡，湖滨均有不同规模的湖滨平原，平均海拔140~150m，北部为松花江谷地。

波罗湖自然保护区地处吉林省中部地区，属于温带大陆性气候，全年盛行西南风，其特点为：春季干燥多大风，夏季温热多雨，秋季晴朗温差大，冬季严寒而漫长。多年平均降水量为516.9mm，主要集中在6~9月，为409.6mm，占全年降水量的79.2%。多年平均水面蒸发量为1615.3mm。封冻期一般在11月中旬到翌年3月下旬，最大冰厚可达1m左右，历年最大冻土深度172cm。

按土壤发生化学分类原则，波罗湖自然保护区土壤分为黑钙土、草甸土、盐土、碱土4个土类，黑钙土、草甸黑钙土、草甸土、盐化草甸土、

波罗湖之春

波罗湖之冬

和谐家园

盐土、碱土 6 个亚类。

波罗湖自然保护区内水系属松花江流域，主要包括波罗湖、敖宝图泡两个湖泊及周边的自然、人工沟系。闭流区内具有特有的水资源流域，湖泊总的流域面积 1161km²（其中：县内集水面积 1080.5km²，跨前郭尔罗斯蒙古族自治县 80.5km²）。

自然河流：波罗湖周边有娘娘庙沟，老虎沟、房身沟和成文沟等 4 条自然河沟（称"时令河"），这些河沟集水面积小，流程短，20 世纪 50～70 年代在沟的中上游，建起了水库，雨季洪水被水库拦蓄，旱季更是泉水细微不见大流。

人工沟渠：对波罗湖自然保护区内有影响的人工沟渠是头道岗水库的长江沟。长江沟的开挖和引水，是由于近年来的旱情不断加重，波罗湖曾出现过干涸，为了保证波罗湖的正常水位，经过头道岗水库向松花江引水。长江沟总干渠段的引水量 7.0m³/s，每年平均引水量为 $3.48 \times 10^7 m^3$，最大年供水量可达 $7.00 \times 10^7 m^3$。引水渠的总长度达 78km，头道岗水库在此起到蓄水作用。

波罗湖自然保护区范围内的野生植物物种组成，共 55 科 127 属 194 种。在这些植物种类中，苔藓 1 种；蕨类植物 1 科 2 种；裸子植物 1 种，被子植物 52 科 190 种。保护区内总的植物种数占吉林省野生植物种数（3890 种，吉林省林业厅数据）的 4.99%。保护区内种子植物 191 种，占吉林省种子

鹤舞芦花

鹤乡家园

261

植物种数（2230种，吉林省林业厅数据）的8.57%。被子植物的种数排在前十位的科是：菊科（29种）、禾本科（26种）、豆科（14种）、黎科（10种）、蓼科（9种）、十字花科（7种）、莎草科（6种）、蔷薇科（5种）、唇形科（5种）、百合科（4种）。这10个科的植物种数占保护区植物总种数的59.79%。

波罗湖自然保护区动物资源十分丰富，区内分布有野生脊椎动物5纲24目52科198种。其中水生脊椎动物（鱼类）4目6科29种，陆生脊椎动物20目46科169种。在陆生脊椎动物中，两栖动物1目4科7种，爬行动物2目2科7种，鸟类13目32科137种，哺乳动物5目8科18种。保护区是春秋两季鸟类迁徙的重要通道和停歇地，夏候鸟有14种，留鸟有8种，冬候鸟有7种，旅鸟有108种，分别占保护区鸟类种数的10.22%、5.84%、5.11%和78.83%。在保护区繁殖的鸟类有22种。

波罗湖自然保护区内分布有国家一级保护动物4种，即丹顶鹤、大鸨、东方白鹳和白鹤，均为该区的旅鸟。

波罗湖自然保护区以自然景观为主，依靠芦苇荡及湖泊风光形成，孕育着优雅的自然环境、丰富的生物多样性。此外，美丽动听的古老传说构成了其独特的旅游景观资源。

湖泊的自然景观是波罗湖自然保护区风景资源的主脉。集水草苇于一体的天然湖泊和湿地，被誉为"八百里瀚海"边缘璀璨的明珠，幅员辽阔，为吉林省三大内陆闭流湖泊之一，浩瀚的湖水，辅以茫茫的草原和浩浩荡荡的芦苇，水草丰美，引人入胜。

波罗湖自然保护区浮游生物，鱼类、鸟类资源丰富。湖泊外围分布着大面积的羊草草甸，而在积水区外围的浅水区，分布着大面积的芦苇沼泽，

苇荡秋韵

水草融合孕育了丰富的鱼类、鸟类资源。初春——野花争奇斗艳，盛夏——湖风清爽、绿草葱郁，仲秋——金黄一片，严冬——银装素裹、白茫一片。

◎ 保护价值

波罗湖自然保护区的波罗湖和敖宝图泡均属于典型的天然淡水湖泊湿地生态系统。芦苇沼泽、柽柳灌丛、羊草草甸等都属于该地区典型的地带性植被。此外，保护区属于松花江流域的湿地区之一，该生态区地理条件复杂多样，植被类型繁多，水资源极为丰富，孕育了丰富多样的植物资源和野生动物资源，是全球重要的水鸟繁殖地和候鸟迁徙路线上的典型停歇地。

波罗湖自然保护区内列入《国家重点保护野生植物名录》的有野大豆1种。列入《国家重点保护野生动物名录》的有27种，国家一级保护野生动物有白鹤、丹顶鹤、东方白鹳、大鸨4种，国家二级保护野生动物有赤颈䴙䴘、大天鹅、大鸨、白枕鹤、长耳鸮等23种。列入《中国濒危动物红皮书》的有10种，列入《濒危野生动植物种国际贸易公约》附录的动物有东方白鹳、丹顶鹤、白枕鹤、白鹤、白尾鹞等25种，列入《中日保护候鸟及其栖息环境协定》的有83种，列入《中澳保护候鸟及其栖息环境协定》的有15种。这些珍稀濒危物种都具有很高的保护价值。

◎ 科研协作

制定科研和监测项目规划，要以科学技术是第一生产力为指导思想，

经高峰期，栖息生境选择，包括繁殖、停歇地环境特征，国际重要意义水鸟的种类与数量。

（3）湿地资源监测。开展湿地资源监测工作，掌握人为活动和自然因素对湿地及其相关因素的影响、危害，为调整保护管理措施，改进保护管理工作提供依据。监测内容湿地气象观测：气温、降水、蒸发、地温等；湿地面积变化监测：湿地的组成、生境斑块、趋势分析、水平组织结构等；水文情势改变的监测：河流流量和水位深度（地表、地下）；测定水中的盐度；生物指示物种（植物、水生生物、鱼类）；使用数据记录器；生物监测：植物、动物种属成分的物候变化。

（李明德供稿）

波罗湖之夏

紧密结合保护区具体情况，常规性科学和专题性科学研究并重，同东北师范大学合作，开展了保护区各项调查研究和科研监测。

（1）常规性科研监测。由保护区管理局组织进行湿地资源调查，湿地的监测、气象观测和鸟类分布的动态、习性、繁殖与迁徙规律等本底研究，针对保护对象建立监测体系。

（2）鹤类濒危水鸟野生种群监测。东方白鹤野生种群监测体系由保护区管理局科研监测中心及保护管理站下设的分区监测点及代表性地段的监测样地构成。设立监测点、监测样地，主要监测内容：鹤类等濒危水禽的种类、分布于数量，迁来、迁离期，迁

苇荡秋韵

原麝（王宝昆摄）

吉林白山原麝国家级自然保护区，位于吉林省白山市东南部，坐落于中朝边境，保护区范围横跨白山市浑江区三道沟镇和临江市（县级市）苇沙河镇行政区域。保护区西与白山市三道沟林场相邻，北面和东面为临江市苇沙河林场施业区，南隔鸭绿江与朝鲜相望。地理坐标为东经41°36′43″～41°49′54″，北纬126°29′50″～126°45′27″。保护区东西宽20km，南北长24.5km，总面积为21995hm²。其中核心区7653hm²，占保护区总面积的34.79%；缓冲区面积为6449hm²，占保护区总面积的29.32%；实验区面积为7893hm²，占保护区总面积的35.89%。保护区是野生生物类别中的野生动物类型自然保护区，是以国家一级保护动物原麝种群及栖息地为主要保护对象的自然保护区。保护区始建于2006年12月，2013年12月25日经国务院批准晋升为国家级自然保护区。

◎ 自然概况

从地质构造上来讲，白山原麝自然保护区位于阴山—天山纬向构造带和新华夏第二隆起带的交汇部位，中朝准地台的辽东台隆区。从太古界至新生界，地层层序较齐，出露较全。

处于吉林省东南部地壳强烈隆起、火山活动频繁的长白山的南端。现代地貌主要是受到上述因素和现代沉积、侵蚀共同作用下演化形成的。

白山原麝自然保护区地处长白山西南坡，鸭绿江北岸，长白山老岭山脉东段；境内山峰林立，绵亘起伏，沟谷交错，河流纵横。老岭山脉山体高大，海拔1000～1200m，相对高度500～800m。鸭绿江沿岸地形起伏较大，沟谷切割较深而且较为狭窄，地势比较险峻。最高山峰为老梁子山，海拔高度为1492m。最低点海拔高度为278m。因水系发育切割强烈，河流两侧多呈陡坡或陡崖。区内海拔高度1000m以上的山峰就有24座。

白山原麝自然保护区为温带大陆性东亚季风气候区。气候特点是春季时间短，且温度变化剧烈，昼夜温差大，多西南风；夏季湿热多雨；秋季凉爽，多晴朗天气；冬季漫长，寒冷、干燥，多偏北风。由于受寒潮的影响，初霜来得早。年平均气温5.07℃，无霜期140～150天，年平均积温2584.4℃；日照时数2232.6h，年降水量793.1mm。封冻期在10月下旬开始，一般在4月上旬开始解冻。

白山原麝自然保护区水资源非常丰富。主要水系为鸭绿江水系，在原麝自然保护区内的一级支流有4支：

保护区景观（王宝昆摄）

保护区景观（王宝昆摄）

保护区景观（王宝昆摄）

保护区景观（王宝昆摄）

原麝（王宝昆摄）

错草沟河、白马浪河、二马驹河和下三道沟河。其次还有六只小的支流：小长川沟、仙人洞、天桥沟、干沟、冰沟、横路沟。

白山原麝自然保护区境内地下水由3种类型组成：第四系松散堆积层孔隙潜水、碳酸盐夹碎屑岩裂隙溶洞水和基岩裂隙水。由于特殊的地质构造，原麝自然保护区及其周边等区域贮存着质优量丰的天然矿泉水资源和地热温泉群。

白山原麝自然保护区内山高坡陡，相对高差较大，形成了具有不同肥力特征的土壤。区内土壤成土过程主要是腐殖质积累过程和淋溶过程。保护区属寒温带半湿润气候区，冬季寒冷漫长，夏季温热多雨，年降水量900～1100mm。肥沃的土壤母质，促使森林植被茂密生长。每年在土壤上部积累了大量有机质。冬季土壤冻结达6～7个月之久，冰雪覆盖，土壤湿度大，大量累积的有机质不能彻底分解，转化缓慢。未彻底分解的有机质在微生物的作用下，进行着土壤腐化过程，形成土壤腐殖质，使全区土壤呈黑色、

保护区景观（王宝昆摄）

金银峡（王宝昆摄）

灰色或棕灰色。腐殖质累积过程的广泛分布，使保护区土壤土体上部均有腐殖质层，仅因地形的差异，黑土层厚薄有所不同。保护区土壤分为8个土类系：暗棕壤土类、白浆土类、草甸土类、冲积土类、沼泽土类、泥炭土土类、石质土土类、水稻土类。

白山原麝自然保护区内现存的脊椎动物共有6纲33目86科355种。其中鱼类13科51种；两栖爬行类9科17种；鸟类46科246种；哺乳类（兽类）18科41种；昆虫类14目118科424种。

鸭绿江水文景观是白山原麝自然保护区风景资源的主脉。鸭绿江发源于白头山南麓，源头有：一是发源于白头山南侧朝鲜境内，将军峰下的胭脂川；二是玉雪峰2km远处发源的瑗河（亦称旱河）。二溪汇合到头谷岛与占朵河（建川沟）处，水色深绿，似鸭头色，得名鸭绿江。在东北仅次于黑龙江、松花江而占第三位。鸭绿江流经保护区64km。

白山原麝自然保护区旅游区"金银峡"的主要景点有：大佛、法荫寺、祥睿山庄、天圣泉小瀑布、五乳峰、童子拜佛、卧熊石、金银峡石刻、点将台、高峡湖、神龙洞、悦溪亭、览峰亭、九天阁、金银峡瀑布和好汉忠义石等。"金银峡"徒步旅游线路近看小河潺潺，清澈见底，亭榭小桥立缀其上，玲珑雅致，景色绝佳；远可观奇峰突起，危崖壁立，山色如黛，林木葱郁。沿着盘旋曲折的山间石阶，听着溪水的欢唱，一路上可以欣赏到天圣瀑布、药王谷、古栈道、一线天、五乳峰、卧熊石、神龙洞、点将台、高峡湖等景观。

东北红豆杉（曹长青摄）

东北红豆杉（曹长青摄）

◎ 保护价值

（1）野生动物稀有性：白山原麝自然保护区内拥有丰富的野生动物资源，保护区分布有国家一级保护动物7种，其中兽类有原麝和紫貂，鸟类中有东方白鹳、黑鹳、金雕、白尾海雕和中华秋沙鸭5种。国家二级保护动物34种，其中兽类有黑熊、猞猁、青鼬、水獭、马鹿5种，鸟类有凤头蜂鹰、黑鸢、大鵟、灰脸鵟、鹰、鵟、游隼、雕鸮、长尾林鸮、花尾榛鸡、鸳鸯等29种。

（2）植物稀有性：白山原麝自然保护区分布有国家重点保护野生植物10种，其中国家一级保护野生植物1种（东北红豆杉）；国家二级保护植物9种，如红松、黄檗、紫椴等。

（3）生境稀有性：白山原麝自然保护区内不仅保存有较大面积的针阔混交林及阔叶林等生态系统，山势陡峭，谷深峡长，石砬子随处可见，是原麝栖息、繁衍的理想场所。这一独特的生境类型在国内同类自然保护区中具有很高的稀有性。

(4) 保护区典型性：白山原麝自然保护区典型性是度量自然保护区的生物区系、群落结构和生态系统与所在生物地理省（生态地理区域）的整个生物区系和生态系统的相似程度的一个指标。

白山原麝自然保护区地处长白山西南坡，鸭绿江北岸，长白山老岭山脉东段。保护区内分布有大面积的天然次生林、红松针阔混交林、阔叶林等森林类型，同时还相间分布有一定面积的灌丛类型。良好的生境为野生动物带来了理想的栖息条件，特别是国家一级保护野生动物原麝在这里有一个稳定上升的小种群。这在北方林区具有广泛的代表性和典型性，具有北方山地森林生态系统的典型特征。

◎ 科研协作

白山原麝自然保护区成立后，与东北林业大学野生动物学院、吉林省林业勘察设计院合作开展保护区科学考察。由东北林业大学野生动物学院教授吴建平、李晓民、于宏贤牵头，硕士生于超、吉林省林业勘察设计院张国华、赵晓波、董昊、金日男具体操作，原麝自然保护区孙同欣、王宝昆、于建军、刘延成具体配合。历时55天对保护区境内野生动物资源、野生植物资源进行了系统调查，形成了原麝自然保护区科学考察报告。

2015年白山原麝自然保护区与白山市林业勘察设计院合作，通过远红外相机对原麝种群数量进行监测，同时通过布设样地、样线对原麝栖息地植物资源调查、监测。（王宝昆供稿）

保护区景观（王宝昆摄）

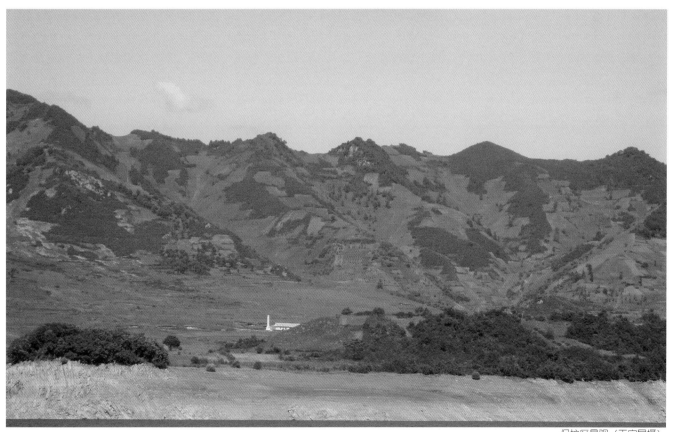

保护区景观（王宝昆摄）

黑龙江 扎龙 国家级自然保护区

黑龙江扎龙国家级自然保护区位于黑龙江省西部乌裕尔河下游齐齐哈尔市及富裕、林甸、杜尔伯特、泰来等县交界地域。地理坐标为东经123°47′～124°37′，北纬46°52′～47°32′。保护区南北长65km，东西宽37km，总面积210000hm²，是以芦苇沼泽为主的湿地生态系统类型的自然保护区，栖息着以鹤为主的众多珍稀水禽。在世界鹤类保护及湿地保护事业中占有重要地位。扎龙自然保护区于1979年建立，1987年经国务院批准晋升为国家级保护区，1992年中国政府加入《关于特别是作为水禽栖息地的国际重要湿地公约》后，扎龙保护区被列入《国际重要湿地》名录。2001年加入"中国人与生物圈保护区网络"。

幼雏

◎ 自然概况

扎龙自然保护区地处中纬度，属温带大陆气候，年平均气温2.0～4.2℃，极端最高气温39.0℃，极端最低气温－43.3℃，年降水量402.7mm，6～8月份降水量占全年的67%，雨水集中时常使河流水位暴涨。无霜期121～135天。扎龙湿地土壤分布有六类，即黑钙土、草甸土、碱土、盐渍土、沼泽土和沙土，其中主要为黑钙土、草甸土、沼泽土。本区域有天然和人工河流。天然河流有乌裕尔河、双阳河。人工河流有中部引嫩工程、八一幸福运河及数条进入湿地的排水干渠。其中，乌裕尔河为形成和维持本区湿地生态系统的主要因素。

扎龙自然保护区植被分为4个类型：草甸草原，草甸、湿草甸，沼泽植被和水生植被。草甸草原是乌裕尔河下游地区的代表类型，是地带性植被，主要分布于平地或地势较高的地方，主要为羊草、杂草等组成的群落，总盖度达80%。草甸、湿草甸主要分布于平地或低洼地区，有常年积水或季节性积水，一般分为2种类型：第一种为狼尾草草甸，第二种为星星草草甸。沼泽植被处于常有积水的地势低洼地带，多生有芦苇、藨草及莎草，草群茂密。因结构清晰，有机物分解困难，常有泥炭积累。沼泽植被主要分为3种类型：漂垡薹草沼泽、芦苇沼泽、薹草沼泽。水生植被多分布在淡水湖沼中。基本由沉水植物、浮游植物、挺水植物3类组成。

扎龙自然保护区有鱼类46种，隶

鹤群共鸣

属于9科。常见鱼类有鲴属、鳅属、鳎属等，鲤科类主要以鲫鱼为优势种，约占75%以上。两栖类、爬行类相对贫乏，两栖类有4科6种，分别为极北鲵、大蟾蜍、花背蟾蜍、无斑雨蛙、黑斑蛙、黑龙江林蛙；爬行类仅有鳖和麻蜥两种。兽类21种，隶属5目9科。占全省兽类总数的1.6%，其中食肉目种类最多为11种，占该区兽类总数的52.38%，其次为啮齿目共7种，占33.33%。浮游动物18科23个属。昆虫类277种，隶属于11目65科。鸟类约260种，隶属17目48科。本区鸟类以候鸟为主，其中占绝大多数的为夏候鸟，以鸭科、鹬科数量最多，大批的游禽将扎龙湿地作为理想的繁殖地，例如丹顶鹤、白枕鹤、大白鹭、苍鹭、草鹭等。现扎龙湿地记录的鸟类中有国家的保护鸟类41种，其中国家一级保护鸟类8种，即丹顶鹤、白枕鹤、白鹤、东方白鹳、黑鹳、大鸨、金雕，国家二级保护鸟类33种，黑龙江省重点保护鸟类17种。目前，全世界现存鹤类15种，中国有9种，在扎龙有6种，占全国鹤类种数的66.7%，其中丹顶鹤、白枕鹤、蓑羽鹤在保护区繁殖，白鹤、白头鹤、灰鹤为迁徙停歇鸟。全世界现存丹顶鹤2000只，保护区即有346只的繁殖种群，占全世界丹顶鹤总数的17.3%，现已列入全球濒危种类，其他珍禽还有大天鹅、黄嘴白鹭等。

扎龙自然保护区的生态价值体现在：

一是固碳价值。湿地是陆地上碳素积累速率最快的生态系统。在湿地环境中，土壤温度低，湿度大，微生物活动弱，土壤呼吸释放CO_2的速率低，使湿地中的C不参与大气的CO_2循环，减缓了人类活动造成的CO_2浓度升高。扎龙湿地面积较大，在固碳方面发挥着巨大功能。

二是涵养水源。湿地涵养水源的价值主要表现在增加有效水储量、调节径流、改善水质等方面。湿地续存的过量水分具有补给功能，可以向地下含水层、附近流域及水库中供水。另外湿地的巨大储水能力使它成为其他水域的排水承泄区。湿地在均化洪水、滞后洪峰方面起着重要作用。扎龙湿地幅员辽阔，每年涵养大量的水源。同时，扎龙湿地每年可通过渗透补充地下水954万m^3，对局部地下水起到一定的补充作用。

三是侵蚀控制。扎龙湿地的侵蚀控制功能主要表现在保护土壤方面。湿地具有防止土壤因风、径流和其他移动过程而丧失的作用；同时湿地可以储积淤泥，防止了泥沙在河流中的淤积并保证地理环境的养分不被带走，能促进地方农业的发展。扎龙湿地每年在保护土壤、减少水土流失方面发挥着巨大的作用。

四是净化功能。扎龙湿地中植物茂密，水流缓慢，具有滞留沉积物的功能。有毒物质和营养物质附着在沉积物颗粒上，当水中的悬浮物沉降下来后，有毒物质和营养物也随着沉降，水质得以净化，使当地和下游地区保持良好水质。

五是调蓄洪水的功能。扎龙湿地

冬季鹤

丹顶鹤

269

蓄水及滞留能力很强，可以接纳并存储过量洪水，既可削减洪峰，又能减少对造价昂贵的大坝和其他建设工程的投资需要。扎龙湿地每公顷沼泽湿地可蓄水 810m³。1998 年特大洪水，扎龙湿地及连环湖等湖泊的蓄水滞洪总量 20 多亿 m³，对缓解北方重镇大庆市的防洪压力起到了极大的作用。

六是调节局地气候的功能。扎龙湿地水资源丰富，植物茂盛，对维持大气碳氮平衡，净化空气，防风固沙起到了一定作用。芦苇在生育阶段蒸腾水分 600m³/hm²，对改善局部空气湿度也起到一定作用。本地区的天空格外晴朗，空气新鲜，也与大面积的芦苇湿地有一定的关系。

扎龙自然保护区是各种植物区系的交错地带，虽然植物种类、类型贫乏，但成分复杂。据调查，区内有高等植物 468 种，隶属于 67 科，草本植物占绝大多数。区内无特有种，除世界种及大陆广泛分布种外，蒙古植物区系成分占 15.2%；达乌里植物区系成分占 14.5%；满洲植物区系成分占 12.7%；华北植物区系占 4.1%。纤维植物有芦苇、三棱草、香蒲、荨麻等；饲料植物有羊草、碱蓬、菱菱菜、凤毛菊、牛鞭草、浮萍、眼子菜等；药

育雏

连片鸟巢（丹顶鹤）

用植物有香蒲、眼子菜、防风、两栖蓼等；食用植物有菱、水芹等植物性生物产品。特别是芦苇产量高的年份能达 10 多万 t，如果用于造纸，每吨芦苇可造纸 500kg，相当于 2m³ 木材。用材林一般 20 年轮伐一次，而芦苇可每年收割一次，可见其生产能力之高。

◎ 保护价值

扎龙湿地是我国北方同纬度地区中保留最完整、最原始、最开阔的湿地生态系统，它保留下许多古老的物种，是天然的物种库和基因库。鹤类是扎龙的主要保护对象。每年共有 6 种鹤类在扎龙保护区繁殖和停歇，占世界鹤类种类的 40%，使扎龙成为鹤类重要的栖息繁殖地。同时，扎龙是世界上最大的丹顶鹤繁殖栖息地，据 1990 年的航调结果，扎龙记录有丹顶鹤 243 只，1996 年为 346 只，2003 年则达到了 400 只以上；而另一濒危动物白鹤，其春季在扎龙停栖的数量，已由湿地水源恢复前的不足 200 只增加到 2004 年春季的 500 只以上。

扎龙湿地主要植物产品是羊草和芦苇。羊草作为饲草除供喂养本地牲畜外，还大量外销；芦苇除作为当地主要燃料外，主要是作为造纸原料销往外地。历史最好年份扎龙自然保护区芦苇和羊草的蕴藏量分别约为 50 万 t 和 5 万 t。

扎龙是我国大型的湿地类型自然保护区，其原始独特的湿地自然景观、种类多样的水鸟和国内外很高的知名度，每年吸引大批国内外游客来此观光，使其成为驰名中外的旅游景区。2004 年扎龙保护区接待中外游客近 10 万人

鹤群

次，旅游收入达 150 万元。

扎龙湿地为生态学、生物学、地理学、水文学等学科的研究提供了理想的科学实验场所，同时也是从事自然科学研究的高等院校、科研院所的教学实习基地。每年有大量摄自扎龙湿地景观的摄影作品在各种媒体上发表，鹤文化已经成为一种别具风格的文化形式。由于拥有扎龙保护区这一知名品牌和数百只丹顶鹤，2004 年齐齐哈尔市被评为全国魅力城市。每年以鹤为媒介开展的"观鹤节"和"绿博会"给齐齐哈尔市带来了极大的经济效益和社会效益。

◎ **功能区划**

扎龙自然保护区划分为由内向外呈环状排列的核心区、缓冲区和实验区。核心区北起石家店、獾洞岗，南至滨洲铁路二道桥东站，西至吐木克，东至獾子洞，面积 70000hm²，占保护区总面积的 33.33%。缓冲区位于核心区的外围，面积 67000hm²，占保护区总面积的 31.91%。实验区位于缓冲区的外围至边界，面积 73000hm²，占保护区总面积的 34.76%。

◎ **管理状况**

扎龙自然保护区设管理局行政隶属于齐齐哈尔市人民政府，业务主管部门为黑龙江省林业厅，内设机构有保护管理处、综合管理处、办公室，下属事业单位有宣教中心、科研监测中心、4 个管护所和繁育驯养中心。

扎龙自然保护区管理局成立 20 年来，以保护丹顶鹤等珍贵、稀有水禽及其赖以生存的湿地生态系统为己任，不断加强保护和管理力度，使湿地生态系统达到国内领先水平。为认真履行《国际重要湿地公约》，履行我国政府对世界湿地组织的承诺，保护区管理局安排主要力量加大保护和管理

力度，主要开展以下几方面工作：一是认真贯彻法律法规和省委省政府决定，依法查处在保护区内开发、垦殖、狩猎和非法饲养野生动物的案件，与周边县区党委、政府和司法机关协调配合，打击犯罪，收缴枪支，弘扬法治，制止破坏。二是加强专兼职管护队伍建设，加大资金投入。局内专设保护处和派出所（警员 5 名）专司保护工作。三是密切协调配合，搞好社区共管。几年来，保护区深入周边社区，组织基层干部和群众，学习国家

法律法规和相关政策，组织引导他们建立联防组织，强化共管力量。每年春季候鸟返回和筑巢孵化期间，各级组织纷纷行动，开展以防火护鸟为中心的保护活动，积极自觉地保护环境。国际生态和鸟类保护组织到扎龙考察，评价认为扎龙湿地是中国乃至世界湿地类型保护区中保存完好、破坏最少的一流原始湿地。

（李长友供稿；任大威提供照片）

鹤翔

不迁徙的种群

牡丹峰 黑龙江
国家级自然保护区

黑龙江牡丹峰国家级自然保护区地处黑龙江省牡丹江市东南部，距市中心15km。东与穆棱林业局磨刀石林场接壤，南与宁安县江东林场毗邻。地理坐标为东经129°40′30″～129°53′50″，北纬44°20′0″～44°30′30″。保护区总面积19468hm²，森林蓄积量310万m³，年净生长量13万m³，森林覆盖率92.1%。保护区属森林生态系统类型自然保护区，主要保护对象为森林生态系统及其生物多样性；不同自然地带的典型自然景观；典型森林野生动植物资源；古人类文化遗址。保护区于1981年经黑龙江省人民政府批准建立，1994年经国务院批准晋升为国家级自然保护区。

◎ 自然概况

牡丹峰自然保护区地处老爷岭山脉的西北端，与肯特阿岭相望，东过穆棱河为太平岭，西过牡丹江为张广才岭，整个地形属于中低山丘陵地带，东南高，逐渐向西北呈放射线状平缓下降，海拔由1117m逐渐下降为260m，相对高差近800m。地形地貌甚为壮观秀丽，最高峰为大架子山（牡丹峰），海拔为1117m，系该区的最高点，也是老爷岭的最高山峰。保护区属寒温带大陆性季风气候，春季短暂，气温回升快，风大干旱；夏季温热多雨而集中；秋季短，降温快，霜冻、寒潮早来；冬季漫长而寒冷。保护区属多风气候区，地处西风带，受西南气流影响很大。在一年当中，春季多偏南风，夏季多南风，秋季多偏西风，冬季多西北风。保护区年平

小桂林景区一角

均气温3.6℃，1月份气温最低，平均为−18.3℃；7月份气温最高，平均21.9℃；极端最高气温36.6℃，极端最低气温−45.2℃。日照时数年内变化比较明显，春季最长，夏季次之，秋季低于夏季，冬季最短。年降水量542mm，年最多降水量747mm，年最少降水量339.3mm，年平均蒸发量为1262mm，一年中，随着季节的变化，干湿交替比较明显，5～8月份为湿期。无霜期平均131天，最长年份为157天，最短年份为109天，初霜期的早晚年际间差异较大，最早9月8日，最晚10月5日。保护区土壤分为5类：棕色针叶林土、暗棕壤、白浆土、草甸土、沼泽土。这些土壤分布交错，但有明显的垂直分布规律。棕色针叶林土均

云冷杉林

鸳鸯湖

峰森园

分布在海拔800～1000m以上山地；暗棕壤多分布在400～700m山地；白浆土多分布在300～500m的漫岗下部；草甸土分布在河岸阶地、山间洼地和沟谷边缘地带；沼泽土分布在河岸低洼积水地带。保护区内有4条主沟，即正沟、大烟筒沟、小烟筒沟和石峰沟。降水分别注入这4条山间小溪。由4条山间小溪汇成一大水系，即正沟、大、小烟筒沟和石峰沟水系，在东村所在地附近汇合流入牡丹江。整个保护区汇水面积为200km²，降水接收量每年1.2亿m³。该水系每昼夜流量为18.3万m³。保护区泉水资源丰富，有大小泉眼41处，每昼夜流量可达1700多t。

牡丹峰自然保护区处于长白山脉和完达山脉相交界的老爷岭山系，气候温和，雨量充沛，土质肥沃，植物资源十分丰富。保护区内共有野生植物80科278属988种，其中乔灌木120种，草本300多种，地衣、菌类等低等植物种类也颇多。主要地被植物以单、双子叶多年生草本和绵马贯众、蕨类及木贼为主。保护区共有兽类6目15科48种；鸟类14目41科170种；两栖类2目6科12种；爬行类3目4科12种；鱼类7科20种；昆虫6目90科417种。

牡丹峰自然保护区森林是黑龙江省保存较好的稀有的原始森林之一，其原始森林群落为已濒临灭绝的山地云冷杉林和红松阔叶混交林。林内亚乔木有青楷槭、花楷槭、白花花楸、茶条槭等；灌木有胡榛子、山梅花、红瑞木、忍冬、卫矛、狗奶子、接骨木、刺五加等；地被植物有山茄子、轮叶王孙、黄精、玉竹、舞鹤草、白花延龄草、小叶芹、堇菜、蕨菜、铁线蕨等，为典型的原始森林植被，具有自然性和保护价值。

◎ **保护价值**

牡丹峰自然保护区是以保护山地云冷杉林和红松阔叶混交林为主体的自然保护区，尤其是山地云冷杉林面积较集中，林相亦较完整，仍保持其原始状态。该森林类型立地为海拔1000m以上山地；土壤为棕色针叶林土，森林为典型的山地云冷杉林，极为少见，具有较高的保护价值。

牡丹峰自然保护区森林类型复杂多样，从沟口向沟里随着人为干扰程度的重轻依次分布着人工林—蒙古栎林—阔叶混交林—红松阔叶混交林—山地云冷杉林。保护区山高谷深，森林茂密，水热条件优越，为各种植物的生长繁衍创造了得天独厚的条件。该区具有东北地区植物分布特色，是一处难得的天然森林植物园。本区还分布有兴安桧、杜松、千金榆、紫杉等珍稀树种，对研究这些稀有树种的分布界限和生态特性具有十分重要的科学价值。在保护区的核心区及缓冲区交界处还分布有500余年生、树高30余m、胸径1.5m的单株红松古树。

牡丹峰自然保护区由于地形复杂、森林茂密、植物种类丰富，加上人烟稀少，为野生动物生存栖息、繁殖提供了极为优越的自然条件。据调查，保护区有国家一级保护动物原麝、梅花鹿等，国家二级保护动物马鹿、猞猁、黑熊、棕熊、水獭等。其他动物有狍子、野猪、赤狐、獾、东北兔、松鼠、黄鼠狼、蛇类、林蛙等。鸟类资源也十分丰富，有灰鹤、鸳鸯、斑翅山鹑、野鸭、雉鸡、猫头鹰、戴胜等。

牡丹峰自然保护区由于火山运动，由自然垒砌形似各种动物及各种造型的岩石、岩体，栩栩如生，构成了本区奇特秀丽的景观。保护区的森林对制造氧气、净化空气、吸附尘埃、消毒杀菌、防止风沙、调节气候、维持整个城市生态系统的平衡具有重要的作用，在涵养水源、净化水质、发挥地下水库作用方面发挥重要作用。保护区是牡丹江南岸的地下水库，不仅直接供给东村、兴隆、铁岭等乡的工

红松王

红松王

水曲柳原始林

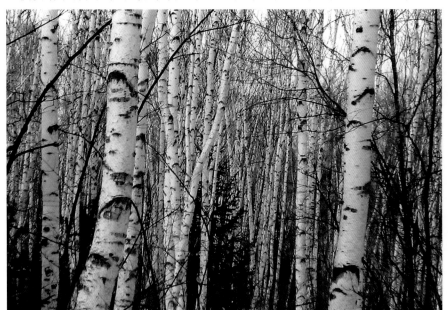

白桦林

农业生产和生活用水，也直接影响牡丹江及其下游的水量。从水质方面看，目前牡丹江的水污染比较严重。在城市近郊建立自然保护区，对保护牡丹江南岸水源、水质都具有重要意义。保护区还发挥着区域水土保持的作用，保护区属中低山丘陵地形地貌，坡度均在15°以上。在海拔400m以上为玄武岩台地，海拔400m以上被侵蚀切割成半胶结的砂岩层，形成一些"U"形谷地，如果森林遭到破坏，势必造成水土流失，岩石裸露，雨天山洪暴发，旱天山沟无水，蒸发量大于补给量，牡丹江南岸将相对上升，其河流就要向北岸（市区）侵蚀，后果十分危险。

◎ 功能区划

牡丹峰自然保护区划分为核心区、缓冲区、实验区3大部分。核心区位于保护区的东南方向，系牡丹峰所在地，海拔1117m，面积6593hm²。核心区为山地暗针叶林（云冷杉林）的生长地带，是具有典型代表性、保存完好的原始状态森林生态系统；环境未遭人为破坏；是珍稀野生动物集中分布地，区内无不良因素的干扰和影响；在单位面积上保护对象有较充裕的可容量。在核心区内，实行严格保护，可供观测研究，不得设置任何影响或干扰生态环境的设施和活动。缓冲区位于核心区的西边，是一个长方形区域，面积6796hm²。林分为红松阔叶混交林和阔叶混交林，在本区可进行科研活动。实验区位于核心区西侧，面积6079hm²，林分为山杨、白桦、蒙古栎等阔叶混交林，蒙古栎、黑桦混交林及蒙古栎林。自然景观资源及人文景区分布在此境内。可进行科学实验、教学实习、参观考察、动物驯养、多种经营、森林旅游等。

◎ 管理状况

目前牡丹峰自然保护区经过了一、二期工程建设，一期工程项目建成了管护站、宣教中心等。一期工程的顺利完成有效地提升了生态保护能力，改善了宣教环境，增加了科研含量，改善了职工生活居住条件，为二期工程建设项目打下了坚实基础。二期工程建设了管理综合楼、监测站、培训中心。保护区三期工程建设规划项目预计总投资 937.5 万元。多年来，为不断完善保护区的多种功能，建立病防站，对全区实施病、虫、鼠害的预测预报，避免了重大病、虫、鼠害大发生的可能；建立森林资源监测站，对保护区森林资源的消长变化进行动态监控，为保护区实现森林资源动态管理提供可靠数据；建立了森林鸟类禽流感监测站，对保护区的森林鸟类、候鸟、水禽的疫病情况进行监控；还建立了牡丹峰环境教育基地。

近年来，牡丹峰自然保护区逐步建立起了目标管理制度、质量管理制度和信息反馈制度，为逐步实现管理科学化、信息系统化、提高管理水平、改善服务质量奠定了基础。在强化管理措施过程中，推行量化考核制度，同时开展同行业、同部门或与其他保护区的经验交流。在生产管理中，推行以人为中心的管理方式，尊重职工和社区群众的意愿与选择，进行协商式的管理，最大限度发挥人的主观能动性。健全环境影响评价制度，针对污染环境和破坏生态环境的项目，采取实质性环保处罚措施。在项目建设前、建设中和项目运营后进行跟踪环境影响评价。

（候明玉供稿；李威摄影；杨玉祥提供照片）

滑雪场

黑龙江 兴凯湖 国家级自然保护区

黑龙江兴凯湖国家级自然保护区位于黑龙江三江平原南部鸡西市境内，距鸡西市区135km，西起当壁镇的白棱河桥，北邻穆棱河，东北与虎林市交界，东、南分别以松阿察河和大兴凯湖与俄罗斯接壤。地理坐标为东经131°58′～133°07′，北纬45°01′～45°34′。保护区总面积22488hm²，属湿地生态系统类型自然保护区。保护区于1986年成立，1994年经国务院批准晋升为国家级自然保护区。1997年成立兴凯湖国际自然保护区。2002年，加入《拉姆萨尔公约》，成为国际重要湿地。此外，兴凯湖还是跨界生物圈保护区、东北亚鹤类网络保护区、国家野生动物疫源疫病监测站、国家地质公园。

丹顶鹤（王凤昆提供）

◎ 自然概况

兴凯湖自然保护区位于兴凯湖盆地和蜂蜜山—杨木隆起的南部，其东、西两侧分别为锡霍特山脉和老爷岭，属于三江平原大地貌中的一个单元，总地势西北高，东南低，海拔68～574m。地貌单元大部分为穆棱—兴凯冲积、湖沼积低平原区及小面积蜂蜜山构造剥蚀低山丘陵区。各地貌单元区分布有多种不同成因的微地貌类型。

地貌类型以河漫滩、湖滩为主，地势低平，微地形复杂，多古河道、牛轭湖、碟形洼地以及大面积的湖积低平原。从大湖边缘起，向东依次形成大湖岗、太阳岗、二道岗、荒岗和南岗，各岗围绕大湖成东南、西北走向的弧形沙丘（海拔70～80m），岗间为湿地沼泽（海拔60～70m）。沙岗上为森林植被，低地上形成湿地植被。穆棱—兴凯冲积、湖沼积低平原似三角形的山间盆地，相伴的湖相、河湖

相、河流相及火山溢相等各类沉积作用之碎屑物填充盆地。蜂蜜山低山丘陵因构造褶皱隆升剥蚀而成。以海拔574m的蜂蜜山为最高峰，向四周逐渐降低。主体由二叠纪、三叠纪花岗岩构成，受冰缘作用的影响，石峰、石砣、石壁、石墙等地质景观发育，主要微地貌有冲洪积堆、侵蚀冲沟。保护区内主要有三大水系，即穆棱河水系、兴凯湖水系、松阿察河水系。穆棱河发源于长白山余脉，流经穆棱县、

松阿察河源"湖口"（刘伟民摄）

鸡西市、鸡东县和密山市，经东地河流入小兴凯湖。兴凯湖由大、小两湖组成，两湖以湖岗上的第一、二泄洪闸和新开流相通。小兴凯湖总面积 170km²，平均水深约 1.8m，最深处 3.5m，蓄水量 3 亿 m³。大兴凯湖总面积 4380km²，我国境内 1240km²，平均水深 3.5m，最深 10m，总容量 153 亿 m³。流入小兴凯湖的河流有坎子河（又称小黑河）、承紫河、金银库河等 5 条。流入大兴凯湖的河流有白泡子河、白棱河、伊里英卡河、斯帕索夫卡河等 9 条。兴凯湖唯一的出水口是位于中俄边界的乌苏里江源头之一的松阿察河。兴凯湖地区属温带大陆性季风气候。受兴凯湖巨大水体作用，形成特有的小气候。年平均气温 3℃，最低达 -39℃；最高达 36℃。年降水量 654mm。年日照时数 2574h，年活动积温 2250℃，年无霜期 147 天，湖水封冻期 160 天。兴凯湖保护区土壤共分 8 个土类，包括了 8 个土属、19 个土种，主要土壤类型为沼泽土和白浆土。随着地势由高向低变化，土壤也由暗棕壤向草甸暗棕壤、白浆土分布区过渡。由于湿地植被茂盛，积累大量有机质，土壤十分肥沃。

兴凯湖自然保护区有高等植物 696 种，其中国家级珍稀濒危植物 10 种：兴凯湖松、核桃楸、水曲柳、黄檗、紫椴、野大豆、莲、浮叶慈姑、貉藻、乌苏里狐尾藻。兴凯湖松是保护区特有种。脊椎动物 358 种，其中鱼类 68 种、两栖类 7 种、爬行类 7 种、兽类 41 种、鸟类 235 种。鳖为世界濒危物种。兴

蜂蜜山石相（高学武摄）

大草甸（湖岸兴凯松林）

东北泡子湿地

渴饮大湖水

黑熊（郭玉民摄）

蜂蜜山驼峰（高学武摄）

凯湖青梢红鲌、兴凯鱊等5种为特有种。国家级重点保护动物有58种，施氏鲟为国家重点保护和世界濒危鱼类。国家一级保护动物有梅花鹿、丹顶鹤、白鹤、白头鹤、金雕、白肩雕、虎头海雕、东方白鹳、中华秋沙鸭、白尾海雕等10种；国家二级保护动物有白枕鹤、大天鹅、鸳鸯、黑熊、水獭、猞猁等47种。世界濒危鸟类17种。

新开流遗址是距今6000多年前肃慎先民的发祥地，反映了新石器时代父系氏族公社时期我国北方渔业文明。肃慎族后裔——女真人建立了中国封建社会最后一个朝代——清王朝，为伟大的中华文明做出了不可磨灭的贡献。北大荒文化展示了我国几代黑土赤子战天斗地的豪情壮志，是中华儿女开边戍疆的壮丽史诗，王震将军纪念碑则是北大荒精神的历史丰碑。密山中俄口岸雄伟壮观，商贾云集，游客如织，一派繁荣。口岸白棱河桥则是吉尼斯世界纪录中的最小界桥。

◎ 保护价值

兴凯湖自然保护区作为三江平原湿地中一块独特的具有代表性湿地，在蓄洪抗涝、保持水土、控制污染、调节气候、美化环境、补充地下水等方面具有其他生态系统不可替代的作用。兴凯湖自然保护区是与外国政府签署共同保护协定的保护区，也是我国30块国际重要湿地之一。保护区的保护对象以丹顶鹤、东方白鹳、白尾海雕、兴凯湖松等珍稀濒危野生动植

湖岗（兴凯湖景观）（周海洋摄）

开湖

暮春鹿鸣（耿永祥摄）

芡实

物和湖泊湿地生态系统为主。

兴凯湖生物多样性丰富，是基因多样性、物种多样性、生态系统多样性和生态景观多样性的综合体。保护区地形地貌结构复杂，植被类型多样，同时存在森林生态系统、沼泽生态系统、湖泊生态系统等多个生态系统类型，为生物多样性的存在提供了先决条件。区内的696种高等植物中，包括长白山植物区系成分、大兴安岭植物区系成分、蒙古植物区系成分和华北植物区系成分。湖岗及周围植物垂直分布带十分明显，被称为"绿色生命走廊"。本区动物区系属古北界东北区长白山区，因该地区有大面积的水域、沼泽、"岛状林"等湿地类型，因此还有较多的松嫩平原亚区的成分，使本区动物区系兼具松嫩平原动物区系的特征，在鸟类区系表现尤为突出。

兴凯湖自然保护区内河道交织成网，地理位置正处于亚太水鸟南北迁徙通道的咽喉地带。松阿察河口长年不封冻，成为三江平原候鸟迁徙的最大"驿站"，每年春秋两季成千上万只的候鸟从此经过，场面十分壮观。此外，兴凯湖还是白尾海雕、金雕、虎头海雕等猛禽的重要栖息繁殖地。

◎ 功能区划

兴凯湖自然保护区总面积为222488hm²，核心区、缓冲区、实验区和特别实验区的区划为：核心区4块，总面积57454hm²：大湖水域核心区17537hm²，湖岗沙生植被核心区7222hm²（白泡子段584hm²，鲤鱼岗段2391hm²，太阳岗段4247hm²），东北泡子沼泽水禽核心区15654hm²，龙王庙沼泽水禽核心区17041hm²。缓冲区3块，总面积7923hm²：白泡子缓冲区877hm²，东北泡子缓冲区5278hm²，龙王庙缓冲区1768hm²。实验区5块，总面积154565hm²：白泡子实验区2081hm²，大湖实验区88847hm²，小湖实验区16407hm²，857农场实验区5368hm²，兴凯湖农场实验区41862hm²。为了开展生态旅游，在湖岗上专门区划的三块特别实验区，总面积2546hm²：当壁镇特别实验区770hm²、新开流特别实验区1307hm²、二闸特别实验区469hm²。

◎ 管理状况

国家先后对兴凯湖自然保护区进行了一期工程和二期工程建设，共投入基建资金1500多万元，保护区已建办公楼254m²，管护站700m²，培训中心2450m²，宣教中心1000m²，购置了基础的科研、监测和管护设备，保护区基础建设初具规模，科研和管护工作迈上了一个新台阶，保护区的森林纳入了国家生态林。保护区的发展，为兴凯湖湿地生物多样性保护，野生动植物栖息地的恢复以及国际自然保护区建设奠定了基础。

（王凤昆、刘化金供稿；王凤昆、刘化金提供照片）

白枕鹤

天鹅（王凤昆提供）

东北泡子湿地（姜振东摄）

黑龙江 凉水 国家级自然保护区

　　黑龙江凉水国家级自然保护区位于我国小兴安岭山脉的东南段——达里带岭支脉的东坡，行政区划属黑龙江伊春市带岭区。保护区地处带岭区北部中心地带，地理坐标为东经 128° 47′ 8″～ 128° 57′ 19″，北纬 47° 6′ 49″～ 47° 16′ 10″。保护区总面积 12133hm²，属森林生态系统类型自然保护区，主要保护以红松为主的温带针阔混交林生态系统。1997 年 9 月加入"中国人与生物圈保护区网络"，同年 12 月经国务院批准晋升为国家级自然保护区。

雨后的原始红松林（李文友摄）

◎ 自然概况

凉水自然保护区属低山丘陵地貌，山顶浑圆，山体两侧不对称，南坡短而陡，北坡缓而长，平均坡度10°～15°，局部地段可达20°～40°。保护区境内群山环抱，主山脉为南北走向，次山脉多数东西走向，地形总趋势是北、东、西三面较高，中央和西南部较低。全区平均海拔为400m左右，最高山峰是位于北部的岭来东山，海拔707.3m，向南逐渐降至西南端永翠河北岸，海拔仅为280m，山体相对高度80～300m，全区海拔600m以上山峰有5座，500～600m山峰有17座。保护区的土壤共有4个土纲、4个土类和14个亚类。土壤垂直分布不明显，呈地域性分布规律。地带性土壤为暗棕壤，分布于山坡地，占保护区面积的84.96%；非地带性土壤为草甸土、沼泽土、泥炭土，占保护区面积的15.09%。山坡地的暗棕壤表层具有较厚的腐殖质层、有机质含量较高，质地以壤土为主、下层石砾含量渐多，土壤剖面通体呈微酸性，土色以暗色为主，向下逐渐变浅，土壤肥力较高，本区原始阔叶红松林主要生长在暗棕壤地带上。保护区主要河流为凉水河，

云杉林雪景（李文友摄）

发源于保护区北部的岭来东山，全长10km，汇水面积约5000hm²，是永翠河较大支流之一，另外区内还有缶凤沟、长春沟、向阳沟等数十条山溪性河流，它们汇入凉水河构成一个比较完整的集水区，于境内汇入永翠河。由于降水季节和地形的变化，河流径流受季节性降水影响较明显，但一般不形成洪水灾害，也无干涸现象。一般11月到翌年4月为封冻期，冻冰60～100cm。保护区具有明显的温带大陆性季风气候特征，冬季气候严寒、干燥而多风雪；夏季降水集中，气温较高；春秋两季气候多变，春季风大，降水量少，易发生干旱，秋季降温急剧，易出现早霜。保护区年平均气温–0.3℃。年降水量676mm，年蒸发量805mm。积雪期130～150天，年平均相对湿度78%，年平均地温1.2℃，冻土深度2.0m左右，沟谷冷云杉林下的局部地段可出现岛状永冻层。无霜期100～120天。气候特点是冬长夏短，夏季温凉多雨，冬季严寒干燥。

凉水自然保护区植物区系属泛北极植被区、中国—日本森林植物亚区东北地区、长白植物亚区小兴安岭南部区。区内地带性植被是以红松为主的温带针阔叶混交林，属典型阔叶—红松林分布亚区。阔叶—红松林的组成以红松为主，伴生多种温性阔叶树种，如椴树、蒙古柞、裂叶榆、色木、大青杨等20余种，还伴生一些寒温性树种，如红皮云杉、鱼鳞云杉、冷杉等。据统计，保护区有枝叶状地衣12科90种，苔类植物11科17种，藓类植物28科95种，蕨类植物12科36种，裸子植物1科9种，被子植物70科445种。在602种高等植物中有维管植物490种，种子植物454种。区内草本植物以菊科、蔷薇科、毛茛科、杨柳科、

鸟瞰保护区（李文友摄）

永翠河之夏（李文友摄）

禾本科等植物为主；木本植物以杨柳科、蔷薇科、桦木科、忍冬科、虎耳草科、松科和槭树科为主，并以松科、桦木科、槭树科和杨柳科中的杨属为构成主林层的主要树种，而蔷薇科、忍冬科、虎耳草科和桦木科中的榛属为构成下木层的主要成分。另外保护区内还分布有钻天柳、核桃楸、黄波罗、水曲柳、刺五加等国家重点保护植物。保护区有两栖类动物2目4科5种，爬行类动物2目3科7种，鸟类16目46科252种，兽类6目16科44种，昆虫类动物11目72科491种。还有大量的土壤动物。目前被列为国家重点保护的野生动物有54种，其中有紫貂、原麝、东方白鹳、黑鹳、中华秋沙鸭、白头鹤、丹顶鹤、金雕共8种国家一级保护动物和棕熊、黑熊、水獭、马鹿、鸳鸯、苍鹰等46种国家二级保护动物。在250种鸟类中，有139种被列为《中日保护候鸟及其栖息环境的协定》之中。

◎ 保护价值

凉水自然保护区的主要保护对象是以红松为主的温带针阔混交林生态系统。区内森林类型多样，包括了小兴安岭山脉绝大部分森林类型，既有处于演替顶极状态的原始阔叶红松林、兴安落叶松林、冷云杉林，又有受干扰后处于不同演替阶段的次生白桦林、山杨林、白桦山杨林、硬阔叶林、杂木林，同时还有红松、落叶松、云杉、樟子松等树种的人工林。保护区的阔叶红松林是没受过任何干扰的自然森林生态系统。它们源于第三纪植物区系系统，最大限度地保存了第三纪植物群落的古老结构特点。第四纪冰川广泛，雪线下降，气候寒冷，喜温性植物大量死亡或南移，以红松为主的较耐寒的树种建立群种。作为第三纪的孑遗种红松，经过漫长的演化过程，对气候和土壤的适应已达到完美程度，形成了复杂而丰富的阔叶红松林生态系统。现在长白山林区比较完整的天然红松老龄林，只限于自然保护区范围内，而小兴安岭林区，真正比较完整的天然红松老龄林也只限于凉水和丰林自然保护区。

◎ 功能区划

凉水自然保护区按其功能区划分为核心区、缓冲区、实验区3个部分：核心区包括16个林班，面积3740hm²，占保护区总面积的30.8%。全部为典型的处于原始状态的阔叶红松林、冷云杉林和兴安落叶松林以及处于不同演替阶段的次生杨桦林；缓冲区位于核心保护区的外围（西、北、东三面），主要森林植被类型为过伐的针阔叶混交林、皆伐或火烧后天然发生的次生林和红松、落叶松、云杉人工林。缓冲区包括28个林班，面积为5739hm²，占保护区总面积的47.3%；将自然保护区核心区、缓冲区以外的区域划为实验区。实验区面积为2654hm²，占保护区总面积的21.9%。

◎ 管理状况

凉水自然保护区经过多年的发展建设历程，如今已发展成为一个教学实习、科学研究、生态旅游相结合的多功能自然保护区。特别是国家林业局自然保护区建设工程资金的投入，完善了保护、科研、教学、旅游、交通、通讯等基础设施建设和配套服务能力，进一步提高了保护区多功能作用。保护区现拥有科研楼、办公楼、宿舍楼、招待所、食堂等建筑设施10000m²，还有综合展览室、真菌标本室、野生动物标本室、植物标本室、环境展室；此外由于凉水自然保护区管理局隶属于东北林业大学，科研力量雄厚，多

原始阔叶红松林（李文友摄）

年来进行了大量科研工作。还建设了凉水野生动物野外生态站、野生动物实验室并购买了相关的仪器设备，同时保护区自筹资金建立了森林生态实验室、野外实习综合实验室；同时拥有气象站、森林小气候观测站、水文站和近100块野外观测试验地及数条教学实习线路，设有森林生态定位研究站、野生动物研究站和林木遗传育种研究站。

凉水自然保护区成立以来，按照以保护为基础的方针，在保护区广大职工的共同努力下，保护区的生态环境有很大的改善，基本上恢复了原始的生态环境，保护区的生物多样性稳定，物种有所增加，原始林的林下、林外更新特别是红松更新良好，各种大型野生动物也已基本上能够见到，野生候鸟成群来保护区栖息。到2006年秋季为止取得了55年无森林火灾的可喜成绩。保护区现拥有35人的专业保护队伍，在保护区南端的碧水林场驻有森林警察部队，在周边的林场设有保护站、检查站；同时区内有钢筋混凝土结构的林班标桩、石制的区界碑以及各类木制或铁制的限制性、解说性标牌近200块。保护区还设有野生动物救助中心，配有高级工程师1人；及红松种源基地，秋季科学采种，按时采种。保护区林业治安派出所，在各个季节有效管理入山人员，防止乱捕滥猎，偷伐滥砍、乱挖滥采现象，年发生林政案件控制在较低的水平。

◎ 科研协作

早在20世纪50年代初，保护区就开展了多学科的科研工作，对保护区的地质、地貌、气候、土壤、水文、动植物、真菌、森林植物群落、种群演替规律及保护区周围的人文、社会、历史等各方面进行了调查研究，并取得了大量科研成果。先后三次编写了

"凉水实验林场及凉水自然保护区森林资源调查报告和综合考察报告"。根据本底资源调查，绘制了保护区的土壤图、植被图、林相图、动物分布图、区划图、规划图等。另外，保护区近几年先后建立了实验室、情报资料室、专家工作室，给来保护区进行科学研究的专家和保护区的科研人员进行科学研究提供了必备的条件；科研档案室，通过对历年的科研档案进行整理保存，积累了很多珍贵的资料。1992年初东北林业大学在保护区成立了红松研究所，同时黑龙江省林学会红松研究会也挂靠在保护区，有力地

促进了保护区的科学研究工作。1996年保护区的科研人员汇同东北林业大学的专家，总结近30年的调查研究成果，完成了《凉水自然保护区综合考察报告》，并在此报告的基础上编制了《凉水国家级自然保护区总体规划》。1993年出版《凉水自然保护区研究》一书，1995年出版了《红松研究》论文集，1995年与日本野鸟之会联合出版了《东北鸟类图鉴》一书，另外还合作研究出版了专著4部。

（李文友供稿）

科研教学基地

原始红松林秋色（李文友摄）

黑龙江 七星河 国家级自然保护区

黑龙江七星河国家级自然保护区位于黑龙江省三江平原腹地，宝清县北部，地处七星河中下游，与富锦市、友谊县、五九七农场毗邻。沿七星河南岸走向，地理坐标为东经 132°5′~132°26′，北纬 46°40′~46°52′。保护区总面积 2 万 hm²，属湿地生态系统类型自然保护区。保护区始建于 1991 年，1998 年晋升为省级自然保护区，2000 年 4 月经国务院批准晋升为国家级自然保护区。

◎ 自然概况

七星河自然保护区地质构造属于同江内陆凹陷的一部分。该地区大面积沼泽的形成与沉降有关，第四纪成因类型中主要是淤积、沼泽沉积，冲积形成的河床相砂和沙砾沉积占最大比重。表层漫滩相亚黏土和漫滩沼泽相富含有机质的淤泥质亚黏土呈复域分布。七星河为保护区的主要地表河流，境内长约 56km，水资源十分丰富，水面面积达 1.28 万 hm²，七星河一般在春雪融化和夏秋多雨时期，河流出槽泛滥，河漫滩普遍积水，形成大面积沼泽。受降水年际变化影响，七星河流量和水位变化大。区内地下水资源丰富，

玉蝉花

第四纪砂砾含水层厚达 120m，为三江平原大面积连续含水构造的一部分，透水性好，富水性强，单井涌水量 100~130t/h。pH 值 6.5 左右，为弱酸性低矿化度软水，适用于饮用和灌溉。本区处于中纬度欧亚大陆东岸，属温润半湿润大陆性季风气候，具有冬季严寒干燥、春季气温回升快、风大、夏季温暖多雨、秋季降温剧烈、降水变率大等特点。年平均气温 2.3~2.4℃，历史上极端最高气温 37.2℃，极端最低气温 −37.2℃，年降水量 551.5mm，平均无霜期 143 天，全年活动积温 2500~2700℃。保护区冬季为西北风，夏季南风，常年主导风向为南风，年平均风速 4.8m/s，最大风速 18m/s。保护区土壤类型主要有白浆土、沼泽土。

七星河自然保护区属长白山植物区系，共有维管束植物 62 科 174 属 386 种，占黑龙江省植物总数 21.44%，三江平原植物总数的 40%。保护区植物资源极为丰富，尤其是芦苇面积达 1.4 万 hm²，占保护区总面积 70%，珍稀濒危物种仅有野大豆。保护区动物地理区系为古北界、东北区、长白山区，动物种类以湿地栖息

大天鹅

类为主。全区共有脊椎动物 5 纲 10 科、107 属 163 种，占全国动物总数 3.17%，占黑龙江地区动物总数的 29.42%，占三江平原动物总数的 35.86%。区内有国家级保护动物 21 种，其中国家一级保护动物 4 种：丹顶鹤、中华秋沙鸭、白头鹤、白鹤；国家级二级保护动物有大天鹅、小天鹅、白枕鹤、灰鹤等 17 种。

◎ 保护价值

七星河自然保护区是三江平原经过40余年农业开发后，保留下来为数不多的一块具典型的原始天然湿地。其主体为淡水沼泽生态系统，河、泡、沼遍布全区，受地形和水分的影响，经过生物地质演化，形成了草甸、湿草甸、沼泽、水域等不同植被和生态类型的微景观单元，体现出各自独特的生态演替过程。景观单元的多样性，不仅使该地区具有优美、多变的自然风光，而且为科研、教学和生态保护普及提供了真实的场地。

七星河自然保护区生态系统类型可分为浅水湖泊生态系统（包括浮叶型植物湿地和沉水植物湿地）、沼泽湿地生态系统（包括沼泽、薹草和浮毡薹草沼泽）和小叶章沼泽化草甸。

低洼的地势，纵横交错的河流、泡沼、闭塞的地理位置，使其保持着较为完整的原始沼泽湿地生态系统及其自然地理景观，孕育着丰富的动植物资源，对调节七星河、挠力河水量，保持地下水位，调节局域气候，维持区域生态平衡及促进生态环境的良性发展起着重要作用。它不仅是目前为数不多的三江平原宝贵的湿地资源，并且具代表性、完整性，而且由于气候、地形、水文等综合因素，使其具有以深水沼泽为主体各种类型齐全、演替趋势明显、较为典型的内陆湿地和河泡水域特征，是重要的水禽栖息繁殖地和迁徙停歇地。保护区是以内陆湿地和水域生态系统所形成的自然生态系统为主要保护对象，即保护草甸、沼泽、水域等生态系统以及国家重点保护野生动植物及其栖息地与繁殖地。保护区建设规划有利于保护区湿地生态系统的稳定和完整，并通过湿地生态系统的环境功能产生多层次的生态效应，具体表现在以下方面：

（1）保护物种和生物资源。保护区的主要保护对象是湿地生态系统及濒危珍稀水禽。

（2）调节河流水量，保持地下水位。保护区大面积湿地对七星河及挠力河具有明显的水量调节作用，对减轻下

芦苇湿地

游洪旱灾害，稳定周边区域地下水位，保护土壤水分具有重要作用。

（3）调节气候，防止灾害。保护区湿地生态系统在调节局域小气候，防止旱涝灾害等方面也有一定作用，同时湿地有很大的固碳功能。

（4）保持养分，改良土壤。湿地具有减缓水流促进沉积物沉降的自然物性，通常营养物与沉积物结合在一起，因此与沉积物同时沉降，营养物随沉积物沉降之后，通过湿地植物吸收，经化学和生物学过程转换而被储存起来。营养物随植物的腐烂而再次释放到环境中，改良土壤。湿地及其植物可以贮藏养分，为候鸟、鱼类和牲畜等提供了丰富养料。

（5）净化水质。湿地沼泽地和洪泛平原有助于减缓水流的速度，有利于沉积物的沉降和排除。七星河水携带的泥沙沉积在两岸的河漫滩沼泽中，使七星河下游河水含沙量较小，水环境质量有所提高。湿地排除沉积物也有益于社区及其下游地区保持良好的水质，防止具有防洪和运输作用的水道变浅，通过恢复养分和土壤质量使这些湿地内的农业受益。

◎ 功能区划

七星河自然保护区划分为3个功能区，即核心区、缓冲区和实验区。核心区处于原始自然状态，位于保护区中心下游，占地面积7960hm²。一般为深塘区，地势低洼、平坦，海拔高度59.5m左右，植被类型齐全，芦苇和水资源极为丰富，地表常年有水，土质肥沃。人迹罕至，以苇塘为栖息环境的鸟类、鱼类大多栖息在这里。缓冲区位于核心区的外围，占地面积约3600hm²，比核心区略高一些，海拔59.9～61.1m，芦苇等资源极其丰富，旱季上游无水，雨季出现明水，水深在0.5m左右。实验区在缓冲区的上游，占地约8840hm²。在该区可以进行科学实验、教学学习、考察参观、旅游等活动。

◎ 管理状况

七星河自然保护区管理局以恢复保护区的原始面貌为目标，以保护该区内的生物多样性为重点，以加强保护区能力建设为基础，以强化保护区的科研监测、管护为主线，紧密结合保护区的管护现状，扎实开展各项工作，使保护区的建设和管理有了长足的发展。

七星河自然保护区的能力建设水平是保护区实现可持续发展的基础。一方面做好规划编制工作，我们请黑龙江省林业勘察设计院和黑龙江省环境科学院分别编制了《七星河自然保护区一期工程建设可行性研究报告》和《黑龙江七星河湿地生态旅游工程项目建议书》，其中保护区一期工程建设项目已通过专家评审论证，国家林业局已批准立项，工程款已拨到宝清县财政局。另一方面，多方筹措资金，不断完善保护区的基础设施，共投入资金800多万元，修建蓄水工程堤坝28km、调蓄水闸2座、巡护路基32km、砂石路23km，建标准管理站3个、繁育救护中心1处，架设高压线路20km，设置界碑界牌30个。

七星河自然保护区对科研监测非常重视，先后与东北师范大学、东北

丹顶鹤

沼泽湿地景观

林业大学、中国人民大学合作，对保护区内的植物、动物进行调查研究，并编写了《植物志》《动物志》。保护区内设有 5 个观测站，对野生动植物及生态环境进行监测，掌握和分析野生动植物的生存环境、生活习性、遗传与繁殖种群数量的动态变化，探索生态系统演替规律、自然环境演变规律及相互作用的机理，为保护、拯救国家重点保护野生动植物资源，建设良好生态环境，调节人与自然和谐共处提供科学依据。

根据《中华人民共和国自然保护区条例》与《黑龙江省湿地保护区管理条例》规定，缓冲区与核心区以保护为主。重点保护核心区，禁止一切人为干扰。实验区适度开展了科学实验、教学实习、生态旅游和多种经营活动。对保护区内的耕地进行退耕还湿，退耕还湿面积 500hm²，在实验区退耕还林 53.5hm²，使植被得到了有效恢复。依照《中华人民共和国自然保护区条例》和《黑龙江省湿地保护区管理条例》，管理局加强了保护区的管护工作，对保护区实行了封闭式管理，严格禁止在保护区内捕鱼、狩猎、放牧、开荒、取土等行为，对破坏自然资源、乱捕滥猎、乱割、滥开荒等违法行为进行严厉打击。

为提高广大群众对湿地保护意识，扩大湿地知名度，加强了湿地的对外宣传和《保护区条例》的宣传普及工作，拍摄了《自然保护区简介》专题片，省电视台《走进千万家》摄制组还专门拍摄了《走出湿地》专题片。此外，还举办了学生"夏令营"和"秋令营"活动，以扩大湿地的影响，提高群众的湿地保护意识。

七星河自然保护区并不是实行被动、纯粹的保护，而是在遵循其自然规律和生态规律的基础上，使自然资源得以合理利用，达到可持续发展的目的。在保证湿地生态系统和生活在其中的生物不受到干扰和破坏的前提下，在实验区内有计划、科学地开展种植业、水产养殖业、生态旅游业和科普教育等活动，不断提高自然保护区资源的利用价值。

（宋玉波供稿；胡贵山提供照片）

沼泽湿地

五花草堂湿地（东北婆婆纳）

黑龙江 三江 国家级自然保护区

黑龙江三江国家级自然保护区位于黑龙江省三江平原东北部，地跨抚远县、同江市。地理坐标为东经 133°43′～134°46′，北纬 47°26′～48°22′。保护区总面积 198089hm²，属湿地生态系统类型自然保护区。保护区始建于 1994 年，2000 年经国务院批准晋升为国家级自然保护区。1999 年加入东北亚国际雁鸭类保护网络，2002 年加入东北亚国际鹤类保护网络，2002 年 1 月被湿地国际批准列入《国际重要湿地名录》。

天鹅戏水

◎ 自然概况

三江自然保护区地质构造上属中生代同江内陆断陷的次级单位——抚远凹陷的中部。第四纪以来，一直在间歇性沉降，特别是全新世以来，下沉幅度更大，形成我国东北部的低冲积平原，海拔 38～60m。地面起伏不大，地势由西南向东北缓慢倾斜，坡降较小。可分四个地貌单元，即丘陵漫岗、低漫岗平原、冲积低平原、江河泛滥地。保护区属于温带湿润大陆性季风气候。其特点是冬长严寒、夏短炎热、降水充沛、光照充足。因离鄂霍次克海域较近，受海洋气候影响，年温差比同纬度内地小，具有热时不酷热，寒时不酷寒的气候特征。冰冻期长，降水集中。年平均气温 2.2℃，极端最低气温 -37.4℃，极端最高气温 36.0℃。无霜期平均 120 天。全年土壤结冻期 210 天左右，积雪期 150 天左右，年降水量 603.8mm。年蒸发量 1257.1mm，是历年平均降水量的 2 倍。保护区冬季多西风或西北风，夏季多偏南风和东南风，春秋两季多偏南风和东南风。年平均风速 3.6m／s。

三江湿地

6 级风以上的日数大约 40～50 天，多出现于春秋两季，最大风力可达 10 级。保护区内地带性土壤为暗棕壤、白浆土、草甸土、沼泽土、泥炭土 5 个土类，包括了 12 个亚类 12 个土属 12 个土种。保护区河流属黑龙江、乌苏里江两大水系，黑龙江流经保护区 30 km，乌苏里江流经保护区 115 km。区内一级支流有三条，即鸭绿河、浓江河、别拉洪河。鸭绿河流经清水河管理站辖区核心区，浓江河在清水河管理站实验区边缘流过，别拉洪河流经海青管理站辖区缓冲区边缘。保护区内河流上游多为湿地，无明显河槽，中游多为平原沼泽性河流，下游比较陡，有明显河槽。流经保护区的中小河流均具有平原沼泽河流的特点：河底纵比降低，多在 1/1000 左右，河槽弯曲系数

大，枯水期河槽狭窄，河漫滩宽广，河流泄量小，排水不畅，容易泛滥。每年汛期，主要河流受黑龙江、乌苏里江顶托，回水距 25～30 km，最长可达 70 km。由于洪水顶托，抬高了这些河流的承泄水位，使两岸排水更为困难，促进了沼泽化形成。保护区的小河流都属于别拉洪河、浓江河、鸭绿河三大河的支流，其水位随大河流变化而变化，平原地带多为常年流水，山地河流受降雨影响，雨量集中水流

大，雨量疏缓水流小，甚至有的干涸，河槽明显。

三江自然保护区是三江平原的重要组成部分，为乌苏里江和黑龙江冲积低平原湿地。河流纵横，湖泡密布，是我国北方典型的洪泛平原沼泽湿地，具有内陆天然湿地的典型性、原始性、代表性和稀有性。区内分布的各种湿地面积达 146047 hm²，占保护区面积的 73.76%。主要为沼泽、湿草甸、湖泡和河流。由于保护区处于中俄边境地区，人为干扰较小，至今保持着较原始的状态，最大的一片湿地面积近 70000 hm²，是目前我国保持最原始的湿地之一。

三江自然保护区内野生动物资源丰富，其中兽类 6 目 13 科 43 种，鸟类 18 目 47 科 259 种，爬行类 3 目 4

三江湿地

科 8 种，两栖类 2 目 4 科 7 种，昆虫 500 余种，鱼类 9 目 17 科 77 种。其中国家一级保护动物有丹顶鹤、东方白鹳、中华秋沙鸭、金雕、白尾海雕、紫貂等 12 种，国家二级保护动物大天鹅、白枕鹤、鸳鸯、黑琴鸡、棕熊、黑熊、马鹿、雪兔等 41 种，黑龙江省地方重点保护动物 53 种。鸟类有 140 种被列入《中日保护候鸟及其栖息环境的协定》，有 23 种被列入《中澳保护候鸟及其栖息环境的协定》，56 种被列

入《濒危野生动植物种国际贸易公约》附录中，43 种被列入国际自然和自然资源保护联盟《国际濒危动物名录》。区内有高等植物有 900 余种，分属 95 科。

◎ **保护价值**

三江自然保护区位于三江平原的最东北端，是黑龙江与乌苏里江汇流处，保护区隔江与俄罗斯相望。在冬季冰封之后，许多大型动物来往于中俄边界。自然环境和地理位置，有利

塔头湿地

湿地中的森林斑块

于开展国际间自然保护区的联合保护，同时与国内其他相邻的自然保护区形成互补关系，具有调节气候、涵养水源、蓄洪防旱、控制水土流失、补充地下水、降解污染、减少自然灾害、维护生态平衡等多种功能。

◎ 功能区划

三江自然保护区划为核心区、缓冲区和实验区。其中核心区面积66050hm²，缓冲区面积27964hm²，实验区面积104075hm²。

◎ 管理状况

在基础设施方面，国家一、二期投资1433万元。完成了科研办公综合楼和5个管理站的土建和庭院建设，土建工程总面积达3242.5m²，配备了必要的交通通讯及办公、宣教、公安、防火等设施设备。

◎ 科研协作

在科学研究方面，由于保护区力量薄弱，采取走"区校联合、优势互补、成果共享"的科研之路。先后建立了东北林业大学科研教学基地、野生动物观测站、水文观测站、气象观测站、生态观测站、野生动物标本展示厅等。聘请东北林业大学教授为三江自然保

观鸟站

三江湿地

水天一色

护区专家，每年在保护区工作3个月，直接参与保护区保护管理、科学研究等工作。培养现有人员的能力，挖掘其潜力，为保护区的发展蓄积能量。发表《三江自然保护区鱼类调查》《三江湿地植物动态评估》《三江自然保护区春季鸟类调查研究》《三江自然保护区自然资源研究》等论文21篇。

三江自然保护区面积大、生境复杂，人均管护面积6900hm²。保护区管理局坚持以保护为根本和依法治区的原则，积极开展以"禁五乱、三清理、一净化"为主要内容的专项打击，有效地扼制了破坏保护区资源的不法行为，稳定了保护区域。为适应保护工作的新形势、新要求，管理局还积极探索科学管护新途径，推进"社区共管、

东方白鹳　　　　　　　　　丹顶鹤

三江湿地

抚远水道与乌苏里江交汇处

军民共建"工作。通过召开周边乡镇政府、驻军部队等部门领导参加的"社区共管研讨会"、各种"协调会"等形式，积极与各级党政军保持联系，争取主动，取得强有力的支持和热情帮助。同时把提高全民保护意识，深入宣传教育作为管护的前提，紧紧围绕以点带面，从普及到提高的主线，社区保护意识有了较大幅度的提高。

三江自然保护区与俄罗斯哈巴罗夫斯克大赫黑契尔国家自然保护区隔江相望。三江平原湿地与黑龙江下游俄远东入海口地区湿地、森林、海洋，构成了一个比较完整的生态系统。在我国外交部驻俄罗斯哈巴罗夫斯克领事馆的支持和帮助下，俄罗斯大赫

冬季丹顶鹤

黑契尔国家自然保护区代表团应邀于2000年6月15日抵达保护区考察访问，并就两区共同保护乌苏里江下游流域自然资源签署了意向协议。经过一年的相互合作和了解，2001年6月，保护区派代表团在俄哈巴签署了两区正式合作协议，并将每年的6月19日确定为中俄两区合作纪念日。两区的联合保护，使这一地区的保护面积达

12万 k m²，保护动物400余种，植物1000余种，为维护这一地区的生态平衡做出了贡献。

（刘尊显供稿；吴智夫、庄艳平提供照片）

291

黑龙江 挠力河
国家级自然保护区

黑龙江挠力河国家级自然保护区位于我国东北部边陲，黑龙江省富锦、宝清、饶河、抚远三县一市行政辖区内的农垦红兴隆、建三江分局。西至七星河自然保护区、五九七农场4分场；东到国界河乌苏里江；北接农垦建三江分局的大兴、七星、创业、红卫、胜利和八五九等6个农场；南临农垦红兴隆分局的五九七、八五二、八五三、红旗岭和饶河等5个农场。地理坐标为东经132°22′～134°10′，北纬46°30′～47°22′。保护区总面积160595.4hm²，属自然生态系统类中的湿地生态系统类型自然保护区，是以水生和陆栖生物及其生境共同形成的湿地和水域生态系统为主要保护对象。挠力河自然保护区是由长林岛、雁窝岛、挠力河三处省级自然保护区合并而成，2002年7月经国务院批准晋升为国家级自然保护区。

湿地景观

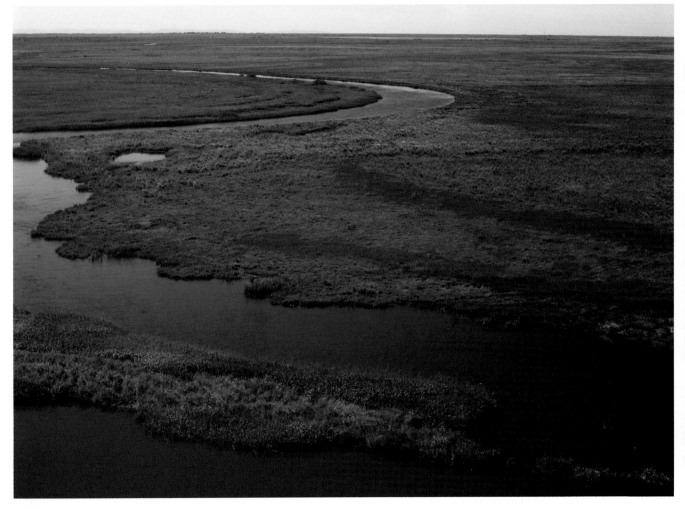

292

◎ 自然概况

挠力河自然保护区在大地构造上属于新华夏第二隆起带和沉降带的一部分，自中生代以来，主要受新华夏构造体系控制形成大片冲积平原，中生代以来一直为相对下降区。距今1300余万年前第三纪时，挠力河流域东西向断裂再次复活，使其北部地区陷落为三江平原。更新世晚期，乌苏里江流域与挠力河流域及其以北地区连成一片继续下陷。根据全区地貌形态，可划分为低山丘陵、山前台地、一级阶地、高低河漫滩和水面6个类型。保护区范围内海拔高度41.9～834.4m，最高峰龙山海拔834.4m，坡降1/50～1/500。保护区内主要河流有挠力河、七星河、蛤蟆通河、宝清河、小清河、七里沁河、王玉书河、乌拉草河、阿加拉河、喜春河、大兴沟、乌苏里江、阿不胶河，湖泊有对面街泡子、宝清泡子、落马湖、镜面湖、五星湖、季焕章泡子和无名湖等。地下水丰富，但受到地形地貌的影响，水量分布不均匀。长林岛、雁窝岛两地区地下水丰富，含水层30～40m，每昼夜涌水量3000～5000t/井，个别地区大于5000t/井。保护区内地下水质良好，为HCO-Ca-Mg型水。pH值5.8～6.5，无色、无味、透明，矿化度小于0.5g/L。保护区位于中纬度欧亚大陆东岸，三江平原腹地，纬度较高。属于温带湿润型大陆性季风气候。冬季漫长，严寒多雪；夏季炎热湿润，光照充足；秋季短暂凉爽，不甚明显；春季少雨多风干燥。年平均气温2.31℃，极端最低气温-39℃，极端最高气温34.6℃。≥10℃积温2385.5℃，最高2606.2℃，最低2200℃。年降水量546.7mm，年蒸发量1073.6mm，是历年平均降水量的2倍。保护区历年平均日照时数为2351h，全区生长日照季日照时数1000～1200h。风速年平均

4.2m/s。无霜期在121～134天，年平均129天。保护区内土壤类型主要有暗棕壤、白浆土、沼泽土、泥炭土和草甸土5大类，共分9个亚类，9个土种。随着海拔由高到低，土壤分布依次为暗棕壤→白浆土（草甸土）→沼泽土→泥炭土。

挠力河自然保护区内有森林、灌丛、草甸、沼泽、水生植被等5个植被类型，9个植被亚型，28个群系组，37个群系，57个群丛。全区共有野生植物1047种，隶属于90（目）科448属，包括低等植物的藻类植物26目62属72种；菌类植物16科32属52种；地衣植物9科15属48种；苔藓植物41科60属119种；蕨类植物12科17属32种；被子植物86科302属724种。有经济价值的植物共有652种，按其经济价值与用途，可分为药用植物、野菜植物、饲用植物、芳香植物等16个经济类群。

全区共有野生动物593种，隶属于6门15纲71目175科，脊椎动物6纲36目85科269属373种，原生动物2纲9目15科25种；线形动物门1纲1目7科16种；软体动物2纲3目6科8种，环节动物1纲2目2科3种，节肢动物3纲20目60科168种，其中许多种类具有较大的经济价值。

挠力河自然保护区有景点35处，主要有喀尔喀山石林奇观、雁窝、狐仙庙、西风嘴子要塞、东安古城、原始湿地景观、千亩荷花泡等。

◎ 保护价值

挠力河自然保护区在全球温带湿地生态系统中具有较高的典型性和代表性，几乎包含了三江平原湿地生态系统的所有类型，具有未被破坏保持完整的原始生态系统，是我国乃至世界同等湿地类型较为齐全、保持较为完好的原始湿地之一。在植被类型中除森林类缺乏针叶林外，其他植被类型均发育良好，尤其是草甸、沼泽和水生植被，包含了三江平原植被的中级分类单位——群系的所有类型。其优势植物的莎草科薹草等属湿生和沼生种类的毛果莎草、漂筏薹草、乌拉薹草和禾本科的湿中生植物小叶章、

水生植物芦苇、湿生植物狭叶甜茅以及沼生或湿生的小灌木沼柳、丛桦等为主要种类，成为各植被类型的建群植物。其群落中的伴生植物也以中生、湿生、沼生或水生植物种类为主。保护区是温带植物的重要组成部分。其植物区系地理成分，以温带性质的长白植物区系成分为主体。湿生和水生成分为主的分布成分占有较大比重，说明了该区湿地植被的特征。动物区系成分以古北界占优势，说明该区动物组成也是三江平原的代表地区。保护区是新中国成立以来三江平原经长期开发后，目前为数不多的保存完整的一块湿地，也是黑龙江省保留的比较完整的淡水沼泽生态系统，是许多国际性迁徙水禽的重要停歇地、栖息地。

挠力河自然保护区1640种野生动植物种中蕴藏着难以计数的遗传基因，这些遗传信息的总合构成了保护区丰富的遗传多样性，尤其是栽培或驯化物种的野生近缘种。如野鲤、野大豆等，具有重要的经济价值和科学价值，是重要的种质资源库，对遗传多样性的保护、保存具有重要的现实意义和深远的历史意义。

挠力河自然保护区共有国家级珍稀濒危保护物种84种；省级保护物种60种；其中国家濒危植物10种，约占黑龙江省国家濒危植物总数的50%，占三江平原国家级濒危植物的70%；国家濒危保护动物70种，其中国家一级保护动物有11种：东方白鹳、黑鹳、中华秋沙鸭、金雕、白尾海雕、丹顶鹤、白头鹤、紫貂、东北虎、豹、梅花鹿，占黑龙江省国家级保护动物的70%，约占三江平原国家级保护动物的90%。省级保护植物12种，占黑龙

江省省级保护植物的25%，占三江平原省级保护植物的80%。省级保护动物48种，占省级保护动物的70%，约占三江平原省级保护动物的96%。《中国濒危植物红皮书》中将莼菜和貉藻列入一级；而莲、浮叶慈姑和乌苏里狐尾藻列为二级；国家级保护动物中水禽的比例也较高，湿地物种受威胁状况比较严重，濒危物种较多。

挠力河自然保护区的湿地是以毛果薹草属植物居优势的薹草湿地。在全国不多见，生境在全国具有特殊性。保护区地处温带，但距我国唯一的寒温带区域较近，故受其影响较大，平均气温较低，无霜期较短，日照时数较少，生物种类具有寒温带特色，其土壤中的沼泽土、白浆土及泛滥土等土壤类型亦有独特性。

◎ 功能区划

挠力河自然保护区划分为核心

区、缓冲区和实验区。核心区面积37045hm²，占保护区总面积23.07%。该区是保存完好的原始湿地景观，是主要保护对象的集中分布区，是湿地生物群落赖以生存和发展的区域。本区有足够大的面积，确保湿地、水域生态系统通过自然调节维持系统的平衡和稳定及自然演替过程，满足了珍稀鸟类栖息繁衍和正常活动所要求的最小空间范围。缓冲区在核心区周围，面积53124.6hm²，占保护区总面积的33.08%。实验区位于挠力河两岸堤坝外侧，总面积70425.8hm²，占保护区总面积的43.85%。

◎ 管理状况

挠力河自然保护区管理局下设2个分局和11个管理站。2个分局为红兴隆分局和建三江分局；11个管理站分别是长林岛管理站、雁窝岛管理站、红旗岭管理站、八五二管理站、饶河管理站、胜利管理站、八五九管理站、红卫管理站、创业管理站、七星管理站、大兴管理站。保护区的宣教中心、防火指挥中心、气象观测站、病虫害防治检疫站、动物救护站、水文水质监测等必要的科研、交通、通讯设备设施配备齐全。

多年来，在保护区内开展过多项科学研究，已实施的科研项目有黑龙江省农垦总局与日本JICA/OECF合作项目"中国黑龙江省挠力河湿地自然保护项目"；黑龙江省科学院自然资源研究所承担的省攻关项目"三江平原草地系统生物多样性分布、演变规律及其经济价值"；以及正在开展的研究"湿地生态系统保护与复合生态农业开发利用示范模式"项目。

根据保护区的实际情况，建立了切实可行的完整的社区共管体系。按照保护区性质、功能区划和产业布局进行集中配置，形成既提高居民生活

水平，又利于保护的合理的、科学的社区分布格局。其原则一是核心区禁止任何人为干扰；二是缓冲区杜绝人为破坏；三是在实验区，根据产业布局，确定社区规模与性质；四是保障并提高居民的生活水平。对在保护区内生活，且从事对保护区破坏较严重工作的，而又不适合保护区发展需要的居民，经农场和政府协调，迁出保护区，并予以妥善安置。对在保护区内生活，且从事对保护区有影响工作的，并适合保护区的统一要求，可从事在保护区指导下或加入保护与产业工作的居民，根据保护区产业布局和规模及生态保护的需要，进行集中调配，完善居住其配套设施，建立社区服务体系。

挠力河自然保护区合理利用区内现有资源，在保护区内开展区域可持续发展示范区建设，建设内容主要包括农业、畜牧业、养殖业、加工业、旅游业等产业与环境的可持续发展建设。其具体内容包括生态农业园区、经济植物栽培基地、经济动物养殖基地、濒危植物繁育基地、野生动物繁育救护中心、生态旅游景区、植被恢复与重建、生物博物馆等项建设。到2010年，建成并完善示范区。形成人口得到控制、资源合理利用、生态环境良好、经济快速稳定发展的良性循环模式，并推广、辐射至周边地区，促进其经济发展。

（郭宝松、朗明久供稿；贾绪义、杨荣贵提供照片）

八岔岛

国家级自然保护区

　黑龙江八岔岛国家级自然保护区位于黑龙江省三江平原腹地，佳木斯市同江市东北部。北临黑龙江，与俄罗斯相望，东与黑龙江省抚远县接壤，西靠黑龙江省农垦总局勤得利农场，南至同抚公路与同江市银川乡、八岔赫哲族乡，与黑龙江三江自然保护区毗邻。地理坐标为东经133°40′～134°01′，北纬48°08′～48°18′。保护区总面积32014hm²，属自然生态系统类中的湿地生态系统类型，是以水生和陆栖生物及其生境共同形成的湿地和水域生态系统为主要保护对象的自然保护区。1999年，同江市八岔岛自然保护区管理站成立，2001年晋升省级保护区，2003年经国务院批准晋升为国家级自然保护区。2005年11月成立八岔岛国家级自然保护区管理局。

天鹅蛋（韩泰民摄）

◎ 自然概况

　八岔岛自然保护区地质构造属中生代同江内陆断陷，是中生代大面积沉降地区形成的冲积沉降低平原。海拔高度在40～50m，地面相对较为平坦，起伏不大，相对高度5m左右。地形由东南向西北缓缓倾斜，坡降较小。沉积物为沼泽洼地中的黑腐泥。保护区内为低平原辽阔的沉降平原，地貌简单，区内蝶形洼地、线形洼地和泡沼星罗棋布。主要地貌类型为低河漫滩、冲积低平原、江河泛滥地、一级阶地等。保护区内岛屿众多，岛屿总面积12158hm²，主要岛屿有八岔岛、八岔二道江子岛、八岔三道江子岛、青鳙鱼通岛等。保护区水资源丰富，黑龙江及其支流八岔河横亘全区，黑龙江流经保护区约20km。此外，保护区内泡沼星罗棋布，地下水资源丰富，含水层厚而稳定，总厚度160～220m，透水系数12.9～35.8m／天，单井涌水量1000t，属地下水极丰富地区。水质属重碳酸钠型水，矿化度36～202mg／L，硬度0.67～4.61，pH值5.3～6.8。保护区地处黑龙江省东北部，气候属温带大陆性季风气候，冬季漫长而寒冷，夏季短暂而炎热，春季多风多雨，降水充沛，且雨热同季，光照较为充足。1月份最冷，月平均气温－21.4℃，极端最低气温－40.8℃，7月最热，极端最高气温37.7℃，全年积温变动在2400～2800℃。年降水量约600mm，主要集中在5～9月份，占全年降水量的80%以上，年平均蒸发量1241mm，蒸发量约为降水量的2倍。全年平均日照时数2479.1h，保护区地处西风带，盛行偏西风，年平均风速3.8m/s，全年平均无霜期155天。保护区内土壤为第四系沉积土壤，主要发育着草甸土、白浆土、沼泽土等3个土类，共分9个亚类，12个土种。

保护区湿地及原始森林景观（王新建摄）

八岔岛自然保护区蕴藏着丰富的植物资源，有野生维管束植物593种，隶属于104科306属。按其经济用途可分为药用、饲用、野菜、野果、蜜源、绿化与环保、木材、农药、芳香、纤维、淀粉、油料、单宁、色素、橡胶、树脂与树胶植物等16种经济类群。保护区拥有丰富的动物资源，共有脊椎动物311种，隶属于哺乳纲、鸟纲、两栖纲、爬行纲和鱼纲等5纲35目80科。

◎ 保护价值

由于八岔岛自然保护区特殊的地理位置，又是全国最少民族赫哲族居住地，因此，具有特殊的保护价值：

一是我国为数不多的临江国界以水域、岛屿为主的自然保护区。保护区内岛屿很多，其总面积12158hm²，占保护区总面积的38%，水域面积9684hm²，约占保护区总面积的30%。主要水域包括黑龙江及其支流八岔河以及天鹅湖、鸭雁泡、一棵柞泡等，岛屿与水域面积约占保护区总面积的2/3，这在三江平原是十分罕见的，同时保护区以黑龙江为界，与俄罗斯毗邻，是为数不多的临江国界自然保护区，所以，保护区又具有重要的国际意义。同时，具有重要的调蓄洪水、防止水土流失等生态功能。

二是目前三江平原最为原始的自然保护区，原始自然景观明显，人为干扰较少。尤其是新近从俄罗斯划归我国的八岔二道江子岛和八岔三道江子岛等岛屿，几乎无人干扰。植被、生态系统、景观均保持着完好的自然状态，原始性极高。由于区内野生动植物资源十分丰富，因此，极具保护价值。

三是保护区内生态系统类型完整，生物多样性十分丰富，是三江平原的缩影。八岔岛自然保护区共有自然生态系统五大类，包括森林、灌丛、草甸、沼泽和水域生态系统，共计44个类型，其结构复杂，类型多样。据初步统计，保护区共有维管束植物593种，其中蕨类植物22种，隶属10科14属；种子植物571种，隶属94科292属；脊椎动物311种，隶属于哺乳纲、鸟纲、两栖纲、爬行纲和鱼纲等5纲35目80科。约占黑龙江省同类动植物总数的40%，占三江平原同类动植物总数的55%。其中，维管束植物约占三江平原植物种类的52%。尤其是种类数量最大的被子植物，占三江平原被子植物的53%。脊椎动物约占黑龙江省的53%，约占三江平原脊椎动物的60%。其中，鱼类、两栖类动物分别占三江平原的88%和73%，而鸟类、兽类约占黑龙江省的50%，分别占三江平原的54%和75%。本区还是东北亚鸟类迁徙的重要通道和中停地。濒危保护物种较多，共有国家珍稀濒危植物12种，约占三江平原国家珍稀濒危植物的80%。保护动物86种，约占保护区的动物总种数的30%。其中国家级56种，约为黑龙江省国家级保护动物种类的60%，三江平原国家级

湿地景观（韩泰民摄）

蕨类植物（王新建摄）

保护动物的70%。大量的珍稀濒危物种，反映了保护区生物物种在我国的稀有程度是较高的。保护区物种多度为 0.028/hm^2，远高于世界湿地平均物种多度（0.0056/hm^2），反映出八岔岛自然保护区物种多样性丰富，其物种相对丰富度极高。丰富的物种蕴育着难以记数的遗传基因。这些遗传信息的总和构成了保护区丰富的遗传多样性，是重要的种质资源库。

流经这里的黑龙江，被分割形成了八岔河、通心河、五站河、二道江、三道江、青水河、黑泡河等几十条河流。这里河河相通、江江相连，像一条条银链，把翡翠一样的岛屿编织在一起。这里既有一望无际的平原湿地、悠悠碧草，也有展翅飞翔的大雁；既有百花争艳的绚丽景象，又有千里冰封、万里雪飘的北国风光；既有茂密的原始森林，也有坦荡的草原；既有悠闲飘逸的天鹅，也有高贵典雅的东方白鹳；既有象征长寿的丹顶鹤，又有表现爱情的鸳鸯；既有高大健壮的驼鹿、马鹿，又有憨态可掬的黑熊。区内分

东方白鹳（郝安林摄）

布着大小河流30多条和上百个泡沼，著名的有新胜泡、三角泡、一棵柞泡、鸭雁泡、月牙泡、大片泡等，形成水域面积1万余 hm^2。这里繁育着丰富的渔业资源。不仅有白鱼、鲤鱼、甲鱼等典型的平原鱼类，而且还繁育着大马哈鱼、银鲑鱼、细鳞鱼、哲罗鱼等珍稀鱼类，其中黑龙江特产的史氏鲟、达氏鳇是世界经济价值最高的淡水鱼之一，并已开始驯养。黑龙江独有的野鲤，为鲤鱼繁育改良提供了可贵的原种。在保护区内，森林植被有着典型的稀有性，许多古老的第三纪孑遗树种和被列为濒危珍稀的植物在这里都能觅到身影，国家级保护植物水曲柳、黄檗、核桃楸、山葡萄、紫椴、刺五加等高大的乔木和灌木丛在这里交相辉映，形成了具有湿地特色的岛状林景观，为保护区增添了壮美景色。夏季刺玫、蔷薇常开胜火，深秋十月五花山秀美如画，各种果实挂满枝头，宛如串串晶莹剔透的宝石。

八岔岛自然保护区内，湿地景观更加壮美，天苍苍、野茫茫、风吹草低见牛羊的大草原景色，在这里尽显其神韵，不愧为三江大平原的缩影。这里生长着几近绝迹的野生大豆、黄耆等珍稀植物，北方难得一见的荷花夏季在这里竞相开放，犹如江南水乡。野生的猴头、木耳、元蘑随处可见；党参、龙胆草等珍贵药材比比皆是，都柿、山葡萄、灯笼果等浆果散发着诱人的芳香。众多的河流、沼泽、草

河流（韩泰民摄）

湿地景观（王新建摄）

甸、森林为野生动物提供了良好的栖息、繁殖场所，使八岔岛自然保护区成为野生动物的乐园。国家一级保护动物有豹、梅花鹿、原麝；二级保护动物有棕熊、黑熊、水獭、猞狲、雪兔、驼鹿等种，其他如野猪、狼、狍子等兽类更是经常出没于保护区内，其踪迹随处可见。由于保护区的特殊地理位置和优良的栖息环境，这里已成为鸟类迁徙的通道和繁衍的场所。国家一级保护动物东方白鹳、金雕、玉带海雕、白尾海雕、丹顶鹤、中华秋沙鸭等珍禽在这里安家落户，几近灭绝的黑脸琵鹭、白脸琵鹭、黄嘴白鹭在这里也能觅到踪迹，大小天鹅、鸳鸯、绿头鸭等鸟类成群结队游荡在江河、泡沼水面上。2000年观测到的大天鹅一个群体就200余只，2002年观察到的东方白鹳几个种群达百余只。国家二级保护动物黑琴鸡是八岔岛保护区优势种群，每年有上千只群聚于岛内，百鸟欢歌、群鸟争鸣，为八岔岛描绘出一幅优美的大自然画卷，成为保护区一大景观。

八岔岛自然保护区是我国最小的少数民族赫哲族的发祥地，具有极特殊的保护意义。赫哲族历史悠久，与中国东北的古代民族"肃慎""挹娄""勿吉""女真"等有着密切的族源关系，清代的"黑斤""赫哲哈喇"即是赫哲族的先民。赫哲族有本民族的语言，赫哲语属阿尔泰语系，满洲一通古斯语族，没有本民族文字，大多数通用汉文。赫哲信仰萨满教，相信万物有灵。赫哲族是中国北方唯一的以捕鱼为生、用狗拉雪橇的民族。以渔猎生产为主的赫哲人喜食生鱼，"刹生鱼""凉拌生鱼"和"炒鱼毛"，即将鲜嫩的肥鱼切成鱼丝，再加作料炒成"它斯罕"（鱼毛），不仅味美，而且耐储存。狗拉雪橇是赫哲人主要的交通工具。经过训练的狗，每只可拉70kg左右，日行

100～150km。渔猎生产是赫哲人赖以生存的经济来源。在长期的渔业生产中，他们积累了丰富的捕鱼经验，练就了高超的捕鱼技术，他们叉鱼的技术更是令人惊叹，又准又稳，百发百中。他们不仅以鱼肉、兽肉为食，穿的衣服也多半是用鱼皮、狍皮和鹿皮制成。用鱼皮做衣服是赫哲族妇女的一大特长。固定性住房有马架子、地窨子；临时住房有撮罗子或野外住狍皮筒等。乌日贡节是赫哲族人一个新生的节日，诞生于1985年。"乌日贡"意思为娱乐或文体大会，每两年举行一次，一般在农历五、六月间举行，历时三天。节日的内容丰富多彩，除了各种民族体育竞技活动，还有最热闹的群众性的聚餐宴饮活动。"依玛堪"是赫哲族口传的叙事长诗，现有50多部典籍，被誉为北部亚洲原始语言艺术的活化石。赫哲族人民喜爱音乐，善于唱歌，流传着许多民间歌曲，歌曲优美舒展，旋律奔放。这一宝贵的历史文化遗产，对保护人文多样性，探究赫哲族风土人情、历史、文化等发挥着至关重要的作用。

八岔岛自然保护区内的八岔二道江子岛、八岔三道江子岛等几座岛屿是中俄1999年勘界后新划归给我国的几座岛屿。岛上原始森林密布，人迹罕至，岛屿和水域面积约5000hm²。该岛未划归我国前即为俄罗斯国家级保护区，划归我国后保留了原俄罗斯国家级保护区的原始风貌，岛上野生动植物种类丰富，很多珍稀濒危野生动植物都在这里安家、落户，是一块难得的宝地，因此，急需进行抢救性的保护。

◎ 功能区划

根据八岔岛自然保护区自然环境特点，保护对象的分布状况，社会条件及保护区发展的需要，将八岔岛自

黑鹳

东方白鹳（郝安林摄）

然保护区划分为核心区、缓冲区、实验区和保护带。核心区：八岔岛自然保护区核心区面积7918hm²，占保护区总面积的24.73%；缓冲区：在核心区周围，面积6450hm²，占保护区总面积的20.15%；实验区：位于缓冲区外侧，总面积16553hm²，占保护区总面积的51.71%；保护带：位于中俄边境线我国境内约1.0km的范围内，面积1093hm²，占保护区总面积的3.4%。

（韩泰民、王新建供稿）

兴凯松林

黑龙江凤凰山国家级自然保护区位于黑龙江省鸡东县境内，东与凤凰山林场相连，南与俄罗斯陆陆接壤，边境线长达45km，西与四山林场、平房林场相连，北与平阳镇毗邻。地理坐标为东经130°58′11″～131°18′50″，北纬44°52′03″～45°05′28″。保护区总面积为26570hm²，属森林生态系统类型自然保护区，以保护温带针阔混交林生态系统和珍稀动植物物种为主，以天然兴凯松、松茸、东北红豆杉等珍稀植物和栖息于此的珍稀野生动物为主要保护对象。保护区的森林覆盖率为94.6%，活立木总蓄积量为230余万m³。始建于1989年，初建时为县级松茸自然保护区，2002年4月15日晋升为省级自然保护区，2006年2月11日经国务院批准晋升为国家级自然保护区。

◎ 自然概况

凤凰山自然保护区位于完达山脉低山丘陵地带，地层属天山—兴安分区的鸡西小区，地层分布广泛，发育较全。全区地势南高北低，南部地势陡峻，多岩石裸露。主要山脉和支脉走向为东西向，最大坡度50°，平均坡度15°，平均海拔400m左右。主要的山峰有尖山子，海拔679.7m；东道岭子

南山，海拔593.7m；关门沟大营山，海拔534.9m。保护区具有明显的季风气候特征，春季干旱多风，夏季温和多雨，秋季降温快初霜早，冬季寒冷干燥。年平均气温2.8～3.0℃，无霜期110～125天。平均降水量430～470mm，全年多西风。全年日照总数2541.7h。7月最热，平均气温20.3～23.6℃，极端最高气温36℃，1月最冷，平均气温 -17～-18.5℃，极端最低气温 -35℃，降水量占全年总降水量的3.4%。保护区内土壤分布有暗棕壤、草甸土、沼泽土3个土类。暗棕壤分布面积最广，占90%以上，在本区有3个亚类：典型暗棕壤主要分布在各种不同坡向坡位，土层一般在5～20cm之间，主要树种为蒙古栎、黑桦，伴有椴树和山杨等树种；石质暗棕壤主要分布在阳向陡坡，土层中石砾含量50%左右，土壤贫瘠。主要乔木为兴凯松、蒙古栎，林下植被以杜鹃为主，地被物有羊胡子薹草、沙参等；草甸暗棕壤多分布在荒地，采伐迹地，林中空地和疏林地及河洼阶地，有机

质含量高，黑土层深厚，植被以山杨、白桦等为主。草甸土是本区的非地带性土类，分布有2个亚类，即草甸和潜育草甸土，分布在河流两岸阶地，地被物上草本植物多，以小叶章为优势种，铃兰、地榆、沙参和豆科植物等伴生。沼泽土是本区的非地带性土类，只有生草沼泽土1个亚类，分布在低洼地和河流两岸排水不良而季节性积水或常年积水地带，地被物以塔头薹草，小叶章为主，盖度为90%左右。保护区内的河流均属穆棱河水系，支流众多，受地形、气候的影响，河流具有明显的夏雨型山地型特征。主要河流有金沟河、大西南岔河、黄泥河等。保护区地下水储量丰富，含水层5m左右，给水度为0.11，地下水补给量大。地下水类型有第三系火山岩裂隙水、第三系沉积层孔隙裂隙水和基岩裂隙水。第三系火岩裂隙水分布区由玄武岩构成，多形成台地，排水条件好，补给条件差，浅部垂直裂隙发育，受大气降水补给，地下水埋深33～55m，水质为重碳酸镁钙水，矿化度为76～

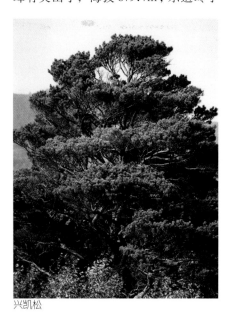

兴凯松

80mg／L。第三系沉积层孔隙裂隙水，多处于丘陵岗地，岩石松散，孔隙裂隙发育，地形平缓，易受大气降水补给，含水性大。基岩裂隙水主要分布于中低山地形，由于坡度大，冲沟发育，地表径流好，地下水存在于浅部风化裂隙中，受大气补给，含水微弱。地下水化学类型较为单一，总含铁量较低，主要为重碳酸盐水。

据统计，凤凰山自然保护区共有野生植物703种、隶属于137科394属。包括苔藓类植物77种，隶属于29科55属。维管束植物626种，其中包括蕨类植物21科36属61种、种子植物87科303属565种。种子植物中有裸子植物3科6属11种、被子植物84科297属554种。区内有国家重点保护植物12种，其中国家一级保护植物有东北红豆杉、人参，国家二级保护

植物有兴凯松、松茸、紫椴、钻天柳、水曲柳、野大豆、核桃楸、黄檗、红松、浮叶慈姑10种。保护区有陆栖脊椎动物343种，国家重点保护动物50种，其中国家一级保护动物有7种：东北虎、原麝、东方白鹳、金雕、白尾海雕、白头鹤、丹顶鹤；国家二级保护动物42种：棕熊、黑熊、猞猁、马鹿、大天鹅、鸳鸯、苍鹰等。保护区内植被处于原始状态。根据中、美、俄国际合作调查表明，与保护区接壤的俄罗斯境内有5～6只东北虎小种群活动频繁，自1989年建区以来，东北虎活动频繁，每年都可见到东北虎活动足迹，2004年12月末，在保护区内发现了2～3只家族式的野生东北虎捕食野猪的痕迹。

凤凰山自然保护区特殊的地理位置、地形地貌和森林资源造就了独特

的自然景观资源。保护区内小炉台山、狐仙塘山、尖山子、八楞山、东道岭子南山、东脚杆山等山峦起伏，高低错落，轮廓秀美；茂密的森林里阳光缕缕，雾气袅袅，奇花异草争奇斗艳，空气格外清新甜润；河谷幽邃，兽吼鸟鸣，泉水叮咚。金场沟河、大西南岔河、砂场沟河、关门沟河等河流曲折，依山环绕，清澈碧莹的河水在峰峦幽谷之间迂回穿行，最后流入八楞山水库，河两岸树木葱郁，芳草萋萋，

溪流

秋色

301

在一些地段还分布有千姿百态的石壁。保护区实验区内遗留有抗日战争时期，侵华日军在中苏边境地区修筑的大量工事。小炉台山上有当年日本关东军用中国劳工修筑的工事遗址，遗址内有步兵战壕、防坦克壕、钢筋混凝土碉堡、地下工事、指挥所等。战壕保存完好，碉堡已被破坏，地下工事被封闭，有待挖掘。站在原日军前沿观察所，可以看到八楞山水库全景和中俄边境线。八楞山水库位于卧虎峰和西南岔林场场区东部，大坝长540m，高25.5m，库容面积10.5km²，正常最大水深22.5m，设计蓄水量1.12亿m³。湖光山色，相映生辉，形成了"鸟在水中飞，鱼在林中游"的奇幻景观。此外，保护区森林植被类型丰富。以温带兴凯松林及红松混交林和阔叶混交林为主，又有人工林、杂类草甸、沼泽植被、水生植被等分布。兴凯松地理分布狭窄，但保护区内有成片分布，林下有松茸共生。生长在山脊及山的上腹岩石裸露及薄层石质暗棕壤上的兴凯松，挺拔秀丽，生命力极强，观赏价值很高。

雀鹰

刺五加

◎ 保护价值

凤凰山自然保护区的综合保护价值主要体现在：

（1）保护区内珍稀濒危动植物种被列入国家一级、二级保护的共62种，其中11种珍稀野生植物在区内分布比较集中，尤其是保护区南部与俄罗斯边界陆陆接壤45km，区位具有特殊性。

（2）保护区内保护对象之一的兴凯松是国家二级保护植物，是本地区特有树种，分布的地理位置狭窄。黑龙江省兴凯松林占主林层的面积为7500hm²，保护区内兴凯松林占主林层的面积为4145hm²，占黑龙江省主林层分布面积的55.27%，零星分布的面积为5891hm²，总面积为10036hm²，占保护区总面积的37.8%，是全省兴凯松林的分布中心，林木总蓄积量为20.1万m³。保护区主体林层为兴凯松林，为研究兴凯松的生活史、繁殖、生长、种群扩展力和自然环境的关系，提供了天然平台。保护对象之二的东北红豆杉是国家一级保护植物，经调查保护区内较为集中分布的有20hm²，约1.4万株。保护区保护对象之三的松茸生长习性特殊，它生长在40年以上生兴凯松和兴安杜鹃的根部砂质土壤中，形成菌丝后才能长出，对环境

针阔混交林（秋景）

黑熊

藓类植物

蕨类植物

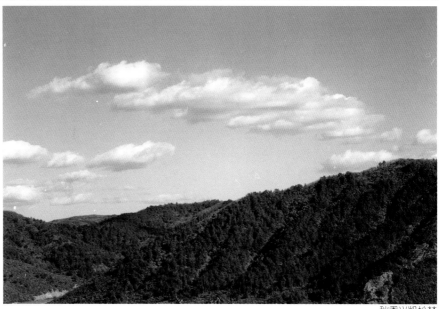
秋季兴凯松林

要求十分苛刻，资源一旦破坏很难恢复。松茸（松口蘑）是珍贵的野生食用菌之一，素有"蘑菇之王"的美誉，是国家二级保护植物。目前尚无松茸人工栽培的成功先例。松茸含有人体所必需的8种氨基酸，是一种野生高级食用菌。另有野生东北虎经常出没，对建立野生东北虎生态廊道，恢复我国野生东北虎种群具有不可替代的作用。

（3）保护区生态系统的组成成分与结构比较复杂，类型比较丰富，区内已知的高等植物和陆栖脊椎动物，几乎包括了完达山地区所的森林生态系统类型。保护区面积26570hm²，在核心区还保持着自然状态，动植物种群逐渐扩增。

（4）保护区处于中俄边界线上，南与俄罗斯无人居住区陆陆接壤，总长度达45km，是中俄两国东北虎迁移、

活动的重要通道。给国际之间开展合作研究提供了天然的实验平台。

凤凰山自然保护区是我国温带森林生态系统保持较好的区域，区内自然资源丰富，自然环境优美，是集多种功能于一体的国家级自然保护区，通过合理利用将会产生良好的生态效益、社会效益，同时，随着生态旅游的开发建设，其经济效益和社会效益也将十分可观。

◎ 功能区划

凤凰山自然保护区划分为核心区、缓冲区和实验区。核心区面积11053hm²，占保护区总面积的41.6%。核心区是保存完好的天然状态的温带针阔混交林生态系统以及珍稀野生动植物的集中分布区。核心区的南侧是中俄边境，东、西、北面被缓冲区包围；缓冲区面积5659.6hm²，占保护区总面积的21.3%。缓冲区的北、西、南三面都被实验区包围；实验区面积9857.4hm²，占保护区总面积37.1%。

◎ 科研协作

1989～1992年凤凰山自然保护区与日本千叶县拉比特株式会社合作开

展了"松茸菌丝分离培育技术研究"；1991年黑龙江省林业勘察设计院与鸡东县林业局完成了全县的森林资源二类调查；1993～1994年与黑龙江省林副特产研究所孙成壁教授合作进行了"松茸人工促进增产"的技术研究；1998年在全国开展的陆生脊椎动物调查中与黑龙江省林业厅动管处合作完成了对保护区陆生脊椎动物的调查；2000年配合东北林业大学野生动物资源学院完成了对保护区生物资源的调查，包括对植物资源、鸟类资源、兽类资源、两栖爬行动物资源、鱼类资源、昆虫资源、真菌资源进行调查，并形成了《凤凰山自然保护区综合考察报告》；2000年进行了兴凯松模拟飞播种植试验；2002年与黑龙江林业勘察设计院合作，完成了对保护区兴凯松植物物种的调查，并形成了《兴凯松物种保护工程》的科研报告；2004年建立了野生动植物监管中心站；2005年建立了野生动物疫源疫病监测站。

（李进民、赵玉龙供稿；郭玉民提供照片）

紫貂

黑龙江 胜山
国家级自然保护区

黑龙江胜山国家级自然保护区位于黑龙江省黑河市爱辉区西南部,南邻孙吴县,西接嫩江县,东部与黑河市平山林场接壤,北部为爱辉区二站林场,行政区隶属黑龙江省黑河市爱辉区二站乡。地理坐标为东经126°27′~127°02′,北纬49°25′~49°40′。保护区总面积6万hm²,属自然生态系统类、森林生态系统类型自然保护区。保护区始建于2003年2月,2007年4月6日经国务院批准晋升为国家级自然保护区。

◎ 自然概况

胜山自然保护区位于小兴安岭岭脊及两侧,是小兴安岭山地西北端的主体部分,东南部又系结雅—布列亚凹陷(黑河盆地)边缘,小兴安岭由北向南绵延于全区的中西部,本区的地势中部高,两侧低,西部与北部高,东南部低。总体地势平缓,山顶浑圆,河谷开阔,为低山丘陵地貌类型。平均海拔450m,相对高度为100~200m,最高峰海拔753.5m,平均坡度10°。

胜山自然保护区年平均气温−2℃,极端最低气温−40℃,极端最高气温36℃。1月最冷,平均气温−26℃;7月份最热,平均18~19℃。全年有5个月平均温度在0℃以下。在一年内,气温夏高冬低,呈正弦曲线变化,各月平均气温在7月份以前逐月上升,8月份后逐月下降。该区一般初霜在9月上旬,终霜在5月中旬,无霜期80~90天,全年≥10℃年积温1600~1800℃。年降水量为550~620mm,年平均降水量为519.9mm。夏季6~8月是降水集中期,占全年降水量的65.7%,秋季次之,春季少于秋季,冬季最少。5~9月降水量占全年降水量的87.7%;7月为全年降水量峰值月,多年7月平均降水量为135.6mm;1月为全年降水量低值月,多年1月平均降水量为2.2mm。年蒸发量850~1200mm。

胜山自然保护区年积雪期为10月至翌年4月,最早结冰期为9月,最晚解冻期为4月初。平均降雪期为212天,降雪平均始于10月6日,平均终于5月6日,最大积雪深度33cm。

胜山自然保护区内地带性土壤为暗棕壤,非地带性土壤有草甸土、沼泽土、泥炭土等。由于受地形、植被、母质和水文等地方性条件的影响,该地区的土壤有明显的地域性分布规律,共有8个土壤类型,23个亚类,21个土属,50个土种。

胜山自然保护区内的河流属于黑龙江水系——黑龙江的一级支流——逊别拉河。逊别拉河在爱辉区境内80km,河槽宽度3~40m,水域面积250hm²,流域面积390km²,水深0.8~2m,坡降7‰。逊别拉河流经保护区部分为河之源头,沿河两岸山地均为森林覆盖,是本区红松分布和林木高产区域。

胜山自然保护区横跨小兴安岭—老爷岭植物区和大兴安岭两个植物区,

蒿柳灌丛

白桦林

兴安落叶松沼泽林

加之区内阳光充足，气候条件良好，使区内植物资源十分丰富，并组成多种多样的植被类型。保护区内有森林、灌丛、沼泽、草甸和草塘 5 个植被类型及 9 个植被亚型、22 个群系组、30 个群系、55 个群丛。共有 146 科 393 属 896 种，其中苔类植物 22 科 30 属 38 种；藓类植物 23 科 55 属 86 种；蕨类植物 10 科 17 属 30 种；裸子植物 1 科 4 属 5 种；被子植物 90 科 287 属 737 种。保护区内有国家二级保护植物松科的红松、木犀科的水曲柳、芸香科的黄檗、椴树科的紫椴、杨柳科的钻天柳、豆科的野大豆、泽泻科的浮叶慈姑共计 7 种。

胜山自然保护区动物属古北界东北区大兴安岭亚区，共有兽类 6 目 16 科 48 种；鸟类 17 目 47 科 214 种，其中留鸟 45 种，旅鸟 39 种，夏候鸟 119 种，冬候鸟 12 种；两栖类 2 目 5 科 9 种；爬行类 3 目 4 科 11 种；鱼类共有 14 科 57 种。

胜山自然保护区有脊椎动物 339 种，其中国家一级保护兽类 2 种：紫貂和原麝，国家二级保护兽类 8 种：豹、棕熊、黑熊、猞猁、驼鹿、马鹿、水獭、雪兔，国家一级保护鸟类 4 种：白头鹤、东方白鹳、黑嘴松鸡、金雕，国家二级保护鸟类 35 种。

冰雪景观——保护区年平均气温较低，年积雪天数在 140 天以上。冬季白雪皑皑，银装素裹，沿流水在沟谷湿地结成造型各异的冰河，配以岸边美丽的树挂，北国风光非常壮丽。

动物景观——保护区内大量分布有国家二级保护野生动物驼鹿。得天独厚的地理位置和自然环境，成为此种濒危动物的聚集地。而珍稀的金雕、鸳鸯、花尾榛鸡等翱翔或漫步林间，莽莽林海中时有狍子、黑熊、野猪出没，好一个野生动物的家园。

刺五加

兴安桧

东方草莓

金顶侧耳

红穗醋栗

驼鹿

黑嘴松鸡

黑熊

棕熊

黑龙江林蛙

鸳鸯

灰鼠

水獭

马鹿

山楂叶悬钩子

接骨木

蓝靛果忍冬

兴安落叶松林

云杉冷杉林

小叶章草甸

柳叶绣线菊灌木沼泽

◎ 保护价值

（1）北方高纬度脆弱的、以分布我国最北端的红松林为主的温带森林生态系统。

胜山保护区地处小兴安岭西北坡，毗邻大兴安岭林区，为大、小兴安岭生态交错过渡地带。区内森林类型齐全，生物物种丰富，动植物分布具有明显的过渡性特征。位于核心区的果松沟内分布的红松群落，是我国红松林型分布的北部界限，为研究红松提供了天然科研场所。

（2）环北极代表物种、现存鹿科动物体型最大者——驼鹿的集中分布区。

（3）以紫貂和浮叶慈姑为代表的珍稀野生动植物资源及丰富的北方温带森林生态系统植物多样性。

（4）黑龙江一级支流逊别拉河的发源地、黑龙江水系的重要水源涵养地、黑龙江重要产粮基地的生态屏障。

（胜山自然保护区供稿）

猞猁

云杉红松落叶松林

阔叶红松林

黑龙江 珍宝岛湿地 国家级自然保护区

黑龙江珍宝岛湿地国家级自然保护区位于黑龙江省虎林市东部，乌苏里江中游左岸。行政区划上属于虎林市虎头镇和小木河乡，主要为虎头林场和小木河林场的施业区。地理坐标为东经133°28′44″～133°47′40″，北纬45°52′00″～46°17′23″。海拔60～170m。保护区总面积为44364hm²，其中核心区面积18378hm²，缓冲区面积11263hm²，实验区面积为14723hm²，属内陆湿地和水域生态系统类型自然保护区。2008年经国务院批准晋升为国家级自然保护区。

◎ 自然概况

珍宝岛湿地自然保护区是三江平原的重要组成部分，大地构造是位于兴凯湖新生代山前凹陷，第三纪初断陷形成的平原。由于断陷的幅度不匀，致使穆—兴平原中部有断续分布的孤山残丘。在新构造运动中，这里始终处于以大面积下沉为主的间歇性沉降运动区。

珍宝岛湿地自然保护区的地貌有河漫滩和一级阶地两种类型，河漫滩分布于乌苏里江左岸保护区东侧，呈条带状分布，河漫滩与一级阶地相接，南部地段有明显的陡坎。地势大体呈北高南低，最高海拔233.6m，平均海拔60m左右，平均坡降为1/8000。

珍宝岛湿地自然保护区属于大陆性季风气候，三江平原温热湿润气候区。气候特点是冬季漫长寒冷，夏季温热多雨，光、水、热同季，春季升温快，多风少雨，秋季降温迅速，多雨易涝早霜。

珍宝岛湿地自然保护区内所有河流均属乌苏里江水系，多属平原沼泽性河流，河漫滩发育，有的无明显河床，常与沼泽湿地连成一片。境内的主要河流有乌苏里江、小木河、阿布沁河、七虎林河。湖泊主要有月牙泡、刘寡妇泡，以及数十个常年积水或季节性积水的泡沼。

珍宝岛湿地之春

野大豆

珍宝岛湿地自然保护区内土壤类型比复杂，主要有白浆土、暗棕壤、草甸土、沼泽土、河淤土5个类型，分为岗地白浆土、草甸白浆土、沙质草甸暗棕壤、白浆化草甸暗棕壤、草甸沼泽土、草甸土、白浆化潜育土、草甸河淤土和沼泽河淤土等9个亚类。

珍宝岛湿地自然保护区共有4种植被类型，分别是：森林：包括以杨、桦为主的杂木林、蒙古栎林、蒙古栎岛状林；灌丛：包括 榛灌丛和沼泽灌丛；草甸：包括小叶章草甸和小叶章—杂类草草甸；湿地：包括草丛沼泽、浮毯型沼泽、灌丛沼泽、森林沼泽、河流湿地、湖泊湿地等6种类型。

湿地野生植物种类有87科221属393种。其中蕨类植物3科6属9种；裸子植物1科2属3种；被子植物有83科213属381种。在植物中菊科37种；毛莨科32种；蓼科23种，禾本科22种，莎草科22种，蔷薇科21种，唇形科13种，豆科13种。

野生动物资源：共有脊椎动物289种，隶属于34目82科。其中鸟类171种；隶属于16目43科。鱼类61种；隶属于2纲7目14科；兽类41种，隶属于6目15科；两栖类8种；爬行类8种。

（1）湿地动物。珍宝岛湿地自然保护区位于乌苏里江上游左岸，区内有小木河、阿布沁河、七虎林河、刘寡妇泡及月牙泡等众多河流与湖泡。湿地类型多样，为湿地动物提供了优越的栖息环境。

白尾海雕

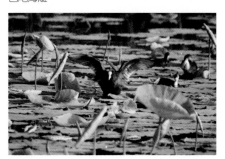

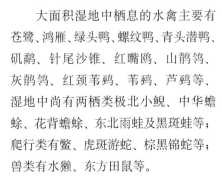

大面积湿地中栖息的水禽主要有苍鹭、鸿雁、绿头鸭、螺纹鸭、青头潜鸭、矶鹬、针尾沙锥、红嘴鸥、山鹬鸰、灰鹬鸰、红颈苇鸦、苇鸦、芦鸦等；湿地中尚有两栖类极北小鲵、中华蟾蜍、花背蟾蜍、东北雨蛙及黑斑蛙等；爬行类有鳖、虎斑游蛇、棕黑锦蛇等；兽类有水獭、东方田鼠等。

保护区内的湖泊、河流湿地中鱼类比较多，有真鲅、草鱼、花骨鱼、青鱼、白漂子、红鳍鱼白、花鳅、麦穗鱼、黄颡鱼、江鳕等。

（2）森林动物。珍宝岛湿地自然保护区北部的小木河林场施业区内，原始植被为针阔混交林，由于人类活动的影响，目前多为次生的夏绿杂木和蒙古栎林。几年来由于实施了封山育林，森林植被得到有效的恢复，为森林动物提供了优良的栖息环境。

森林动物主要包括两栖类的黑龙江林蛙，爬行类的棕黑锦蛇、虎斑游蛇、乌苏里蝮蛇等，鸟类的苍鹰、红脚隼、红隼、花尾榛鸡、长耳鸮、灰山椒鸟、黑枕黄鹂、松鸦、灰喜鹊、红尾歌鸲、灰背鸫、黄腰柳莺、白眉姬鹟、大山雀、银喉长尾山雀、金池雀、黑尾蜡嘴雀等，兽类的普通刺猬、赤狐、黑熊、黄鼬、

狗獾、豹猫、东北兔、花鼠、野猪、马鹿、原麝、狍等。

◎ 保护价值

珍宝岛湿地自然保护区地处乌苏里江西岸，保护区北部为完达山山脉低山丘陵，大部分地区为乌苏里江泛

滥淤积而成的漫滩低平原，河漫滩上迂回扇十分发育，微地貌类型多样，包括各种蝶形洼地，线形洼地，牛轭湖，以及形态各异的泡沼，形成保护区内复杂的自然环境，为水生生物、湿生生物、陆生生物的生存创造了有利条件。因此，保护区具有自然度较高、生物多样性丰富，稀有物种较多，湿地生态系统典型、脆弱的特点。

珍宝岛湿地自然保护区自然资源丰富，有国家重点保护植物 6 种；有

国家重点保护动物 30 种（不含鸟类），其中国家一级保护动物 6 种，国家二级保护动物 24 种。保护区共记录有鸟类 251 种，占黑龙江省鸟类种数的67.84%。从留居类型看，包括夏候鸟132 种、冬候鸟 9 种、旅鸟 66 种、留鸟 39 种、偶见 5 种。从区系特征上看，保护区共有古北界鸟类 161 种，占本区鸟类种数的 64.14%；东洋界鸟类 7 种，占 2.79%；广布种 83 种，占33.07%。有国家一级保护鸟类 9 种，

国家二级保护鸟类 43 种，列入 CITES附录的有 49 种，列入 IUCN 的有 30 种。许多种类处于濒危状态，具有很高保护价值。（珍宝岛湿地自然保护区供稿）

中华秋沙鸭（潘明桥摄）

黑龙江小北湖国家级自然保护区地处张广才岭中南段，位于黑龙江省宁安市小北湖母树林林场的施业区内。地理坐标为东经128°33′07″～128°45′48″，北纬44°03′16″～44°18′59″。保护区总面积为20834hm²，是以保护原始红松母树林、长白落叶松母树林、阔叶林以及中华秋沙鸭等野生动植物为主的森林生态系统类型自然保护区。保护区始建于2006年12月，2012年1月经国务院批准晋升为国家级自然保护区。

◎ 自然概况

小北湖自然保护区在地质构造上属于新华夏系构造体系，张广才岭、老爷岭第二隆起带，为华夏式构造体系所控制。区内的地质受镜泊晚期大干泡—蛤蟆塘火山群活动的影响，分布有大面积的高位玄武岩。

小北湖自然保护区地貌类型属于东北东部山地，是发育在地台隆起带上、新生代断裂升降、有强烈火山作用的低山丘陵区，是长白山北部支脉、张广才岭中段东坡的一部分，地势西高东低，海拔360～1260m，平均海拔高度810m，属中低山丘陵区。

小北湖自然保护区地处温带大陆性季风气候区，因受海洋暖湿气流和西伯利亚冷空气的双重影响，四季气候变化明显。主要表现为春季风大干旱，夏季温湿多雨，秋季多风干燥，冬季寒冷而漫长。年平均气温在2.5℃左右，年降水量为650mm左右，主要集中在7～8月份，无霜期90～100天。

小北湖自然保护区内主要河流有石头河、大柳树河、哈啦河等，各个河流均流入镜泊湖后汇入牡丹江，是牡丹江的主要支流。

小北湖是保护区内最大的湖泊，面积为449hm²，为一处高山堰塞湖，四周群山环绕，岸边山石峭立，湖水清澈，鱼类很多，蓄水量约为4000万m³，湖水从南口流出，成为石头甸子河，再流经熔岩覆盖的西石岗子，最后注入

刺五加（伦绪彬摄）

五味子（伦绪彬摄）

火山口森林（伦绪斌提供）

东方白鹳（筑巢）（伦绪斌提供）

镜泊湖，为镜泊湖的重要源头之一。

小北湖自然保护区内土壤是在温带大陆性季风湿润气候区和温带针阔叶混交林下发育起来的，成土母质主要为花岗岩、玄武岩和片麻岩等的残积物、坡积物及河流的淤积物和洪积物。保护区地带性土壤为暗棕壤，包括典型暗棕壤、白浆化暗棕壤和草甸暗棕壤；非地带性土壤有白浆土、草甸土、河淤土、沼泽土和石质土等。

◎ 保护价值

小北湖自然保护区内植物种类繁多，植被类型复杂多样，不仅有红松原始林、针阔混交林、长白落叶松林、杨桦林和部分人工林等森林类型，还分布有一定面积、类型多样的湿地，优越的自然环境为各种动植物的生长繁衍创造了得天独厚的自然条件。根据调查资料统计，保护区内共分布有高等植物 134 科 381 属 694 种，有红松、水曲柳、黄檗、莲和紫椴、野大豆、浮叶慈姑及乌苏里狐尾藻等 8 种国家二级保护植物。野生动物 80 科 379 种，有紫貂、原麝、东北虎、豹、丹顶鹤、东方白鹳、金雕及中华秋沙鸭等 8 种国家一级保护动物；有棕熊、黑熊、青鼬、水獭、猞猁、马鹿、鸳鸯、凤头蜂鹰、鸢、苍鹰、雀鹰、松雀鹰、花尾榛鸡、白枕鹤等 43 种国家二级保

长白落叶松林（伦绪彬摄）

大森林（刘学军摄）

白天鹅（伦绪彬摄）

兴安杜鹃（伦绪彬摄）

忍冬（伦绪彬提供）

红松塔（伦绪彬摄）

护动物。

小北湖自然保护区内有地质时期火山作用而遗留下来的各种地质地貌景观，其中许多具有重要的科学研究价值。区内裸露的岩石种类主要有海西期的花岗岩、半径花岗岩，少部分为太古代的花岗片麻岩。世界地质公园——火山口原始森林，俗称"地下森林"，位于镜泊湖西北约50km处，坐落在张广才岭东南坡的深山内，海拔1000m左右。火山口由东北向西南分布，在长40km、宽5km的狭长形地带上，共有10个。它们的直径在400～550m之间，深在100～200m之间。其中以3号火山口为最大，直径达550m，深达200m。火山口蕴藏着丰富资源，有红松、紫椴、水曲柳、黄波罗等名贵木材，原始红松母树林和长白落叶松母树林，平均林龄120年，最老林龄达到300多年。有人参、黄耆、三七、五味子等名贵药材；有木耳、榛蘑、蕨菜等名贵山珍。

小北湖自然保护区内拥有多种森林类型，既有红松原始林、针阔混交林，又有阔叶混交林、蒙古栎林和部分人工林及沼泽湿地，具有温带森林的典型特征。在研究我国温带森林的形成、发展、演替规律及资源的合理利用和保护方面，具有很高的科学价值。通过在保护区开展诸如生态系统组成结构及其动态变化、生态系统中的物质循环和能量流动、森林生物生产力等的研究，将对加强生物多样性保护、合理利用森林资源、充分发挥温带森林的多种功能等发挥重要作用。保护区内蕴育的大量动植物资源不仅维持了该区生物链的平衡，而且也成为物种基因的储存库，对于科学研究无疑是一处极好的资料库。

◎ 功能区划

小北湖自然保护区根据功能区划分为核心区、缓冲区、实验区3个功能区。其中核心区面积为7318hm²，占保护区总面积的35.13%，核心区被保护的物种植被类型多种多样，人为干扰因素少，生物种类最为丰富，保持着原始生态系统的基本面貌，是保护区森林生态系统的精华所在。核心区实行绝对保护，严禁开展任何形

湿地（石志义摄）

式的生产开发、狩猎等活动，未经批
准，任何人均不得入内，以保持其生
态系统尽量不受人为干扰，让其在自
然状态下进行更新和繁衍。缓冲区
面积为 6903hm²，占保护区总面积的
33.13%，缓冲区人为干扰相对较少，
虽经历过破坏，但通过封育等保护措
施，生态系统已向良好的方向发展。
实验区面积为 6613hm²，占保护区总
面积的 31.74%。主要是探索小北湖自
然保护区可持续发展有效途径。

◎ 科研协作

小北湖自然保护区与东北林业大
学林学院和野生动物资源学院合作，
对保护区进行了野生动植物科研调查，
在对保护区内的红松、长白落叶松母
树林种源的试验研究，确定该种源区
为高产稳产种源，在多数试点种源间
的生长差异显著，种源选择的效果极
为明显，成果水平国内领先，部分达
到国际先进水平。保护区与黑龙江省
林业监测规划院合作，对保护区进行
了全面的本底调查。　（赵国锋供稿）

原始红松林（伦绪彬提供）

三环泡
黑龙江 国家级自然保护区

　　黑龙江三环泡国家级自然保护区位于黑龙江省东北部富锦市境内，地处三江平原腹地，七星河和挠力河北岸，东与挠力河国家级自然保护区接壤，西与七星河国家级自然保护区毗邻。地理坐标为东经132°12′21″～132°57′01″，北纬46°45′07″～46°51′04″。保护区总面积27687hm²，属内陆湿地与水域生态系统类型自然保护区，主要保护对象为内陆湿地生态系统及其栖息的珍稀水禽。保护区始建于1991年，2013年6月经国务院批准晋升为国家级自然保护区。

◎ 自然概况

　　三环泡自然保护区地处三江平原腹地，具有典型的沼泽化低湿平原的地貌景观，全区地势低洼。在区域大地构造单元上，位于吉黑褶皱系佳木斯隆起带。其区域地质演化受整个三江平原地质演化的制约。保护区内地貌类型为低河漫滩，即处于七星河和挠力河左岸低河漫滩，宽度4～6km。海拔高60m左右，西高东低，坡降1/15000～1/10000。保护区内土壤类型主要有白浆土、沼泽土、黑土、泥炭土和草甸土5类。

　　三环泡自然保护区地表水源主要为挠力河和七星河。七星河和挠力河均为永久性河流。七星河流经保护区的西段和中段，挠力河流经保护区的东段。七星河为挠力河的支流，于保护区的东段汇入挠力河。三环泡自然保护区地表多被沼泽覆盖，蓄水能力极强。降水径流迟缓，地表水保存及沉积时间长，水资源十分丰富。

　　三环泡自然保护区地处三江平原腹地，有明显的大陆性季风气候特征，四季分明，春季风力大，降水少；夏

316

季气温高，降水集中；秋季降温快，时有霜冻；冬季漫长，寒冷干燥。全年盛行西风。年平均气温 2.7℃。年平均积温 2587.8℃。最大冻土层深 253cm。无霜期平均为 144 天，年降水量 550mm，年平均蒸发量为 1211mm，全年平均相对湿度为 68%。

三环泡自然保护区内湿地生态系统完整，是三江平原地区保存下来的为数不多、保存完好、面积较大的原始湿地之一，也是三江平原原始湿地生态系统的缩影。湿地类型包括芦苇沼泽、薹草沼泽、小叶章草甸、水域等，是天然的物种基因库和候鸟重要的迁徙停歇地、繁殖地。据调查，保护区内有高等植物有 78 科 236 属 415 种，其中苔藓植物 3 种，蕨类植物 4 种，种子植物 408 种；有脊椎动物 70 科 169 属 301 种，其中圆口类 1 种，鱼类 42 种，两栖类 6 种，爬行类 5 种，鸟类 217 种，兽类 30 种；此外，还有昆虫动物 265 种，土壤动物 51 种，大型真菌 54 种。

◎ 保护价值

三环泡自然保护区是三江平原典型湿地分布区之一，主要保护对象是内陆湿地生态系统及其栖息的珍稀水禽，担负着区域自然生态系统和生物多样性保护的重要任务。

三环泡自然保护区河流遍布，泡沼众多，形成了大面积的沼泽湿地生态系统，构成保护区的主体，是区域湿地生物多样性赖以维持和发展的环境，也是保护区最主要的保护对象。保护区内有芦苇沼泽 9982hm²，小叶章草甸 5666hm²，薹草沼泽 3954hm²，水域 755hm²，湿地类型多样，湿地生态保持良好。

三环泡自然保护区内多样的生境类型，为各种动植物的生长繁衍创造了得天独厚的自然条件，从而聚集了种类繁多的珍稀濒危野生动植物物种。保护区内有高等植物有 78 科 236 属 415 种，其中国家二级保护植物有野大豆、莲、貉藻、浮叶慈姑和乌苏里狐尾藻 5 种；有脊椎动物 70 科 169 属 301 种，其中有国家一级保护动物丹顶鹤、白头鹤、中华秋沙鸭、东方白鹳、黑鹳和白尾海雕等 6 种，有国家二级保护动物水獭、雪兔、白枕鹤、大天鹅、小天鹅、白琵鹭、鸳鸯、白额雁、赤颈䴙䴘等 28 种。此外，还有列入 IUCN 濒危物种红色名录的动物 50 种，列入 CITES 附录的物种 39 种，列入国家保护的有益的或者有重要经济、科学研究价值的陆生野生动物名录的物种 196 种，中日候鸟及栖息地保护协定物种 141 种，中澳候鸟及栖息地保护协定物种 35 种。

三环泡自然保护区内保存完好的原始湿地生态环境为众多水鸟营造了良好的繁殖、栖息生境，每年都有数十万只水鸟在此迁徙停歇和繁殖栖息，是东北亚地区水禽越冬迁徙的主要通道和重要停歇地。每年春秋季节在三环泡自然保护区迁徙停歇的白枕鹤数量均在 100 只以上，在保护区内的繁殖巢 10 多个；春季迁徙停歇的白头鹤种群数量 200～600 只，停歇时间 1 周左右；迁徙停歇的白额雁在 3 万只以上；花脸鸭、绿头鸭均在 1 万只以上，以及鸻鹬类、鸥类等其他种类数以万计的水鸟。

三环泡自然保护区是全球同一气候带湿地生态系统中，具有较高代表性或典型性的区域。区内大面积湿地为野生动物，特别是水鸟，提供了良好的隐蔽场所、生存空间以及食物条件，优越的自然条件和丰富的生物多样性使保护这块原生性湿地景观及珍稀野生动植物物种更具有特殊的意义。

◎ 功能区划

三环泡自然保护区划分为核心区、缓冲区、实验区 3 个功能区。根据三环泡自然保护区湿地及濒危水鸟的分布情况，在保护区划分 2 个核心区，一个核心区位于七星河北岸，保护区西部（Ⅰ核心区），一个核心区位于挠力河北岸，保护区东部（Ⅱ核心区）。核心区总面积 10919h㎡，占保护区总面积的 39.44%。核心区是湿地的主要分布区，这里湿地集中连片分布，植被类型齐全，是芦苇和薹草主要分布区，水资源极为丰富，常年积水，土质肥沃。是鹳类和鹤类的主要分布区，90% 以上的白枕鹤和丹顶鹤在此区栖息繁殖。保护区的两个核心区与挠力河国家级自然保护区和七星河国家级自然保护区的核心区和缓冲区相连，与这两个保护区形成一个完整的湿地生态系统。

缓冲区位于两个核心区的北部及两个核心区中间间隔地区。缓冲区面积 10114h㎡，占保护区总面积的 36.53%。缓冲区也是鹤类、雁鸭类等水鸟春秋迁徙季节的主要觅食地和停栖地，湿地景观保持良好。

实验区在缓冲区的外围，主要分布在保护区东西两端和北部边缘，实验区总面积 6654h㎡，占保护区总面积的 24.03%。在实验区可以进行科研、教学实习等活动。

◎ 科研协作

三环泡自然保护区自 2005 年保护区管理局成立以来，与东北林业大学、中国科学院东北地理与农业生态研究所等科研院所合作开展了鸟类、湿地等多项调查研究，在《野生动物》《湿地科学与管理》等杂志发表论文多篇。2010 年，三环泡自然保护区开展了国际合作项目——"中德合作中国湿地生物多样性保护项目"，项目为期 4 年，通过应用综合生态系统管理方法，制定并实施可持续湿地生物多样性管理模式，有效地促进了保护区湿地生物多样性保护管理水平提高。保护区独立开展了水鸟科研监测和环志，获得了大量科学数据，为科学研究和保护管理提供了依据。　　（李宇供稿）

乌裕尔河
国家级自然保护区

黑龙江乌裕尔河国家级自然保护区位于黑龙江省齐齐哈尔市富裕县境内，松嫩平原北部，乌裕尔河中游，与扎龙国家级自然保护区隔路相望。地理坐标为东经124°16′15″~124°52′56″，北纬47°30′04″~47°50′35″。保护区总面积55423hm²，属内陆湿地和水域生态系统类型，主要保护对象为松嫩平原北部半干旱地区典型内陆湿地与水域生态系统，丹顶鹤、东方白鹳、野大豆等珍稀濒危野生动植物及东亚鸟类重要国际迁徙通道和停歇地。保护区始建于2006年，2013年6月经国务院批准晋升为国家级自然保护区。

◎ 自然概况

乌裕尔河自然保护区位于松嫩平原北部。该地区地势为自东北向西南缓倾斜，海拔150~220m。东北部为小兴安岭山前高平原，地面波状起伏，宽沟与岗阜相间；中部为乌裕尔河，嫩江及其支流的河谷冲积平原，地面平坦，部分地区分布有砂岗，自然堤及少数洼地；南部为宽广的冰水—冲积平原，地势低平。在地貌成因上，该地主要受到河流和风力双重影响。由于嫩江和乌裕尔河的冲击作用及北半球流体右偏，嫩江主河道西移在保护区留下许多自然阶地和众多的沙丘漫岗等风成地貌穿插分布，使该区雕塑堆砌成以波状起伏、丘岗错落、河道溪流纵横、湖泊泡沼密布、大平小不平的低平原区河湖相冲积地貌为主的复杂的微地貌类型。该地区有为数众多的明水泡。这些明水泡与气候和乌裕尔河上游的径流有较大的关系。

乌裕尔河自然保护区属温带大陆性季风气候，主要特点是：冷暖变

富海镇湿地（李强摄）

化明显，冬季寒冷漫长。春季干燥风大，夏季炎热多雨，秋季凉爽早霜，保护区年平均气温 3.1℃，年降水量为 427.4mm，平均无霜期为 130 天左右，降雪期为 150 天左右。雪量平均 20～30cm。

乌裕尔河自然保护区位于乌裕尔河中上游的湖沼苇草地带。区内主要河流为乌裕尔河。乌裕尔河发源于小兴安岭西坡山前台地的沼泽湿地中，源头海拔 418m，河流全长 576km，流域面积达 15084km²，平均水深在 1.3m。其特点是河道弯曲，河滩地面积较大，河道率乱，河槽切割不深。乌裕尔河是独立于嫩江水系的一条内流河。正常年份，乌裕尔河与嫩江有分水高地相隔，无地表水联系。但在乌裕尔河出现高水位时，即有部分洪水溢出河床，借塔哈河河道流入嫩江。

由于该地区地表水资源丰富，因而地下水贮量也十分丰富。据有关资料表明，地下水埋深在 0.47～2.50m，有利于降水和地表水的渗入。地下水由于补充来源充足，储存径流条件好，蓄水性强。单井涌水量为 200～600m³/天。矿化度 <1g/L，pH 值为 6.7～8.45，铁离子 < 0.3mg/L，SO_4^{-2} 含量在 0～20mg/L，氯离子含量 < 60mg/L。

乌裕尔河自然保护区地处嫩江左岸，乌裕尔河中上游。属干旱、半干旱的冲积、风积平原。地形开阔平坦，沿河漫滩上相间分布着风积沙丘，相对高差 5～10m，低洼的冲积平原上湖泊泡沼星罗棋布。保护区主要土壤是草甸沼泽土，其次是潜育草甸土和碳酸盐草甸土，大约占该区面积的 60%，分布较为集中成片，风沙土、黑钙土、盐土、碱土的面积不足 40%，其分布广，又零散。

乌裕尔河自然保护区地处多个植物区系的交错地带，野生植物种类繁多，共有高等植物 83 科 501 种，其中

富路镇湿地（张平摄）

乌裕尔河富路镇湿地（马德义摄）

乌裕尔河龙安桥镇湿地（都业慧摄）

苔藓植物12科17属20种；蕨类植物2科2属3种；种子植物69科243属478种。国家二级保护植物野大豆1种。

据调查统计乌裕尔河保护区共有野生脊椎动物346种。其中：兽类4目9科25种，鸟类17目48科265种，爬行动物3目3科3种，两栖动物2目4科6种，鱼类9科35属47种。有国家一级保护动物7种，分别是东方白鹳、黑鹳、金雕、丹顶鹤、白鹤、白头鹤、大鸨；国家二级保护动物34种，主要是猛禽类、天鹅类和鹃鹏类。

乌裕尔河自然保护区由于独特的地质、地貌、植被、气候等因素的影响，使得生物种类繁多，动、植物珍稀奇特，形成多层次、多类型的生物旅游资源。

乌裕尔河自然保护区内河流众多、泡沼星罗棋布，连环错落，布局井然，河水清澈透明，景观如画，神奇而美妙。

乌裕尔河自然保护区由于地处多个植物区系的交错地带，植物种类繁多，春季来临，冰雪融化、万物复苏，一片生机盎然的景象；夏季，各种野花争相绽放，争奇斗艳；秋季，一片金黄，让人目不暇接；冬季，银装素裹、雪海茫茫，无垠的白雪与蓝天相互辉映，恍若仙境。保护区保存了原始湿地生态系统，也是众多湿地动物，特别是水禽迁徙的主要通道上，成为多种鸟类的繁殖地、越冬地或迁徙途中的停歇地。宽阔的湿地中，珍稀的白鹭、丹顶鹤、大天鹅、鸳鸯等鸟类在自由飞翔和悠闲漫步，吸引游客前来观赏。

◎ 保护价值

乌裕尔河自然保护区是松嫩平原目前保存完好未受破坏的天然湿地生态系统，天然湿地面积达42719 hm²，占保护区总面积的77.08%，自然度比较高。保护区适合丹顶鹤等珍稀水禽栖息的生态环境，吸引了大量的丹顶鹤、白枕鹤、大天鹅等珍稀水禽来此繁殖栖息，成为东北亚多种迁徙旅鸟迁徙停留的中转站。

由于嫩江和乌裕尔河的冲击作用及北半球流体右偏，嫩江主河道西移在保护区留下许多自然阶地和众多的沙丘漫岗等风成地貌穿插分布，使保护区雕塑堆砌成以波状起伏、丘岗错落、河道溪流纵横、湖泊泡沼密布、大平小不平的低平原区河湖相冲积地貌为主的复杂的微地貌类型。这种地

鸿雁（李强摄）

乌裕尔河富海镇龙珠湖发现天鹅（王永刚摄）

貌类型使流经该区的河流周围发育形成大面积的独特的草本沼泽湿地生态系统，形成了独特的生物循环和地球化学循环。这种湿地生态系统反映了松嫩平原湿地的特征，发育典型，反映了温带内陆平原沼泽湿地的特性，在湿地生态系统中具有代表性。

乌裕尔河自然保护区位于松嫩平原腹地，地处多个植物区系的交错地带，具有发育良好的草塘、沼泽、草甸、灌丛4种植被类型，具有较高的稀有性。独特的生境类型，为众多稀有野生动植物提供了良好栖息环境。共有高等植物83科262属501种。其中苔藓植物12科17属20种；蕨类植物2科2属3种；种子植物69科243属478种。有野生脊椎动物346种，占黑龙江省野生脊椎动物总种数的60.1%。有鸟类17目48科265种，占黑龙江省鸟类种数（356）种的74.4%，其中，非雀形目鸟类共151种，占保护区鸟类种数的56.98%，雀形目鸟类

塔哈镇湿地（李强摄）

114 种，占 43.02%；爬行类 3 目 3 科 3 种，占黑龙江省爬行类种数 16 种的 18.75%；有两栖类 2 目 4 科 6 种，占黑龙江省两栖类种数 12 种的 50%，两栖类种类较少，但种群数量大。有鱼类 9 科 35 属 47 种。

乌裕尔河自然保护区是具有典型代表性的内陆沼泽湿地生态系统为优势的稳定生态系统。具有松嫩平原湿地的典型性和代表性。在此可利用生态定位观测站开展水源涵养、气候变化及各生态系统内部演替规律，生物多样性保护等方面的研究，科研价值极高。

◎ 功能区划

乌裕尔河自然保护区划分为核心区、缓冲区、实验区 3 个功能区，其中核心区面积 19542hm²，占总面积 35.26%；缓冲区面积 15729hm²，占总面积 28.38%；实验区面积 20152hm²，占总面积 36.36%。

◎ 科研协作

自 20 世纪 90 年代，相继有东北林业大学、哈尔滨师范大学、黑龙江省野生动物研究所等大专院校和科研机构来乌裕尔河保护区进行湿地植物、湿地鸟类等资源调查研究，在《林业科技》《黑龙江水利科技》《东北水利水电》和《水土保持研究》等杂志上发表 10 余篇文章，同时又与黑龙江省湿地研究中心合作进行了松嫩平原恢复与保护技术究和松嫩平原恢复与示范研究。　　（霍忠文、丰田供稿）

龙安桥湿地（张平摄）

红脚鹬（王晓刚摄）

乌裕尔河塔哈镇湿地（都业慧摄）

中华秋沙鸭

黑龙江 茅兰沟
国家级自然保护区

　　黑龙江茅兰沟国家级自然保护区位于黑龙江省东北部，小兴安岭北坡，嘉荫县境内，南临汤旺河林业局施业区，西与乌伊岭林业局接壤，北与嘉荫县的乌云林场相邻，东临黑龙江。地理坐标为东经 129°32′50″～129°54′46″，北纬48°52′00″～49°10′09″。保护区总面积 35868hm²，是以保护森林生态系统及赖以生存的珍稀濒危野生动植物资源为主的森林生态系统类型自然保护区。保护区始建于 2002 年，2013 年 12 月经国务院批准晋升为国家级自然保护区。

◎ 自然概况

　　茅兰沟自然保护区地势西南高，东北低。黑龙江流经逊克县，在葛贡河口入境，汇乌云河、结烈河、乌拉嘎河、嘉荫河等流经萝北县。小兴安岭和黑龙江是构成嘉荫县地貌的决定因素。茅兰沟自然保护区大多为漫岗丘陵区，地势西高东低，生长大多是天然林，平均海拔 250m。沿黑龙江水系形成的带状冲积平原，水草丰茂，平均海拔 150m。属于温带大陆性季风气候区北部，其特点是冬季漫长、干燥、严寒；夏季温和多雨；早春低温多雨雪易涝，暮春少雨易干旱；秋季降温

迅速，常有冻害发生。年平均气温约−1.5℃，年降水量500～600mm，主要集中在7、8月之间，无霜期110～120天。茅兰沟自然保护区土壤资源丰富，种类繁多，主要有：暗棕壤、草甸土、白浆土、河淤土、沼泽土和泥炭土6种类型，其中暗棕壤为保护区土壤的代表。茅兰沟自然保护区内河流均发源于小兴安岭，流入黑龙江，属黑龙江水系，区内河流有：茅兰沟河、九旗大河、库尔勒斯河、西支流河和乌云河5条支流，均汇入黑龙江。其中，乌云河发源于乌云山南坡，河因山得名。全长141km，河床宽10～35m。该河流经嘉荫农场入黑龙江，流域面积2500km²。茅兰沟河发源于小兴安岭深处的五子旗大岗，受地形影响，形成跌水而发育成众多瀑布和深潭。呈西−东北方向延伸，蜿蜒曲折流入黑龙江。

茅兰沟自然保护区是我国东北地区典型性的森林生态系统，因而在保护区内有复杂的生境类型，包括河流、瀑布、湖泊、深潭、草甸、沼泽、灌丛、针阔混交林和落叶阔叶混交林等多种生境。由于生境类型的多样性也必然导致野生生物物种的多样性。根据实地调查及分析统计，茅兰沟自然保护区共有高等植物149科396属753种，其中苔藓植物48科80属103种，蕨类植物40种，隶属于12科24属，种子植物（裸子和被子植物）89科292属610种。脊椎动物33目71科311种，其中鱼类7目12科44种，两栖类2目4科7种，爬行类动物3目4科10种，鸟类17目42科198种，哺乳类6目17科52种。此外，还有昆虫367种，隶属于10目73科，大型真菌8目33科261种。

◎ 保护价值

茅兰沟自然保护区类型属于自然生态系统类−森林生态系统类型。保护区的主要保护对象是以保护森林生态系统及赖以生存的珍稀濒危野生植物资源。茅兰沟自然保护区自然生态条件良好，遭受人为破坏和干扰较少，生态系统类型保存完整，森林景观独特，珍稀物种多样集中，是集生物多样性保护、科学研究、生态旅游和可持续利用于一体的自然保护区。这里不仅有着丰富的野生动植物资源，而且还有着极其丰富的自然景观资源。茅兰沟自然保护区内山清水秀，景色迷人，奇山异石林立、深潭瀑布奇特，被人们誉为塞北的九寨沟。茅兰沟自然保护区具有以下保护价值和特点：

（1）森林生态系统类型独特。茅兰沟自然保护区山高谷深，相对高差较大，因难以采伐利用从而使这片大面

水曲柳

湿地

茅兰瀑布

三棵针

鸳鸯

狍子

猴头菇

东方白鹳

长尾林鸮

积森林得以完整保存，形成的森林类型复杂多样。保护区内植物种类繁多，生境特异，森林植被类型多样，分布着大面积保存完整的森林生态系统，主要森林类型包括针阔混交林、云冷杉林、云冷杉红松林、兴安落叶松林、樟子松林及天然次生林等，森林类型丰富，生态系统多样，几乎囊括了小兴安岭北部林区的所有森林类型，有着广泛的代表性和典型性。

茅兰沟自然保护区内共分布有高等植物753种，其中，苔藓植物48科80属103种，蕨类植物12科24属40种，种子植物89科292属610种。其中，国家二级保护植物有红松、水曲柳、黄檗、紫椴、野大豆等7种。如此独特的森林生态系统类型是其他周边自然保护区乃至全国同类自然保护区所没有的。

（2）中华秋沙鸭等国家重点保护动物的聚集区和栖息地。茅兰沟自然保护区是我国中华秋沙鸭的重要聚集

区和迁徙地，最大种群数量达45只。同时，茅兰沟自然保护区还分布有国家一级保护动物原麝、紫貂、丹顶鹤、东方白鹳、黑鹳、金雕、细嘴松鸡7种，分布有马鹿、棕熊、花尾榛鸡、鸳鸯等国家二级保护动物37种，这说明茅兰沟自然保护区是众多珍稀野生动物的良好栖息地和繁殖地。这些珍稀动物在保护区内都有集中分布，如此数量之多是国内同类保护区中所罕见的。

（3）自然地质遗迹独特。茅兰沟自然保护区在地质历史上曾发生过多次强烈的地壳运动，岩浆活动，沉积作用和变质作用。保护区内分布有花岗岩峡谷地貌遗迹、水体景观类地质遗迹、花岗岩构造遗迹及典型生物风化地貌遗迹等。这些独特的自然地质遗迹形成了目前茅兰沟自然保护悬崖峭壁耸立，沟壑纵横交错，奇峰怪石林立，原始风貌奇特，瀑布深潭叠布的独特自然景观。这些地质遗迹与原始森林生态系统的完美组合，充分体

现了茅兰沟自然保护区的独特性与典型性。

（4）区位重要。茅兰沟自然保护区位于中俄边界，与俄罗斯隔江相望，保护区内河流众多，纵横交错，水资源丰富，所有河流均直接汇入黑龙江，因此，茅兰沟自然保护区的建设和发展对黑龙江的涵养水源及国土安全都具有重要意义。

（5）重要的科学研究基地。茅兰沟自然保护区内拥有多种森林类型，既有针叶林、针阔混交林，又有阔叶混交林、蒙古栎和部分人工林及沼泽湿地，具有温带森林的典型特征。在研究我国温带森林的形成、发展、演替规律及资源的合理利用和保护方面，具有很高的科学价值。保护区内蕴育的大量动植物资源不仅维持了该区生物链的平衡，而且也成为物种基因的会在库，对于科学研究无疑是一处极好的资料库。

鸟云河

紫椴

云杉林

樟子松林

◎ 功能区划

为了更好地保护森林生态系统，根据自然保护区功能区划的理论与原则，结合茅兰沟自然保护区资源分布特点及生态保护功能与其他功能协调统一的需要，将保护划分为核心区、缓冲区、实验区3个功能区。核心区位于保护区的中心，集中分布着处于保存完好的森林生态系统及珍稀动植物资源。核心区面积为12904hm²，占保护区总面积的36.0%，是绝对保护区域，未经过批准，任何人不得入内。缓冲区面积为11960hm²，占保护区总面积的33.3%，位于核心区的外围，

对核心区起到良好的庇护作用，可适当安排一些科学考察和生态监测等活动。实验区面积为11004hm²，占保护区总面积的30.7%，主要用于科学实验、生态旅游及多种经营等项目。

◎ 科研协作

茅兰沟自然保护区与东北林业大学生态学、植物学、土壤学、动物学、林学、地理信息系统等多学科的专家、教授先后对保护区的自然概况、动植物资源以及社会经济状况等进行了综合考察。并在大量的科学考察基础上，完成了《黑龙江茅兰沟自然保护区综合科学考察报告》。与哈尔滨师范大

学积极合作，完成了"哈尔滨师范大学专业实习基地"的挂牌工作。为了进一步掌握茅兰沟自然保护区内野生动物资源的基础信息，摸清各物种的数量、分布、动态及栖息地状况，认清影响和威胁野生动物生存发展的客观因素，为有效保护和合理利用野生动物资源提供可靠的决策依据，在茅兰沟自然保护内设置固定监测点和临时监测点，进行长期监测。目前已监测到国家一级保护动物东方白鹳、丹顶鹤等，国家二级保护动物有鸳鸯、黑熊、马鹿、水獭等，其他还有獾子、狍子、野猪、苍鹭、鸬鹚等。

（茅兰沟自然保护区供稿）

中央站黑嘴松鸡
国家级自然保护区

黑龙江

黑龙江中央站黑嘴松鸡自然保护区位于黑龙江省西北部，大、小兴安岭过渡地带的伊勒呼里山南麓，松嫩平原北部边缘。地处黑龙江省黑河市爱辉区、嫩江县及内蒙古自治区莫力达瓦达斡尔族自治旗、鄂伦春自治旗四县(区)毗邻地界。地理坐标为东经125°44′57″～126°13′31″，北纬50°38′23″～50°40′10″。保护区总面积为46743hm²，是以保护黑嘴松鸡为代表的珍稀濒危野生动物为重点，全面保护该地区的寒温带针叶林与温带针阔叶混交林过渡带的典型森林生态系统的野生动物类型自然保护区。保护区始建于2006年，2013年12月经国务院批准晋升为国家级自然保护区。

黑嘴松鸡

◎ 自然概况

黑龙江中央站黑嘴松鸡自然保护区为低山丘陵区，属新华夏系第三褶皱隆起带北段大兴安岭隆起的北端，大、小兴安岭山脉结合部，东依小兴安岭，西靠嫩江，地势北高南低，东高西低。最高海拔620.1m，最低海拔330.0m，坡度多在5°～15°之间。地形起伏不大，岗脊平缓，沟宽谷阔，河谷多沼泽，无明显山峰。气候属温带大陆性季风气候，但也兼有寒温带大陆季风气候特征。冬季受西伯利亚寒流的影响，异常寒冷，但受沿黑龙江而上的温暖气团影响，比伊勒呼里山北部地区温暖而湿润。主要表现为春季风大干燥，夏季温湿多雨，秋季多风少雨，冬季寒冷而漫长，盛行北风和西北风。最高气温37℃，最低气温－48℃，年平均气温－0.5℃。年平均降水量500mm，并且主要集中在6～9月份。无霜期85～100天。纬度较高，土壤受自然和人为因素的影响，有着不同的发育方向，地带性土壤为暗棕壤。保护区内河流均属嫩江水系，支流水系河网密布，水源丰富。嫩江干流纵贯保护区西界，在保护区界内约有50km。主要支流有十五里小河、十站河、东沟等。这些支流受降雨量影响较大，雨季水流大，其他季节雨量疏缓水流小，甚至有的干涸，河槽明显。

中央站黑嘴松鸡自然保护区位于大、小兴安岭过渡地带，松嫩平原北部边缘，既有大、小兴安岭动植物资源的特性，又有松嫩平原物种的渗透，因此保护区动植物资源十分丰富，几乎囊括了大、小兴安岭林区的所有森林类型，三区动植物资源大部分均有分布。

中央站黑嘴松鸡自然保护区保存有完整的森林生态系统，动植物种类丰富且具有较高的代表性和多样性。

嫩江湿地

328

黑嘴松鸡

大花杓兰

紫点杓兰

因此，黑龙江中央站黑嘴松鸡自然保护区是保护森林生态系统和生物多样性的基地。据调查，保护区有植物670种、脊椎动物383种。

◎ 保护价值

中央站黑嘴松鸡自然保护区作为大小兴安岭过渡地带的保护区，其主要保护对象是以黑嘴松鸡为代表的珍稀濒危野生动物及其赖以生存的生态环境。

这里有大面积的杓兰、羊耳蒜、绶草等珍稀濒危的兰科植物分布，特别是紫点杓兰、大花杓兰分布较广。在东北地区如此大面积集中连片分布的杓兰是十分罕见的；每当兰花盛开的时候，森林中到处都飘着花香。满眼紫色的是优雅的紫点杓兰，红红的是气势磅礴的大花杓兰，在绿草的映衬下显得格外娇娆。

中央站黑嘴松鸡自然保护区位于黑龙江省嫩江县境内，地处大兴安岭寒温带针叶林区东南缘，与小兴安岭寒温带针阔叶混交林相邻，因此动植物区系表现出大、小兴安岭区系交错、过渡的特点。黑龙江中央站黑嘴松鸡

自然保护区是典型的高寒森林生态系统，区内有森林、灌丛、湿地和草甸。森林有针叶林、针阔混交林及阔叶林；湿地有森林沼泽、灌丛沼泽和草本沼泽，以及沼泽化草甸等多种植物群落，以上植被是整个生态系统的主要组成成分，是系统生产力的来源，控制着整个生态系统的环境条件。保护区内水体分属于嫩江水系，河流纵横、沼泡遍布，与区内的森林、灌丛、草甸、沼泽相互交替，为各种野生动物生存、觅食、栖息和繁衍提供了适宜的环境。

中央站黑嘴松鸡自然保护区大部分面积都被森林所覆盖，森林覆盖率达82.4%。区内森林主要分为针叶林、针阔混交林及阔叶林3个类型。

中央站黑嘴松鸡自然保护区高等植物种类组成较丰富，根据野外调查及资料统计，保护区记录有植物670种，隶属于94科286属。其中苔藓植物19科39属59种，蕨类植物4科6属10种，种子植物71科241属601种；种子植物包括裸子植物1科3属4种，被子植物有70科238属597种，被子植物包括双子叶植物科56科190属，471种，单子叶植物14科48属126种。

药用植物资源有芍药、唐松草、短瓣金莲花、野罂粟、红花鹿蹄草、兴安杜鹃、铃兰、百合等；饲用植物资源有大叶章、野豌豆、兴安胡枝子、草木犀、野大豆、刺儿菜等；纤维植物资源主要有落叶松、红皮云杉、紫椴、柳兰等；食用野菜、野果植物资源主要有马齿苋、展枝唐松草、大叶野豌豆、玉竹、北黄花菜、山荆子、笃斯越橘、越橘等；鞣料植物资源：有蕨、落叶松、红皮云杉、樟子松、沼柳、大黄柳、黑桦、白桦、榛子、北重楼等；蜜粉源植物资源：有紫椴、广布野豌豆、胡枝子、千屈菜等；观赏与环保植物资源主要有柳、桦、榆、金丝桃、鸢尾、萱草等。

在保护区中，众多的野生动物经过漫长的自然演变和不断发展，在森林、湿地、灌丛和草甸等各类栖息生境中形成了复杂的食物网络，能量流动渠道、种群调节机制和空间结构。动物与生境之间经过长期适应，能和谐共存、互相关联、优化发展，形成了比较稳定的群落结构和生物多样性空间格局。

中央站黑嘴松鸡自然保护区在动物地理区划上属古北界东北区大兴安

黑琴鸡

斑翅山鹑

蒙古栎

越橘（果）

笃斯越橘

花尾榛鸡

岭亚区大兴安岭北部山地省寒温带针叶林州。区内河流纵横，气候条件和栖息生境适宜种类繁多的动物栖息繁衍，使区内动物资源十分丰富。保护区内栖息着很多珍稀物种和重要的经济物种，是野生动物丰富的资源库和基因库，在保护生物多样性方面具有极其重要的科学研究价值，保护区丰富的野生动物资源历来为国内外学者和专家所瞩目。

据调查，中央站黑嘴松鸡自然保护区记录有脊椎动物383种，包括兽类54种、鸟类255种、爬行类9种、两栖类7种、鱼类57种、圆口类1种。国家一级保护动物8种，其中鸟类6种，兽类2种。国家二级保护动物49种，其中鸟类41种，兽类8种。此外，黑嘴松鸡等作为国家重点保护野生动物资源及保护区种群数量较多的物种，在区内广泛分布。雪兔、狍、麝鼠、黄鼬等几乎遍布全区，且近年来数量呈上升趋势。

嫩江为松花江重要支流，发源于大兴安岭伊勒呼里山，自北而南流经

黑龙江、内蒙古、吉林三省（自治区）的16市（县、旗），在三岔河汇入松花江。全长1370km，流域面积24.39万km²。

保护区内水资源十分丰富，流经河流均属嫩江水系，嫩江干流纵贯保护区西界，流经保护区约50km，其支流主要有十站河、十五里小河等。丰沛的水源孕育了大面积的沼泽和湖泊。这里的湿地主要有河流湿地、草本沼泽湿地、灌丛沼泽湿地及森林沼泽湿地4种类型，面积达7211hm²，占保护区总面积的15.4%，这部分湿地基本保持原始状态，是嫩江源头重要的汇水区和水源涵养区，也是我国温带森林生态系统较为完好、相对稳定的典型地之一。所以保护区的建立及保护，将对研究嫩江流域的人类活动、大小兴安岭森林变迁以及维护生态平衡和保护物种基因等方面提供评价的依据，并对探讨保护区生态系统的天然和人工演化，提供多学科综合性的研究基地。

中央站黑嘴松鸡自然保护区在地

理位置上具有得天独厚的条件，地处嫩江上游、大小兴安岭、松嫩平原的交汇处，是嫩江重要的水源地；这里有特殊的高寒森林和湿地生态系统、大面积的珍稀濒危兰科植物、以黑嘴松鸡为代表的珍稀濒危动物，是重要的野生动植物资源库和基因库。独特的地理区位，多样的生态系统，珍稀濒危野生动植物资源，使中央站黑嘴松鸡自然保护区在同一气候带上具有较高的典型性、稀有性和代表性，有极高的保护价值。

◎ **功能区划**

中央站黑嘴松鸡自然保护区根据资源特点和保护对象，将功能区划分为核心区、缓冲区及实验区3个功能区。由于嫩呼公路在保护区中部贯穿，将保护区分割为东、西两个部分。

核心区：核心区面积为20271hm²，占保护区总面积的43.37%。保护区主要保护对象如黑嘴松鸡、驼鹿、黑琴鸡等均有一定的种群数量分布，而生境条件也相差无异，且在路西的保护

区边界为嫩江，基本无人干扰，并在沿江划200m宽的一条缓冲带，以确保核心区的安全。在此区发现过黑嘴松鸡的巢，适于建黑嘴松鸡的繁殖区。该区域是天然落叶松母树林、天然次生林及湿地的集中分布区和黑嘴松鸡、驼鹿、丹顶鹤等珍稀野生动物主要栖息地，也是十五里河和十站河的源头，具有很高的保护价值。

核心区保存完好的森林生态景观，是黑嘴松鸡等濒危动物生存和发展的区域，有足够大的面积，满足珍稀鸟类栖息繁衍和正常活动所要求的最小空间范围。此区要绝对保护，禁止进入和开展任何活动。

缓冲区：缓冲区位于核心区的四周。缓冲区面积为10194hm²，占保护区总面积的21.81%。区域内保存有一定面积天然落叶松母树林、天然次生林及湿地，是对核心区保护对象的有效保护和补充。

实验区：位于缓冲区的周围。实验区面积为16278hm²，占保护区总面积的34.82%。主要植被类型是落叶松林、天然次生白桦林、蒙古栎林和一定面积的草甸沼泽。在实验区可以适当开展多种经营和生态旅游活动，以作为保护区建设的经济支撑。但不得进行采伐、采石、采矿等有碍自然保护的生产活动。

◎ 科研协作

中央站黑嘴松鸡自然保护区建立以来，分别与北京林业大学、东北林业大学、哈尔滨师范大学、通化师范学院、全国鸟环志中心、黑龙江高峰鸟类保护环志站等大专院校和科研机构合作，进行了野生动植物资源调查及研究。通过开展鸟类环志工作、黑嘴松鸡繁殖监测，基本摸清重点保护动物黑嘴松鸡的活动规律、种群结构、数量、生境变化影响。为保护区研究方向的制订、研究内容规划以及具体方案的实施打下了坚实的基础。

总之，中央站黑嘴松鸡自然保护区，珍稀物种多样集中，森林生态系统类型保存完整，湿地景观独特，是集生物多样性保护、科学研究、生态旅游和可持续利用于一体的自然保护区。作为大小兴安岭、松嫩平原的交汇处、嫩江的重要汇水区和水源涵养区及独特的高寒森林生态系统，具有国家意义上的珍贵性和稀有性，具有很高的保护价值。

（中央站黑嘴松鸡自然保护区供稿）

河流湿地—永久性河流—嫩江

黑龙江 明水
国家级自然保护区

　　黑龙江明水国家级自然保护区位于黑龙江省中南部，松嫩平原北部，绥化市明水县境内，地处绥化市、大庆市、齐齐哈尔市的青冈、林甸、依安三县毗邻地界。地理坐标为东经125°16′48″～125°31′15″，北纬47°01′21″～47°17′18″。保护区总面积30840hm²，主要保护对象为东北地区中温带湿地植被及野大豆、丹顶鹤、大鸨、东方白鹳、金雕等珍稀濒危的野生动植物资源为主的沼泽湿地生态系统类型自然保护区。保护区始建于2007年，2013年12月经国务院批准晋升为国家级自然保护区。

◎ 自然概况

　　明水自然保护区地质构造属新华夏系构造体系，处于吉黑块断带的松辽断限的北部边缘，东南与青冈隆起毗邻，是松嫩平原的一部分。在新构造运动上，表现为以下降为主的升降运动，地势平坦开阔，地表径流不发育，地质形成属堆积类型，地面组成物质为黄土状亚黏土。保护区内海拔156.7～235m，属明显的温带大陆性季风气候。因受海洋暖湿气流和西伯利亚冷空气的双重影响，四季气候变化明显，主要特点为春季风大干旱，夏季温湿多雨，秋季多风干燥，冬季寒冷而漫长。年平均气温0～1.5℃，无霜期87～102天，个别年份可达120天，适合大部分植物生长，全年结冻期6个月左右，积雪期160天左右，平均积雪厚度27cm，全年日照时数约2280h，年降水量450～700mm，年平均相对湿度73%；土壤受地势、气候、水文、母质等因素影响，逐步形成黑钙土、草甸土、沼泽土、盐土和碱土、砂土6个现有土型。引嫩河纵贯保护区南北，是大庆市的重要饮用水源地之一；依安县

核心区

核心区

缓冲区

缓冲区

核心区

缓冲区

双阳河水和明水县繁华水库水通过引嫩排水干渠注入保护区，为保护区提供了重要的水资源，保护区内还有自然形成的湖泊——西林湖；地下水中以有害的含低钠盐类水为主。

明水自然保护区内湿地类型丰富，主要包括沼泽湿地、湖泊湿地和河流湿地，其中沼泽湿地是保护区湿地的主体，主要以草本沼泽和薹草沼泽化草甸形式存在；河流湿地主要是嫩江支流流域流经保护区形成的，主要包括河面、河滩和沿河流边缘构成的天然河流湿地；季节性河流湿地主要为洪泛平原草地和河滩，流经保护区的

河流周围低洼平原地形成季节性积水区，常年的积水形成这一类型的湿地。保护区湖泡、草甸和沼泽湿地中分布有大量适于湿润条件的沼生、湿生和部分中生植物，其中也有属于第三纪孑遗植物种，同时，也为多种水生生物和大多数鸟类提供了适宜的栖息地生境。经实地调查及分析统计共有高等植物501种，有脊椎动物306种。

◎ 保护价值

明水自然保护区是松嫩平原目前保存较好的天然湿地，主要保护对象为温带湿地植被及野大豆、丹顶鹤、

大鸨、东方白鹳、金雕等珍稀濒危的野生动植物资源。

明水自然保护区内多为大面积的天然草本沼泽湿地，由于长年积水，人为活动相对较少，所以保存较为完好，自然度较高。在动物地理区划中属古北界、东北区、松辽平原亚区，具有松辽平原动植物区系特征，在地理位置上某些生物物种具有适应北方寒冷气候的特征。因为西部与蒙新区东部草原亚区相隔不远，所以某些物种具有适应干旱草原气候的特点。保护区内植被繁茂，河流交错纵横，分布有大面积的芦苇沼泽、薹草沼泽及

大鸨

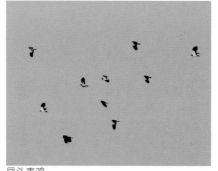
凤头麦鸡

鸿雁

绿头鸭

引嫩河

草塘，大小湖泊、草原、草甸镶嵌其中，共同形成一个复杂多样、相互交错的平原湿地景观，充分体现了我国松嫩平原湿地的典型性，是野生动物适宜的栖息地和繁殖地。保护区生态系统基本处于自然演替阶段。目前保护区湿地保持着原始状态，其独特的自然资源状况，适合丹顶鹤、白枕鹤、大鸨等珍稀水鸟来此栖息繁殖，成为东北亚多种迁徙旅鸟迁徙停留的中转站。湿地丰富的食物资源和良好的隐蔽条件，也为多种冬候鸟创造了较好的取食和栖息场所。

明水自然保护区内野生植物众多，春、夏、秋三季五颜六色的野花令人目不暇接。湿地、湖泊、鲜花构成一幅和谐的自然风景画。经统计，保护区分布高等植物83科262属501种。

其中，苔藓植物有12科17属20种；蕨类植物2科2属3种；种子植物（仅有被子植物）69科243属478种。保护区有国家级重点保护植物野大豆，中国特有植物百合科知母。

保护区保存了原始湿地生态系统，大面积沼泽湿地的分布，成为湿地动物的乐园，也是水鸟迁徙的主要通道。保护区共有脊椎动物306种，其中，哺乳类动物6目13科32种，主要是狼、黄鼬、五趾跳鼠、草原黄鼠等；鸟类16目45科229种，主要包括国家一级保护鸟类东方白鹳、金雕、白鹤、丹顶鹤和大鸨5种，国家二级保护鸟类白鹳、白琵鹭、赤颈鹧鹛、白额雁、鸳鸯、大天鹅、灰鹤、白枕鹤、小杓鹬、小鸥及隼形目、鸮形目鸟类等共计32种；两栖类动物2目4科6种，主要

有极北鲵、花背蟾蜍、中华蟾蜍、无斑林蛙、黑斑蛙等；鱼类有7目10科33种，有北方山区鱼类、北极淡水鱼类，也分布有北方平原鱼类和江河平原鱼类，还有起源于古代上第三纪北半球北温带的上第三纪鱼类。

明水自然保护区是以湿地生态系统、自然景观资源和栖息于其中的珍稀濒危野生动植物为主要保护对象，集生物多样性保护、科学研究、宣传教育与生态旅游等多项功能于一体的综合性自然保护区，是开展内陆湿地保护和研究的重要基地。

◎ 功能区划

明水自然保护区按照保护区功能，划分为核心区、缓冲区、实验区。核心区位于保护区的中心部分，是保护区的重点保护区域，总面积11960hm²，占保护区面积38.78%。为集中成片的原始状态的湿地生态系统。是保护区生境类型和生物多样性最丰富的地区，也是区域湿地生态系统典型分布区。核心区是保护珍稀濒危动植物分布集中、种群数量多，并且受人为干扰最

小的区域。同时，也是湿地生态系统最完整、最典型的代表地段。核心区主要有芦苇沼泽、薹草沼泽及草塘沼泽等主要湿地类型。沼泽湿地不仅发挥着重要的涵养水源、净化水质、保持水土、维持自然景观生态平衡的作用，同时也有利于生物多样性的稳定。核心区实行绝对保护，只供观测研究，除必要的定位观测、检查设施外，不得设置和从事任何影响或干扰生态环境的设施与活动。缓冲区分布在核心区周围，对核心区起着屏障与缓冲的作用。总面积为 8730hm²，占总面积28.31%。缓冲区内分布有大面积的沼泽化草甸、湖泊湿地、河流湿地和人工湿地。缓冲区的作用是缓解外界压力、防止人为活动对核心区的影响。实验区分布在保护区边界以内，核心区和缓冲区以外的地带，实验区面积为 10150hm²，占总面积 32.91%。根据保护区资源现状和可持续发展的需要，同时为兼顾该生态系统研究的需求，在有利于保护、恢复与发展珍稀、濒危物种的前提下，可以从事科学研究、教学实验、参观考察、科普宣传、环境教育、旅游观光等活动。

◎ 科学协作

2007 年明水自然保护区建立后，明水县政府和明水县林业局多次组织东北林业大学、黑龙江省动物研究所和黑龙江省林业设计研究院等单位的有关专家和专业技术人员对自然保护区进行科学考察。2010 年 9 月，东北林业大学和黑龙江省林业设计研究院由生态学、植物学、昆虫学、林学、地理信息系统等多学科专家、教授组成科考小组，对保护区内的自然概况、动植物资源以及社会经济状况等进行了较大规模的综合考察，摸清了保护区动植物的种类和分布，完成了《黑龙江明水自然保护区综合科学考察报告》，并建立了以自然资源及其湿地研究为中心的研究机构，通过卓有成效的合作，为保护区研究方向制订、研究内容规划以及具体方案的实施打下了坚实的基础。

（明水自然保护区供稿）

西林湖

实验区

西林湖

黑龙江 太平沟
国家级自然保护区

　　黑龙江太平沟国家级自然保护区位于黑龙江省萝北县北部。地理坐标为东经 130° 31′ 12″ ~ 130° 50′ 11″，北纬 48° 02′ 48″ ~ 48° 20′ 19″。保护区西部和北部以主岗脊为界与鹤北局相邻，南以主岗脊为界与金满屯林场相接，东隔黑龙江与俄罗斯相望。保护区沿黑龙江呈狭长分布，南北长 34km，东西宽 15.6km，总面积为 22199hm²，其中，核心区面积 9564hm²，缓冲区面积 6152hm²，实验区面积 6483hm²。保护区是以保护界江森林生态系统及珍稀濒危野生动植物资源为主的自然保护区，是集生态保护、环境监测、科学研究、资源管理、生态旅游、宣传教育和生物多样性保护等多种功能于一体的森林生态系统类型的自然保护区。2014 年 12 月经国务院批准晋升为国家级自然保护区。

◎ 自然概况

太平沟自然保护区内出露的地层主要为元古界及新生界。元古界是境内最古老的地层，出露集中，且较发育，由黑龙江群晶体片岩和麻山群混合岩、大理岩、变粒岩等组成，原岩为黏土质、半黏土质及中基性火山岩。变质程度不深，为绿片岩相。新生界第四系地层在区内沿黑龙江支流分布。

太平沟自然保护区境内属小兴安岭北坡低山丘陵地带，地势西高东低。南半部山势较陡，为20°左右，北半部坡度较平缓，坡度在15°以下。海拔高72.6～556.7m。

太平沟自然保护区位于黑龙江省东北边陲，纬度较高，属北温带大陆性季风气候，由于受海洋环流和西伯利亚冷气影响，四季明显，春迟夏短，秋早冬长，风大，降水少；夏季短促炎热，多东南风和大雨，降水量大而集中；秋季降温较快，早霜，多风。

太平沟自然保护区年均气温1℃，极端最低温－40℃，极端最高温36.1℃。年温差较大，最冷月（1月）平均气温为－21.8℃，最热月（7月）平均为21.1℃。全年有5个月平均温度在0℃以下，有7个月在0℃以上。在一年内，气温呈低正弦曲线变化，各月平均气温在7月份以前逐月上升，8月份后逐月下降。秋季降温快，有时发生早霜，无霜期111天，日照2580h，年积温2150℃。

太平沟自然保护区全年土壤结冻期长达220天左右。土壤最大冻深250cm，低洼处沼泽区因受水分影响，冻土层变薄，但冰冻迟，解冻晚。

太平沟自然保护区年降水量为596mm。降水量季节分配不均，春季降雨少，往往出现早春，夏季降雨偏多，容易秋涝，秋季降温快，有时发生早霜。

太平沟自然保护区内河流纵横，水源丰富。保护区内一、二级支流全部流入黑龙江，主要一级支流有太平沟河、小渔房沟河、新河口河、一道沟河、二道沟河、三道沟河、大渔房沟河和小北沟河。

太平沟自然保护区内土壤主要有4个土类，即暗棕壤、草甸土、沼泽土和泥炭土。暗棕壤是保护区主要土类，有3个亚类，占保护区土地面积的65%以上。原始暗棕壤枯枝落叶层很薄，腐殖质层也很薄，为暗灰色轻壤，养分含量较低。典型暗棕壤在保护区只有砾石底暗棕壤1个土属，分薄层和中层2个土种。草甸暗棕壤在保护区分沙砾底草甸暗棕壤和沙质草甸暗棕壤2个土属，沙砾底草甸暗棕壤又分中层和后层草甸暗棕壤2个土种。草甸土主要分布在河流沿岸、山间沟谷及局部洼地。沟谷草甸土分薄层沟谷草甸土和中层沟谷草甸土2个土种。白浆化草甸土有沟谷白浆化草

甸土1个土种。沟谷沼泽化草甸土分薄、中、厚沟谷沼泽化草甸土3个土种。沼泽土是保护区的非地带性土类，只有1个亚类，即泥炭腐殖质沼泽土。主要分布在低洼地和河流两岸排水不良或季节性积水和常年积水地带，地带植物以薹草类和小叶章为主。泥炭土只在山间沟谷中的洼地有零星分布。

太平沟自然保护区内分布有大面积的森林、灌丛、草甸、沼泽及河流水域，为众多鸟类提供了良好的栖息环境和充足的食物来源。保护区内脊椎动物共有319种，其中鱼类7目15科69种，占黑龙江鱼类总数（105）的65.71%；两栖类2目4科7种，占黑龙江两栖类总数（12）的58.33%；爬行类2目4科10种，占黑龙江爬行类总数（16）的62.5%；鸟类17目44科186种，占黑龙江鸟类总数（392）的47.45%；哺乳类6种。太平沟自然保护区共有40种国家重点保护野生动物，占该区脊椎动物种数的（319）的12.54%。有国家一级保护动物4种，其中鸟类2种，哺乳动物2种；国家二级保护动物36种，其中鸟类28种，哺乳动物8种。

◎ **保护价值**

（1）科研价值。保护区位于中俄边界，其森林生态系统发挥着重要的国土安全和涵养水源等功能，同时该区域还是中俄界河大型动物的迁徙通道，每年都有大量珍稀野生动物在该区域来往于中俄两国之间，2014年11月俄罗斯的"普京虎"就是从这里进入到我国的，因此，该保护区无论在森林生态系统的功能上，还是在珍稀野生动物保护等方面都具有重要的科学研究价值。

（2）教育宣传价值。保护区的建立，不仅可以加强公众的环境意识、生态意识，而且对森林生态系统的保护也具有推动和促进作用。随着保护区的建立及各项设施管理水平的不断完善和提高，其生态效益、社会效益和经济效益也将不断扩大，其宣传教育作用也将得以充分发挥。

（3）景观价值。保护区具有丰富的自然景观，为旅游业的发展奠定了基础。区内不仅有莽莽林海，还有一条中国与俄罗斯的界河——黑龙江；保护区内河川纵横，仿佛条条玉带环绕山间；池塘碧绿，湖泊相连，如同颗颗珍珠撒满翠玉盘。

◎ **科研协作**

太平沟自然保护区建立以来，先后与东北林业大学、黑龙江省林业科学院等科研机构开展合作研究，在保护区生物多样性、生物生产力、珍稀动物的生境等方面进行了全面调查和研究，掌握了许多一手资料和翔实数据并分类整理归档，为保护区各项管理工作开展提供了科学依据。

（冯延波供稿；陈志刚提供照片）

黑龙江 丰林
国家级自然保护区

黑龙江丰林国家级自然保护区位于东北小兴安岭南坡北段，行政区隶属黑龙江省伊春市五营区，介于五营林业局和上甘岭林业局之间。地理坐标为东经128°59′~129°15′，北纬48°02′~48°12′。保护区总面积18165.4hm²，属森林生态系统类型自然保护区，是我国目前原始红松林生态系统保存最完整、面积最大的天然集中分布区。保护区于1958年成立，1988年经国务院批准晋升为国家级自然保护区，1992年加入"中国人与生物圈保护区网络"，1997年经联合国教科文组织批准加入"世界人与生物圈保护区网络"。

红松球果（宋国华摄）

◎ 自然概况

自然地理区划将丰林划归我国东北东部山地腹区。在大地构造上属中亚—蒙古地槽北部，天山—兴安地槽褶皱区东端吉黑褶皱系，为第四纪断裂上升山地，全区地壳仍处于上升期。丰林自然保护区为一完整山体，呈西北高东南低中心隆起的地形。主体山脉由西北向东南，全区海拔为285~695m。海拔500m以上山地面积占20%，绝大多数山地属海拔500m以下低山，较高山峰9座。坡地面积是东坡多于西坡，北坡多于南坡，坡度5°以下缓坡和平地面积5000hm²，坡度6°~16°山地面积9500hm²，坡度大于16°坡地面积2900hm²，全区坡地属中缓坡地带，适宜于寒温带针阔叶树种生长发育。

全区东北、东南边界分别由丰林河、汤旺河环围，占边界总长的2/3。区域内溪流皆汇入丰林河和汤旺河，溪流流向或东北，或东南。主要河流为汤旺河、丰林河、平原河、迎宾河、铁山河、永绪河、七里河、松桦河、红卫河。在溪流边缘和低洼地零散分布有面积不大的沼泽湿地，这是一些特殊的小生境，由于岛状分布的永冻层

红松纯林（宋国华摄）

红松冬景（谭春林摄）

多与沼泽相伴存在，沼泽地一旦消失，其下永冻层的厚度将随之改变，甚至不复存在，体现了森林湿地的特性。该区气候基本特点是：冬季严寒漫长，夏季湿润，温暖短促，属大陆性季风气候。大气环流是本地气候形成的主要背景。上空终年盛行西风，地面有明显的冬夏季交替，冬季风远较夏季风强盛。冬季寒冷干燥；夏季降水集中，占全年降水的一半以上。年份最大降水量832.7mm，年份最小降水量500.7mm，年平均气温−0.3℃，年降水量636.7mm，年日照时数2232h。无霜期104天，≥10℃年积温2016℃。保护区基本土类为地带性发生的暗棕壤和非地带性发生的草甸土及沼泽土，它们在本地呈复域分布。土壤类型面积分配与林分类型面积分配对应。暗棕壤面积16389hm²，草甸土622hm²，泥炭土1154hm²。暗棕壤是基本土壤，面积占全区90%，地上生长有红松林。草甸土发生于河流两岸排水良好的平坦地或山间排水良好的谷地，地下水埋藏很浅，不足1～2m，受地下水浸润，为半水成土壤。沼泽土发生于山间谷地及河漫滩低地，地表有常年积水或间歇性积水，表层土有泥炭堆积，下面有岛状永冻层，地上生有小叶章塔头，薹草塔头或赤杨−沼柳丛、落叶松林、白桦林、云冷杉林等。土壤剖面有泥炭层与潜育层。草甸土、沼泽土土壤含水量终年很高，但春季土壤解冻慢、解冻期晚。

根据森林资源调查（1997）统计，森林活立木总蓄积4611560m³，其中：幼龄林蓄积8530m³、中龄林蓄积184810m³、近熟林蓄积612410m³、成熟林蓄积2002910m³、过熟林蓄积1802900m³；枯立木蓄积613840m³；风倒木蓄积245990m³。保护区森林植被和森林类型比较丰富，从植物成分看，虽有寒温带主要树种兴安落叶松的局部分布，但绝大部分的植物种类属长白植物区系小兴安岭亚系，地带性植被是以红松占优势的阔叶红松林。本

保护区林海（宋国华摄）

天牛（宋国华摄）

区的海拔变幅较小，没有明显的高山，森林分布基本处于一个垂直亚带——山地阔叶红松林带。保护区共划分 15 个森林类型。保护区内共有高等植物 113 科 612 种，其中苔藓植物 27 科 71 种，蕨类植物 13 科 28 种，裸子植物 1 科 6 种，被子植物 72 科 507 种。在动物地理区划上，保护区兽类区系属古北界东北区长白山亚区。丰林自然保护区的地带景观属温带针阔混交林带，

动物区系表现出温带森林动物的特点，林栖兽类占优势，草食性兽类如马鹿、狍、野猪等最为常见，小型兽类中林姬鼠、刺猬等啮齿动物和食虫动物数量较多。本区兽类共有 6 目 16 科 43 种，其中国家一级保护动物有紫貂、原麝，国家二级保护动物有黑熊、棕熊、黄喉貂、水獭、猞猁、马鹿、驼鹿和雪兔 8 种，主要经济兽类有马鹿、驼鹿、原麝、狍、熊类、松鼠、东北兔、黄鼬及豹猫等。本区分布鸟类资源 17 目 42 科 220 种。丰林保护区 220 种鸟类中有 29 种属于国家重点保护鸟类，隶属 5 目 6 科，其中国家一级保护鸟类 4 种：中华秋沙鸭、白鹳、金雕、玉带海雕，国家二级保护鸟类 25 种。昆虫类有 6 目 55 科 444 种。

丰林自然保护区属原始景观的森林生态系统，森林植被和森林类型比较丰富，林内的枯倒木纵横，加上雨量充沛，为真菌的繁衍提供了得天独厚的自然条件，真菌资源比较丰富。经多年的调查、采集、鉴定，共整理出真菌 170 种，分属于 4 纲 11 目 31 科，重要的种有猴头、木灵芝、云蘑、榆黄蘑等。

丰林自然保护区内山峦起伏，古木参天，置身林海可以领略北方原始林壮丽景观。登上高耸入云的瞭望塔，小兴安岭群山起伏的万顷林海尽收眼帘，云雾缭绕，森林苍茫，林内空气湿润，负离子含量极高，空气清新无比。夏季山溪潺潺，清澈透底，百花争艳，鸟语花香。秋季的五花山，万山红遍，层林尽染。冬季冰雪无际，银装素裹，气象万千，可闻滚滚松涛，远眺茫茫林海，光怪陆离。

静静的汤旺河（宋国华摄）

红松林林海（宋国华摄）

国外专家考察保护区（宋国华摄）

主要为椴木、枫桦、色木、裂叶榆等，构成密集成片的山地针阔混交林，形成温带森林景观。野生动物是生态系统中最活跃的成员，它们大多位于食物链的上层或顶极层，对维护生态平衡和生物多样性发挥了重要的作用，主要是参与了许多生命维持系统，如松土透气、粪尿施肥、传花授粉、扩散种子、调节水分和种群，使其生态系统中的循环进行下去。自然保护区的生态价值，不能像商品那样简单地用价格来描述和测定，若自然保护区遭到破坏，其物种的减少，调节环境功能的降低，病虫害的发生都将给周边区域的林木和农作物生产造成无法估量的巨大损失。

◎ 功能区划

丰林自然保护区森林覆盖率为95%。功能区区划为核心区、缓冲区和实验区，面积分别为 $4165hm^2$、$3812hm^2$ 和 $10188.4hm^2$，比例分别为22.9%、21.0%、56.1%。（宋国华供稿）

◎ 保护价值

丰林自然保护区主要保护对象为阔叶红松林及其生态系统。保护区的阔叶红松林是我国仅存的温带针阔叶混交林带代表性的森林生态系统之一。它是自第四纪冰期以来，经过长达几万年的生物演化逐步形成的比较稳定的森林植被群落。保护区的森林植被未受任何破坏，它记载了历史的变迁和变故，从整个阔叶红松林的分布来看，保护区应属典型阔叶红松林分布区，保存最原始的阔叶红松林，具有古老的区系发生与群落历史。从区内红松林的生长来看，整个群落仍保持着旺盛的生长势头。这种具有代表性的原生生态系统是极为珍贵的。在自然资源和自然环境受严重破坏的地区，不得不借助古生物学、自然界残留特征和文献记载来推测不复存在的自然界原始面貌。因此，保护区保存大面积的阔叶红松林为衡量人类活动对环境影响的结果，提供了评价的准则，对今后系统的研究红松林动植物演变

红松（谭春林摄）

过程有着重要的作用。自然保护区作为重要的自然遗产，给人类留下类型多样的自然生态系统、丰富多彩的物种资源和千变万化的遗产资源。

丰林自然保护区保留着完整典型的地带性顶极群落，以及和它伴生的树种构成完整的生态系统，伴生树种

黑龙江 红星
国家级自然保护区

黑龙江红星自然保护区位于黑龙江省伊春市红星区（局）境内，属小兴安岭北坡，行政区划隶属黑河市逊克县。地理坐标为东经128°21′40″～128°53′30″，北纬48°41′20″～49°11′00″。保护区总面积111995hm²，其中核心区55568hm²，缓冲区12721hm²，实验区43706hm²。保护区是我国北方地区典型的森林湿地生态系统，属自然生态系统类的内陆湿地与水域生态系统类型自然保护区。2008年经国务院批准建立国家级自然保护区。

湖泊湿地

◎ 自然概况

红星自然保护区地质构造属新华夏系第二巨型隆起带一级构造区东北端，处于兴安岭—内蒙地槽格皱区的伊春—延寿地槽褶皱系内部，三级构造单元为五星—关松镇中间隆起带，表现为北北东向和北东向的一系列断层和背向斜构造。

该地地貌经过古生代的加里东运动、中生代的燕山运动和新生代的喜马拉雅运动奠定了基本格局。小兴安岭山脉走向总的为北东、北北东向，在本区山脉走向较乱，几无明显方向，分水岭折曲较大。

红星自然保护区气候属北温带大陆性季风气候，四季明显，冬季漫长而寒冷，夏季短促炎热，降水量大而集中。年均温 -0.7℃，最低温 -44.5℃，最高温35℃。年均降水量为 500～610mm。降水量季节分配不均，多集中于夏季（6～9月份），达195～457mm之间；冬季积雪期160天左右，平均积雪厚27cm。历年平均相对湿度为71.1%。降水量较为集中的7、8月因水分充足，气温较高，蒸发量较大，相对湿度高达80%以上。最低湿度出现在春季大风季节，空气干燥。本区属温带季风区，风向的季节变化明显。冬季盛行西风和西北风，夏季多偏西风和东南风，平均风速2.8m/s。春秋两季风力较大。

红星自然保护区境内的河流均属

山间溪流

典型林间湿地

344

黑龙江水系。保护区内河流分属三水系。即库斯吐河水系、库尔滨河水系和二皮河水系。区内河流主要有：库斯吐河、库尔滨河和二皮河。该区地下水含量丰富，山区以基岩裂隙水为主，含水体为花岗岩和白质花岗岩。

红星自然保护区由于纬度较高，土壤受自然因素及人为因素的影响，有不同的发育方向。区内地带性土壤为暗棕壤，非地带性土壤有草甸土、沼泽土、泥炭土等。库斯吐河、二皮河及库尔滨河谷地是红星森林湿地保护区的湿地土壤主要分布区。根据本区土壤发育程序与发育特征，可分草甸土、沼泽土和泥炭土共三大类。

红星自然保护区在植物区划上属泛北极植物区，小兴安岭北部区。植物区系组成较为丰富，共有植物885种。其中苔藓植物197种；蕨类植物38种；种子植物650种。本保护区动物区系属古北界、东北区、长白山亚区。代表动物有马鹿、野猪、狍、花尾榛鸡、太平鸟、中国林蛙等，野生动物资源极为丰富。脊椎动物有340种，其中鱼类共有11科38种；两栖类5科9种；爬行类3科10种；鸟类233种。

典型沼泽湿地

月亮泡

二皮河大转弯

沼泽化草甸湿地

典型沼泽湿地

库斯吐河

马鹿

冬之湿地

湖泊湿地

保护区瞭望塔

蒲草

典型沼泽湿地

湖泊湿地

库尔滨河

◎ 保护价值

主要保护对象：

（1）北方林区典型森林湿地生态系统。

（2）东北亚和西伯利亚水禽迁徙主要通道和栖息地。

（3）黑龙江流域上游重要支流库尔滨河源头水源涵养地。

红星自然保护区对于北方森林湿地来说具有较强的代表性，而对于其他湿地保护区来说，又具有其鲜明的独特性。由于其特殊的地理位置和自然条件，对于研究森林湿地的形成、发育和演替等具有重大意义。

红星自然保护区内主要河流有库斯吐河、二皮河和库尔滨河，最后汇入黑龙江，是黑龙江流域的水源地之一。由于区内湿地地势平坦，湿地类型复杂，湿地面积大，在涵养水源、防止山洪暴发、补充地下水源和抗旱排涝等方面起着不可替代的作用，直接影响着小兴安岭林区和黑龙江流域的工农业生产及生态环境的改善。

红星自然保护区还具有丰富的自然景观，区内不仅有莽莽林海，还具有沼泽草甸、湖泊、溪流、火山熔岩遗迹等自然景观，是开展生态旅游和环境教育的理想场所。

（红星自然保护区供稿）

东方红湿地
国家级自然保护区

黑龙江东方红湿地国家级自然保护区位于长白山系老爷岭余脉，完达山东缘，乌苏里江中上游西岸，隔江与俄罗斯相望。地理坐标为东经130°34′18″～130°56′30″，北纬46°12′00″～46°28′11″。保护区总面积46618hm²，属湿地生态系统类型自然保护区。2009年经国务院批准晋升为国家级自然保护区。

睡莲

森林沼泽湿地

◎ 自然概况

东方红湿地自然保护区为三江平原温和湿润气候区。冬季漫长，严寒有雪；夏季短促，温热多雨；春季多风，易干；秋季多雨降温迅速，易秋涝早霜。年平均气温3.5℃，1月份最冷，月平均气温为−18.3℃，历年极端最低温度为−36.1℃；7月份最热，月平均气温为21.6℃，极端最高温度为35.2℃，年平均蒸发量为1110.7mm，年平均降水量为566.2mm（最多降水年份为1981年，年降水量为849.1mm，最少降水年份为1986年，降水量为358.5mm）。降水多集中在6～8月，占全年降水量的53%。全年日照为2274.0h，≥10℃积温为2577.0℃，无霜期为141天。年平均相对湿度为70%。年平均风速为3.4m/s，受大陆季风影响，在春秋两季多为3～5级偏西风。融雪在2月下旬，结冻期约180天左右。

◎ 保护价值

东方红湿地自然保护区是长白山系老爷岭余脉向三江平原过渡地带原始湿地类型自然保护区，具有一定地域代表性和典型性。它拥有6种湿地类型，湿地总面积达28653hm²。区内主要河流有独木河、大木河、小木河，最后汇入乌苏里江，是乌苏里江流域中游重要水源保护地和涵养地。除6种类型湿地外，这里还拥有一定面积的针阔混交林和阔叶林。物种丰富，生物多样性程度高，是生物多样性丰富地区之一。据统计，全区共有植物849种，脊椎动物有342种。其中国家一级保护动物有中华秋沙鸭、东方白鹳、丹顶鹤、紫貂、金雕等7种；国家二级保护动物有鸳鸯、花尾榛鸡、白枕鹤、马鹿等36种。

东方红湿地自然保护区内良好的自然环境，丰富的物种资源，多样的景观类型，组成了典型的三江平原原始湿地和东部山地温带针阔混交林森林生态系统。使之成为理想的保护、科研和宣教基地。

（东方红湿地自然保护区供稿）

湖泊湿地

野生莲

湖泊湿地

黑龙江 乌伊岭
国家级自然保护区

黑龙江乌伊岭国家级自然保护区位于黑龙江省东北部，小兴安岭顶峰东段，国有林区乌伊岭林业局施业区境内。地理坐标为东经129°01′～129°28′，北纬48°33′～48°53′。保护区总面积43824hm²，其中核心区14663hm²；缓冲区15608hm²；实验区13553hm²。保护区属内陆湿地和水域生态系统类型，是我国北方高纬度地区保存完整，极具典型性和代表性的森林湿地。2007年经国务院批准晋升为国家级自然保护区。

雕

森林湿地景观

◎ 自然概况

乌伊岭自然保护区地质构造上属新华夏系第二巨型隆起带一级构造区东北端，处于兴安岭–内蒙地槽褶皱区的伊春–延寿地槽褶皱系内部，三级构造单元为五星–关松镇中间隆起带。主要出露地层有中生代侏罗纪上统下白垩系、新生界的第三系、第四系。区内岩石主要为岩浆岩，华力西早期、晚期花岗岩也有大量出露；地貌分区属小兴安岭构造侵蚀山地区域，小兴安岭中部低山丘陵及熔岩石地区，地形以低矮山为主，属低山丘陵。地形起伏不大，且阳坡陡短、阴坡漫长，岗脊宽平，海拔350～606m。

乌伊岭自然保护区属温带大陆性季风气候。受海洋环境和西伯利亚冷空气影响四季明显，冬严寒漫长，多西北风，春来迟、解冻晚、风大、降水少；夏短炎热，多东南风、降水大且集中，秋季降温快、早霜、多风；年平均气温−1.1℃、极端最低气温−47.9℃，极端最高气温34.6℃。温差大、无霜短期，年有效积温1700～2000℃，年平均日照总数2287.8h。

乌伊岭自然保护区内土壤主要为草甸土、沼泽土、泥炭土、浮毯泥炭土。地带性土壤为暗棕壤；区内水系分别为松花江水系和黑龙江水系，由于河流上游比较陡、河床窄、纵降比大水流急、中游纵降比小、河曲系数大、排水不畅，形成了大片湿地、湖泊。

乌伊岭自然保护区地理位置独特，湿地、森林保存完整，为野生动植物提供了良好生存空间，据科学考察调查统计，区内拥有高等植物147科396属895种，包括国家一级保护植物貉藻；国家二级保护植物红松、水曲柳、黄柏、紫椴、钻天柳、野大豆、浮叶慈姑、乌苏里狐尾藻等8种；拥有鸟类17目42科241种，包括国家一级保护鸟类6种、二级保护鸟类35种；拥有兽类6目16科51种，包括国家一级保护动物2种、二级保护动物8种。另外还有鱼类5目11科39种，两栖类2目5科9种，爬行类2目3科12种，真菌23目61科429种；土壤动物16目36科59种，昆虫8目51科330种。

◎ 保护价值

乌伊岭自然保护区的建立极大地促进和改善了小兴安岭林区生态环境，为东北地区乃至全国的生态保护做出

林蛙

真菌

栖息的飞禽

栖息的飞禽

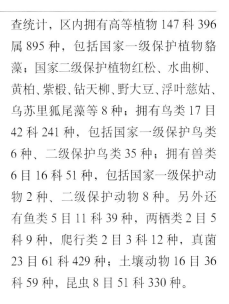
栖息的飞禽

栖息的飞禽

笃斯越橘

贡献，其作用一是保护中国北方保存完整、具有代表性和典型性的温带森林沼泽湿地生态系统，保护和留住东北亚最东端，有地带性针阔混交林和非地带性的森林、灌丛、草丛、藓类、浮毯、湖泊、河流等湿地类型；二是保证和维护好国家珍稀濒危动物栖息地稳定安全和水禽迁徙的重要通道的畅通。乌伊岭保护区生物多样性丰富、湿地类型众多，为各种生物创造了良好的栖息、繁衍的生存环境，同时又是东北和西伯利亚水禽迁徙的重要通道，具有极高的保护价值；三是乌伊岭保护区是黑龙江、松花江重要支流的发源地，具有极高的水源涵养价值和保护水土、调节河川径流功能，对维护区域气候、保护生物多样性、维护生态平衡都有着重要作用。

（乌伊岭自然保护区供稿）

黑龙江 友 好 国家级自然保护区

黑龙江友好国家级自然保护区位于素有"祖国林都，红松故乡"之称的黑龙江省伊春市境内，地处小兴安岭主脉的中段，横跨小兴安岭山脉的南、北两坡。地理坐标为东经 128° 10′ 15″ ～ 128° 33′ 25″，北纬 48° 13′ 07″ ～ 48° 33′ 15″。保护区总面积 60687hm²，是以保护原麝、紫貂、东方白鹳、金雕、丹顶鹤以及红松、钻天柳、黄檗、紫椴等国家重点保护动植物为主的湿地生态系统类型自然保护区。保护区始建于 2004 年，2012 年 1 月经国务院批准晋升为国家级自然保护区。

◎ 自然概况

友好自然保护区在地质构造上属新华夏构造体系第二巨型隆起带一级构造区东北端，处于兴安岭—内蒙地槽褶皱系。主要构造线表现为北北东向、北东向和东西向的一系列断层和背向斜构造。山地受剥蚀和河流侵蚀切割，形成了较为广阔的河漫滩和阶地，地形较平缓，属低山丘陵地貌。小兴安岭主脉在保护区中南部由西南至东北走向，其地形地势的特点是中南部较高，北部和南部较低。以小兴安岭主脉为界，保护区北部河谷宽阔、地势平坦，植被类型以森林沼泽、灌丛沼泽、草甸沼泽及藓类沼泽为主；保护区南部沟谷狭窄、地形变化较复杂，植被类型以阔叶红松林、云冷杉林和杨

保护区内森林

桦林为主。保护区海拔 436～546m，平均海拔 501m。山地平均坡度北坡为 5°，南坡为 11°。

友好自然保护区位于小兴安岭山脉的中段，具有明显的温带大陆性季风气候特征。因受海洋暖湿气流和西伯利亚冷空气的双重影响，四季气候变化明显。主要表现为春季风大干旱，夏季温湿多雨，秋季多风干燥，冬季寒冷而漫长。年平均气温 -1℃左右，年降水量 629.6mm 左右，主要集中在 7～8 月份，无霜期 80～100 天。

友好自然保护区位于小兴安岭主脉上，横跨小兴安岭山脉的南、北两坡，河流分属于松花江和黑龙江两大水系。南坡的河流主要为友好河和双子河的源头，友好河与双子河均汇入汤旺河，汤旺河注入松花江，属松花江水系。北坡的主要河流为嘟噜河，由东、西嘟噜河汇合而成，嘟噜河汇入沾河，然后入逊河，最后注入黑龙江，属黑龙江水系。保护区的河流两岸和河谷地带，地势平坦，小型山地湖泊、泡沼星罗棋布，多集中分布在嘟噜河中、下游的平坦开阔地带，约有 100 个，多数为无名水泡。其中较大面积的为常年蓄水，小面积的只在降雨量较大的夏季才有蓄水。

友好自然保护区内的土壤是在温带大陆性季风湿润气候区和北温带针阔叶混交林下发育起来的，成土母质主要为花岗岩、玄武岩和片麻岩等的残积物、坡积物及河流的淤积物和洪积物。保护区地带性土壤为暗棕壤，非地带性土壤有沼泽土、泥炭土和草甸土等。

友好自然保护区植被共有 5 个植被型，12 个植被亚型，14 个群系组，18 个群系和 38 个群丛组或群丛。保护区地带性植被为红松阔叶混交林，同时还分布有兴安落叶松林、云冷杉林、白桦林及杨桦林等次生林。由于保护区地势平缓，多成河谷平坦宽阔，河曲发达，牛轭湖众多，加上气候冷湿，岛状冻土分布普遍，从而形成了大面积的沼泽植被，且类型繁多，主要包括森林沼泽、灌丛沼泽、草本沼泽和藓类沼泽等植被类型。尤其是森林沼泽面积大，主要类型有兴安落叶松－油桦－薹草群

嘟噜河

杜香　　　　　　　　　　　　　　　　　红松林

苍鹭

中华秋沙鸭

翅卫矛

落和兴安落叶松－杜香－泥炭藓群落。灌丛沼泽植被主要有油桦－修氏薹草群落、油桦－薹草－藓类群落等，零星分布于河滩和阶地上。草本沼泽中以薹草类型较多，有草甸形成的灰脉薹草－修氏薹草群落、湖泊沼泽化形成的毛果薹草－泥炭藓群落等。

◎保护价值

友好自然保护区内河漫滩平坦开阔，牛轭湖、热融湖众多，大小泡沼星罗棋布，土壤永冻层分布普遍，气候寒冷湿润，为各类沼泽的发育奠定了良好的环境基础，形成了多种沼泽湿地类型，主要包括森林沼泽、灌丛沼泽、草本沼泽和藓类沼泽等，几乎囊括了小兴安岭林区所有湿地类型，尤其是由湖泊沼泽化形成的浮毯型毛果薹草－泥炭藓沼泽，集中连片，类型多样，与岛状分布的落叶松－杜香－泥炭藓沼泽等相间分布，构成大面积的沼泽湿地景观，具有北方山地沼泽湿地生态系统的典型特征。

友好自然保护区地处小兴安岭主脉上，其原生植被是在冷湿气候条件下，经过漫长的演替过程发育而形成的。尤其本区的森林湿地植被是发育

在永冻层之上的，这里的永冻层的特点是埋藏浅、厚度薄，一旦遭受破坏是极难恢复的。因此森林湿地生态系统与冻土有着密切的关系。如森林湿地上层的林木受砍伐或火烧破坏后，引起地表层温度升高，使土壤永冻层融化或变薄，导致地下水位下降，进而影响对湿地水分和养分的供应，使森林湿地生态系统受到影响，严重破坏则使森林湿地生态系统退化或消失，赖以生存的动物也随之迁移。

友好自然保护区内植物种类繁多，植被类型复杂多样，不仅有红松原始林、针阔混交林、兴安落叶松林、杨

桦林和部分人工林等森林类型，还有大面积分布、类型多样的湿地类型，优越的自然环境为各种动植物的生长繁衍创造了得天独厚的自然条件。根据调查资料统计，保护区共有高等植物836种，其中，国家二级保护植物就有8种。保护区内共有脊椎动物330种，其中国家一级保护动物6种，国家二级保护动物36种。此外，还有昆虫动物370种，大型真菌311种。

友好自然保护区内拥有丰富的野生动物资源，尤其是国家一、二级保护的国家重点保护动物就有42种，占黑龙江省国家重点保护动物数量的

腋囊薹草

兴安杜鹃

苔藓

花楸

50%。其中国家一级保护动物有紫貂、原麝、丹顶鹤、东方白鹳、金雕及中华秋沙鸭6种，国家二级保护动物有棕熊、黑熊、青鼬、水獭、猞猁、马鹿、鸳鸯、凤头蜂鹰、鸢、苍鹰、雀鹰、松雀鹰、花尾榛鸡、白枕鹤等36种。此外，还有较多的国家二级保护野生植物，如红松、水曲柳、黄檗、钻天柳和紫椴、野大豆、浮叶慈姑及乌苏里狐尾藻共8种。

◎功能区划

根据自然保护区功能区划的理论与原则，为使友好自然保护区区域自然生态系统得到更好地保护，结合该区资源分布特点及生态保护功能与其他功能协调统一的需要，将保护区按核心区、缓冲区、实验区3个功能区进行划分。其中核心区31224h㎡，占保护区总面积的51.45%；缓冲区面积为13390h㎡，占保护区总面积的22.06%；实验区面积为16073h㎡，占保护区总面积的26.49%。

核心区位于保护区的中北部，地处东、西嘟噜河两岸的平坦谷地及缓坡地带，为集中成片的处于原始状态的沼泽湿地生态系统。核心区是保护区国家重点保护动植物集中分布的区域，是受人为干扰最小的区域。同时，该区域也是湿地生态系统最完整、最典型的代表地段。核心区内有典型的小兴安岭湿地生态系统，主要湿地植被类型有森林沼泽、灌丛沼泽、草本沼泽、藓类沼泽等；森林植被主要有针阔叶混交林、云冷杉林和兴安落叶松林、杨桦林、杂木林和小面积的蒙古栎林。这些森林植被发挥着涵养水源、保持水土、维持自然景观生态平衡的作用，不仅有利于维持湿地生态系统的持续稳定，同时有利于物种多样性的稳定。

缓冲区人为干扰相对较少，通过封育等保护措施，生态系统已向良好的方向发展。缓冲区的存在，对核心区起到良好的蔽护作用。

实验区是原林场场部所在地。在不破坏原生性植被和有效保护区内动植物资源的前提下，在该区域可适度安排管理设施、生活设施和生态旅游等项目。由于保护区北部无居住人口，该区域不通道路，保护区内的科研监测活动主要在南部进行，加之保护区的北部、东部、西部分别与沾河湿地自然保护区、库尔滨河湿地自然保护区和翠北湿地自然保护区相接，该区域不受人为干扰，因此该区域缓冲区外围没有划实验区。

◎科研协作

友好自然保护区成立以来，先后与东北林业大学、吉林省农业科学院、中国科学院沈阳应用生态研究所合作，就湿地碳汇、野生小浆果种类与分布、气候变化对植物生长影响等方面进行了立项研究工作，目前各项科研工作正在进行之中。

（友好自然保护区供稿；刘长峰、周绍忠提供照片）

黑龙江 穆棱东北红豆杉
国家级自然保护区

　　黑龙江穆棱东北红豆杉国家级自然保护区，位于长白山脉北端，黑龙江省穆棱市穆棱镇。地理坐标为东经 130°00′~138°28′，北纬 43°49′~44°06′。保护区总面积 35648hm²，属野生生物类野生植物类型自然保护区。保护区始建于 2004 年，2009 年经国务院批准晋升为国家级自然保护区。

◎ **自然概况**

　　穆棱东北红豆杉自然保护区地势南高北低，东西两侧高，中部低。山脉属长白山系老爷岭山脉，呈西南东北走向。平均高度为海拔 500~700m。

　　穆棱东北红豆杉自然保护区属于中纬度北温带大陆性季风气候。冬季漫长寒冷干燥，夏季较湿热多雨，春秋季风交替气温变化急剧，秋天常见早霜。极端最低气温 −44.1℃，最高气温 35.7℃。年平均降水量 530mm，降雨集中在 6~8 月，无霜期在 126 天左右，日照 2613h。

东北红豆杉果实

原生东北红豆杉古树

◎ 保护价值

穆棱东北红豆杉自然保护区的保护对象是以天然东北红豆杉种群及其原生生境为重点，兼顾保护典型的地带性植被——以红松为主的温带针阔混交林，及其林内的国家重点保护动植物资源和穆棱河的水源地。东北红豆杉是国家一级保护植物，常以灌丛状分散分布。保护区内东北红豆杉分布相对集中，天然种群大，国内罕见，具有重要保护价值。保护区内共有5个植被型，12个植被亚型，12个群系组，62个群系，林下还分布有人参等多种国家级重点保护的野生动植物。

穆棱东北红豆杉自然保护区不仅保护了珍贵的野生东北红豆杉种群和其他寒温带濒危动植物物种，也对国家天然林保护工程和濒危珍稀野生动植物保护工程做出了巨大贡献，具有重要的生态意义。

（穆棱东北红豆杉自然保护区供稿）

秋景

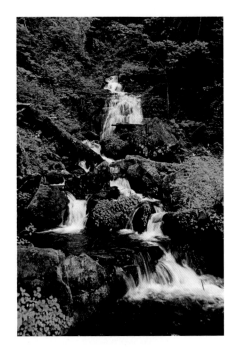

黑龙江 大峡谷
国家级自然保护区

黑龙江大峡谷国家级自然保护区地处黑龙江省五常市东南部山区，张广才岭西坡，东与大海林林业局接壤，南与吉林省黄泥河林业局相邻，北侧和西侧连接山河屯林业局铁山、凤凰山、白石砬森林经营所施业区。地理坐标为东经127°49.267′～128°05.816′，北纬44°03.567′～44°18.333′。保护区面积为24998hm²，其中核心区面积为8906hm²，缓冲区面积为8052hm²，实验区面积为8040hm²。保护区是典型的黑龙江东部山地森林生态系统，以栖息和生长于此的珍稀濒危野生动植物为主要保护对象，属自然生态系统类中的森林生态系统类型保护区。2014年12月经国务院批准晋升为国家级自然保护区。

◎ **自然概况**

大峡谷自然保护区东邻新华夏纪、第二隆起带，西与第二沉降带松嫩平原接壤，地质构造处于两个不同构造区，即地槽区与台区的过渡带，地形是由山区向平原的过渡带。

大峡谷自然保护区地貌轮廓严格受地质构造控制，地貌单元是过渡状分布，内外力造成的地貌单元表现得明显。中山地貌是地壳运动隆起而产生；低山、丘陵地貌则是外力长期剥蚀的结果；河谷则属于河水流动将侵蚀物质搬运并沿途堆积而形成堆积地貌。地势由东南向西北倾斜，总趋势是东南高西北低，上部地带山峰高、沟壑窄、坡度陡、石塘多、河谷密；下部地带则山低坡缓、间流平缓、两岸成谷地、地势平坦开阔。

大峡谷自然保护区的气候属中温带气候，冬季干燥寒冷，夏季湿润炎热，年平均气温为2℃，无霜期为

100～110 天。5～9 月地面平均温度为 17℃，降水量为 600～800mm。降雨集中于 6～8 月份，年积温 2350～2480℃。

大峡谷自然保护区的主要河流有红河、大石头河和长条沟河，是拉林河的一级支流。此外，还有数十条二三级支流纵横交错。保护区地表水保存及蓄积时间长，水力资源十分丰富。地下水交替条件好，水化学类型单一，矿化度普遍低。

大峡谷自然保护区内土壤类型有亚高山草甸土、棕色针叶林土、暗棕壤三大类。暗棕壤是该区最主要土壤类型。

大峡谷自然保护区植被划分为 4 个植被型，8 个植被亚型，23 个群系组，31 个群系。植被类型包括红松阔叶混交林、长白落叶松林、云冷杉林、白桦林、杨桦林等森林类型。此外，还分布有灌丛、草甸等植被类型。保护区有高等植物 112 科 430 属 940 种。包括裸子植物 3 科 6 属 12 种，被子植物 90 科 382 属 852 种，蕨类植物 8 科 14 属 30 种，苔藓植物 11 科 28 属 46 种。此外还有真菌 31 科 266 种以及各种地衣植物、藻类植物。据统计，区内有国家重点保护植物紫杉、红松、刺五加、黄檗、紫椴等 10 种。

大峡谷自然保护区在动物地理区划属于古北界，东北区，长白山亚区。区系成分有古北界、东洋界和广布种三类，其中古北界物种占绝对优势，东洋界和广布物种相对较少。保护区内共有脊椎动物 31 目 78 科 343 种，其中兽类 6 目 17 科 51 种；鸟类 16 目 42 科 210 种；爬行类 2 目 3 科 13 种；两栖动物 2 目 6 科 10 种；鱼类 5 目 10 科 59 种。有国家一级保护野生动物 7 种，即东北虎、紫貂、金雕、东方白鹳、原麝、黑鹳和中华秋沙鸭；国家二级保护动物 33 种，即斑羚、棕熊等。保护区有昆虫动物 281 种，隶属于 8 目 53 科。

大峡谷自然保护区山峦起伏蜿蜒，千姿百态，这些山体或浑圆漫坡、或陡峭险峻，裸露于山顶的巨石形态各异，惟妙惟肖，玩味无穷。

大峡谷自然保护区河水清澈见底，河道蜿蜒曲折，河岸绿树成荫，翠绿山色倒映水中，好似一条翡翠玉带。

大峡谷自然保护区内茂密的森林植被是保护区外围山地的主体，这里是温带阔叶红松林与寒温带兴安落叶松林交错地带的故乡，是有名的绿色海林区。为此，在保护区外围有各种森林特色的生物景观供游人欣赏。保护区内外有森林，为动物提供了绝佳的栖息场所。各种野生动物群，包括兽类、鸟类、两栖爬行类、鱼类、昆虫类、浮游动物等均在这里栖息，其中许多野生动物为国家重点保护物种。因此，保护区是进行野生动物保护、科研、宣教等活动的理想场所。游人既观赏了各种奇特的生物景观，又丰富了保护动植物方面的知识，寓教于乐。

大峡谷自然保护区自然景观资源十分丰富，是开展森林生态旅游和生物科普教育和科学研究的理想基地，也是休闲度假、康体健身等综合性旅游胜地。同时又有美学、文化和科学价值。

◎ 保护价值

大峡谷自然保护区经过长达几百万年的生物演化中逐步形成的比较稳定的森林植被群落，保存着大面积的阔叶红松林，为评估人类活动对环境影响的结果提供了研究素材，对今后系统地研究红松林动植物演变过程有着重要的现实意义。保护区作为重要的自然遗产，给人类留下类型多样的自然生态系统、丰富多彩的动植物资源和不可胜数的遗传资源。因此，保护区具有显著的自然历史价值。

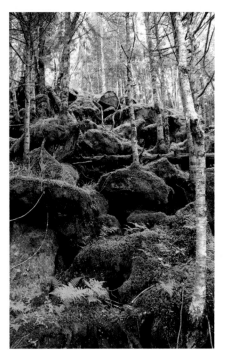

大峡谷自然保护区内的森林植被保留着完整典型的地带性顶极群落，以及和它伴生的树种，共同构成了完整的生态系统，保护区内野生动植物资源丰富。其原始林区保存着众多的珍稀动植物种类及其赖以生存的自然环境，具有较高的生态价值。

大峡谷自然保护区内保存较为完整的森林生态系统，大小溪流汇入拉林河，是哈尔滨生活饮用水的源头地区。因此，建立这一自然保护区，一方面可以保护当地的珍稀野生动植物资源，另一方面对涵养哈尔滨市的水源地起着重要的作用，其社会价值不言而喻。

大峡谷自然保护区是一个难得的野生动植物资源的种质基因库；是开展相关生态、水文、地质等研究的天然实验室；是进行生态和环境教育的自然博物馆；是磨盘山水库的水源涵养地。因此，保护区的建设与发展意义重大，区内典型的黑龙江东部山地森林生态系统及栖息于此的珍稀濒危野生动植物保护价值极大。

◎ 科研协作

2002年11月与哈尔滨师范大学生物系协作编制完成了《黑龙江山河屯凤凰山自然保护区综合考察报告》和《黑龙江山河屯凤凰山自然保护总体规划》，12月与黑龙江省林业设计研究院协作编制完成了《黑龙江凤凰山自然保护区建设项目总体规划》（后因国家林业局对保护区命名的准确性提出异议，经国家林业局批准，更名为：黑龙江大峡谷自然保护区）。

2009 年配合黑龙江省森工总局完成了《黑龙江省国有林区湿地资源调查报告》涉及大峡谷自然保护区管理局的调查部分。

2010 年聘请以东北林业大学野生动物研究所所长张明海博士为首的专家团队，并与其协作在 10 月份完成了《黑龙江大峡谷自然保护区综合科学考察报告》。

2012 年与东北林业大学野生动物研究所协作编制完成了《黑龙江大峡谷自然保护区综合考察报告》，与黑龙江省第三森林调查规划设计院协作编制完成了《黑龙江大峡谷自然保护区总体规划》。

2014 年与国家林业局调查规划设计院协作编制完成了《黑龙江大峡谷国家级自然保护区总体规划（2015 ～ 2024）》。

2015 年与国家林业局调查规划设计院协作编制完成了《黑龙江大峡谷国家级自然保护区基础设施建设项目可行性研究报告》。 （孟祥义供稿）

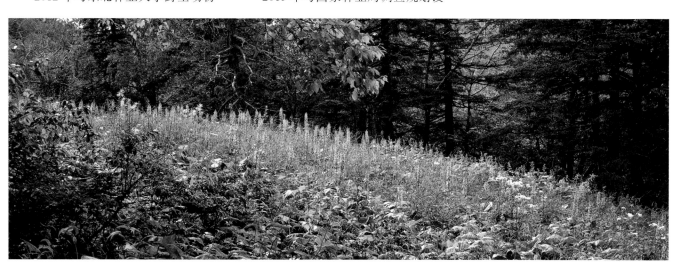

黑龙江 老爷岭东北虎
国家级自然保护区

东北虎

　　黑龙江老爷岭东北虎国家级自然保护区位于黑龙江省东南部东宁县境内的绥阳林业局施业区，行政区划归属黑龙江省牡丹江市东宁县，地处我国大型猫科动物东北虎现存分布区的关键地带长白山支脉老爷岭南部。保护区东部与俄罗斯滨海边区锡霍特山西南余脉的东北虎分布区相邻，以由南至北的瑚布图河为界；南部与吉林省的珲春东北虎国家级自然保护区和汪清国家级自然保护区接壤；西部与绥阳林业局相连；北部与东宁市林业局交界。地理坐标为东经130°47′42.15″～131°18′51.22″，北纬43°24′39.88″～43°49′6.64″。东西宽42.20km，南北长43.60km。保护区总面积71278hm²，核心区面积为28505hm²，占保护区总面积的39.99%；缓冲区为19778hm²，占保护区总面积的27.75%；实验区为22995hm²，占保护区总面积32.26%。保护区为野生生物类中的野生动物类型自然保护区。2014年12月，国务院批准为国家级自然保护区。

天然林（王兴林摄）

◎ 自然概况

老爷岭东北虎自然保护区处于长白山东部丘陵岗地，属于断陷的阶梯状地堑构造。

老爷岭东北虎自然保护区西部和中部略高、东部和北部偏低。境内主要有山地、低山丘陵、河谷漫滩 3 个地貌形态。区内没有超过 1000m 的高山，素有"马达岗"之称，为平缓山区。以三节砬子第二检查站的老爷岭为最高点，海拔 841m。

老爷岭东北虎自然保护区地处中纬度温带地区，属温带大陆性季风气候。冬季漫长，夏季短促，冬季风大干旱，夏季暖热多雨。年平均气温 2.9℃ 左右，≥10℃ 年积温 2112.0℃、年平均有效积温 1820.4℃。夏季 7 月份极端最高气温达 38.3℃，冬季 1 月份极端最低气温达零下 40.4℃。

老爷岭东北虎自然保护区属绥芬河水系，瑚布图河源于俄罗斯境内维尔稀那桑杜家山两侧，在三岔河林场南与南三岔河的上游吉林河，北与北

三岔河上游的暖泉河相汇，经亮子川河、大肚川河、小乌蛇河，经三岔口乡流入绥芬河。

老爷岭东北虎自然保护区的土壤主要有地带性土壤暗棕壤土类；非地带性土壤白浆土、草甸土、沼泽土、泥炭土等土类。

老爷岭东北虎自然保护区内有高等植物 119 科 323 属 606 种。其中苔藓植物 27 科 37 属 42 种，分别占保护区科、属、种的 22.69%、11.46%、6.93%；蕨类植物 13 科 18 属 30 种，分别占保护区科、属、种的 10.92%、5.57%、4.95%；裸子植物 2 科 5 属 8 种，分别占保护区科、属、种的 1.68%、1.57%、1.32%；被子植物 77 科 263 属 526 种，分别占保护区科、属、种的 64.71%、81.42%、86.80%。

老爷岭东北虎自然保护区共有国家重点保护野生植物 8 种，其中 7 种为种子植物：东北红豆杉、红松、紫椴、水曲柳、钻天柳、野大豆、黄檗；另有真菌类的松口蘑（松茸）。

老爷岭东北虎自然保护区共有脊

椎动物 6 纲 76 科 270 种。其中，圆口类动物 1 目 1 科 1 种，鱼类 6 目 13 科 31 种，两栖类 2 目 4 科 9 种，爬行类 2 目 4 科 10 种，鸟类 15 目 40 科 176 种，兽类 6 目 14 科 43 种。保护区内有国家一级保护鸟类 1 种，为金雕。国家二级保护鸟类 26 种，占保护区鸟类种数的 15.61%，常见的有苍鹰、长耳鸮、花尾榛鸡、大天鹅、鸳鸯、白尾鹞；属国家重点保护的兽类 9 种，占保护区兽类种数的 18.64%。其中国家一级保护兽类 4 种，分别为东北虎、东北豹、梅花鹿、原麝；国家二级保护的种类 5 种，分别为黑熊、猞猁、水獭、黄喉貂、马鹿。

老爷岭东北虎自然保护区是目前我国长白山地北部老爷岭东北虎分布的关键地带。据专家初步估计，保护区与珲春保护区共享 8～9 只的东北虎种群。其中，老爷岭保护区内的东北虎数量为 3～4 只，由 1～2 只雄性个体，1 只雌性个体和 1 只亚成体组成。

花尾榛鸡

松茸（王兴林摄）

东北豹

梅花鹿

豹猫

东北豹历史上曾广泛分布于大、小兴安岭山地、完达山、张广才岭、老爷岭等地。目前，黑龙江省东北豹的分布区非常狭窄，数量十分稀少，但是老爷岭东北虎自然保护区是东北豹的主要分布区，偶尔可见东北豹的踪迹。

老爷岭东北虎自然保护区内山峦起伏，河流纵横，自然风光神奇秀丽，植被类型多样。区内有保存完好的红松母树林和完整的红松针阔混交林生态系统，林木茂盛、鸟兽成群，特别是在秋季，五花山景色十分迷人。大森林特有的开阔、壮观使得人们油然而生热爱自然、敬畏生命的高尚情感。

老爷岭东北虎自然保护区内有瑚布图河、鸡冠砬子山、10km回归原始森林等景点；瑚布图河是我国最东部的一条中俄界河，满语为"流淌沙金的河"，全长114km，发源于黑龙江省东宁县桦树杖子，沿中俄边境经由三岔河、上草坪、南王八脖子、亮子川村、庙岭村、朝阳沟、五星村、三岔口镇，最后在下水磨汇入绥芬河。

瑚布图河流域风光旖旎，登上瑚布图河沿岸高山远眺，瑚布图河在大山脚下蜿蜒曲折，逶迤奔腾。两岸的

原始森林郁郁葱葱，河水叮咚流淌，像一支悠扬的长调，时时奏响着天籁之音。沿岸最可观的还有千姿百态的巨石，如卧牛、如奔虎、如小屋、如卧床，各异其趣。

◎ 保护价值

老爷岭东北虎自然保护区东部与俄罗斯滨海边区锡霍特山西南余脉的东北虎、东北豹保护区毗邻；南部与吉林省的珲春东北虎国家级自然保护区和汪清国家级自然保护区接壤，是我国东北虎现存地理分布区的关键地带。保护区是连接东北虎迁移的中俄国际生态廊道、黑龙江与吉林两省之间的省际生态廊道、老爷岭地区南北分布区之间的省内生态廊道的重要纽带，也是构建全球东北虎保护区网络的关键结点。

老爷岭东北虎自然保护区内分布有36种国家重点保护动物和8种国家重点保护植物。其中东北豹、东北红豆杉等具有很高的物种稀有性和濒危性，均属于世界性珍稀濒危野生动植物物种，亟待加强保护。保护区除分布有多种国家重点保护动植物外，还有多个物种被列入《濒危野生动植物

种国际贸易公约》附录Ⅰ和附录Ⅱ，属于有灭绝危险的世界性珍稀物种，要严格保护。

老爷岭东北虎自然保护区内生态系统类型丰富，有森林、草甸、沼泽和水域等，各种生态环境为各类动物提供了充分多样的栖息地。保护区物种十分丰富，且许多种为我国北温带地区的代表种。

◎ 科学协作

1995年迄今，先后有俄罗斯野生动物专家曾经到暖泉河林场考察东北虎生境；国际野生生物保护学会（WCS）、黑龙江省野生动物研究所、世界自然基金会（WWF）、东北林业大学、国家林业局猫科动物研究中心的国内外专家学者进行过东北虎、东北豹及猎物种群资源的野外调查；在1995～2000年的全国第一次陆生脊椎动物调查中，在保护区设立调查样线；在保护区的筹建和晋升时，聘请东北林业大学和黑龙江省野生动物研究所的有关专家教授完成了保护区科学综合考察工作和自然保护区的总体规划编制工作。

老爷岭东北虎自然保护区与东北

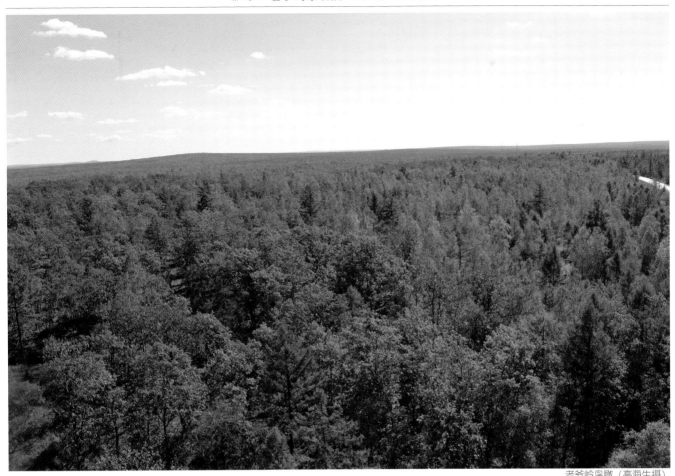

老爷岭鸟瞰（高海生摄）

林业大学、野生动物研究所等科研单位合作开展研究课题，在生态监测、动态管理、森林病虫害防治等方面做了大量细致的工作，掌握了许多一手资料和翔实数据并分类管理归档，为保护区开展深入的后续科学研究打下了坚实的基础。

老爷岭东北虎自然保护区近年来与国家林业局猫科动物研究中心、东北林业大学、北京师范大学、北京林业大学、世界自然基金会（WWF）、国际野生生物保护学会（WCS）、黑龙江省林业科学院野生动物研究所合作开展了多次调查和科学研究工作。目前，在保护区已建立了"国家林业局猫科动物研究中心科学研究基地"，正在联合开展东北虎、东北豹及有蹄类的种群生态学、遗传学、行为学等研究，已经开展的调查工作有东北虎

东北豹的样线调查、有蹄类样方调查以及各类森林资源调查工作等。

（任善情供稿）

367

黑龙江 大沾河
国家级自然保护区

黑龙江大沾河国家级自然保护区位于小兴安岭西北麓、黑龙江省五大连池市境内。地理坐标为东经127°57′54″～128°27′24″，北纬48°01′23″～48°46′45″。保护区总面积211618hm²，属湿地生态系统类型自然保护区。2009年经国务院批准建立国家级自然保护区。

◎ 自然概况

大沾河自然保护区地质构造上属于古生代海西宁运动隆起褶皱断裂带之侧翼，山体主要形成于洪积世末期，岩石以花岗岩为主，次为玄武岩。基本形成东南部高，西北部低，起伏不平的丘陵低山地貌。全区海拔最高为465m，最低为420m，起伏量45m，坡度在5°～10°之间。由于河水流蚀和冲积，多见有平坦宽谷和沟塘，加之夏季雨水过大、气温较低、蒸发量小，使得山脚低平地及沿河岸边地表层潮湿，因此形成较大面积的湿地。

大沾河自然保护区位于黑龙江省北部，纬度较高，属北温带大陆性季风气候，同时具有湿润森林气候的特点。由于受海洋环流和西伯利亚冷气

圈泡子

圈泡湿地

白头鹤卵

成年白头鹤

影响，四季明显，冬季漫长而寒冷，多西北风；春来迟，解冻晚，风大，降水少；夏季短促炎热，多东南风和大雨，降水量大而集中；秋季日照渐短，气温下降迅速，多大风和阴雨天气，降水逐步减少。保护区年均温 −0.2℃，极端最低温 −46℃，极端最高温36℃。年温差较大，最冷月（1月）平均气温为 −20℃，最热月（7月）平均为19℃。全年有5个月平均温度在0℃以下，有7个月在0℃以上。

大沾河自然保护区内河流纵横、湖泡棋布，主要河流为沾河，属黑龙江水系，由南沾河、北沾河汇合而成。沾河自南向北蜿蜒曲折，在保护区内河道逐渐宽阔，长约为75km，平均河

宽100m，水深1～1.9m，大小支流近50条。

◎ **保护价值**

大沾河自然保护区地处小兴安岭山脉北麓的大沾河上游，保护区内湿地面积占总面积的43.6%，除常见的河流湿地、洪泛平原湿地、沼泽化草原湿地和草本沼泽湿地4种类型地外，还有北方森林湿地所特有的藓类沼泽湿地、灌丛沼泽湿地和森林沼泽湿地3种类型。由于保护区内湿地面积所占比例较大，开发迟缓，人为干扰很少，因而保存了完整的北方原始森林湿地生态系统，为各种野生动植物尤其是鸟类提供了理想的栖息地。区内共有

高等植物162科906种，脊椎动物303种。其中，国家一级保护动物有紫貂、原麝、白头鹤、丹顶鹤、东方白鹳、金雕6种，国家二级保护动物41种；国家二级保护植物有红松、浮叶慈姑等7种。

由于大沾河自然保护区位于东北亚和西伯利亚候鸟迁徙的主要通道上，每年均有大批的候鸟迁徙栖息于此，使之成为名副其实的重点鸟类保护地。因此，加强对保护区的保护具有重要的意义。（大沾河自然保护区供稿）

白枕鹤

新青白头鹤
国家级自然保护区

黑龙江新青白头鹤国家级自然保护区位于黑龙江省伊春市新青区（局）境内。地理坐标为东经 129°58′29″～130°23′07″，北纬 48°19′21″～48°40′20″。保护区总面积 62567hm²，是以保护北温带森林生态系统、湿地生态系统和世界珍稀濒危鸟类白头鹤及其繁殖地为主的野生动物类型自然保护区。保护区始建于 2004 年，2011 年 4 月经国务院批准晋升为国家级自然保护区。

◎ 自然概况

新青白头鹤自然保护区所处的大地构造位置是位于新华夏构造体系第二隆起带小兴安岭隆起东南侧，区内主要构造方向为北向和北北东向。地质构造前身是古生代末期海西宁运动，华里西隆起褶皱构造带，表现为北北东向和北东向的一系列断层。区域内岩浆岩主要是区域变质岩，基岩绝大部分是岩浆岩，由侵入而未喷出的结晶花岗岩和花岗片麻岩组成露出地面，喷出地面的岩浆岩形成的玄武岩。区内海拔 197～382m，平均海拔 250m，平均坡度为 12°。在河流的中、下游及河流交汇处为沟谷平地，河谷两侧有阶地和漫滩，多为过伐后的混交林。属寒温带大陆性季风气候，区内四季气候差异大。同时，由于常年受外高加索、贝加尔湖冷空气的影响，致使该区气候变化异常复杂。气候特点为冬季漫长，气候干燥而寒冷；夏季较短，气候温和多雨；春季前期冷，后期暖，春风大，春霜（终霜）晚；秋季降温迅速，秋霜（早霜）早，常有冻害发生。

新青白头鹤自然保护区年平均气

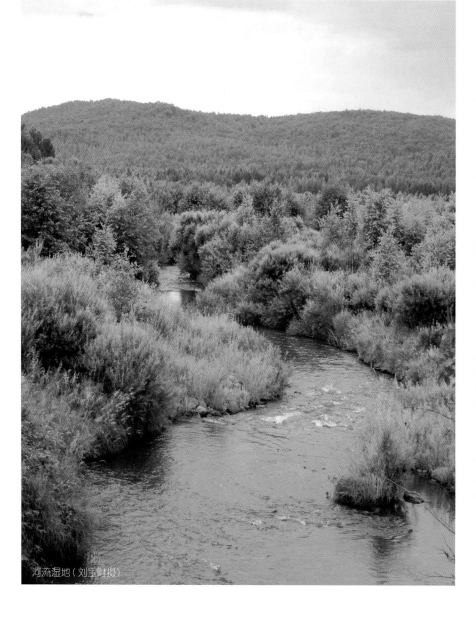

河流湿地（刘宝财摄）

温 $-0.5℃$ ，年温差一般在 $70℃$ 以上，无霜期 $110\sim125$ 天。全年 $\geqslant0.0℃$ 积温为 $2500.6℃$ ，全年 $\geqslant5.0℃$ 的积温为 $2387.7℃$ ，全年 $\geqslant10.0℃$ 的积温为 $1993.8℃$ 。保护区多年平均降水量为 $650.7mm$ ，年降水多集中在 6、7、8 月份，占全年总降水量的 60%。土壤以温带地带性土壤暗棕壤为代表类型，非地带性土壤有草甸土和沼泽土。由于受地形、植被、母质和水文等地方性条件的影响，该地区的土壤有明显的地域性分布规律。一般以河流、沟谷、低平地为起点，向两侧随海拔高度上升呈规律性的带状分布。

新青白头鹤自然保护区内水资源十分丰富，河流众多，均发源于小兴安岭，属黑龙江水系，其中乌拉嘎河、西北岔河和柳树河 3 条为主要河流。河流上游主河床狭窄，水流湍急，下游河段水流减缓，河面较宽。夏季最高水温为 $20℃$ 左右，冬季最低水温为 $0℃$ ，河水封冻天数为 160 天左右。该区地下水含量比较丰富，水质清澈。化学类型较为单一，属弱酸性低矿化度的软水。

新青白头鹤自然保护区植物区系构成上属长白植物区系，划分为 5 个植被型，11 个植被亚型，13 个群系组，20 个群系，58 个群丛。地带性植被为红松阔叶混交林，主要组成以红松为主，伴生多种阔叶树种，加之林内有发育良好的一些藤本植物，使保护区的温带针阔叶混交林既有南方（亚热带）景色，又有北方（寒温带）植物。保护区在动物地理区划上属于古北界、东北区、长白山亚区、小兴安岭山地省，区内蕴藏着丰富的野生动物资源，是我国发现的第二个白头鹤繁殖地，也是仅分布于我国北方林区的国家重点保护珍稀濒危野生动物驼鹿的主要分布区。由于生境的多样性，形成了物种的多样性，是黑龙江省北部林区生物多样性最为丰富的区域之一。据调查，区内共有高等植物 174 科 1011 种，脊椎动物有 35 目 81 科 331 种。

◎ 保护价值

新青白头鹤自然保护区属野生动物类型的保护区，主要保护白头鹤及其赖以生存的环境。保护区生态环境优良，在我国具有代表性和稀有性。

新青白头鹤自然保护区内拥有丰富的野生动物资源，尤其是国家一、二级保护动物较多，共有 48 种，占黑龙江省国家级保护动物的 50% 以上。

湿地彩虹（李伟东摄）

沙丘鹤（刘宝财摄）

森林湿地（杨士凤摄）

湿地白头鹤（郭玉民摄）

白枕鹤（李伟东摄）

大白鹭（刘宝财摄）

湿地白头鹤（郭玉民摄）

雏鹤（吴海峰摄）

国家一级保护动物6种，其中鸟类为白头鹤、丹顶鹤、东方白鹳、金雕4种，兽类为紫貂和原麝2种；国家二级保护动物42种，其中鸟类34种，兽类8种；保护区还分布有大量毛皮动物和药用动物，毛皮动物主要有鼬科的黄鼬、紫貂、香鼬、伶鼬、艾鼬、白鼬、獾、水獭等，犬科的赤狐、貉等，以及啮齿类中的松鼠、花鼠、麝鼠等。药用动物主要有马鹿、驼鹿、原麝、黑熊、狗獾、部分鼠类和鼬科动物，许多两栖类和爬行类动物等。

新青白头鹤自然保护区内有许多珍稀植物，其中有国家二级保护植物红松、紫椴、野大豆、黄檗、钻天柳、水曲柳7种。保护区重要经济价值植物种类及数量均比较丰富，除主要用材树种外，林内的灌木、草本及藤本植物均具有较高的经济价值。如具有药用价值的刺五加、北五味子、龙胆、桔梗等，具有食用价值的龙牙楤木、猴腿蹄盖蕨、萱草等，饲料植物有小叶章、野豌豆等，油料植物有核桃楸、榛子、红松等，含淀粉较高的植物有蒙古栎、桔梗等。

新青白头鹤自然保护区内大型真菌资源极为丰富，种类多样，主要包括59科480种大型真菌，而且生态特征明显而稳定。按其空间分布可以分为地表生真菌、树（草）栖生真菌及地下生真菌三大类。大型真菌资源主要分为食用菌、药用真菌、毒蘑菇、木腐菌、外生菌根菌、植物病原真菌等六大类。

新青白头鹤自然保护区有多种不同的景观类型，大面积针阔混交林、阔叶林、灌丛、草甸、沼泽、河流和湖泊相互交错，构成了北温带森林生态系统和湿地生态系统，这一独特的生境类型在国内同类自然保护区中具有较高的稀有性。而且这样的生境是典型的森林湿地物种——白头鹤、寒温带森林动物——驼鹿的主要栖息环境，保护区是目前我国白头鹤繁殖种群数量和密度最高的分布区，种群数量占全球总量的1%，一次性监测到白头鹤最大种群近百只。保护区的生物区系、生态系统和自然资源均具有重大的生态价值和科学价值。

◎ 功能区划

新青白头鹤自然保护区划分为核心区、缓冲区、实验区3个功能区。核心区内无居民点，人为活动和干扰极少。核心区的区划主要是将白头鹤主要繁殖和活动区域划入核心区。结合保护区自然地理情况、河流和林班边界情况，区划包括北沟林场的5个林班、乌拉嘎经营所（团结施业区）22个林班、西北河林场27个林班、柳树河林场20个林班。区划后核心区面积为27529.04 hm²，占保护区总面积的44.00%。为防止和减少核心区受到外界的影响和干扰，在核心区外围划分缓冲区，包括北沟林场的8个林班、乌拉嘎经营所（团结施业区）10个林班、乌拉嘎经营所（乌拉嘎施业区）4个林班、西北河林场29个林班、柳树河林场11个林班。缓冲区面积14809.61 hm²，占保护区总面积的23.67%。缓冲区同时也是白头鹤觅食和活动区域，其生态系统与核心区同样保持了较为原始的自然状况。核心区和缓冲区以外区域为实验区，包括北沟林场的10个林班、乌拉嘎经营所（团结施业区）19个林班、乌拉嘎经营所（乌拉嘎施业区）10个林班、西北河林场8个林班、柳树河林场21个林班。实验区面积20228.35 hm²，占保护区总面积的32.33%。

◎ 科研协作

新青白头鹤自然保护区与东北林业大学、俄罗斯湿地专家联合开展了"小兴安岭泥炭沼泽湿地分布调查"研究；与北京林业大学联合开展了"白头鹤种群数量和白头鹤巢区调查研究"；与国家鸟类环志中心联合开展了"白头鹤等候鸟禽流感和核辐射预警机制研究"；与全国鸟类监测网络联合开展"迁徙水鸟同步监测研究"；与东北林业大学联合开展"黑龙江省小兴安岭白头鹤繁殖地生境评价及繁殖行为研究"。

（新青白头鹤自然保护区供稿）

湖泊湿地（保护区提供）

东方白鹳（李伟东摄）

黑龙江呼中国家级自然保护区位于黑龙江省大兴安岭地区，系大兴安岭主脉和伊勒呼里山之间所夹成的山谷。西部以大兴安岭主脉为界，与内蒙古汗马国家级自然保护区接壤，西北与内蒙古自治区阿龙山林业局毗邻，南部邻接内蒙古自治区甘河林业局，东部、东北部和北部与大兴安岭林业集团公司呼中林业局相连。地理坐标为东经122°42′14″～123°18′05″，北纬51°17′42″～51°56′31″。保护区南北长63km，东西宽32km，总面积167213hm²，属森林生态系统类型自然保护区，主要保护对象是寒温带针叶林生态系统及野生动物。呼中自然保护区最初由林业部在1958年的《大兴安岭林区开发总方案》中予以规划确定，1964年经国务院批准实施，1988年被国务院确定为国家级自然保护区。

兴安落叶松幼林

◎ 自然概况

呼中自然保护区坐落于僻静遥远的中国北疆，古老神秘的大兴安岭腹地，在地球变暖的热化世态中显示出得天独厚的天然优势。冰清的蓝天，玉洁的白云，清凉的林海，剔透的流水，构成了中国寒温带原始森林的神奇世界。大兴安岭地貌是经过漫长的地质时期逐渐形成的，受断裂构造和沉降运动的影响明显，地质构造复杂，地层除中生代末白垩纪中酸性火山岩系地层外，尚分布有新生代第四纪地层，构成山体的主要岩石为花岗岩、玄武岩和石英斑岩等。属于中低山冰缘（或冻土）地貌，保持着中生代以来的基本轮廓，又遗留有新生代喜马拉雅运动的剥蚀和雕壁的明显痕迹。地势西高东低，地形起伏，山峰林立，坡度大，山谷多狭窄。海拔超过1200m的山峰有20多座，且受微弱冰川活动和山体岩石寒冰风化作用，山峰和山脚多有突起的怪石。大兴安岭北部最高峰，海拔1528m的大白山位于保护区南缘，其顶峰上均是"石海"。保护区内河网溪流密布，为黑龙江水系，是黑龙江主要支流呼玛河的发源地。发源于西北部的加占多拉玛鲁河、沙诺杭纳霍马鲁河、山洛杭纳霍马鲁河等交汇成的白呼玛尔河与发源于西南部的呼玛尔河，两条河穿流全区，在中部汇成呼玛河，以年平均15.4亿 m³的流量向东北注入黑龙江。河流的主要水源是大气降水，由于地势落差大，流速较快，并形成夏季丰水期和冬季枯水期，雨水连绵的季节常出现暴涨暴落的强烈变化。同时，保护区的地表水与地下水转换

大白山

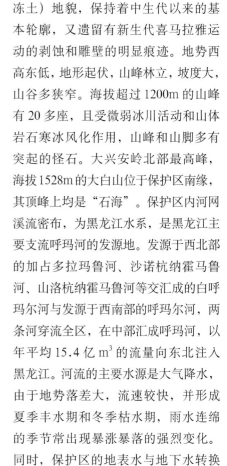

呼玛河源头

补给，由于森林植被及其凋落层阻碍了地表径流和雨水蒸发，使地下水冻结层上水和冻结层下水资源较为丰富。因此，在海拔1300m的山上，能看到清澈的山泉和涓涓的细流，在很多槽地溪谷及乱石坡上，冬季可出现巨大的"冰湖"，夏季可听到地下的潺潺流水声。呼中自然保护区属于寒温带大陆性季风气候，素有"高寒禁区"之称。冬季漫长、寒冷积雪。夏季短暂、温暖多雨。春秋两季不明显，表现为春温骤升，秋温骤降。由于纬度高，冬季日照时间短，且受蒙古高压影响，而夏季日照时间长，又受太平洋气团影响。所以年度、四季和昼夜的温差较大，即使在盛夏季节，也有"早春午夏晚秋天，半夜入冬五更寒"之说。特有的气候，也为保护区造就了山花姹紫嫣红的初春、绿荫凉爽清馨的盛夏、霜叶五色斑斓的深秋、动物戏冰餐雪的隆冬这样的塞北奇景。呼中自然保护区的土壤类型及其分布较单一，以棕色针叶林土为主要土壤类型，覆盖全区大部，其上滋生着漫山遍野的兴安落叶松。河流两岸、山间谷地沉积的棕壤和高含量腐殖质发育的草甸土和少量的沼泽土滋生了岸边的湿生植物群落，或形成了局部草塘湿地和小面积的沼泽地。

呼中自然保护区的植物在地理区划上，隶属于泛北极植物区、欧亚森林植物亚区、大兴安岭区。区内山峦起伏，林海树浪，森林植物垂直分布明显，保持着原始状态，是我国北方寒温带明亮针叶林生态系统的代表。区内分布有植物种类58科156属308种，列入国家重点保护的珍稀濒危植物5种。保护区的野生动物在地理区划上隶属于古北界—东北区—大兴安岭亚区。现有野生动物50科178种，其中鸟类131种，兽类33种，两栖爬行和鱼类14种。国家重点保护的野生动物42种，其中，国家一级保护野生动物有细嘴松鸡、金雕、貂熊、紫貂、原麝共5种；国家二级保护野生动物有大天鹅、燕隼、红隼、花尾榛鸡、雀鹰、棕熊、猞猁、马鹿、驼鹿、雪兔、水獭等37种。

呼中自然保护区位于清凉的、不受污染的天然环境中，森林植被因不同的立地条件被大自然毫不掩饰地加工成奇形怪状的生态风格，形成了独特的森林景观。典型的有："醉林"，由于永冻层和局部地段冻胀与融沉现象的反复作用，导致成片林木生长呈东倒西歪状，山风吹拂，树形晃动，恰似一群醉汉喧闹出山；"老头林"，在恶劣的生长环境影响下，百年的老

松树高不过3m，树干弯曲、枝条枯衰、松萝密布、毛发苍苍，犹如成群结队的耄耋侏儒，龙钟伫立；"孔雀开屏"，冬夏常青的假松林，枝条呈扇形伸展，翠绿的枝叶，顶着深红的松塔，酷似满山开屏的孔雀，翩翩起舞。在千奇百怪的林相景观中保护区还占据着垄断性的地理位置，形成地质景观："大白山"是大兴安岭北部最高峰，在山下万木葱郁的初春，顶峰仍白雪皑皑；"呼玛河源头"，呼玛尔河与白呼玛尔河交汇处是呼玛河的起源，北岸山势突起，悬崖林立，峭壁下呼玛河一泻千里，气势磅礴。南岸百年杨柳，参天遮日，一派天然生机，大桥飞驾南北，展示着人类生活的创意，杨尚昆题词碑和别墅小区的装点，使之成为自然景观和人文景观结合的最佳地段；"黄花山"，三座陡峭的山坡不生树木，却长满黄花萱草，一场春雨，满山黄花盛开，山岭金黄耀眼，是保护区昙花一现的珍奇景观。

雪兔

貂熊（东北林业大学动物学院提供）

375

◎ 保护价值

呼中自然保护区目前是我国最大的寒温带针叶林生态系统自然保护区，地理位置占据了大兴安岭北部最高峰大白山和黑龙江水系主要支流呼玛河源头等尖端地貌；生态环境集中地蕴造了东西伯利亚山地明亮落叶松不同的立地条件，典型地代表了原生针叶林植被；生物多样性基本具备了寒温带野生动植物竞天择的自然优势。因此，呼中自然保护区是寒温带针叶林生态系统和物种基因库的国家保护样本；是古气候变化、植物迁徙和区系演变的研究、监测基地；是寒温带野生动物生息繁衍的天然乐园；是我国高纬度永冻土研究和寒冷地区林业

北国红豆——越橘

科研活动的代表场所；是旅游、度假的天然森林氧吧。1992年2月28日，林业部、世界野生生物基金会（WWF）在北京召开的"中国自然保护优先领域研讨会"上，与会代表一致认为呼中自然保护区具有国际保护意义（A级），已纳入世界保护资源分布网络，构成世界保护资源的组成部分，在国际保护的高度上肯定了保护区的生态价值、科研价值和旅游价值。

呼中自然保护区是我国寒温带最早建立的保护本气候带森林生态系统和珍稀野生动植物的保护区，占地面积在我国乃至北半球同纬度地带是名列榜首的。境内的森林蓄积量也是我国目前保护下来的最完整、最典型的

高位泥炭藓指示物种——大果毛篙豆

驯鹿喜欢的食物——石蕊

细嘴松鸡

驼鹿

香料植物——狭叶杜香

寒温带针叶林生态系统之一。而且原生植被的典型性、稀有性、多样性、自然性在我国乃至世界范围内都是十分珍贵的。这种原始类型的自然综合体的繁衍与保存，在人类的生存与进步上具有不可估量的意义。保护区内生态系统多样性和生物物种多样性是遗传多样性的基础，对人类具有直接的或间接的，实物的或非实物的用途。最直接的效益是，保护区内大面积的森林植被在呼玛河上游发挥了涵养水源、保持水土、调节气候的天然功能，使当地的气候—水文—植被构成了相对平衡的状态，减少了山洪等自然灾害的发生。原始的森林环境是大量珍稀野生动物生息繁衍的场所，有些动物，如貂熊、原麝等具有国家稀有性和全球稀有性。森林植被的造氧功能，在大气运动中的净化作用和在大气化学中的营养循环作用对人类生存具有长期的、巨大的、无法估量的生态价值。

呼中自然保护区目前是我国最北部、最大的森林生态系统自然保护区。主要森林类型是以兴安落叶松为建群树种的山地寒温型针叶林，还有山地寒温高山型针（阔）叶林和亚高山矮曲林分布，且森林植被垂直分布明显，几乎囊括了大兴安岭地区的所有森林类型，是大兴安岭地区森林开发前的真实缩影，许多稀有、濒危的寒温带野生动物集中在此栖息繁衍，在地质、气候、水文、土壤、植被、动物等各方面为理论科研、应用科研和科学实验提供了广阔的空间和天然的优越条件。大兴安岭的北方林是地球上第二大陆地生物群区，地处高纬度地区，不仅温度变化剧烈，对空气变化敏感，而且是国际全球碳循环研究的重点区域，也是我国未来全球生态学研究的重要前沿阵地与创新研究平台。而呼中自然保护区是与有关科研部门联手共建生态系统定位研究机构的理想基

地。可以在此研究以地带性植被寒温带针叶林为主要对象，深入探讨森林生态系统的结构与动态、寒温带森林生物多样性的保护利用、退化森林生态系统的恢复与人工林优化模式的组建等。坚持以生态系统与功能和持续发展、生物多样性保护、恢复生态学和全球气候变化对该区主要生态系统功能的影响为方向。并将这些研究与全世界共同关注的全球环境变化、生物多样性保护与利用和生态系统的持续发展等科学问题紧密结合，推动生态学和植物学及相关科学进步。同时，将研究成果服务于大兴安岭地区森林资源的永续利用以及区域大农业的持续发展，来实现自然保护区的科研价值。

森林旅游是 21 世纪热点旅游项目之一，其公益性、社会性已被公认。呼中自然保护区完全满足森林旅游之清凉、原始、真实三大热点需求。中国寒温带清凉的地理位置，未受任何污染的原始森林，多样性的生物风格，大自然的神奇地貌，向人们呈现了"真山、真水、真空气，好林、好景、好地方"的原生态世界。在四季分明的

风景中，呼中自然保护区的地理类景观是：千山叠翠、万谷透荫，奇峰密林、山间怪石，千年沉睡的古老山川，一派僻静神秘的古韵。最高处是大兴安岭北部最高峰大白山，山体挺拔隽秀、垂直带谱明显，是大兴安岭山形和林带的集中缩影。远山近谷间的山波、树浪、云海、虹桥，雾凇、树挂、冰川、雪岭，到处都是赏心悦目的景物。保护区的水域类景观资源有：呼玛河源头，呼玛尔河与白呼玛尔河在区内南北两面相对而流，蜿蜒山谷，穿越密林，沿途留下了草塘、河弯、湿地、沼泽等不同类型的地段，汇成呼玛河后，有 900m 宽河床，河面直流，平稳清澈。北岸是陡坡怪石，如群兽爬山，南岸是参天古树，遮荫护岸。在大布勒山（大白山别称）脚下拐弯的地方依山临水的巨石叫布勒石，这里承载着呼玛河的传说故事。区内最神奇的是：站在碎石坡上，满目"石海"，却能听到暗河流水的潺潺声。保护区的生物类景观是：地域辽阔，保护完好，是冻土分布区，不仅有千奇百怪的植被景观，也是野生动物的生存乐园。区内，鹰隼燕雀在空中盘旋飞舞，松鸦、

啄木鸟击木啄食的声音在林间回荡，飞龙（花尾榛鸡）、棒鸡（细嘴松鸡）经常出现，迁徙候鸟，成群结队。松鼠、飞鼠可与人类为友，雪兔、狍子是路边戏耍的常客。当然，大型动物马鹿、驼鹿是密林中的游侠，昼间期而不遇，凶猛的棕熊、野猪、猞猁等更是既惊险又刺激的夜赏对象了。保护区的人文景观是：国内外大量的知名人士来

野外调查

此参观考察，留有原国家主席杨尚昆等人的题词。这些珍贵的墨迹是打造人文景观的重要依据。保护区加入旅游网络，开发丰富的旅游资源，打造具有保护区特色的旅游环境，不断提高保护区的自养能力和知名度，实现其旅游价值。

◎ 管理状况

截至目前，呼中自然保护区充分发挥管护、防火、科研、宣教、旅游等功能，形成了以"北方林站"监测塔为主体的科研监测基地、以汇玛大桥别墅小区为主体的生态旅游小区、以标本科研楼为场所的法制科普宣教基地。

（呼中自然保护区供稿；王永庆、庄凯勋、孙长福、徐建民、冯剑飞、刘永志、张岭、郎咸仁提供照片）

樟子松林

黑龙江 南瓮河 国家级自然保护区

黑龙江南瓮河国家级自然保护区位于黑龙江省大兴安岭林区东部，伊勒呼里山南麓，黑龙江省大兴安岭地区松岭区境内。保护区北以伊勒呼里山脉为界，东至呼玛县十二站，南与加格达奇林业局毗邻，西与松岭林业局接壤。地理坐标为东经125°07′~125°50′，北纬51°05′~51°39′。保护区总面积为229523hm²，其中森林面积147751hm²；湿地面积80916hm²。保护区核心区位于南瓮河与南阳河交汇处，面积为74785hm²；缓冲区面积为63829hm²；实验区面积为90909hm²。保护对象是保护区内的森林、沼泽、草甸和水域生态系统，以及珍稀动植物，属湿地生态系统类型自然保护区。黑龙江南瓮河自然保护区规划于1985年，始建于1999年12月，2003年6月经国务院批准晋升为国家级自然保护区。

白桦岛状林和湖泊湿地

◎ 自然概况

南瓮河自然保护区为大兴安岭支脉，伊勒呼里山南坡，属低山丘陵地貌，地形起伏不大，地势为北高南低、西高东低，海拔一般为500~800m，最低海拔370m，最高海拔1044m。区内河谷宽阔，其成因与本区普遍分布的永冻层和季节性冻层有关，由于永冻层和季节性冻层的存在，河流下切作用受阻，所以加剧了侧向侵蚀，致使河流两岸不断冲蚀，加之古"冰山""削平"作用，逐渐使原来的窄河谷加宽，而形成宽河谷。由于保护区地势平缓，河谷宽阔平坦，降水很难排出，加以冻层的普遍分布，使土层透水性极差，故水分大多滞留于地表，从而形成了广泛分布的沼泽植被，成为保护区地貌与植被上的特殊现象之一。保护区内河网密布，不对称槽形河谷十分宽坦，流水的侧蚀比纵蚀强烈，河曲明显，河谷中普遍分布有牛轭湖及水泡。其水系属嫩江水系，为嫩江主要发源地，境内河流均为嫩江支流，

主要河流有二根河、南阳河、南瓮河、砍都河，其流向大体由北向南贯穿全区后注入嫩江。这些河谷在保护区内下降平缓，流速不大，故多沼泽化，使其流域几乎全部形成沼泽，从而形成特有的森林湿地景观。

南瓮河自然保护区气候属寒温带大陆性季风气候，冬季受西伯利亚寒流的影响，异常寒冷，晴燥少雪而漫长，长达9个月，年平均气温−3℃，极端

最低气温−48℃。相反，温暖季节甚短，夏季最长不超过1个月，极端最高气温36℃，≥10℃年积温1400~1600℃，年日照时数2500h左右，年降水量500mm左右。初霜始于9月中旬，晚霜到翌年5月中旬，无霜期90~100天，所以植物生长期较短。尤其干旱年份，日温差加剧，造成晚霜推迟，早霜先至的现象。因受东南海洋气团的影响，保护区年降水量较高，且80%以上皆

落叶松岛状林湿地

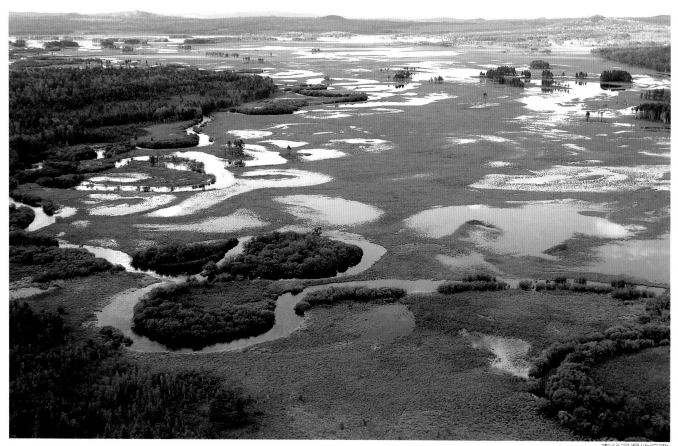

南瓮河湿地俯瞰

集中于温暖季节（7～8月），形成了有利于植物生长的条件。但因冻土层的普遍存在，降水量虽不算低，可水分除滞留地表形成大面积沼泽外，大多进入河流而排掉。加之蒙古草原风作用，蒸发量一般在1000mm左右，为降水量的2～2.5倍，所以水源涵养并不多，尤以5～6月常有明显旱象，形成云雾少、日照强、温度低的气候特点，致使林木草原火险增多。故而大多阳向陡坡受火的影响皆发育为草原化的干山坡。至9月末、10月初开始降雪，消融时间为4月下旬、5月上旬，稳定积雪覆盖日数可达200天以上，最大积雪厚度为30～40cm。

南瓮河自然保护区植被在大兴安岭植被区划中，属南部柞树—落叶松林区，植被较丰富，植被组成具有寒带与温带特点。主要乔木树种有落叶松、云杉、白桦、山杨、柞树、黑桦、

柳树、杨树等，这些乔木是构成本区森林的主体树种。主要灌木种类有杜鹃、赤杨、榛子、胡枝子、刺枚、桦等。野生经济植物主要有越橘、笃斯越橘、杜香、黄耆、草苁蓉等。南瓮河国家级自然保护区野生动物资源丰富，种类较多。据调查，区内野生动物有309种。其中国家一级保护动物有细嘴松鸡、白尾海雕、白鹳、黑鹳、金雕、丹顶鹤、白鹤、紫貂、熊貂等9种；国家二级保护动物有鸳鸯、小天鹅、大天鹅、马鹿、驼鹿、棕熊、花尾榛鸡、雪兔等47种。

南瓮河自然保护区具有独特的景观资源，例如寒温带的原始森林，独特的岛状林湿地、沼泽湿地、湖泊湿地、冰湖湿地、草丛湿地、森林湿地、灌丛湿地，迂回曲折的河流，野生珍稀动植物，丘陵山体及冰雪资源等。

南瓮河自然保护区位于我国寒温带针叶林分布区的南缘，也是我国最

开满鲜花的草甸湿地

大的森林沼泽分布区之一，是我国寒温带沼泽发育较为典型，类型较为齐全的地区。同时，森林沼泽是代表区域景观特色的生态系统之一，它与森林一起构成了东北区独特的冷湿景观。由于其具有多种生态学功能，而成为大兴安岭林区生态屏障之一，在区域生态平衡中的作用举足轻重，对维系嫩江、松花江流域生态安全和流域人民生产生活有重要意义。

红皮云杉大树

丹顶鹤

早春迁徙和在当地繁殖的大天鹅

地生态系统，在其所处的气候带和地理景观带具有高度丰富的生物多样性。区内生物繁多，物种丰富多样。初步调查植物种类442种，野生动物309种，两栖爬行动物和鱼类44种，野生大型真菌150余种，容纳了大兴安岭寒温带针叶林区绝大多数森林植物、野生动物、森林昆虫和大型真菌。这在我国高纬度的寒温带是不多见的，是一个丰富的种质资源大型基因库，是人类采种、育种的良好基地。保护区内具有丰富的生态系统多样性，其中有森林生态系统、草甸生态系统、沼泽生态系统、水生生态系统，各种生态环境为各类动物提供了充分多样的栖息地，也为它们提供了丰富的食物资源。

（4）具有保存完好的原始森林，水生沼泽生态系统，具有良好的自然性。由于远离城镇，开发较晚，区内无任何单位和个人活动。1991年才开始进行筹备开发，核心区和缓冲区内的湿地和森林生态系统，仍处于原始状态，未受任何人为干扰和破坏，特别是湿地自然生态系统仍保持着自生自灭的原始状态。

（5）独特的生态环境具有明显的脆弱性，一旦破坏将难以恢复。大兴安岭位于我国最北部，处于欧亚大陆

南瓮河自然保护区具有以下多种重要价值：

（1）具有未被干扰破坏的、保护完整的原始森林沼泽生态系统。区内原始生态类型齐全，几乎容纳了大兴安岭寒温带原始林区所有的陆生、湿生、水生生物类群的物种，是保护和研究寒温带湿地生态系统和其生物群落的重要基地，与其他湿地保护区相比，具有独特性。

（2）是我国寒温带针叶林区中一个典型的内陆水域与湿地生态系统类型自然保护区，具有较高的代表性和典型性。由于气候条件地理位置特征和独特的冻土条件，决定了保护区内独特的水生、湿生、森林植被特征。区系组成以东西伯利亚植物区系为主，混有长白和蒙古植物区系成分。湿地植物群落组成具有森林植物群落结构外貌特征及演替和波动规律。森林沼泽植被类型分布具有典型的泰加林特征。地下水、地表水丰富，水生植物繁密，水质的净化能力强，水域与土壤类型突出。保护区保存了完整的大兴安岭原始森林湿地生态系统，具有典型水域、沼泽、草甸、灌丛和原始森林植被。丰富的野生动植物的繁衍与保存，为我国研究高纬度地区多年冻土沼泽化演变规律提供了理想的场所，对于研究大兴安岭地区森林湿地生态系统的演替和遗传基因的孤遗性具有较高的学术价值。

（3）南瓮河自然保护区的森林湿

薹草沼泽

冻土带南缘，是我国高纬度多年冻土带，其上生长着以落叶松为优势的泰加林及谷地灌丛和湿草甸，多年冻土的存在直接影响着森林生态和气候环境，其温度高低，对大气温度升高和外界变化极为敏感。近年来由于气候变暖和人为扰动影响，大兴安岭的冻土已经出现退化，致使冻土温度升高，厚度减薄，季节性融化深度增大等，而这种变化是很难恢复的。与此同时，寒温带针叶林区植物群落的更新演替是一个十分漫长的过程，一经破坏很难恢复到原来的顶极群落，其独特的冻土生态环境是相当脆弱的。

（6）南瓮河自然保护区作为我国寒温带针叶林区中一个典型的森林湿地保护区，其丰富的动植物资源和多样的生态系统，对人类的生存与发展具有较高的科研价值。该保护区的建立为青少年爱国主义教育和加强生态环境保护教育提供了理想的场所，也为生物多样性保护宣传教育和大中专院校实习提供了天然课堂。在世界森林湿地和冻土等学术研究活动中，必将做出突出贡献。

（7）湿地作为"自然之肾"，具有蓄水减灾、调剂水量、过滤泥沙、降解环境污染等重要功能。森林作为

陆地生态系统的主体，具有抗灾减灾的重要作用。保护区地处嫩江水系的发源地，是我国主要粮食生产基地松嫩平原和牧业发展基地呼伦贝尔大草原的生态屏障，保护好该地区的森林湿地生态系统，不仅对大兴安岭地区乃至整个嫩江流域的调洪防旱、生态安全均有着不可替代的作用。

南瓮河自然保护区是目前我国较大的湿地类型自然保护区。特殊的地理气候条件形成的生物群落及其生境具有很高的学术价值。

南瓮河自然保护区是我国以寒温带内陆水域湿地生态系统类型为保护对象的自然保护区，生物多样性丰富。区内有二根河、南瓮河、南阳河、砍都河等大小河流几十条，有十分典型的岛状林湿地，是嫩江源头生态保护地，是松嫩平原和呼伦贝尔草原的重要的生态屏障，对嫩江流域、松花江流域，特别是对大庆工业炼油用水、扎龙自然保护区的补水及这一流域的生态安全、工农业生产生活都具有特别重要的意义。有国家一、二级保护动物53种，是珍稀、濒危水禽迁歇和繁衍的重要栖息地。这一地区的重要生态地位越来越得到国内外专家学者的关注，保护好该区域的生态系统的

保护区内的森林资源

多样性、长期性和稳定性，意义十分重大。

◎ 管理状况

南瓮河自然保护区与国家气象局以资源共享的方式在区内建成一处投资30万元的气象站。国家气象局无偿援助部分气象主体设备，提供气象设备安装和气象专业人员培训。保护区作为一个气象监测站，在保护区内的监测工作已经正常开展起来。经多方协调，中国科学院和国家林业局现已同意在南瓮河自然保护区内建立一处投资总160万元的生态定位站。目前，正在积极做好保护区内生态定位站的基本建设工作。

（南瓮河自然保护区供稿）

九月的灌丛湿地和五花山

黑龙江 双河
国家级自然保护区

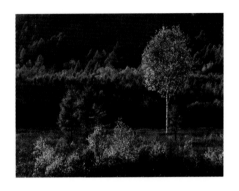

黑龙江双河国家级自然保护区地处我国最北部，位于大兴安岭山地东北部的塔河县境内，北部与东北部与俄罗斯隔江相望，西部、南部和东南部分别与塔河林业局和十八站林业局接壤。地理坐标为东经124°52′48″～125°32′03″，北纬52°54′25″～53°12′08″。保护区总面积88849hm²，其中核心区面积35699hm²，缓冲区面积为31277hm²，实验区面积21873hm²。保护区隶属于国家林业局大兴安岭林业集团公司，所在区域位于我国重点国有林区和天然林保护工程实施区。保护区属自然生态系统类别的森林生态系统类型自然保护区，主要保护典型的寒温带森林生态系统。保护区始建于2002年，2008年1月14日经国务院批准晋升为国家级自然保护区。

◎ 自然概况

双河自然保护区地质构造线以东北—西南走向，主要岩层为花岗岩、流纹岩及侏罗纪砂岩、页岩。地形南高北低，比较破碎，山顶尚保存平坦面，坡度较缓，相对高度较小，海拔242～665m，河网稠密，河谷多为槽谷状呈放射状分布，且多沼泽。沿黑龙江河谷有阶地发育。

双河自然保护区属寒温带大陆性季风气候区。冬季漫长而严寒，年均气温为－4.3℃，极端最低气温－45.8℃，极端最高气温38℃，≥10℃积温为1500～1800℃。夏季温暖多雨，年平均降水量为460mm，全年平均积雪期为165～175天，平均冻土深为2.5～3.0m左右。由于靠近黑龙江并且海拔低，地形起伏不大，因此气候较温湿，具有较好的植物生长条件。

双河自然保护区境内土壤以棕色针叶林土、灰化棕色针叶林土、表潜棕色针叶林土分布最广，并与沼泽土、草甸土形成复区。

双河自然保护区水资源丰富。由于受地形的影响，自然水系主要由北面的黑龙江上游和南面几条小支流组成。黑龙江全长441km，流域面积为$1.855×10^3km^2$，中国境内占48%。上游水面宽阔，水流平稳，河床呈U型，底质为石质或卵石，平均比降0.2‰，河面宽400～1000m，水深一般2～7m，年均径流量为275亿m^3。其他支流有小西尔根气河、大西尔根气河、二十一站河、富拉罕河、倭西门大沟。这些河流流量小，河道弯曲，流急而水浅，春融和雨季常有洪水泛滥，水位变化极大，不适于航运和流送。保护区内有水域面积2264hm²。

双河自然保护区内还有一定面积的沼泽湿地，约7,575hm²，以森林沼泽为主。在草丛沼泽中，主要植物种类有金发藓、塔头薹草、小叶章、丛桦、兴安落叶松。

组成保护区植物的建群种为兴安

落叶松、樟子松、白桦、山杨、赤杨、丛桦、薹草等。全区共计有野生维管束植物 420 种，隶属于 68 科 239 属，其中蕨类植物 5 科 7 属 12 种；裸子植物 1 科 3 属 3 种；被子植物 62 科 229 属 405 种。有国家级珍稀濒危保护植物 5 种，属于 4 科，5 属。

双河自然保护区动物资源丰富，分布有鱼类 14 科 60 种，占黑龙江种数的 56.19%；两栖类有 4 科 6 种，占黑龙江种数的 55.54%；爬行类有 3 科 7 种，占黑龙江种数的 50.00%；鸟类有 42 科 180 种，占黑龙江种数的 52.77%；兽类有 13 科 28 种，占黑龙江种数的 31.81%。保护区分布有国家一级保护动物 6 种，其中兽类 3 种，鸟类 3 种。国家二级保护动物 34 种，其中兽类 5 种，鸟类 29 种。省级重点保护动物 32 种，其中兽类 8 种，鸟类 21 种，爬行类 1 种，两栖类 2 种。

◎ 保护价值

双河自然保护区是以森林生态系统和生物多样性保护为宗旨，全面保护寒温带典型森林生态系统、湿地生态系统和国家重点保护野生物种及其生境，是集资源保护、科研教育、可

啄木鸟

持续利用等多功能于一体的综合性自然保护区。

保护对象：

（1）典型的寒温带森林生态系统。

（2）较典型寒温带森林湿地生态系统。

（3）国家重点保护动植物物种45种。主要有紫貂、貂熊、原麝、马鹿、驼鹿、棕熊及岩高兰、樟子松、兰科等植物为代表的濒危动植物物种及栖息环境。 　　（双河自然保护区供稿）

黑龙江 绰纳河 国家级自然保护区

　　黑龙江绰纳河国家级自然保护区位于黑龙江省呼玛县，大兴安岭韩家园林业局施业区内。北邻韩家园林业局兴隆林场，南东靠古龙干林场，西南与嘎拉河林场毗连，西邻韩家园林业局原绰纳河林场部分施业区。地理坐标为东经125°41′03″～126°18′12″，北纬51°44′24″～51°19′00″。保护区总面积为105580hm²。根据《自然保护区类型与级别划分原则》GB/T14529—93，保护区属自然生态系统类中的湿地和内陆水域生态系统类型自然保护区，主要保护对象是寒温带针叶林与温带针阔叶混交林交错区的原始森林湿地和内陆水域生态系统、森林生态系统及其生物多样性。保护区始建于2002年9月，2012年经国务院批准晋升为国家级自然保护区。

◎ 自然概况

　　绰纳河自然保护区属低山丘陵地貌区，以丘陵地貌为主，地形起伏不大，地势由西向东缓缓倾斜，坡度较小，以平缓坡为主。保护区最高海拔为605m，最低海拔为238m，平均海拔为421m。

　　地质特点是母岩中火成岩广泛分布，区内主要分布花岗岩，其次为玄武岩和安山岩，沉积岩和变质岩在局部地区有零星分布。

　　地貌特点是平缓坡面积比重较大，大部分地区土壤肥沃，植被茂盛，湿地生态特征明显，为建立湿地与森林生态系统自然保护区提供了有利条件。

　　绰纳河自然保护区地处寒温带，气候属寒温带大陆性季风气候。受蒙古高压气候影响，盛行西风和西北风，年平均风速3m/s。年平均气温−2.1℃，极端最低气温−48.2℃，极端最高气温38℃，年日照时间数约2500h。无霜期约为100天，土壤结冻期长达270天，积雪期200天左右，

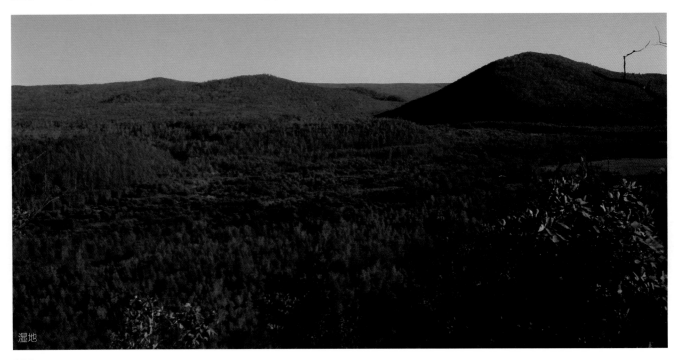

湿地

冬季受西伯利亚寒流的影响，异常寒冷。历年平均降水量为478mm左右，年蒸发量约1000mm，是年降水量的20倍多。

绰纳河自然保护区主要河流有绰纳河，发源于伊勒呼里山，由西向东北注入呼玛河，境内流长约25km。绰纳河主要河流有清水河，流长约18km，均由西北往东南流入绰纳河；空腰碾河，流长约13km；东吾罗河，流长约16km，均由西南往东北流入绰纳河。另一条河流是古龙干河，主河在保护区流长48km，大小支流十余条，形成大面积湿地景观。保护区内天然水属于重碳酸—钠型水，河流高漫滩地的井水属于重碳酸—钙型水，沼泽水属碳酸、氯—钠钙型水。硬度0.67～4.16，pH值5.3～6.8。

绰纳河自然保护区土壤分布为核心区：表浅棕色针叶林土、典型棕色针叶林土、灰化暗棕壤、草甸暗棕壤、泥炭沼泽土、腐殖质沼泽土、草甸沼泽土。缓冲区：灰化棕色针叶林土、典型棕色针叶林土、灰化暗棕壤、草甸暗棕壤、泥炭沼泽土、腐殖质沼泽土。实验区：表浅棕色针叶林土、典型棕色针叶林土、灰化暗棕壤、草甸暗棕壤、草甸沼泽土。

绰纳河自然保护区植物种类既有属于寒温带针叶林的大兴安岭植物区系成分，也有属于温带针阔叶混交林的小兴安岭植物区系成分，在形式上表现出大、小兴安岭植物区系交错过渡的特点。保护区内野生维管束植物共有116科321属536种，其中苔藓类植物31科55属77种，蕨类植物7科7属16种；种子植物78科259属443种。占黑龙江省植物种(2400余种)、科（183科）的比例分别为22.46%、63.39%。根据1999年国家林业局和农业部联合发布的《国家重点保护野生植物名录（第一批）》保护区有国家

岛状林

湿地

二级保护植物6种：木犀科的水曲柳、芸香科的黄檗、椴树科的紫椴、杨柳科的钻天柳、豆科的野大豆、泽泻科的浮叶慈姑。

绰纳河自然保护区内野生动物种类较多，该地区的兽类有6目15科54种，鸟类16目40科234种，两栖爬行类2目3科14种，鱼类71种，昆虫302种，土壤动物56种。保护区内有国家一级保护兽类：貂熊、紫貂、原麝3种，占黑龙江省国家一级保护

兽类（6种）的50%；国家二级保护兽类：棕熊、水獭、猞猁、马鹿、驼鹿、雪兔等6种，占黑龙江省国家二级保护兽类（11种）的72.7%；国家一级保护鸟类：白鹳、黑鹳、金雕、白尾海雕、黑嘴松鸡、白头鹤、丹顶鹤、白鹤8种，占黑龙江省国家一级保护鸟类（12种）的66.7%；国家二级保护鸟类36种，占黑龙江省国家二级保护鸟类（56种）的64.3%。

绰纳河自然保护区既有独特的湿

落叶松

花尾榛鸡

兴安杜鹃

地景观，形态各异的花草树木，又有一望无际的森林景观，既有湿地水禽，又有栖息于森林的大型兽类野生动物，均为宝贵的旅游景观资源。保护区内自然资源十分丰富，飞禽走兽处处可见，奇花异草美不胜收，大气清醇，水质优良，四季分明，每到春夏之际，繁花似锦，姹紫嫣红，绿草如茵，林木葱郁，碧波荡漾，雁鸭成群，鸟语花香，令人陶醉。而到了秋季，天高气爽，各种野果相继成熟，红的有红豆、草莓、悬钩子；黑的有稠李；蓝的有羊奶子、笃斯等，颗颗晶莹剔透，独具风味。冬季，千里冰封，白雪皑皑，狍兔相戏，松鸡集群，特别是在低温作用下，空气中水汽凝结成雾，遮天蔽日，使莽莽草地巍巍林海云雾缥缈，充满生机与活力。

绰纳河自然保护区的人文旅游资源主要有民族风情和乡土习俗等。该保护区除汉族外，还生活着鄂伦春族、鄂温克族、蒙古族、朝鲜族等，各民族具有独特的生活习惯和方式。鄂伦春族和鄂温克族的服装、饮食、习俗等具有浓厚民族色彩，会给游人留下很深的印象。由于美好的旅游景观，可以开展春夏森林游、冬季滑雪游、科普考察游。

◎ **保护价值**

绰纳河自然保护区是以寒温带针叶林与温带针阔叶混交林交错区的原始森林湿地和内陆水域生态系统、森林生态系统及其生物多样性为保护对象，具有很高的保护价值。

绰纳河自然保护区具有典型性、稀有性、多样性和自然性。

绰纳河自然保护区植物种类既有属于寒温带针叶林的大兴安岭植物区系成分，也有属于温带针阔叶混交林的小兴安岭植物区系成分，在形式上表现出大、小兴安岭植物区系交错过渡的特点，具有独特的自然资源和保护价值。

绰纳河自然保护区内有木犀科的水曲柳、芸香科的黄檗、椴树科的紫椴、杨柳科的钻天柳、豆科的野大豆、泽泻科的浮叶慈姑6种国家二级保护植物，尤其是浮叶慈姑作为慈姑属分布最北的侠域种，对研究植物的种系发展和系统演替进化方面均具有重要意义。

绰纳河自然保护区内有貂熊、紫貂、原麝3种国家一级保护兽类，占黑龙江省国家一级保护兽类（6种）的50%；棕熊、水獭、猞猁、马鹿、驼鹿、雪兔等6种国家二级保护兽类，占黑龙江省国家二级保护兽类（11种）的72.7%。

绰纳河自然保护区属于寒温带与温带植物区系交错过渡地带，气候属大兴安岭冷凉湿润气候区，成为研究寒温带森林生态系统的良好科研基地，成为研究寒温带森林生态系统和湿地生态系统的天然的"实验室"，拥有很高的科研价值。

◎ **功能区划**

绰纳河自然保护区有林地总面积为85061hm^2，占保护区总面积的80.57%；湿地总面积为21262hm^2（包括森林沼泽和灌丛沼泽9024hm^2），占保护区总面积的20.14%。核心区39640hm^2，缓冲区28419hm^2，实验区37521hm^2。

蒙古栎

◎ 科研协作

绰纳河自然保护区建立后，先后有俄罗斯的专家到此考察寒温带针叶森林生态系统；芬兰的专家在此进行了寒温带野生动物（雪兔）与植物（白桦）的协同进化研究；加拿大的专家到此考察了寒温带的鹿类动物的辅助繁育技术与饲养技术等。国内的东北林业大学、东北师范大学、黑龙江省野生动物研究所、黑龙江科学院等大专院校和科研院所的专家学者在此开展了寒温带生物多样性研究、樟子松的考察研究、鹿科动物的研究、松鸡科鸟类的研究等等。主要科学研究工作总结归纳如下：

（1）2002～2004年，东北林业大学与芬兰赫尔辛基大学合作在此进行了寒温带野生动物（雪兔）与植物（白桦）的协同进化研究。

（2）2004年加拿大的专家考察了寒温带的鹿类动物的辅助繁育技术与饲养技术等。

（3）2004年大兴安岭地区资源普查工作。

（4）2005年绰纳河自然保护区资源调查监测工作。

（5）2006年大兴安岭地区林业经济植物资源储量调查工作。

（杨赋学供稿）

湿地

多布库尔
国家级自然保护区

黑龙江

黑龙江多布库尔国家级自然保护区位于大兴安岭东部林区的东南部，大兴安岭主要支脉伊勒呼里山南麓。行政区划上隶属国家林业局大兴安岭林业集团公司。保护区北以伊勒呼里山脉为界，东至二根河，南以松岭局同加格达奇林业局界为准。地理坐标为东经124°18′~125°04′，北纬50°19′~50°43′。保护区总面积为128959hm²，属自然生态系统类中的内陆水域与湿地生态系统类型自然保护区，它具有典型的沼泽湿地生态系统特征，是大兴安岭林区沼泽湿地的代表，是嫩江的重要发源地，主要保护对象是嫩江源头区的典型的寒温带湿地生态系统。保护区始建于2002年，2012年1月21日经国务院批准晋升为国家级自然保护区。

白头鹤（郭玉民摄）

◎ 自然概况

多布库尔自然保护区属中低山丘陵地貌，地形起伏不大，山势平缓，平均坡度10°左右，山体浑圆，河谷坦荡，多不衔接，地势由西北向东南倾斜。

海拔400~600m，最高海拔814m，最低海拔326m。保护区属北部强度寒冻剥蚀中低山地区，融冻剥蚀地貌。

多布库尔自然保护区地处属寒温带大陆性气候。全年日照时数为2600h。其气候特点是冬季寒冷而漫长，

全年平均气温-1.3~-0.8℃。无霜期101~112天，无霜期短，长期存有冻土层。植物生长期为100天左右。春季和秋季风力较大，主要为北风或西北风，最大风力可达6~7级。全年平均降水量500mm。雨季除径流河

能排出地表之外，地表还滞留较大面积的积水而形成大面积的沼泽和水泡。

多布库尔自然保护区内的自然条件复杂，因而形成了多种土壤类型。保护区土壤类型主要有棕色针叶林土、暗棕壤、草甸土、沼泽土、河滩森林土5个土类9个亚类。

多布库尔自然保护区多布库尔河、大、小古里河等河流均属嫩江水系。因流水不畅，加上常年积水和季节性积水，致使该地区大小泡沼密布。据统计，该保护区湿地总面积 29134.09 hm²，其中河流湿地的面积为 848.86 hm²，湖泊湿地面积 20.35 hm²，沼泽地面积 28264.88 hm²。

多布库尔河是保护区内最大的河流，流经保护区 90 km，流域面积约 1864 hm²；大古里河全长 45 km，流域面积约 945 hm²；小古里河全长 20 km，流域面积约 420 hm²。

降水是地下水和地表水的主要补给来源。保护区内年降水量 500 mm，雨量多集中在 6、7、8 月份，加之该

泥炭藓生境（庄凯勋提供）

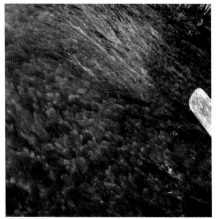
乌苏里狐尾藻（郭玉民摄）

良好的栖息环境（庄凯勋摄）

区域无霜期短，积雪时间长，因而该区的河流基本上属雨水、融水补给。

多布库尔自然保护区的植物种类相对较为丰富，大兴安岭地区代表性植物种类在本区均有分布，经初步调查，本区内共有维管束植物 56 科 204 属 416 种。国家重点保护野生植物有 8 种：钻天柳、黄檗、乌苏里狐尾藻、貉藻、野大豆、紫椴、东北岩高兰、黄耆。

根据中国动物地理区划，多布库尔自然保护区属古北界、东北区、大兴安岭亚区、大兴安岭北部山地省。

多布库尔自然保护区共有脊椎动物 6 纲 326 种，占黑龙江省脊椎动物总种数的 56.60%。

迄今已记录兽类有 53 种，隶属于 6 目 15 科 35 属。其中国家一级保护兽类有 3 种：紫貂、貂熊、原麝，国家二级保护兽类有 6 种：猞猁、棕熊、水獭、雪兔、马鹿、驼鹿，占全国保护种数的 11.49%。

据不完全统计，保护区共有鸟类 231 种，隶属 16 目 41 科。在保护区内的 231 种鸟类中，有国家一级保护鸟类 6 种，分别是黑嘴松鸡、东方白鹳、白头鹤、丹顶鹤、白鹤、金雕。国家二级保护鸟类 33 种，以花尾榛鸡、黑琴鸡、鹰隼类比较常见。

多布库尔自然保护区共有两栖动物 2 目 4 科 4 属 6 种。爬行动物 2 亚目 3 科 5 属 6 种。鱼类共有 7 目 10 科 27 属 30 种。

多布库尔自然保护区地处大兴安岭主要支脉伊勒呼里山南麓，保护区属北部寒冷剥蚀中低山地区，为融冰剥蚀地貌。在我国具有较高的典型性。另一常见地貌为"气候单面山"。山上还有形态各异的"石砬子"分布，陡峭嶙峋，是难得旅游景观。

由于历史时期的冰川活动，山地岩石寒冷分化作用形成碎石，整个坡面为碎石所覆盖。

多布库尔自然保护区全境河流山溪密布，其中多布库尔河是保护区内最大的河流，水流湍急、河道曲折、水量适中、水体清澈，两岸风景秀丽，广阔的滩涂，是理想的风景河段和漂流河段。大古里河、小古里河和大金河蜿蜒而过，加上常年积水和季节性积水，致使该地区大小沼泽密布，湿地面积比较大，可以开展漂流观光、观鸟等旅游活动。

森林是多布库尔自然保护区生态环境的主体之一，区内分布有大面积的森林形成许多形态各异的森林景观；如"醉林""老头林"景观，所有这

些均是海拔高度变化及微地形变化引起的森林景观变化的结果，是难得的森林景观。

多布库尔自然保护区分布有大面积的沼泽湿地，包括河流、湖泊、沼泽草甸、草甸，形成的大面积湿地景观和孕育的丰富动植物资源为生态旅游的开展提供了物质保障。

◎ 保护价值

1. 保护对象

多布库尔自然保护区是以保护位于嫩江源头区由河流湿地、湖泊湿地、沼泽湿地等组成的典型的沼泽湿地生态系统为主要目标，具体保护对象如下：

（1）典型完整的沼泽湿地生态系统。保护区内森林沼泽、灌丛沼泽、草本沼泽、河流湿地、湖泊湿地镶嵌分布，形成了本区特有的沼泽景观。冰湖湿地、岛状林沼泽湿地也是大兴安岭林区特有的湿地类型。

（2）嫩江发源地。保护区是嫩江的主要发源地，是嫩江的最大支流多布库尔河和大小古里河的主要集水区和水源涵养地。保护区内有三级水系2条，四级水系7条，小支流29条，均属嫩江水系。成为嫩江的主要发源地，为嫩江的诞生提供了最初的源泉。

（3）以东方白鹳、白鹤、鸳鸯等为代表的珍稀水禽及其栖息地。保护区是寒温带向温带过渡地带的自然保护区网络中重要的组成节点，同时又是水鸟迁徙过程的重要停歇地和繁殖地。保护区内水鸟资源丰富，共有7目11科71种，占全国水鸟总种数的26.2%。其中丹顶鹤、白头鹤、东方白鹳和白鹤为国家一级保护动物，鸳鸯等6种水鸟为国家二级保护动物。

（4）珍稀动植物资源以及丰富的生物多样性。保护区内共有脊椎类动物6纲326种，占黑龙江省脊椎动物总种数的56.60%。陆生野生动物有296种；区内多布库尔河、大小古里河等河流中保存着特有的细鳞鱼、哲罗鱼、狗鱼等珍贵经济鱼类共30种。保护区内常见昆虫种类10目57科146种。该区常见维管束植物有56科416种，列为国家重点保护植物8种。

2. 保护价值评价

（1）典型性。保护区是我国寒温带与温带过渡地区的一个典型的湿地生态系统类型自然保护区，具有很高的代表性和典型性。

（2）稀有性。保护区处于寒温带与温带过渡林区中湿地生态系统核心，

金雕（郭玉民摄）

野大豆（郭玉民）

具有丰富的野生生物资源，有很高的地域独特性和物种的稀有性。保护区有国家重点保护的兽类9种，5种已列入《濒危野生动植物种国际贸易公约》（CITES）附录Ⅰ和附录Ⅱ，属全球性珍稀濒危物种；国家重点保护鸟类39种，有10种已列入《濒危野生动植物种国际贸易公约》（CITES）附录Ⅰ和附录Ⅱ，如东方白鹳等，属全球性珍稀濒危物种，对属于有灭绝危险的世界性珍稀物种要严格保护。

在植物方面，多布库尔自然保护区内有国家重点保护植物8种，如钻天柳、黄檗等。

秋季沼泽湿地景象（任涛提供）

丹顶鹤（郭玉民摄）

黄檗（郭玉民摄）

就栖息生境来说，其生境可分为河流、湖泊、沼泽草甸、草甸、灌丛、森林等，水域之多，湿地之广，生境类型之丰富，这样的生境为野生动物栖息提供了天然场所，并且是候鸟迁徙的主要停歇地，因此，这样的生境，在世界范围内都是十分重要的。

（3）多样性。保护区内有常见维管束植物416种；有野生动物326种；鱼类30种；两栖类6种；爬行类6种；鸟类231种；兽类53种；常见昆虫146种。且许多种为具有地区代表性的物种。

多布库尔自然保护区内生态系统类型丰富，有森林、灌丛、草甸、沼泽、水域等，各种生态环境为各类动物提供了充分多样的栖息地。

（4）自然性。保护区具有保存完好的沼泽湿地生态系统，与保护区内的森林生态系统密切相关，各生态系统之间协调发展，具有良好的自然性。保护区核心区和缓冲区一直保持其原始状态，并不失其原始性。

（5）脆弱性。保护区内保存的湿地生态系统是比较脆弱的，完全适应本区的气候特点，并且各生物之间协调发展、协同进化。所以其一旦遭受破坏，将有可能引起整个生态系统的崩溃。如果没有强烈的人为干扰，可长期保持稳定状态。

（6）生态地位的重要性。保护区地处嫩江源头，是嫩江的主要发源地之一，2000年由国务院17个部委（局）共同编制了《中国湿地保护行动计划》，该计划将嫩江源湿地列入了中国重要湿地名录，2001年，黑龙江省《生态省建设规划纲要》公布实施，《纲要》将嫩江源头湿地列入重点生态区。多布库尔自然保护区是嫩江源湿地的重要组成部分，可见保护区在嫩江源头保护区域中的重要作用和地位。

（7）科研价值。保护区保存有完整的生态系统，丰富的物种，生物群落赖以生存的环境，为开展各个学科的科学研究提供了得天独厚的基地和天然实验室，其研究领域不仅包括生态学、生物学方面，还包括经济学及社会学方面。尤其在探索地史时期这一与人类至关重要的环境变化，研究古气候变化、植物迁徙和区系演变的研究和生态监测等方面。

◎ **功能区划**

多布库尔自然保护区划为核心区、缓冲区及实验区3个功能区。

核心区面积41786hm²，占保护区总面积的32.40%。核心区是保存完好的沼泽湿地、河流湿地和栖息于此环境的珍稀濒危生物物种集中分布区，大古里河和小古里河源头的主要流域均在核心区内，多布库尔河的主要水域在核心区穿越。核心区的东、西、南、北四周都有缓冲区包围。

缓冲区面积38879hm²，占保护区总面积的30.15%。缓冲区是核心区和实验区之间的过渡地段，作为核心区的缓冲地带，可进行多种科学研究的观测、调查等工作。

实验区面积48294hm²，占保护区总面积的37.45%，在缓冲区的东、西、南、北四周基本上都有实验区包围。在实验区内可以在国家法律、法规和政策允许的范围内合理开发利用。

◎ **科研协作**

自1998年以来，多布库尔自然保护区内相继开展了陆生野生动物普查、二类资源调查、保护区资源综合考察、候鸟监测调查、湿地资源调查及其林下经济植物资源储量调查等工作。俄罗斯科学院远东生态国土研究所、北京林业大学、东北林业大学、法国湿地研究所等与保护区合作，在保护区内进行了鸟类、湿地方面的考察。

（任涛供稿）

东方白鹳（郭玉民摄）

紫椴（郭玉民摄）